高等院校计算机应用系列教材

于光华　石　云　编著

CorelDRAW 2024 平面设计标准教程（微课版）（全彩版）

清華大学出版社
北　京

内 容 简 介

本书循序渐进地讲解 CorelDRAW 2024 在平面设计领域应用的相关知识，包括 CorelDRAW 的对象操作、图形绘制与编辑、图形填充、度量和连接工具的应用、图形效果的添加、位图的使用与编辑、文本的创建与编辑、表格的制作等。全书共 12 章，第 1 章和第 2 章介绍 CorelDRAW 2024 的基础知识与对象操作；第 3 章～第 11 章介绍 CorelDRAW 软件的核心功能，并配以大量实用的操作练习和实例，让读者在轻松的学习过程中快速掌握 CorelDRAW 软件的使用技巧，同时达到对 CorelDRAW 软件知识学以致用的目的；第 12 章主要讲解 CorelDRAW 在平面设计方面的综合案例。

本书结构合理、思路清晰、语言简洁流畅、实例精彩，适合广大 CorelDRAW 使用者和从事平面设计工作的人员阅读，同时也适合作为高等院校相关专业的教材。

本书配套的电子课件和实例源文件可以到 http://www.tupwk.com.cn/downpage 网站下载，也可以扫描前言中的二维码获取。扫描前言中的视频二维码可以直接观看教学视频。

图书在版编目(CIP)数据

CorelDRAW 2024平面设计标准教程 : 微课版 : 全彩版 / 于光华, 石云编著. -- 北京 : 清华大学出版社, 2025. 3. -- (高等院校计算机应用系列教材).
ISBN 978-7-302-68642-2

Ⅰ. TP391.412

中国国家版本馆CIP数据核字第2025FZ8389号

责任编辑： 胡辰浩
封面设计： 高娟妮
版式设计： 妙思品位
责任校对： 成凤进
责任印制： 刘海龙

出版发行： 清华大学出版社
网　　址： https://www.tup.com.cn，https://www.wqxuetang.com
地　　址： 北京清华大学学研大厦A座　　**邮　　编：** 100084
社 总 机： 010-83470000　　**邮　　购：** 010-62786544
投稿与读者服务： 010-62776969，c-service@tup.tsinghua.edu.cn
质 量 反 馈： 010-62772015，zhiliang@tup.tsinghua.edu.cn

印 装 者： 大厂回族自治县彩虹印刷有限公司
经　　销： 全国新华书店
开　　本： 185mm×260mm　　**印　　张：** 15.5　　**插　　页：** 1　　**字　　数：** 387千字
版　　次： 2025年4月第1版　　**印　　次：** 2025年4月第1次印刷
定　　价： 89.00元

产品编号：105020-01

前言 PREFACE

CorelDRAW 是 Corel 公司开发的矢量图形制作软件，在平面设计、插画设计、排版设计、包装设计、界面设计、产品设计和服饰设计等领域都有广泛的应用，其功能强大、易学易用，备受平面设计人员的青睐，是平面设计领域中最流行的软件之一。

本书从平面设计初、中级读者的角度出发，合理安排知识点，运用简洁流畅的语言，结合丰富实用的练习和实例，由浅入深地讲解 CorelDRAW 2024 在平面设计中的应用，让读者可以在最短的时间内学习到最实用的知识，轻松掌握 CorelDRAW 在平面设计领域中的应用方法和技巧。

本书共 12 章，主要内容如下。

- 第 1 章和第 2 章主要介绍 CorelDRAW 的基础知识与对象操作，包括 CorelDRAW 的工作界面和基本操作；选择对象、变换对象、复制与再制对象；锁定、解锁、隐藏与显示对象等。
- 第 3 章～第 6 章主要介绍 CorelDRAW 图形的绘制与编辑，包括线条图形和几何图形的绘制；使用形状编辑工具、裁剪工具组和造型功能对图形进行编辑造型；对图形进行单色填充、渐变填充和图样填充等。
- 第 7 章主要介绍度量和连接工具的应用，讲解如何运用度量工具组中的工具进行图形尺寸的测量和标注，以及使用连接工具创建连接线的操作。
- 第 8 章和第 9 章主要介绍图形效果和位图编辑，包括阴影效果、轮廓图效果、颜色调和效果、透明效果、立体效果等特殊效果的制作方法，以及位图与矢量图之间的转换，位图的编辑操作、位图的颜色调整和滤镜效果的应用等。
- 第 10 章和第 11 章主要介绍 CorelDRAW 的文本和表格，包括美术文本、段落文本及路径文本的创建与编辑，表格的创建与设置，以及单元格的添加、删除、合并和拆分操作等。
- 第 12 章通过海报设计和包装设计，讲解 CorelDRAW 在平面设计中的综合应用。

本书案例丰富、结构清晰、图文并茂、通俗易懂，适合以下读者学习使用。

- 从事平面设计的工作人员。
- 对平面绘图、广告设计感兴趣的爱好者。
- 高等院校相关专业的学生。

本书由于光华、石云两位作者编写而成，其中黑河学院的于光华编写了第 1、2、3、8、9、10、11、12 章，石云编写了第 4、5、6、7 章。我们真切希望读者在阅读本书之后，不仅能开拓视野，还可以增长实践操作技能，并能够学习和总结操作的经验与规律，从而达到灵活运用

CorelDRAW 进行平面绘图与设计的水平。由于作者水平有限，书中难免有不足之处，恳请专家和广大读者批评指正。在编写本书的过程中参考了相关文献，在此向这些文献的作者深表感谢。我们的电话是 010-62796045，邮箱是 992116@qq.com。

本书配套的电子课件和实例源文件可以到 http://www.tupwk.com.cn/downpage 网站下载，也可以扫描下方左侧的二维码获取。扫描下方右侧的视频二维码可以直接观看教学视频。

配套资源

扫一扫 看视频

作　者

2025 年 1 月

目录 CONTENTS

第 1 章　CorelDRAW 2024 基础知识

第 2 章　对象的操作

第 3 章　绘制与编辑线条

第 4 章 绘制几何图形

第 5 章 编辑复杂图形

第 6 章 填充图形

第 7 章 度量和连接工具

第 8 章 为图形添加效果

第 9 章 位图的使用与编辑

第 10 章 创建与编辑文本

第 11 章 表格的制作

第 12 章 商业综合案例

第 1 章
CorelDRAW 2024 基础知识

平面设计在日常生活中处处可见，如各种海报、电商宣传资料、灯箱广告等。CorelDRAW作为目前应用最广泛的平面设计软件之一，具有专业、实用和功能强大等特点，被广泛应用于标志设计、广告设计、印刷和造型设计等领域，深受广大用户的青睐。本章将介绍CorelDRAW 2024 的相关知识，包括图形图像的基础知识、CorelDRAW 2024 的工作界面，以及该软件的基本操作等。

◎ 练习实例：为名片添加底纹
◎ 练习实例：通过标尺添加辅助线
◎ 课堂案例：制作生日会邀请卡

1.1　初识 CorelDRAW 2024

CorelDRAW是一款通用且功能强大的平面设计软件。为了适应设计领域的不断发展，Corel公司着力于软件的完善与升级，已经将版本更新为CorelDRAW 2024。

1.1.1　启动与退出软件

在使用CorelDRAW之前，需要掌握CorelDRAW的启动和退出操作。启动与退出CorelDRAW的方法与大多数的应用程序相似。

1. 启动 CorelDRAW 2024

安装好 CorelDRAW 2024 以后，可以通过如下 3 种常用方法启动该应用程序。

- 单击计算机屏幕左下方的■按钮，然后在程序列表中选择相应的命令来启动 CorelDRAW 2024 应用程序，如图 1-1 所示。
- 双击桌面上的CorelDRAW 2024 的快捷图标，可以快速启动CorelDRAW 2024 应用程序，如图 1-2 所示。

图 1-1　选择程序列表中的命令

图 1-2　双击快捷图标

- 双击CorelDRAW文件，可以启动CorelDRAW 2024 应用程序并直接打开该文件，如图 1-3 所示。

使用前面介绍的方法启动CorelDRAW 2024 应用程序后，将出现如图 1-4 所示的启动画面，随后即可进入CorelDRAW 2024 的工作界面。

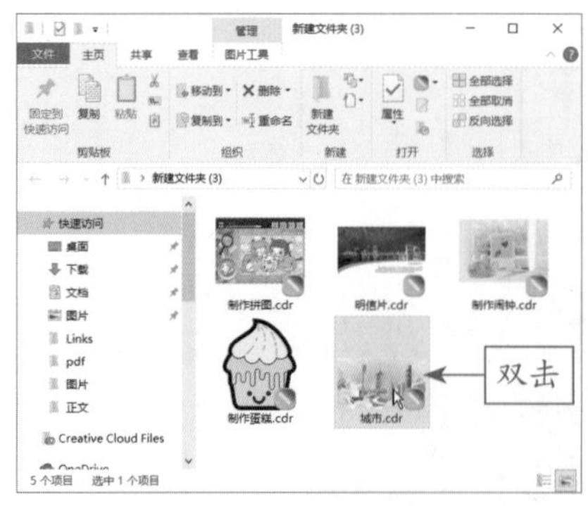

图 1-3　双击文件

图 1-4　启动画面

2. 退出 CorelDRAW 2024

结束CorelDRAW 2024程序的使用后，可以通过如下两种常用方法退出该程序。

- 单击“文件”菜单，然后选择“退出”命令，即可退出CorelDRAW 2024应用程序，如图1-5所示。
- 单击CorelDRAW 2024应用程序窗口右上角的“关闭”按钮 ✕，即可退出CorelDRAW 2024应用程序，如图1-6所示。

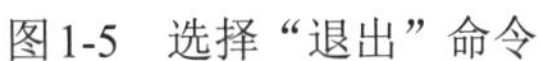
图1-5　选择“退出”命令

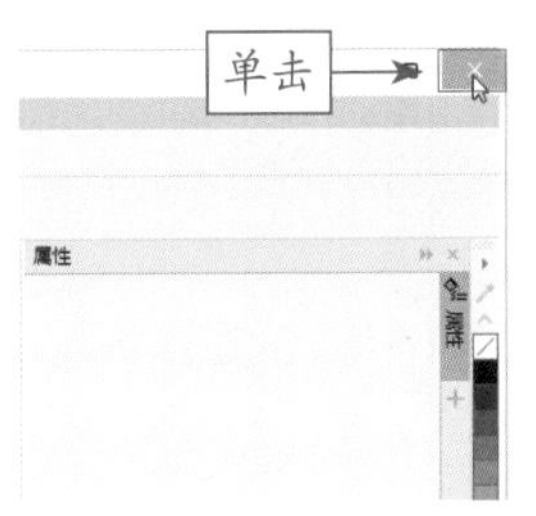

图1-6　单击“关闭”按钮

1.1.2　CorelDRAW 2024 工作界面

想要熟练运用CorelDRAW 2024，首先需要认识CorelDRAW 2024的工作界面并熟悉其各个组成部分的作用。默认情况下，启动 CorelDRAW 2024后，将首先进入CorelDRAW的欢迎屏幕，如图1-7所示。

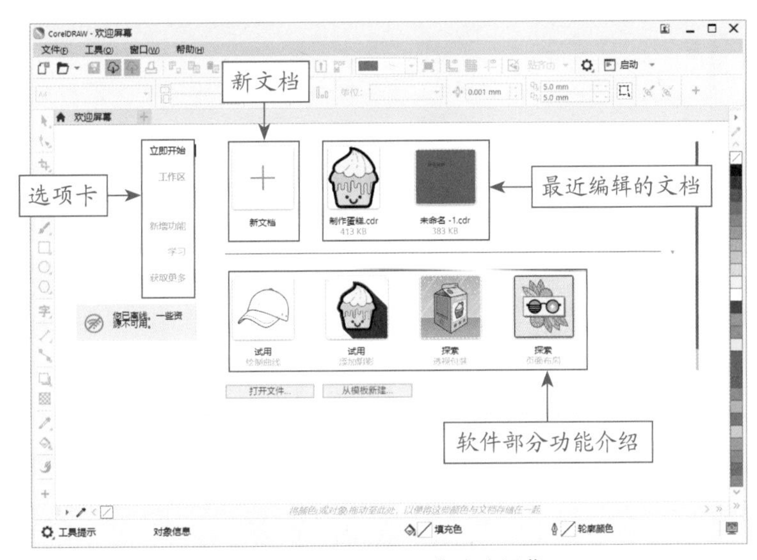

图1-7　CorelDRAW的欢迎屏幕

欢迎屏幕中部分重要板块含义如下。

- 新文档：单击该按钮，将打开“创建新文档”对话框，单击OK按钮，将以当前软件默认的模板来新建一个图形文件。
- 最近编辑的文件：初次使用CorelDRAW 2024时该区域是空白的，当编辑过文件后，下次启动时将显示曾经打开过的文件名，单击文件名链接，可以快速打开该文件。
- 打开文件：单击该按钮，可以在计算机中指定的位置查找文件并将其打开。
- 从模板新建：单击该按钮，在打开的“创建新文档”对话框中选择一个模板样式，可在该模板基础上进行设计。

新建或打开一个文件后，即可进入CorelDRAW 2024的工作界面，如图1-8所示。

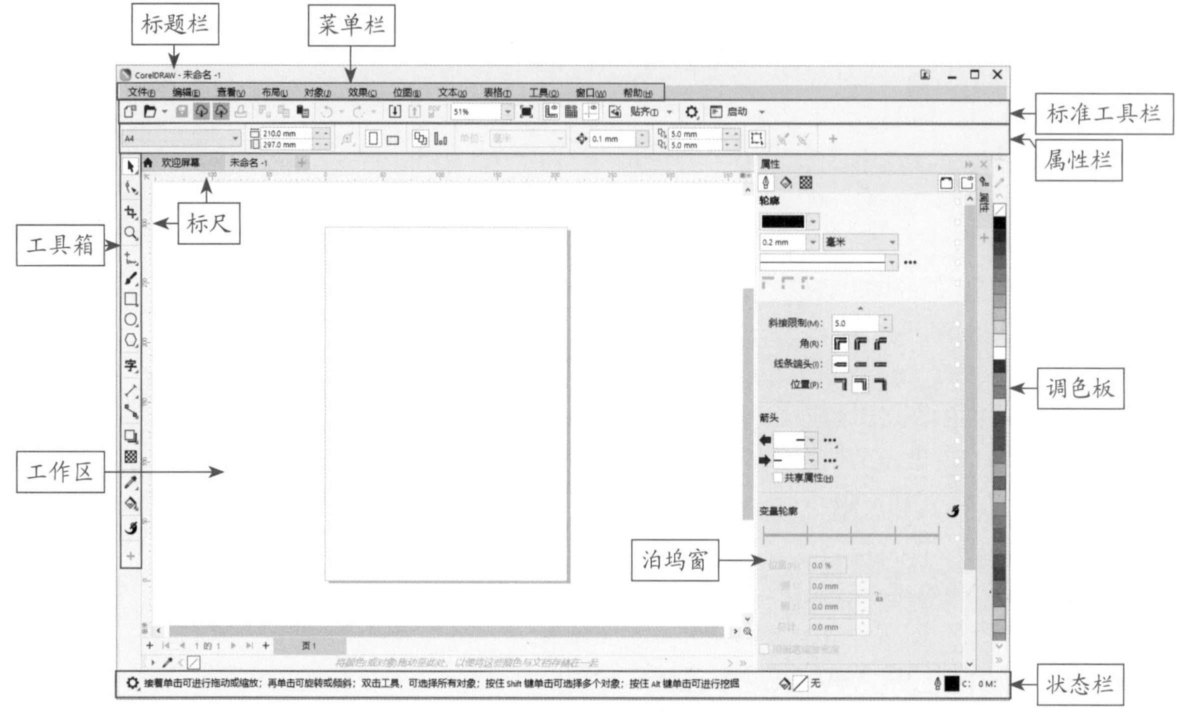

图 1-8　CorelDRAW 2024 工作界面

进阶技巧

CorelDRAW 2024在启动时，泊坞窗在默认状态下是隐藏的，可以选择“窗口”|“泊坞窗”菜单命令调出泊坞窗。

1. 标题栏

标题栏位于工作界面的最上方，左侧显示软件名称CorelDRAW和当前编辑文档的名称，如图1-9所示。

图 1-9　标题栏

2. 菜单栏

菜单栏中包含了CorelDRAW中的所有操作命令，并将它们分门别类地放置在不同的菜单中，供用户选择使用，如图1-10所示。单击某一菜单项，即可打开相应的下拉菜单。

文件(F)　编辑(E)　查看(V)　布局(L)　对象(J)　效果(C)　位图(B)　文本(X)　表格(T)　工具(O)　窗口(W)　帮助(H)

图 1-10　菜单栏

进阶技巧

其中有些命令后方带有三角形符号 ▸，表示该命令还包含多个子命令；有的命令后方带有一连串的“字母”，这些字母就是该命令的快捷键。

3. 标准工具栏

标准工具栏位于菜单栏下方，提供了常用的几种操作按钮，可以使用户轻松地完成几个基本的操作任务，如图1-11所示。

图1-11　标准工具栏

其中主要按钮的功能介绍如下。

- “新建”按钮：单击该按钮可创建一个新文件。
- “打开”按钮：单击该按钮可打开一个已有的CDR文件。
- “保存”按钮：单击该按钮可保存当前编辑的文件。
- “打印”按钮：单击该按钮可打印当前文件。
- “剪切”按钮：单击该按钮可剪切选中的对象到剪贴板中。
- “复制”按钮：单击该按钮可将所选内容复制到剪贴板中。
- “粘贴”按钮：单击该按钮可从剪贴板中粘贴对象。
- “撤销”按钮：单击该按钮可取消上一步的操作。
- “重做”按钮：单击该按钮可恢复上一步取消的操作。
- “导入”按钮：单击该按钮可将文件导入正在编辑的文档中。
- “导出”按钮：单击该按钮可导出当前文件或所选择的对象。
- “发布为PDF”按钮：单击该按钮，可将文件导出为PDF文件格式。
- “全屏预览”按钮：单击该按钮可全屏预览当前页面中的对象。
- “显示标尺”按钮、“显示网格”按钮、“显示辅助线”按钮：单击该组按钮可以分别显示标尺、网格和辅助线。
- “选项”按钮：单击该按钮，可以打开“选项”对话框进行相关设置。

4. 属性栏

属性栏用于显示所编辑图形的属性信息和按钮选项，可通过单击其中的按钮对图形进行编辑。单击工具箱中的工具时，属性栏上就会显示该工具的属性设置。如选择“矩形工具”，则切换为矩形属性设置，如图1-12所示。

图1-12　属性栏

5. 工具箱

工具箱位于工作界面左侧，分类存放着CorelDRAW 2024中常用的工具，这些工具可以帮助用户完成各种工作。使用工具箱可以简化操作步骤，提高工作效率。CorelDRAW 2024的工具箱如图1-13所示，其中，有些工具按钮带有小三角标记◢，表示还有隐藏的工具，将光标放在工具按钮上，按住鼠标左键即可展开工具组，如图1-14所示。

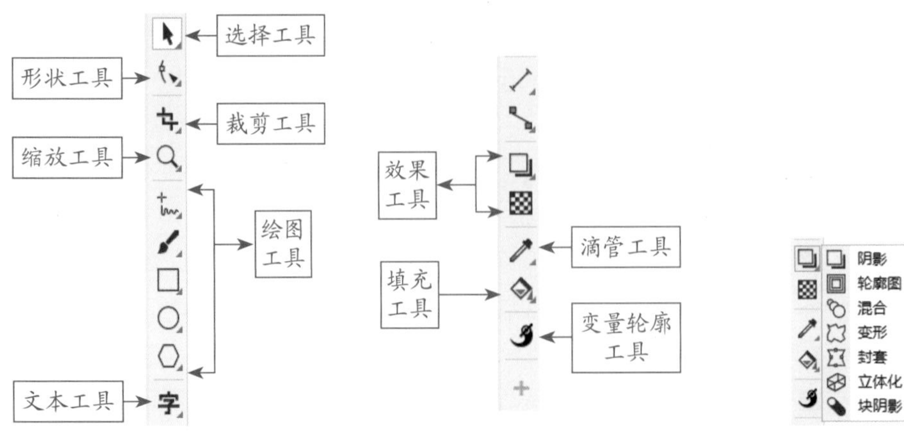

图1-13　工具箱　　　图1-14　展开工具组

6. 标尺

标尺是非常重要的辅助工具，可以起到辅助精确制图和缩放对象的作用，它由水平标尺和垂直标尺组成，其坐标原点位于页面左上角，在标尺交叉处按住鼠标左键拖动，可以移动标尺原点位置，双击标尺交叉点可回到默认坐标原点位置，如图1-15所示。

图1-15　双击标尺交叉点

7. 工作区

工作区是进行图像操作的主要区域，包括文档标签、绘图区、滚动条、页面控制栏和导航器，如图1-16所示。

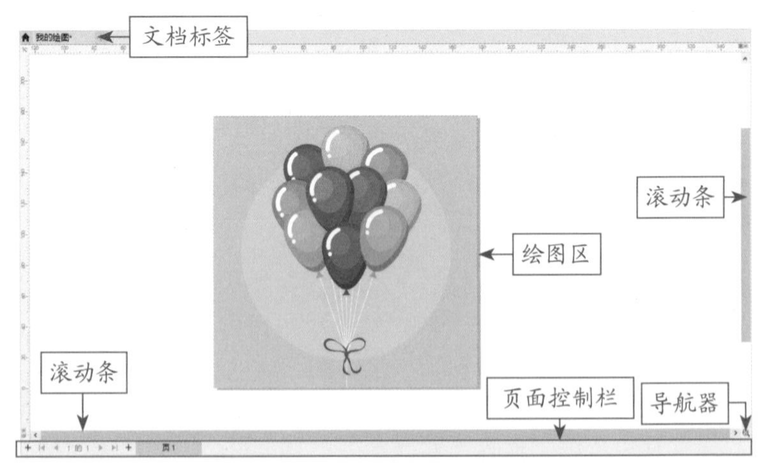

图1-16　CorelDRAW 2024工作区

工作区中各部分的作用如下。

- 文档标签：文档标签主要用于显示已打开文档的名称，单击可切换到对应的文档窗口中。
- 绘图区：绘图区包括页面和页面外的白色区域。
- 滚动条：滚动条分为水平滚动条和垂直滚动条，拖动滚动条可以显示被隐藏的图形部分。
- 页面控制栏：主要用于页面的新建和管理。
- 导航器：“导航器”图标在绘图区的右下角，单击该图标，将出现整个页面的缩略图。

8. 调色板

调色板位于CorelDRAW工作界面的最右侧，可以方便用户快速便捷地进行颜色填充。在色样上单击可以填充对象颜色，右击色样可以填充对象的轮廓线颜色。用户可以通过选择“窗口”|“调色板”菜单命令中的子命令，调整调色板的颜色模式。

9. 泊坞窗

泊坞窗是用来放置CorelDRAW各种管理器和编辑命令的工作面板。选择“窗口”|“泊坞窗”菜单命令，从下一级子菜单中选择各种管理器和命令选项，可以将对应的泊坞窗激活并显示在工作界面。

10. 状态栏

状态栏位于CorelDRAW工作界面的最下方，它会随操作的变化而变化，主要用于显示当前操作或操作提示信息，包括鼠标指针的位置、所选择对象的大小、填充色、轮廓色等，图1-17为选择一个矩形的状态栏显示效果。

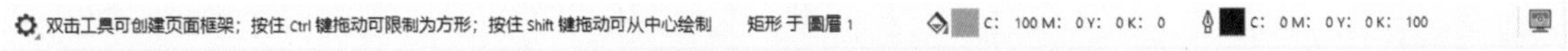

图 1-17　状态栏

1.1.3　矢量图与位图

图像可根据其不同特性分为两大类：位图和矢量图。CorelDRAW可以编辑位图和矢量图，也可以将这两种图像进行互相转换。

1. 矢量图

矢量图又称向量图，它以数学的矢量方式来记录图像的内容，其中的图形组成元素被称为对象。这些对象都是独立的，具有不同的颜色和形状等属性，可自由、无限制地重新组合。无论将矢量图放大多少倍，图像都具有平滑的边缘和清晰的视觉效果，如图1-18和图1-19所示。

图 1-18　原图效果

图 1-19　放大后依然清晰

矢量图在标志设计、插图设计及工程制图上占有很大的优势。其缺点是所绘制的图像一般色彩简单，不容易绘制出色彩丰富的图像，也不便于在各种软件之间进行转换。

2. 位图

位图也称为点阵图，是由许多点组成的。其中每一点即为一像素，每一像素都有自己的颜色、亮度和位置。将位图尽量放大后，可以发现图像是由大量的正方形小块构成的，不同的小块上显示不同的颜色和亮度。位图图像文件所占的空间较大，对系统硬件要求较高，且与分辨率有关。图1-20和图1-21所示分别为位图的原图与放大两倍后的效果。

图1-20　原图效果

图1-21　放大两倍后的效果

1.1.4　色彩模式

计算机中存储的图像色彩具有多种模式，不同的色彩模式在描述图像时所用的数据位数也不同，位数多的色彩模式，占用的存储空间就较大。

在CorelDRAW 2024中的“位图”|“模式”菜单中提供了7种色彩模式，分别如下。

- 黑白模式：只有黑和白两种色值，没有中间层次。常见的黑白模式的转换有50%阈值(以50%为界限，将图像中灰度值大于50%的所有像素全变成黑色，灰度值小于50%的所有像素全变成白色)、抖动图像转换(将灰色变为黑白相间的几何图案)和误差扩散抖动(转换后将产生颗粒状的效果)3种方式。只有灰度模式和通道图才能直接转换为黑白模式。
- 灰度模式：灰度模式使用多达256级灰度。灰度图像中的每一像素都有一个0(黑色)和255(白色)之间的亮度值。灰度值也可以用黑色油墨覆盖的百分比来度量(0表示白色，100%表示黑色)。使用黑白或灰度扫描仪生成的图像通常以灰度模式显示。
- 双色调：双色调模式用一种灰色油墨或彩色油墨来渲染一个灰度图像。该模式最多可向灰度图像中添加4种色调，即单色调、双色调、三色调和四色调，从而可以打印出比单纯灰度更有趣的图像。
- 调色板色：调色板色模式可以通过限制图像中颜色总数来实现有损压缩。将其他色彩模式图像转换为调色板颜色时，会删除图像中的很多颜色，仅保留其中的256种颜色，即很多媒体动画应用程序和网页所支持的标准颜色数。
- RGB色：RGB分别表示红、绿和蓝。以不同的比例混合红(R)、绿(G)、蓝(B)3种基本的色光，从而获得可见光谱中绝大多数颜色，也被称为“真彩色”。RGB颜色模式被广泛应用于生活中，如计算机显示器和电视机等，都是利用该模式来成色的。
- Lab色：Lab模式是一种国际色彩标准模式。在Lab模式中，亮度分量(L)的范围是0～100。在拾色器中，a分量(绿色到红色轴)和b分量(蓝色到黄色轴)的范围是-128～128。在“颜色”调板中，a分量和b量的范围是-120～120。
- CMYK色：CMYK色是一种印刷色模式，其中CMYK分别代表青、品红、黄和黑。在准备用印刷色打印图像时，应使用CMYK模式。将RGB模式转换为CMYK模式可产生分色。如果由RGB图像开始，最好先编辑图像，然后再将其转换为CMYK模式。

1.1.5　文件格式

CorelDRAW默认生成的文件格式为CDR。作为世界一流的平面矢量绘图软件，为了实现与其他软件的交互式应用，CorelDRAW也支持保存、导入与导出为与其他软件兼容的文件格式。下面介绍几种常用的文件格式。

- CDR：CDR格式是CorelDRAW软件的默认文件格式，该格式的源文件可以同时包含矢量信息和位图信息。

- AI：AI格式是Adobe公司发布的矢量软件Illustrator的专用文件格式，它的优点是占用硬盘空间小，打开速度快，方便格式转换。
- EPS：EPS是Encapsulated PostScript的缩写，该格式是跨平台的标准格式。
- SVG： SVG文件格式是一种可缩放的矢量图形格式。
- JPEG： JPEG简称JPG，是一种较常用的有损压缩技术，它主要用于图像预览及超文本文件，如HTML文件。
- TIFF格式：TIFF图像文件格式可在多个图像软件之间进行数据交换，该格式支持RGB、CMYK、Lab和灰度等色彩模式。
- GIF格式：GIF图像文件格式可进行LZW压缩，使图像文件占用较少的磁盘空间。该格式可以支持RGB、灰度和索引等色彩模式。
- PSD格式：PSD图像文件格式是Photoshop默认的图像文件格式。

1.2　CorelDRAW 2024基本操作

在CorelDRAW中进行一项新的绘图设计工作之前，首先需要新建文档。在绘图过程中，还需要对文档进行保存、关闭，或者打开已经保存的文档，以及导入所需的素材等。下面介绍在CorelDRAW中对文档进行各种操作的方法。

1.2.1　新建和打开文档

新建与打开文档是编辑文件的第一步，CorelDRAW提供了多种新建与打开文档的方法供用户选择，下面进行具体介绍。

1. 新建文档

启动CorelDRAW 2024后，若需进行图形的绘制与编辑，需要先新建一个文档。新建文档的常用方法有如下几种。

- 在“欢迎屏幕”界面中单击“新文档”图标或“从模板新建”按钮。
- 选择“文件”|“新建”菜单命令。
- 在标准工具栏上单击“新建”按钮。
- 在文档标签栏上单击“开始新文件”按钮。
- 按Ctrl+N组合键。

用上述任意一种方法创建新文档后，将弹出“创建新文档”对话框。在对话框左侧可以选择软件自带的模板大小直接创建所需的文档；在对话框右侧可以设置合适的参数来创建新文档，如图1-22所示，完成设置后，单击OK按钮，即可新建一个文档。

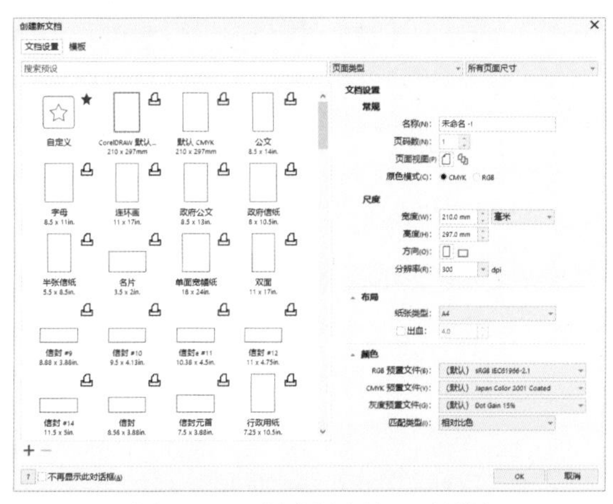

图1-22　“创建新文档”对话框

“创建新文档”对话框中常用选项的作用如下。

- 名称：用于设置文档的名称。
- 页码数：用于设置新建的文档页数。
- 页面视图：用于设置多页面文档的显示模式。
- 原色模式：用于选择文档的原色模式(原色模式会影响一些效果中颜色的混合方式，如填充、透明和混合等)，一般情况下选择CMYK或RGB模式。
- 宽度：用于设置页面的宽度。
- 高度：用于设置页面的高度。
- 方向：用于切换页面的方向。
- 分辨率：用于设置图像分辨率。
- 颜色设置：用于选择RGB、CMYK、灰度颜色模式的预置文件。

2. 打开文档

用户不仅可以创建新文档，还可以打开计算机中已有的文档进行编辑。打开文档的常用方法有如下几种。

- 选择“文件”|“打开”菜单命令。
- 按Ctrl+O组合键。
- 单击标准工具栏中的“打开”按钮🗀。
- 直接双击CorelDRAW文档。

执行上述第1~3种操作时，将打开“打开绘图”对话框，在其中选择需要打开的文档，然后单击“打开”按钮，如图1-23所示，即可打开该文档。

图1-23　“打开绘图”对话框

1.2.2　页面操作

启动CorelDRAW 2024后，默认打开的文档为一个页面，当涉及多页面操作时，就需要插入页面。插入页面后，用户还可对其进行重命名和删除等操作，以便于页面的区分与简洁；用户还可以切换到不同的页面中进行查看。下面将分别对这些页面的编辑方法进行介绍。

1. 插入页面

在CorelDRAW 2024中，用户可以通过以下3种方法快速插入页面。

- 选择“布局”|“插入页面”菜单命令，打开“插入页面”对话框，设置好插入页面的数量、位置、方向和大小等选项后，单击OK按钮即可，如图1-24所示。
- 在工作界面下方的页面控制栏中单击当前页左侧的+按钮，可在当前页之前插入一个新页面。

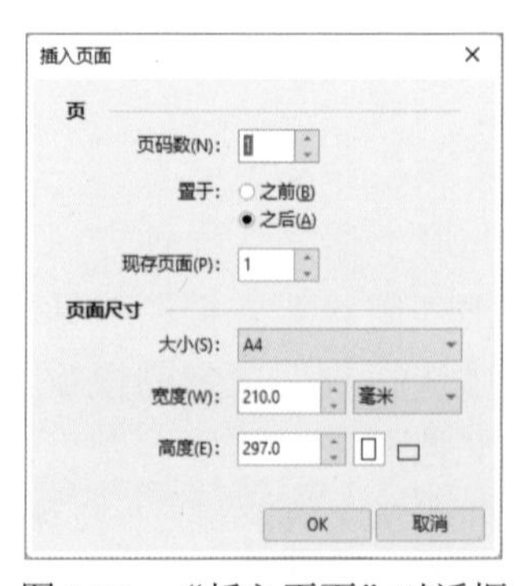

图1-24　“插入页面”对话框

- 在工作界面下方的页面控制栏中右击页面名称，在弹出的快捷菜单中可以选择“在前面插入页面”或“在后面插入页面”命令插入新页面，如图1-25所示。

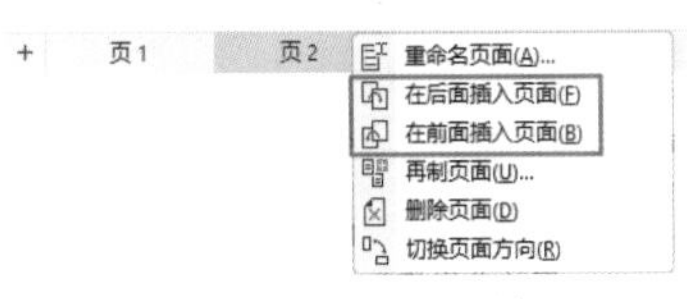

图1-25　快捷菜单

知识点滴

在图1-25所示的快捷菜单中，也可以进行删除页面、重命名页面、切换页面方向等操作。

2. 重命名页面

单击需要重命名页面的标签，将其设置为当前页，选择“布局”|“重命名页面”菜单命令，或在页面控制栏的页面名称上右击，在弹出的快捷菜单中选择“重命名页面”命令，打开“重命名页面”对话框，在“页名”文本框中输入新的页面名称，然后单击OK按钮，如图1-26所示，即可重命名页面。

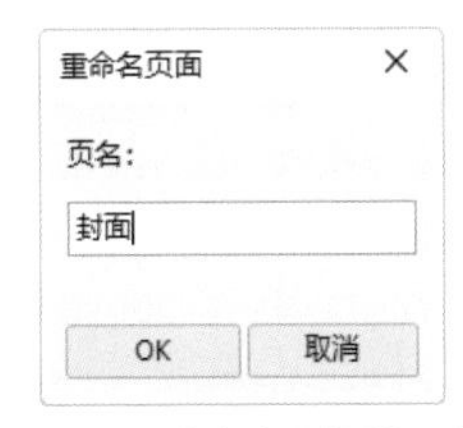

图1-26　“重命名页面”对话框

3. 删除页面

删除一些多余的页面，可以使文件更加简洁，其方法为：在需要删除的页面标签上右击，在弹出的快捷菜单中选择“删除页面”命令，或选择“布局”|“删除页面”菜单命令，在打开的“删除页面”对话框设置删除的页面，单击OK按钮，如图1-27所示，即可删除指定页面。

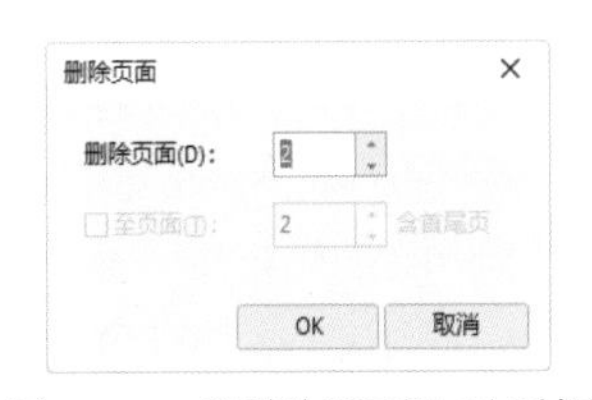

图1-27　“删除页面”对话框

4. 再制页面

再制页面也就是将现有页面的设置或内容进行复制，生成另一个完全相同的页面。再制页面一般有以下两种方法。

- 选择“布局”|“再制页面”菜单命令，或在页面控制栏的页面名称上右击，在弹出的快捷菜单中选择“再制页面”命令，打开“再制页面”对话框，在其中设置再制位置与再制的范围，然后单击OK按钮，如图1-28所示。
- 该方法需要在有多个页面的文件中进行。在需要再制的页面标签上按住鼠标左键不放，按住Ctrl键的同时拖动鼠标光标至另一页面标签上后释放鼠标。

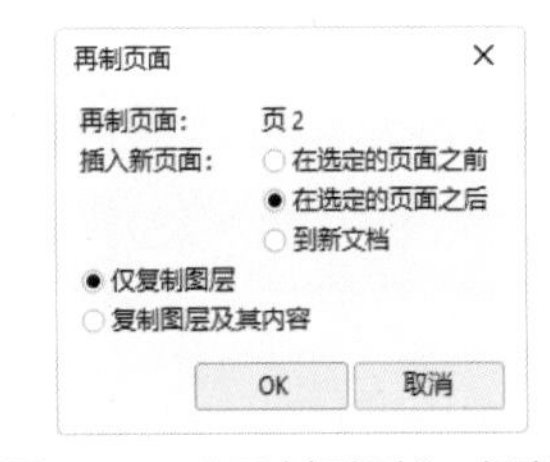

图1-28　“再制页面”对话框

5. 切换页面

单击页面控制栏中的“转到前一页”按钮◂可切换到上一页；单击“转到后一页”按钮▸可切换到下一页；单击“转到第一页”按钮⏮可切换到第一页；单击“转到最后一页”按钮⏭可以切换到最后一页；如果要切换到具体的某一个页面，可以直接单击该页面的标签。选择“布局”|“转到某页”菜单命令，或在页面控制栏的页面名称上右击，在弹出的快捷菜单

中选择“转到某页”命令，打开“转到某页”对话框，输入具体的页数，然后单击OK按钮，如图1-29所示，即可转到相应的页面。

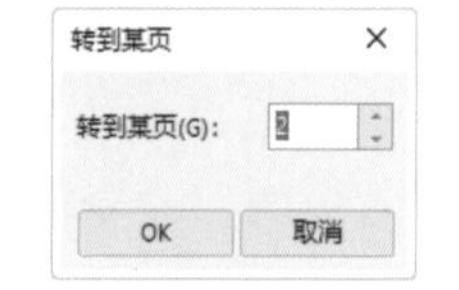

图1-29 “转到某页”对话框

6. 移动页面

在多页文件中，在页面标签上按住鼠标左键不放，直接拖动鼠标光标至指定页面标签的位置后释放鼠标，可调整页面的顺序。

1.2.3 导入与导出文件

在实际工作中，经常需要将其他文件导入CorelDRAW中进行编辑，如JPG、PSD和EPS格式的素材文件；而导出文件是将CorelDRAW编辑的文件导出为其他类型的文件。导入和导出文件的常用方法有以下几种。

- 选择“文件”|“导入”或“导出”菜单命令。
- 在标准工具栏上单击“导入”按钮或“导出”按钮。
- 按Ctrl+I组合键可导入文件，按Ctrl+E组合键可以导出文件。

练习实例：为名片添加底纹

文件路径：第1章\为名片添加底纹

技术掌握：导入和导出文件的操作

01 新建一个文档，然后选择“文件”|“导入”菜单命令，打开“导入”对话框，选择“蓝色背景.jpg”素材图像，再单击“导入”按钮，如图1-30所示。

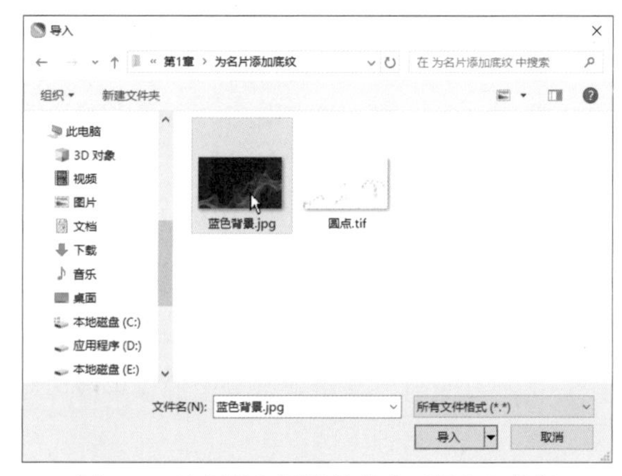

图1-30 选择导入图像并单击“导入”按钮

02 返回操作界面，光标变为形状，在需要放置图像的区域按住鼠标不放，绘制放置图像的虚线框，如图1-31所示，释放鼠标即可在虚线框中导入图像，如图1-32所示。

03 按Ctrl+I组合键，在打开的“导入”对话框中选择“圆点.tif”素材图像，当光标变为形状时进行单击，可以将文件按原大小导入单击的位置，如图1-33所示。

图1-31 绘制虚线框指定导入区域

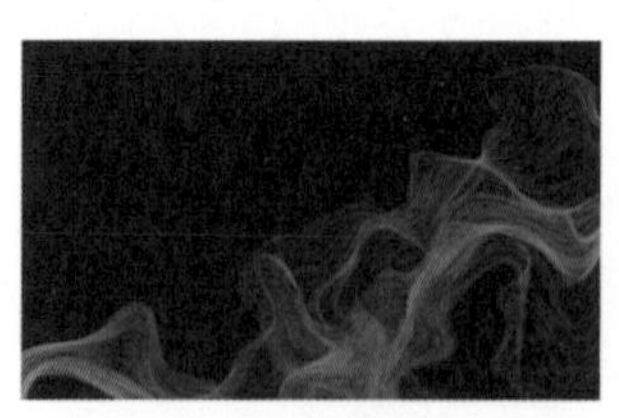

图1-32 导入背景素材图像

图1-33 导入圆点素材图像

04 选择导入的两个图像，在属性栏中设置对象大小为90mm×55mm，按Enter键进行确定，然后依次按C和E键将图像居中对齐，如图1-34所示。

05 选择椭圆形工具，在画面左侧绘制一个圆形，填充为深蓝色(C100,M96,Y58,K21)，再绘制一个较小的圆形，填充边框线条为土黄色(C36,M45,Y71,K0)，如图1-35所示。

06 选择文本工具字，在圆形中输入人名和电话地址等文字信息，并在名片右上方输入公司名称，设置人名的字体为方正新书宋简体，设置电话、地址等字体为方正汉真广标简体，分别填充为白色和土黄色(C36,M45,Y71,K0)，如图1-36所示。

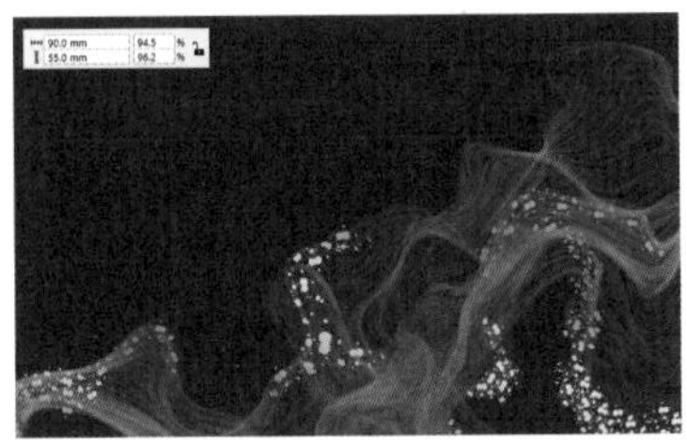

图1-34 图像对齐效果

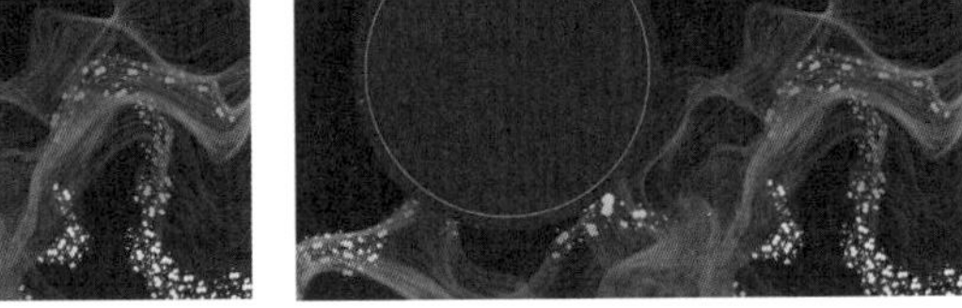

图1-35 绘制两个圆形

图1-36 创建文字

07 选择所有对象，单击属性栏中的“导出”按钮，打开“导出”对话框，设置导出的位置和文件名称，并在“保存类型”下拉列表中选择文件格式(如“JPEG”格式)，然后单击“导出”按钮，如图1-37所示。

08 打开“导出到JPEG”对话框，保持默认设置，单击OK按钮，如图1-38所示，即可将选择的对象以JPEG格式图片导出到指定位置。

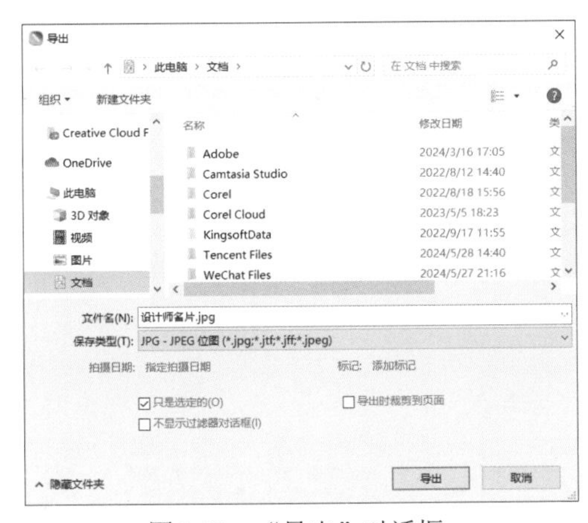

图1-37 “导出”对话框

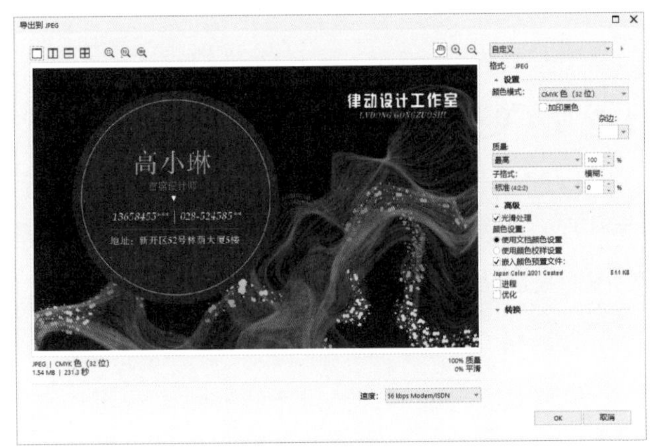

图1-38 导出对象

1.2.4 缩放与移动视图

在CorelDRAW中绘制和编辑图形时，经常需要查看图像的细节或整体效果，这可以通过缩放和移动视图来实现。

1. 缩放视图

用户在查看图形时，可以使用“缩放工具”来查看图形的整体效果和细节效果。选择“缩放工具”，在其属性栏中提供了多种显示功能：在左上角“显示比例”下拉列表框中可设置视图显示比例；单击右侧的按钮，可实现不同的缩放效果，如图1-39所示。

105%

图1-39 缩放属性栏

- 放大和缩小按钮：单击按钮，可以放大图像；单击按钮，可以缩小图像。
- 缩放全部对象：单击该按钮，可以显示所有对象。
- 缩放选定对象：单击该按钮，可以缩放选择的对象。
- 按不同页面显示按钮：单击按钮可以缩放到所有页面；单击按钮可以调整缩放至适合整个页面；单击按钮可以调整缩放至适合整个页面宽度；单击按钮可以调整缩放至适合整个页面高度。

选择“缩放工具”，鼠标指针变为形状时，按住鼠标绘制一个框选区域，或直接单击需要放大的区域即可放大图像；右击即可缩小图像，缩小时鼠标指针变为形状。

2. 移动视图

图像显示比例放大后，会出现图像显示不全的情况，这时可以使用“平移工具”将画面进行平移以查看隐藏的区域。

在“缩放工具”上按住鼠标左键不放，在弹出的面板中选择“平移工具”，或按H键，当鼠标指针变为状态时，按住鼠标左键不放进行上下或左右拖曳，会发现画面会朝着拖曳方向移动，拖动至合适的区域后释放鼠标左键即可。图1-40所示为从左到右平移视图的效果。

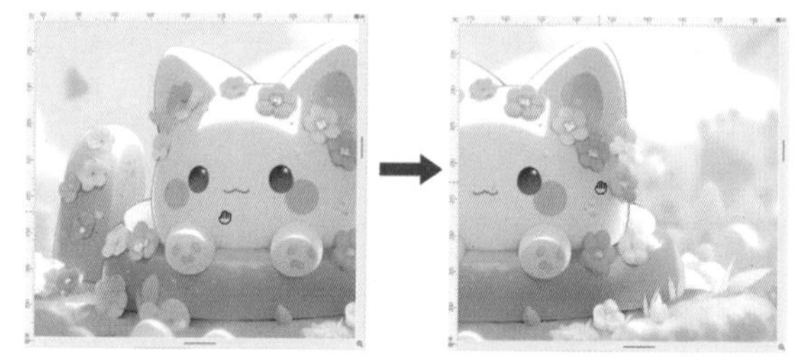

图1-40　平移视图效果

1.2.5　使用辅助工具

标尺、网格和辅助线是CorelDRAW的辅助制图工具，主要用于帮助定位页面中图形的位置以及确定图形的大小。用户可以根据需要对页面中的标尺、网格和辅助线进行设置，以提高绘图的精确度和工作效率。

1. 网格

网格是由分布均匀的水平线和垂直线组成的，使用网格可以提高绘图的精确度。默认情况下，CorelDRAW没有显示网格，用户可以根据需要选择“查看”|“网格”|“文档网格”菜单命令，将其显示出来，如图1-41所示，再次选择该命令可以隐藏网格。

网格的样式并不是固定的，选择“工具”|“选项”菜单命令，打开“选项”对话框，单击右上方的“文档”按钮，在该对话框左侧选择“网格”选项，可以设置网格线的间距、显示方式和不透明度等，设置完成后单击OK按钮，如图1-42所示。

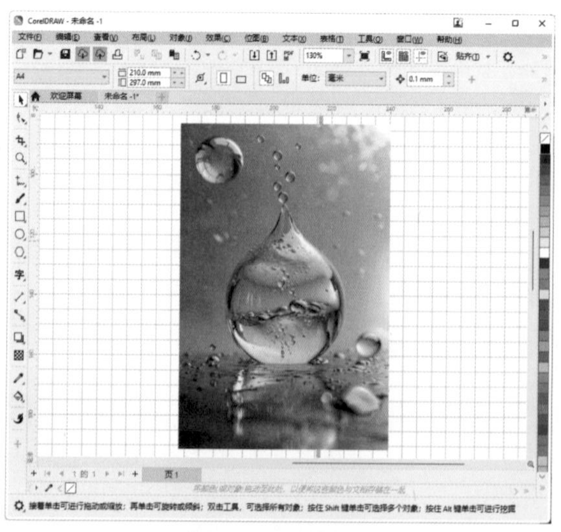

图1-41　显示网格

2. 标尺

标尺位于绘图区域的顶部和左侧，选择“查看”|“标尺”菜单命令，可以显示标尺，再次选择该命令可以隐藏标尺。

选择“工具”|“选项”菜单命令，打开“选项”对话框，单击右上方的“文档”按钮，然后在该对话框左侧选择“标尺”选项，可设置标尺的单位、微调距离和原始位置等，然后单击OK按钮，如图1-43所示。

图1-42　设置网格

图1-43　设置标尺

3. 辅助线

辅助线是虚拟的对象，用户借助辅助线可以更精确地绘制图形。显示标尺后，在工作区拖动左侧或上侧的标尺，即可创建水平或垂直的辅助线。用户可以拖动辅助线到绘图窗口的任意位置，并且对其进行选择、移动、旋转、复制、删除、锁定与解锁等操作，下面分别进行介绍。

- 选择辅助线：在工具箱中选择“选择工具”，单击可选择单条辅助线，选择的辅助线呈红色。按Ctrl+A组合键或选择“编辑”|“全选”|“辅助线”菜单命令，可选择全部辅助线。
- 移动辅助线：将鼠标光标移至选择的辅助线上，按住鼠标左键进行拖动，可移动辅助线。
- 旋转辅助线：在选择辅助线的基础上再次单击辅助线，将出现基点图标⊙与旋转图标，如图1-44所示。将旋转基点拖动到合适位置，再将鼠标指针移至辅助线两端的旋转图标上，按住鼠标左键进行拖动，即可旋转辅助线，以创建倾斜辅助线，如图1-45所示。

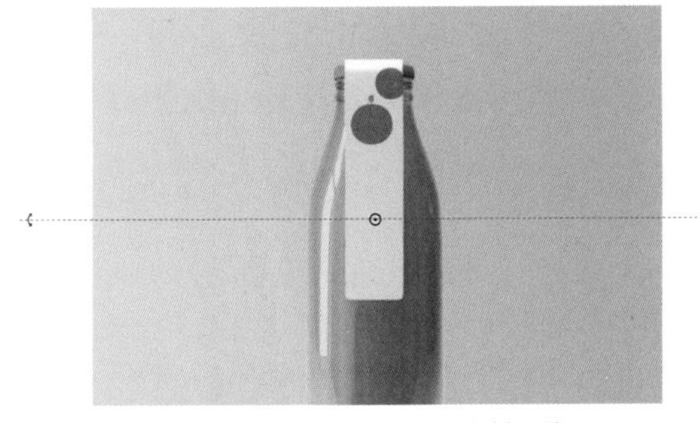

图1-44　基点图标与旋转图标

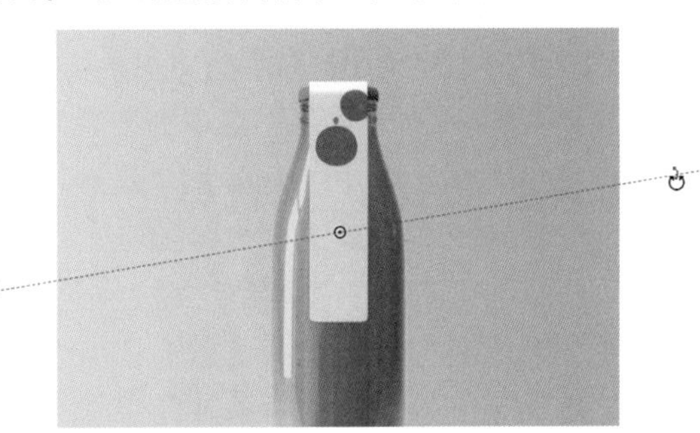

图1-45　旋转辅助线

练习实例：通过标尺添加辅助线

文件路径：第1章\添加辅助线

技术掌握：通过标尺添加辅助线

01 将鼠标指针移动到水平或垂直标尺上，按住鼠标左键向绘图区拖动，即可生成辅助线，如图1-46所示。

02 如果要旋转辅助线，可以选择辅助线，再单击一次辅助线，将鼠标移动到辅助线旋转图标中，按住鼠标进行拖动，可以旋转辅助线，如图1-47所示。

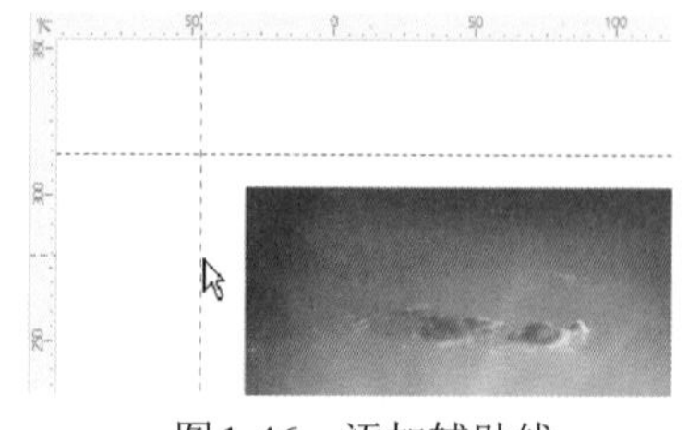

图1-46　添加辅助线

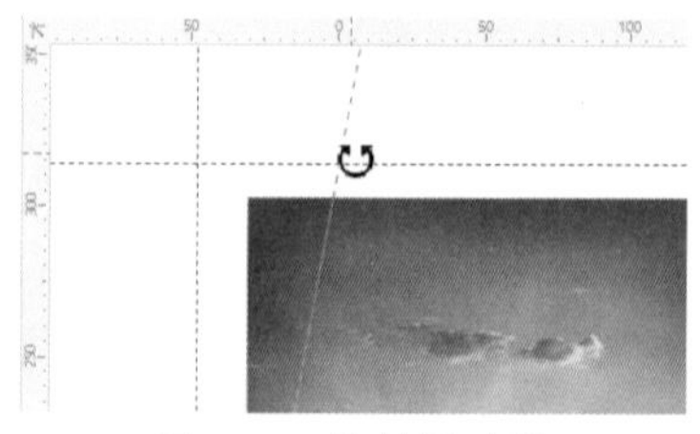

图1-47　旋转辅助线

03 在标尺中右击，在弹出的快捷菜单中选择“准线设置”命令，如图1-48所示。

04 在打开的“辅助线”泊坞窗中，用户可以设置辅助线的精确位置，包括设置水平或垂直辅助线的位置、旋转角度，如图1-49所示。单击“添加”按钮，可以添加一条新的辅助线；单击“修改”按钮，可以修改已有辅助线。

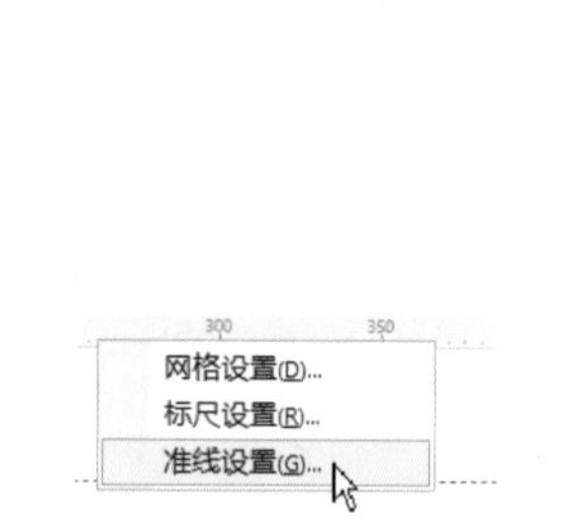

图1-48　选择“准线设置”命令

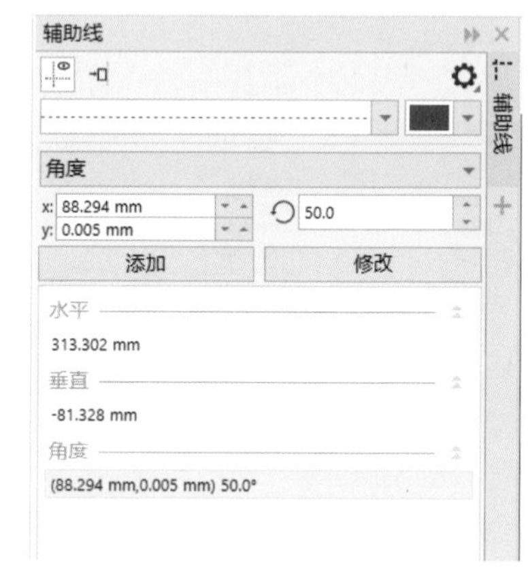

图1-49　设置辅助线位置

进阶技巧

如果要删除辅助线，可以选择该辅助线，直接按键盘中的Delete键。

1.2.6　撤销与重做

在编辑对象的过程中，如果前面的操作步骤出错时，可以使用“撤销”命令和“重做”命令进行撤销或重做操作。撤销与重做的方法有以下2种。

- 选择“编辑”|“撤销”菜单命令，可以撤销前一步的编辑操作，或者按Ctrl+Z组合键进行快速操作；选择“编辑”|“重做”菜单命令，可以重做当前撤销的操作步骤，或者按Ctrl+Shift+Z组合键进行快速操作。
- 单击标准工具栏中“撤销”后面的下拉按钮，将打开可以撤销的步骤选项，单击撤销的步骤名称，可以快速撤销该步骤与之后的所有步骤；单击“重做”按钮后面的下拉按钮，将打开可以重做的步骤选项，单击重做的步骤名称，可以快速重做该步骤与之前的所有步骤。

1.2.7　保存与关闭文档

编辑完文件后，为了避免文件内容丢失，应及时将文件保存到计算机磁盘中。若不再编辑该文件，则需要关闭文件，提高计算机的运行速度。

1. 保存文件

保存文件有以下几种操作方法。

- 选择“文件”|“保存”菜单命令，或按Ctrl+S组合键。
- 在标准工具栏上单击“保存”按钮。
- 选择“文件”|“另存为”菜单命令，或按 Ctrl+Shift+S组合键。

使用以上操作时，若是首次保存文件，将打开“保存绘图”对话框。在其中设置文件名称、位置和类型后，单击“保存”按钮，即可将该文件保存到设置的位置，如图1-50所示。

知识点滴

若在操作过程中直接保存文件，将不会打开“保存绘图”对话框，文件自动保存到之前保存的位置。若选择“文件”|“另存为”菜单命令，可以再次打开“保存绘图”对话框进行保存设置。

2. 关闭文件

关闭文件有以下几种操作方法。

- 在文件名标签后单击“关闭”按钮，关闭当前编辑的文件。
- 选择“文件”|“关闭”菜单命令，关闭当前编辑的文件。
- 选择“文件”|“全部关闭”菜单命令，关闭当前打开的所有文件。

若关闭未保存的文件，系统将打开对话框提示用户是否要保存文件，如图1-51所示。单击“取消”按钮，将取消关闭操作；单击“否”按钮，将关闭且不保存文件；单击“是”按钮，将打开“保存绘图”对话框进行保存。

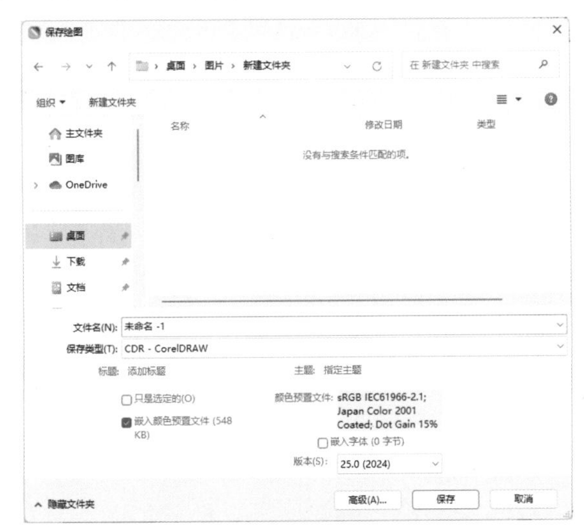

图1-50　“保存绘图”对话框

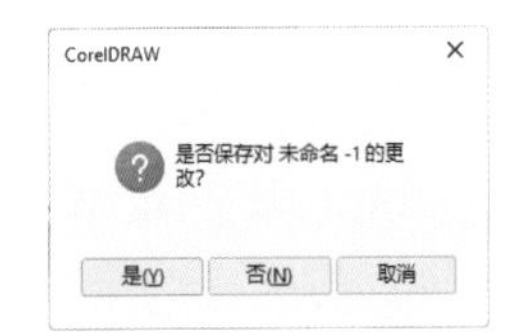

图1-51　提示对话框

1.3 课堂案例：制作生日会邀请卡

文件路径：第1章\制作生日会邀请卡

技术掌握：从模板新建文件、导入和导出设置

案例效果

本节将应用本章所学的知识，制作生日会邀请卡，巩固之前所学的新建文件、导入和导出对象，以及保存文件等知识。本案例的效果如图1-52所示。

图1-52 生日会邀请卡

操作步骤

01 选择“文件”|“从模板新建”菜单命令，打开“创建新文档”对话框，选择新建名片的模板文档，然后单击“打开”按钮，如图1-53所示。

02 在打开的文档中将背景网格删除，效果如图1-54所示。

图1-53 “创建新文档”对话框

图1-54 删除网格

03 删除模板中的文本，在工具箱中选择“文本工具”字，然后在圆环中输入中文和英文文字，设置英文字体为Snap ITC、中文字体为方正少儿简体，填充文字颜色为白色，如图1-55所示。

04 继续输入人物名称以及时间地点等文字，设置字体为方正正中黑简体，填充文字颜色为白色，排列文字效果如图1-56所示。

05 选择“文件”|“导入”菜单命令，打开“导入”对话框，选择“蛋糕”素材图片，然后单击“导入”按钮，如图1-57所示。

06 返回工作区中进行单击，即可导入图片，然后将蛋糕图像放到文字右侧，效果如图1-58所示。

图1-55 创建文字

图1-56 创建其他文字

图1-57 选择并导入素材

图1-58 导入蛋糕图像

07 选择所有对象，选择“文件”|“导出”菜单命令，打开“导出”对话框，设置保存位置后，输入导出文件名称，再选择保存类型为jpg，如图1-59所示，然后单击“导出”按钮，将得到JPG格式图像效果。

08 选择“文件”|“保存”菜单命令，在打开的“保存绘图”对话框中设置文件保存位置和名称，如图1-60所示，然后单击“保存”按钮，完成本实例的制作。

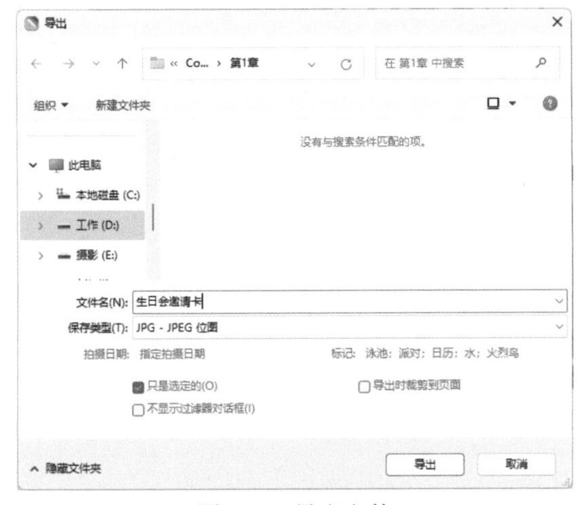

图1-59 导出文件

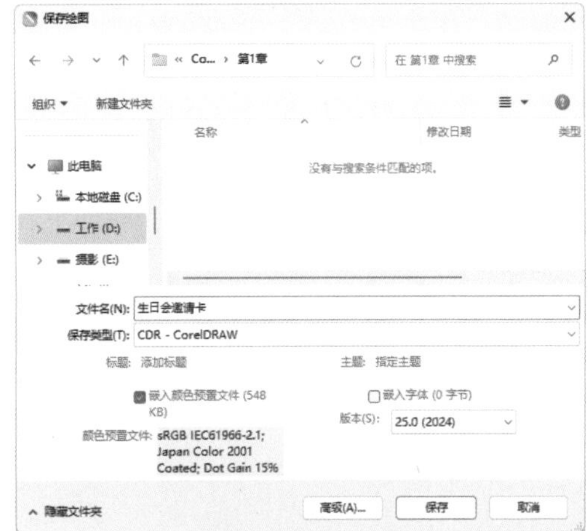

图1-60 保存文件

1.4 高手解答

问：为什么有些CDR文件不能在CorelDRAW软件中打开呢？

答：因为CorelDRAW文件不能向上兼容。在打开CorelDRAW图形文件时，可使用高版本的软件打开低版本软件制作的CorelDRAW文件，如CorelDRAW 2023可以打开CorelDRAW 2022制作的文件，但不能打开CorelDRAW 2024制作的文件。所以，在保存文件时，用户可在“保存绘图”对话框的“版本”下拉列表中选择较低的版本进行保存，如图1-61所示，便于CorelDRAW低版本软件打开该文件。

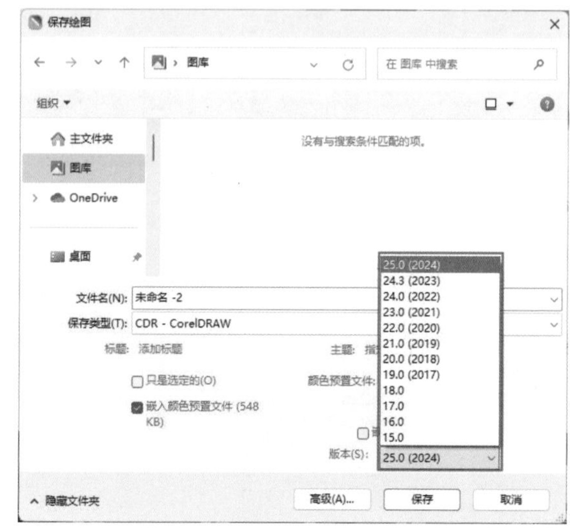

图1-61　选择所需版本进行保存

问：在缩放对象时，除使用“缩放工具”外，还有其他方法吗？

答：在查看图形对象过程中，还可以通过滚动鼠标滚轮，来放大或缩小鼠标指针所在的区域。

第 2 章
对象的操作

在学习使用CorelDRAW进行平面绘图的操作中，对象的操作是至关重要的内容，掌握对象的操作，有利于提高图形的创建效率。本章将详细讲解常用的对象操作，包括快速准确修改对象的方位与大小、复制与再制对象，以及锁定、解锁、隐藏与显示对象等。

◎ 练习实例：调整图案位置和角度
◎ 练习实例：使用“镜像”命令装饰边框
◎ 练习实例：使用“大小”命令控制对象
◎ 练习实例：复制文字属性
◎ 练习实例：快速旋转并复制对象
◎ 练习实例：调整对象前后顺序
◎ 练习实例：排列App界面
◎ 课堂案例：制作手机音乐播放界面

2.1 选择对象

在编辑文档的过程中，选择对象是编辑对象的第一步，CorelDRAW提供了多种选择对象的方法。

2.1.1 单击选择对象

选择工具箱中的“选择工具”，然后单击需选择的对象，在该对象四周将出现8个黑色控制点，表示对象被选中，用户可以对选择的对象进行移动、复制和变换等操作。

2.1.2 框选对象

选择工具箱中的“选择工具”，在空白处按住鼠标左键拖动一个虚线框，框选需要选择的对象，释放鼠标即可看见虚线框内的所有对象都被选中，如图2-1所示。

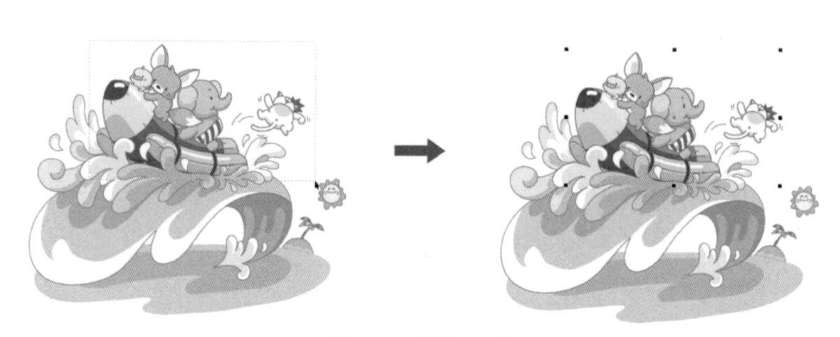

图2-1　框选对象

2.1.3 选择不相邻的对象

如果要选择不同位置的多个对象，可以使用“选择工具”先选择其中一个对象，然后按住Shift键，同时逐个单击其余的对象，即可选择多个不相邻的对象。

2.1.4 选择全部对象

选择全部对象有以下3种方法。

- 双击“选择工具”按钮。
- 按Ctrl+A组合键。
- 选择“编辑”|“全选”菜单命令，在弹出的子菜单中包括对象、文本、辅助线和节点4个命令，选择不同的命令将得到相应的选择结果。

2.2 变换对象

选择对象后，在该对象四周会出现黑色控制点，通过对控制点的操作可以快速变换对象。此外，还可以在属性栏中进行对象的垂直移动、水平移动、对象大小设置、缩放比例设置、旋转角度设置、水平与垂直镜像等操作，如图2-2所示。

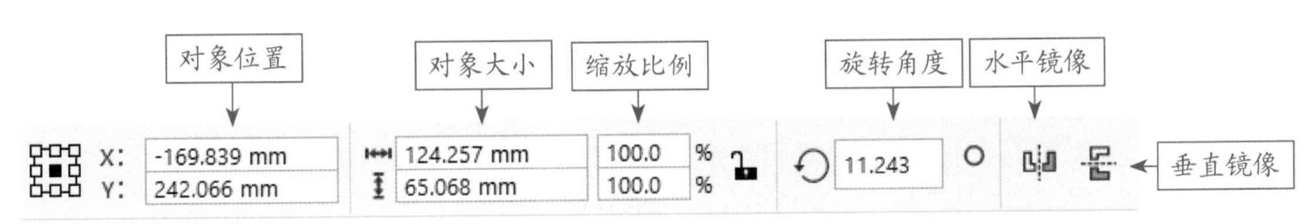

图2-2　选择对象后的属性栏

2.2.1　移动对象

选择需要移动的对象，当鼠标指针呈✥形状时，按住鼠标左键将对象拖动到合适的位置，然后释放鼠标，即可移动对象，如图2-3所示。

图2-3　移动对象

2.2.2　缩放对象

选择需要缩放的对象，拖动四角出现的控制点，可以等比例进行缩放，如图2-4所示；拖动四边中点出现的控制点，可以调整对象宽度或高度，如图2-5所示。

图2-4　等比例缩放对象　　图2-5　调整对象宽度

2.2.3　旋转对象

选择需要旋转的对象，单击一次该对象，对象中心点变为⊙形状，如图2-6所示，将鼠标指针移动至四角控制点的任意一角，光标呈↻形状，按住鼠标左键拖动至需要位置，然后释放鼠标，即可完成旋转，如图2-7所示。

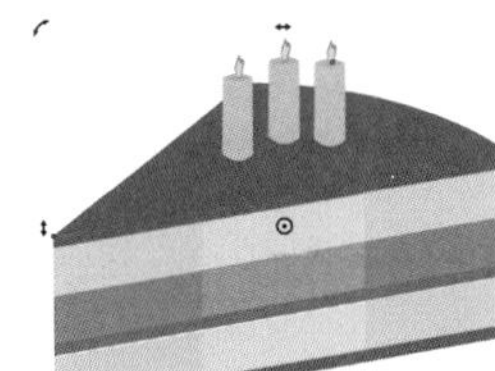

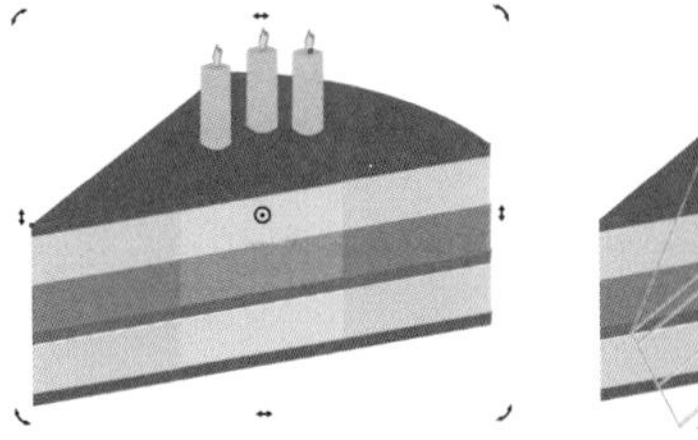

图2-6　旋转状态　　图2-7　拖动对象进行旋转

2.2.4　倾斜对象

选择需要倾斜的对象，单击一次该对象，将鼠标指针移动至对象上下左右中间的控制点中，当鼠标指针变为⇌形状时，按住鼠标左键进行拖动，当对象倾斜到一定角度后释放鼠标即可，如图2-8所示。

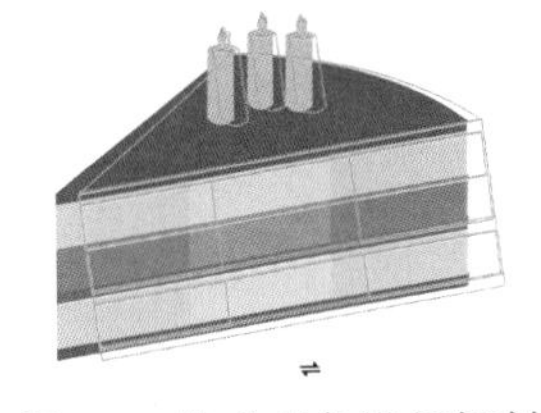

图2-8　拖动对象进行倾斜

练习实例：调整图案位置和角度

文件路径：第2章\调整图案位置和角度

技术掌握：移动和旋转对象、调整对象的倾斜度

01 新建一个文档，选择“矩形工具”□，在绘图区内按住鼠标左键进行拖动，绘制一个矩形，在属性栏中设置矩形大小为420mm×420mm，然后填充为绿色(#B9C746)，如图2-9所示。

02 导入“花朵1.cdr”素材图像，将其放到矩形的左上方，如图2-10所示。

03 使用“选择工具”单击选择该图案，按小键盘中的+键，在原地复制一次对象，然后按住鼠标左键向右下方拖动，移动对象位置，如图 2-11 所示。

图2-9　绘制矩形

图2-10　添加花朵1图像

图2-11　复制并移动对象

进阶技巧

选择“窗口”|“泊坞窗”|“变换”菜单命令，在打开的泊坞窗中可以设置精确的位置坐标，然后输入副本数量，复制并移动对象。

04 使用“选择工具”单击移动后的对象，对象四角出现控制点，选择右下角的控制点向内拖动，将对象等比例缩小，效果如图 2-12 所示。

05 导入“花朵 2.cdr”素材图像，将其放到绿色矩形中，如图 2-13 所示。

06 使用“选择工具”单击“花朵 2”，然后原地复制一次对象，并移动到矩形右上方，如图 2-14 所示。

图2-12　缩小对象

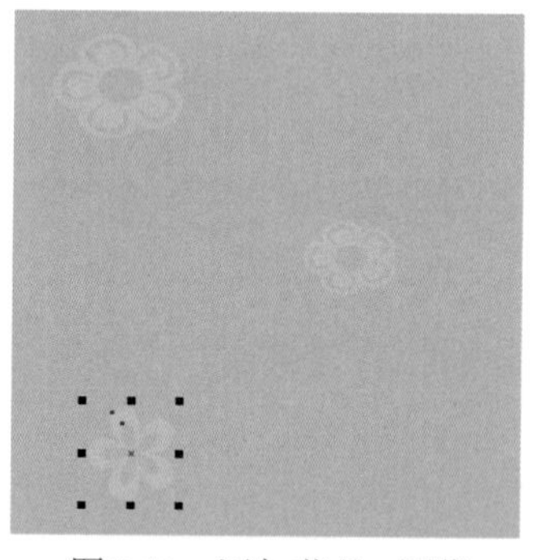
图2-13　添加花朵2图像

图2-14　复制并移动对象

07 选择移动后的对象，再单击一次对象，将鼠标指针移动至对象下方中间的控制点中，当鼠标指针变为⇌形状时，按住鼠标左键向左侧拖动，将对象倾斜，如图 2-15 所示，使用相同的方法，继续复制并移动部分花朵图像放到矩形其他位置。

08 导入“卡通动物.cdr”素材图像，将其放到矩形右下方，然后使用“文本工具”字在画面左上方输入文字“Hello”，如图 2-16 所示。

09 再次单击文字，将鼠标放到文字右下角的控制点中，当鼠标指针变为↻形状时，按住鼠标左键拖动，对文字进行旋转，如图 2-17 所示，完成本练习的操作。

图2-15　倾斜对象

图2-16　添加文字

图2-17　旋转对象

2.2.5　镜像对象

选择对象后，单击属性栏中的“水平镜像”按钮或“垂直镜像”按钮，可以对对象进行镜像操作，也可以通过泊坞窗来完成镜像操作。

练习实例：使用“镜像”命令装饰边框

文件路径：第 2 章\使用“镜像”命令装饰边框

技术掌握：镜像工具的运用

01 新建一个文档，选择“矩形工具”，绘制一个矩形，在属性栏中单击“倒棱角”按钮，再设置圆角半径为20mm，如图2-18所示，填充为深红色(#750008)，效果如图2-19所示。

02 打开“花边1.cdr”素材文件，将花边图形复制并粘贴到新建文档中，适当缩小花边图形，然后将其移动到红色图形左上方，如图2-20所示。

图2-18　设置倒棱角矩形参数

图2-19　填充倒棱角矩形为深红色

图2-20　添加花边图形

03 选择“窗口”|“泊坞窗”|“变换”菜单命令，打开“变换”泊坞窗，单击“缩放和镜像”按钮，单击“垂直镜像”按钮，设置副本为1，如图2-21所示。单击“应用”按钮，得到垂直镜像的复制对象，将其向下移动，放到如图2-22所示的位置。

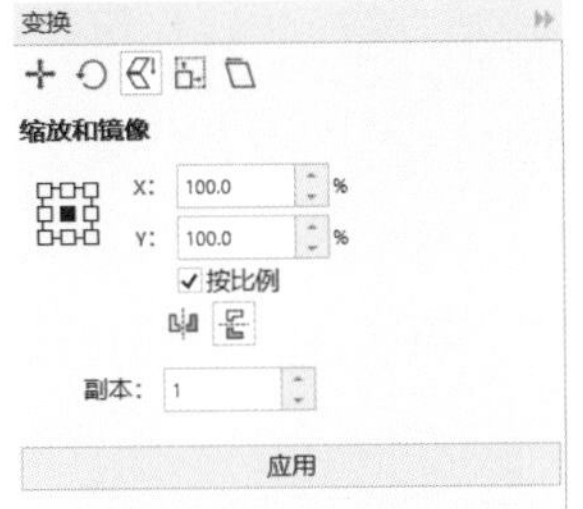

图2-21　设置垂直镜像

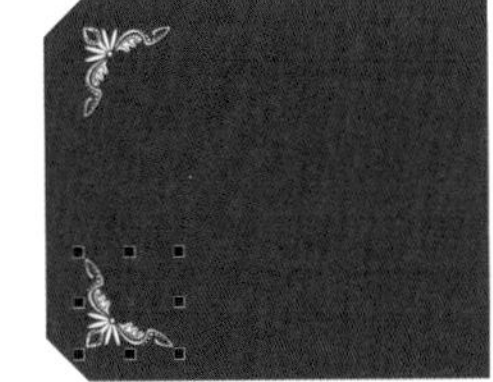

图2-22　垂直镜像效果

04 使用“选择工具”框选两个花边图形，在“变换”泊坞窗中单击“水平镜像”按钮，设置副本为1，如图2-23所示，单击“应用”按钮，得到水平镜像的复制对象，将其向右侧移动，放到倒棱角矩形右边缘处，如图2-24所示。

05 打开“花边2.cdr”素材文件，将花边图形复制并粘贴到当前编辑的文档中，然后移动到倒棱角矩形上方，适当调整花边大小，如图2-25所示。

06 选择花边对象，按住Ctrl键，向下拖动中间的控制点，并进行右击，得到垂直镜像的复制对象，如图2-26所示。

07 将镜像复制后的对象向下移动，放到画面底部，如图2-27所示。

08 选择“文本工具”字，在画面中输入文字，并在属性栏中设置字体为“方正清刻本悦宋简体”，填充为白色，再适当倾斜文字。然后打开“人物.cdr”素材文件，将人物图形复制并粘贴到当前编辑的文档中，放到文字左侧，如图2-28所示，完成本例的操作。

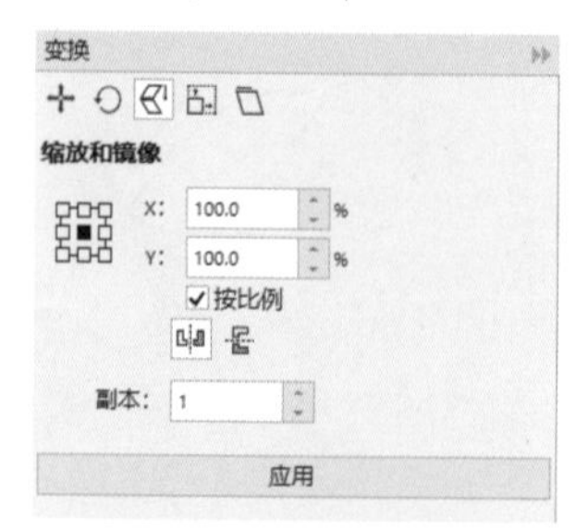

图2-23　设置水平镜像

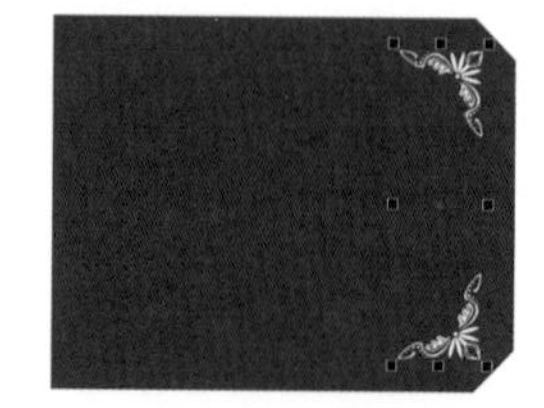

图2-24　水平镜像效果

图2-25　添加花边图形

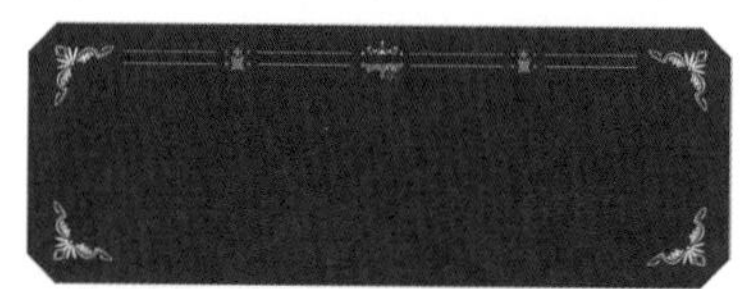

图2-26　垂直镜像对象

图2-27　移动图形

图2-28　添加文字和素材图形

2.2.6　精确控制对象大小

在CorelDRAW中可以通过参数的设置来精确控制对象大小，主要方法有以下两种。

- 选择对象，在属性栏的“对象大小”文本框内可输入宽度和高度数值，如图2-29所示。单击按钮，可以在缩放和调整对象大小时保留原来的宽高比；当该按钮呈形状时，则表示调整对象时将不受宽高比的限制。
- 选择对象，选择“窗口”|“泊坞窗”|“变换”菜单命令，或按Alt+F7组合键可打开“变换”泊坞窗，单击“大小”按钮，在W和H后面的文本框中输入宽度和高度参数，再选择相对缩放中心，最后单击“应用”按钮，完成对象的精确控制操作，如图2-30所示。

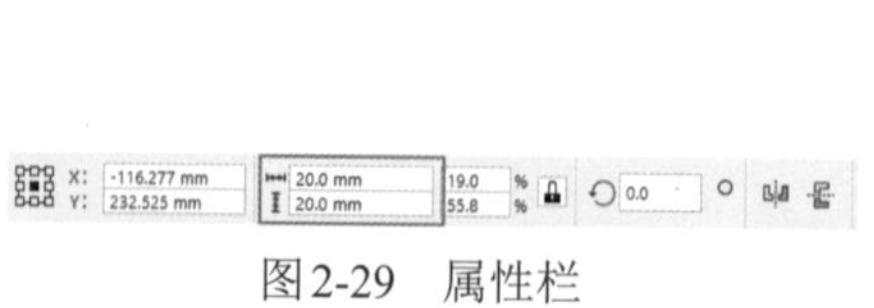

图2-29　属性栏

图2-30　“变换”泊坞窗

练习实例：使用“大小”命令控制对象

文件路径：第2章\使用“大小”命令控制对象

技术掌握：精确控制对象大小与距离

01 新建一个文档，设置页面方向为横向，双击“矩形工具”，得到一个与页面相同大小的矩形，填充矩形为沙黄色(#FBD7A3)，然后导入“水果.png”素材图像，将其放在矩形中，如图2-31所示。

02 选择“窗口”|“泊坞窗”|“变换”菜单命令，打开“变换”泊坞窗，单击“大小”按钮，然后设置缩放位置为左侧，再设置宽度为55mm，高度参数将等比例调整，如图2-32所示。单击“应用”按钮，得到缩小后的效果，如图2-33所示。

图2-31　绘制背景并添加水果图形

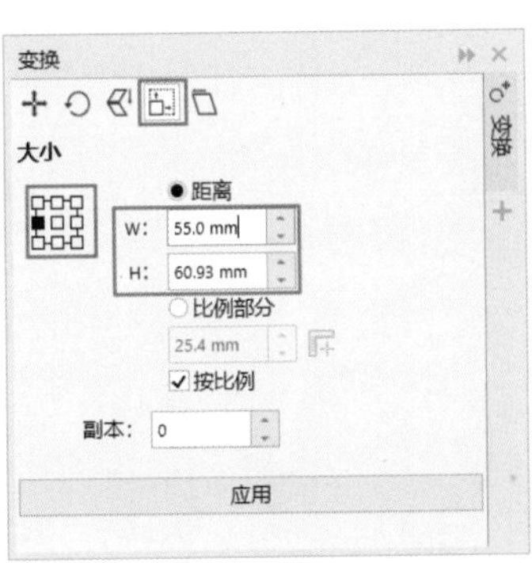

图2-32　设置变换参数

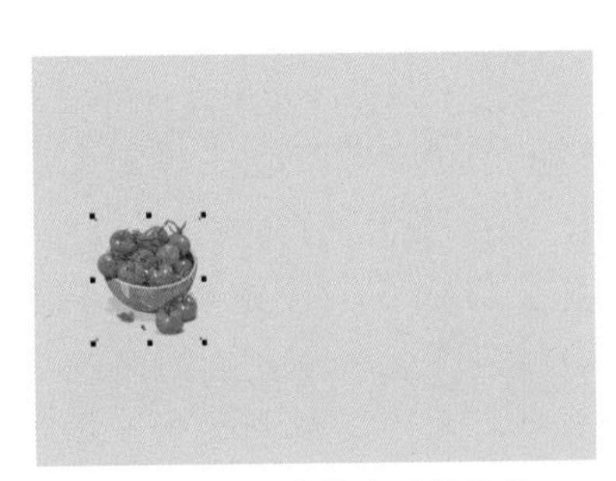

图2-33　图像缩小后的效果

03 在“变换”泊坞窗中改变宽度为66mm，再设置副本为2，如图2-34所示，单击“应用”按钮，得到复制并放大的图形，将复制好的缩放对象按从小到大的顺序进行排列，得到如图2-35所示的效果。

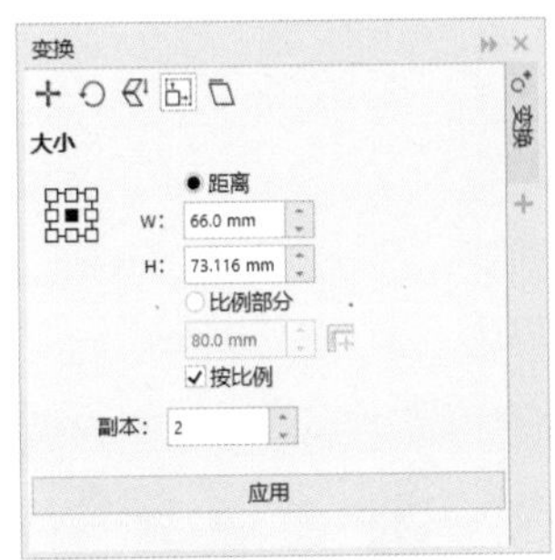

图2-34　改变参数

图2-35　排列图像

2.3　对象的复制与再制

在绘制设计图的过程中，经常会遇到多个相同的对象，这时可采用复制的方法来简化绘制的步骤。除常见的基本复制外，还可以进行对象再制、复制对象属性和多重复制等操作，下面分别进行介绍。

2.3.1　对象的复制

在CorelDRAW中，为对象提供了多种基本复制的方法，选择需要复制的对象后，可通过以下几种方法实现复制与粘贴操作。

- 在对象上右击，在弹出的快捷菜单中选择“复制”命令，然后在目标位置右击，在弹出的快捷菜单中选择“粘贴”命令即可复制所选择的对象。
- 选中对象，按快捷键Ctrl+C将对象复制到剪贴板上，再按快捷键Ctrl+V进行原位置粘贴。

- 选择对象，按小键盘中的+键，即可原位复制一次对象。
- 按住鼠标左键不放并将图形拖动到所需位置，然后进行右击，即可在指定的位置得到复制的对象。

2.3.2 对象属性的复制

复制对象属性是指将对象的轮廓笔、轮廓色、填充和文本属性应用到其他对象上。

练习实例：复制文字属性

文件路径：第2章\复制文字属性
技术掌握：对象属性的复制操作

01 打开“文字.cdr”素材文件，选择需要复制属性的对象，如图2-36所示中的VIP字母，然后选择“编辑”|“复制属性自”菜单命令，打开“复制属性”对话框，选择要复制的属性类型，选中“轮廓笔”“轮廓色”和“填充”复选框，如图2-37所示。

图2-36 选择需复制的对象

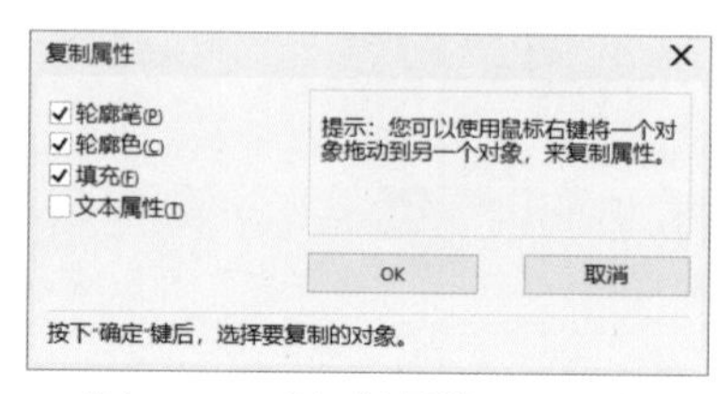

图2-37 “复制属性”对话框

- 轮廓笔：复制轮廓线的宽度和样式。
- 轮廓色：复制轮廓线使用的颜色属性。
- 填充：复制对象的填充颜色和样式。
- 文本属性：复制文本对象的字符属性。

02 设置完成后，单击OK按钮，当鼠标呈➧状态时，单击需要复制属性的对象，如图2-38所示中的F字母，进行属性复制后的效果如图2-39所示。

图2-38 单击需要复制属性的对象

图2-39 复制效果

2.3.3 对象的再制

对象再制可以通过指定偏移值，直接将对象按一定规律创建出多个副本，而不需要使用复制粘贴操作得到副本。

练习实例：快速旋转并复制对象

文件路径：第2章\快速旋转并复制对象
技术掌握：对象的再制操作

01 打开“花瓣.cdr”素材文件，选择花瓣图形，然后单击该对象，将旋转中心点向下移动，如图2-40所示。

02 将鼠标放到控制点右上角，当光标形状变为形状时，按住鼠标左键拖动图形，然后右击，即可旋转并复制该对象，如图2-41所示。

03 选择复制的花瓣，选择“编辑”|“生成副本”菜单命令，或按Ctrl+D组合键，即可得到一个旋转复制的对象，如图2-42所示。

04 重复按Ctrl+D组合键，即可得到旋转复制的对象，如图2-43所示。

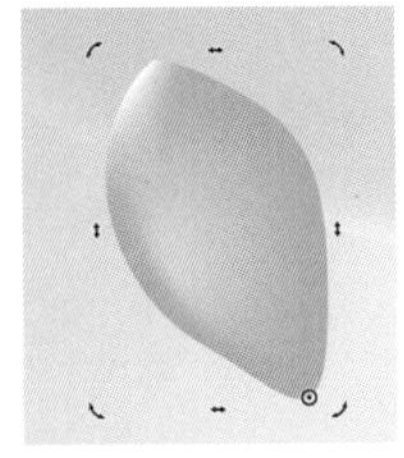
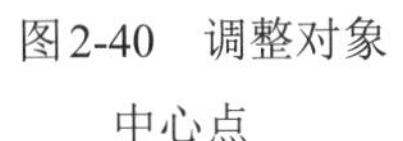
图2-40　调整对象中心点

图2-41　旋转复制对象

图2-42　再制对象

图2-43　重复操作效果

2.3.4　步长与重复

使用“步长与重复”命令不仅可以设置对象重复的数量，还可以设置对象偏移的值和重复各对象的间距、方向。

选择需要设置步长与重复的对象，再选择“编辑”|“步长和重复”菜单命令，或按Ctrl+Shift+D组合键打开“步长和重复”泊坞窗，在其中进行相应设置，然后单击“应用”按钮，即可完成步长设置与复制对象的操作，如图2-44所示。

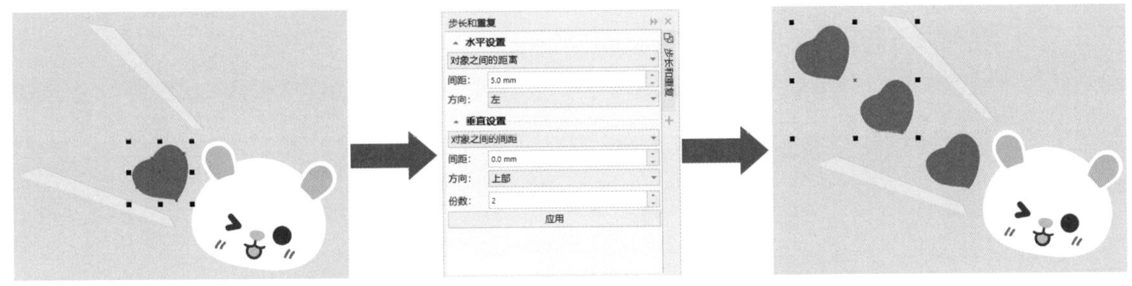

图2-44　使用“步长与重复”命令复制图形

- 对象之间的距离：在“类型”下拉列表框中选择“对象之间的距离”选项，表示以对象之间的距离进行再制。
- 间距：设置对象偏移的具体值或移动后对象间的距离。
- 方向：设置对象重复的方向，水平方向可以设置为左或右，垂直方向可以设置为上部或下部。
- 份数：设置再制的数量。

2.4　对象的控制

在编辑对象的过程中，用户可以对对象进行锁定与解锁、隐藏与显示、组合与取消组合、合并与拆分以及排序等操作。

2.4.1 锁定和解锁对象

在CorelDRAW中编辑图形的过程中，为了避免操作失误，可以将部分对象进行锁定，锁定的对象无法进行编辑也不会被误删，解锁该对象后可以继续编辑。

1. 锁定对象

选中需要锁定的对象并右击，在弹出的快捷菜单中选择“锁定”命令完成锁定，如图2-45所示，锁定后的对象锚点变为小锁形，如图2-46所示。

2. 解锁对象

在需要解锁的对象上右击，然后在弹出的快捷菜单中选择“解锁”命令可完成解锁，如图2-47所示。

图2-45　选择“锁定”命令　　图2-46　锁定对象　　图2-47　解锁对象

2.4.2 隐藏与显示对象

在文档编辑过程中，为了方便操作，可以将编辑完毕或不需要编辑的对象隐藏，隐藏的对象将不会出现在绘制区，编辑完成后则需要再次显示对象。

1. 隐藏对象

选择并右击需要隐藏的对象，在弹出的快捷菜单中选择“隐藏”命令，如图2-48所示，即可隐藏对象，如图2-49所示。

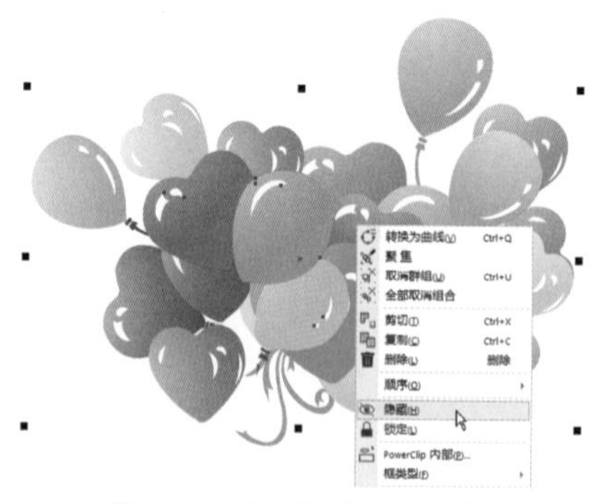

图2-48　选择“隐藏”命令

图2-49　隐藏对象

2. 显示对象

选择“对象”|“隐藏”|“显示所有对象”菜单命令，可以显示隐藏的对象。

2.4.3 组合与取消组合对象

复杂的图像由很多独立对象组成，用户可以将对象编组进行统一操作，也可以取消组合来编辑单个对象。

1. 组合对象

选择需要组合的两个或多个对象，然后选择“对象”|“组合”|“组合对象”菜单命令，或按Ctrl+G组合键，即可将选择的对象组合在一起，如图2-50所示。此外，单击属性栏中的“组合对象”按钮，或右击选择的对象，在弹出的快捷菜单中选择“组合”命令，也可以对所选对象进行组合，如图2-51所示。

图2-50　组合对象

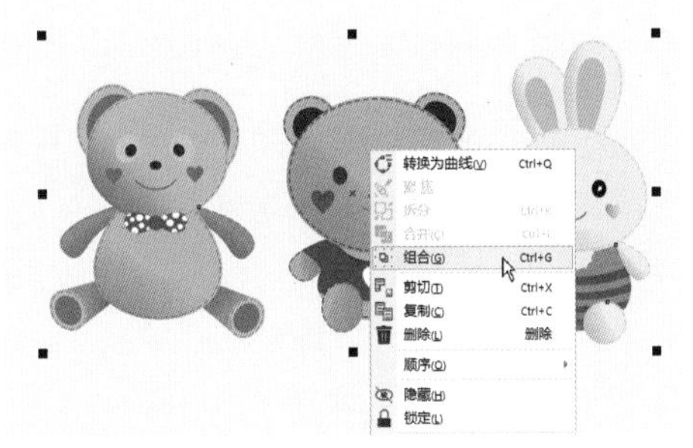

图2-51　选择“组合”命令

2. 取消组合对象

选中需要取消组合的对象，然后进行右击，在弹出的快捷菜单中选择“取消群组”命令，即可将组合的对象解组，如图2-52所示。用户也可以按Ctrl+U组合键，或单击属性栏中的“取消组合对象”按钮将组合对象解组。

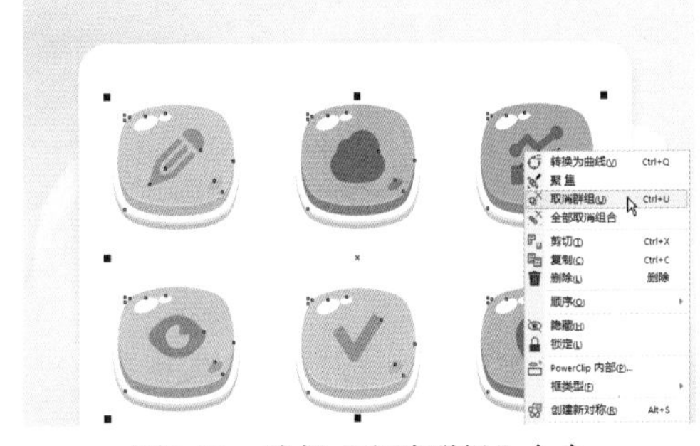

图2-52　选择“取消群组”命令

3. 取消全部组合

在CorelDRAW中有些组合对象中可能包含多个组合对象，如果需要一次将所有组合对象解组，可以先选择该组合，然后选择“对象”|“组合”|“全部取消组合”菜单命令，或单击属性栏中的“取消组合所有对象”按钮，可以将所有的组合对象解组。

知识点滴

取消组合之后，对象之间的位置关系、前后顺序等不会发生改变。

2.4.4　对象的排序

在编辑图像时，经常会通过对象排序的方式组成图案或体现图像效果。选中相应的对象，选择“对象”|“顺序”菜单命令，在子菜单选择相应的命令即可进行顺序调整，如图2-53所示，在右击菜单中也可以执行相同的命令。

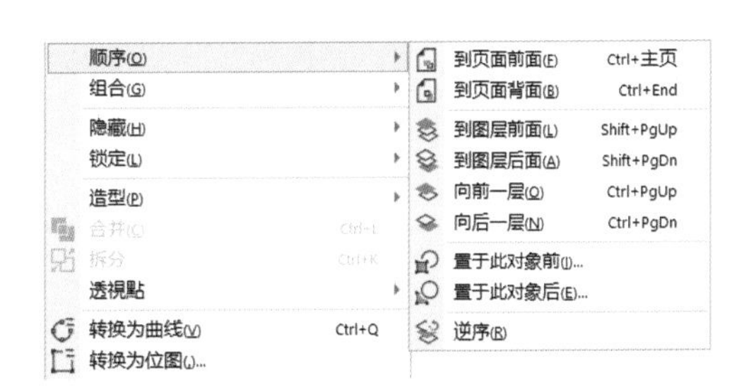

图2-53　“顺序”菜单命令

- 到页面前面/背面：将所选对象调整到当前页面的最前面或最后面。
- 到图层前面/后面：将所选对象调整到当前页所有对象的最前面或最后面。
- 向前/后一层：所选对象将逐层调整上下顺序。
- 置于此对象前/后：选择该命令后，光标将变为➡形状，单击目标对象，可以将所选对象置于该对象的前面或后面。
- 逆序：选中需要颠倒顺序的对象，使用该命令可以将对象按相反的顺序进行排列。

练习实例：调整对象前后顺序

文件路径：第2章\调整对象前后顺序

技术掌握：对象的排序操作

01 新建一个文档，选择“椭圆形工具”◯，绘制两个椭圆形，填充大椭圆形为橘黄色(#F9B728)，轮廓线为黑色，填充小椭圆形为黄色，无轮廓线颜色，如图2-54所示。

02 打开“树叶.cdr”素材文件，将树叶图形复制并粘贴到新建文档中，放到圆形上方，如图2-55所示。

03 选择“对象”|“顺序”|“向后一层”菜单命令，将树叶放到下一层，效果如图2-56所示。

04 打开“眼睛嘴巴.cdr”素材文件，将眼睛和嘴巴图形复制并粘贴到文档中，并放在橘黄色椭圆形中，如图2-57所示。

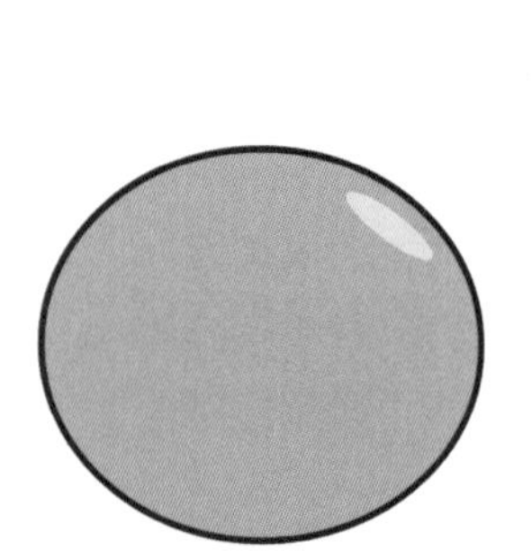
图2-54　绘制椭圆形

图2-55　添加树叶图形

图2-56　调整树叶顺序

图2-57　添加图形

05 打开“身体.cdr”素材文件，将身体图形复制粘贴到文档中，并放在橘黄色圆形下方。选择该对象并右击，在弹出的快捷菜单中选择“顺序”|“置于此对象后”菜单命令，如图2-58所示。当光标变为➡形状时，单击橘黄色椭圆形，如图2-59所示，即可将其放到椭圆形下一层，如图2-60所示。

06 选择“椭圆形工具”◯，在卡通图像下方绘制一个椭圆形，填充为30%灰色，如图2-61所示。

07 选择“对象”|“顺序”|“到页面背面”菜单命令，将灰色椭圆形放到最后一层，得到阴影效果，如图2-62所示。

图2-58　调整对象顺序

图2-59　放置到下一层

图2-60　调整后的效果

图2-61　绘制椭圆形

图2-62　放到最后一层

2.4.5　合并与拆分对象

在CorelDRAW中，可以对多个对象进行合并，也可以对合并图形进行拆分。

1. 合并对象

合并对象是指将多个对象合并为一个属性相同的对象，这些对象的属性也会随之变化，成为一个全新的对象。选择需要合并的多个对象，如图2-63所示，然后选择“对象”|“合并”菜单命令，或按Ctrl+L组合键进行合并，效果如图2-64所示。

图2-63　图形合并前的效果

图2-64　图形合并后的效果

知识点滴

合并后对象的属性与合并前最底层对象的属性保持一致，拆分后属性无法恢复。合并对象的过程中，若采用依次选择对象的方式，合并后的对象将沿用最后被选择对象的属性。

2. 拆分对象

合并图形后，还可通过拆分对象将对象还原为多个相同属性的对象。其方法是：选择需要拆分的对象，然后选择“对象”|“拆分”菜单命令，或按Ctrl+K组合键，拆分后可以编辑各个对象或删除多余的对象。

知识点滴

“拆分”命令还可以将文本拆分为笔画或单个字符，或将添加的效果与原图形拆分，如轮廓图的拆分、阴影的拆分、喷涂图案的拆分等。

2.4.6 对齐与分布对象

在编辑对象的过程中，可以通过对齐与分布对象功能，将多个对象准确地排列、对齐，以得到具有一定规律的分布组合效果。其操作方法通常有如下两种。

- 选择多个需要分布与对齐的对象，然后选择“对象”|“对齐与分布”菜单命令，在弹出的子菜单中选择对应的分布与对齐命令，如图2-65所示。
- 选择多个需要分布与对齐的对象，选择“对象”|“对齐与分布”|“对齐与分布”菜单命令，或按Ctrl+Shift+A组合键打开“对齐与分布”泊坞窗，在其中单击所需的对齐按钮即可完成对齐与分布，如图2-66所示。

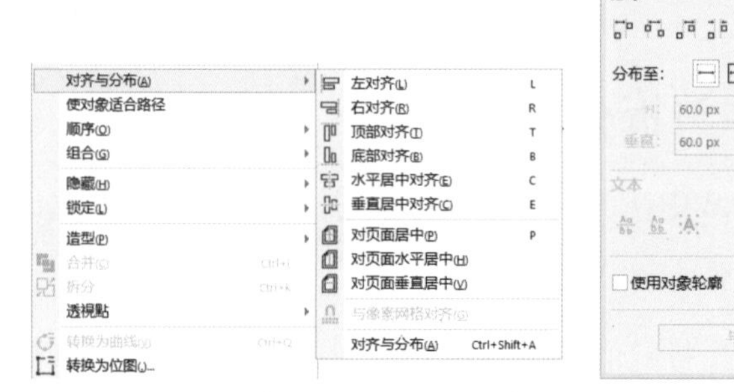

图2-65 “对齐与分布”菜单命令　图2-66 “对齐与分布”泊坞窗

练习实例：排列 App 界面

文件路径：第2章\排列App界面

技术掌握：对象的对齐与分布操作

01 新建一个文档，按Ctrl+I组合键，导入“App界面.jpg”图像，然后调整其大小，如图2-67所示。

02 打开“应用版块.cdr”素材文件，将其中的素材图形复制并粘贴到新建文档中，如图2-68所示。

03 选择有图案的三张图片放到界面中，分别确定第一张图片和第三张图片的位置，如图2-69所示。

图2-67 导入并调整界面图像

图2-68 添加图像

图2-69 确定图片位置

04 选择有图案的三张图片，然后按Ctrl+Shift+A组合键打开“对齐与分布”泊坞窗，在“分布至”选项组中单击“选定对象”按钮，再单击“分布”选项区域中的“水平分散排列间距”按钮，如图2-70所示，即可对选择的三张图片进行分布，效果如图2-71所示。

05 保持图片的选择状态，单击“对齐”选项区域中的“底端对齐”按钮，得到排列好的效果，如图2-72所示。

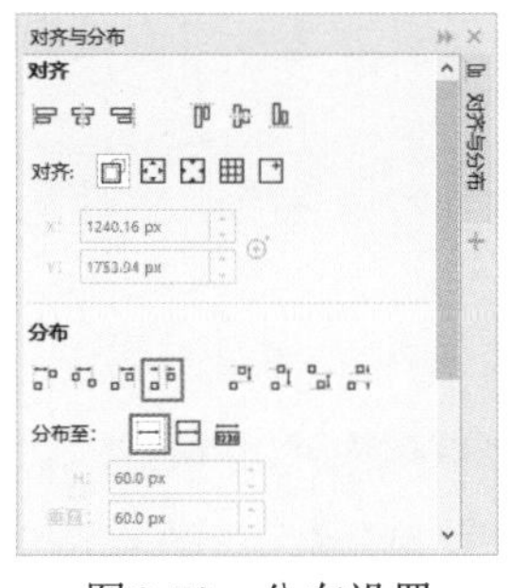

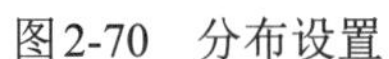
图2-70 分布设置

图2-71 分布对象后的效果

图2-72 对齐对象

06 选择导入的其他彩色块图形，分别将其放到界面下方，如图2-73所示。

07 按住Shift键，单击第一个彩色方块和上方的图片，同时选择这两个图片，然后选择“对象”|“对齐与分布”|“左对齐”菜单命令，或按L键，得到左对齐效果，如图2-74所示。

08 按住Shift键，单击最右侧彩色方块和上方的绿植图片，同时选择这两个图片，选择“对象”|“对齐与分布”|“右对齐”菜单命令，或按R键，得到右对齐效果，如图2-75所示。

09 选择所有彩色块对象，单击“对齐与分布”泊坞窗中的“水平分散排列间距”按钮和“顶端对齐”按钮，效果如图2-76所示。

10 使用矩形工具在界面左侧绘制一个矩形，填充为粉蓝色(#5368C4)，然后使用文本工具字输入多个栏目文字内容，如图2-77所示。

11 选择所有文字，单击“对齐与分布”泊坞窗中的“垂直分散排列间距”按钮和“水平居中对齐”按钮，得到的排列效果如图2-78所示。

12 打开素材文件“图标.cdr”，将图标复制、粘贴过来，将小图标放到文字左侧，将大图标分别放到彩色方块图像中，如图2-79所示。

13 选择界面左上方的小图标，再选择“直播”文字，按B键将小图标与文字底端对齐，对其他图标和文字内容进行相同的操作，使图标与邻近的文字底对齐，排列效果如图2-80所示。

14 选择左侧第一个彩色图块中的图标，再选择所属彩色块，按C键居中对齐对象，如图2-81所示。

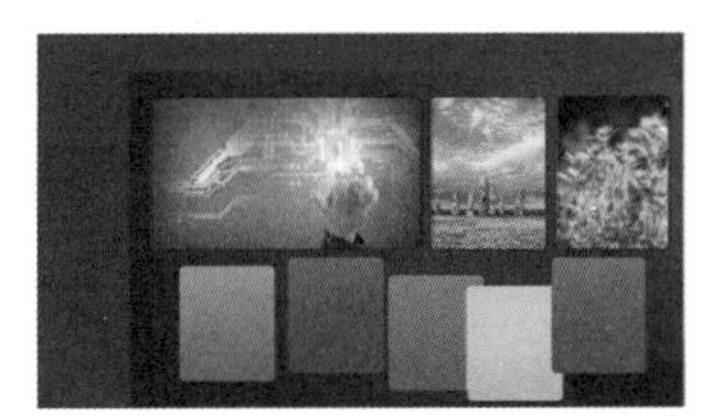
图2-73 放置其他彩色块

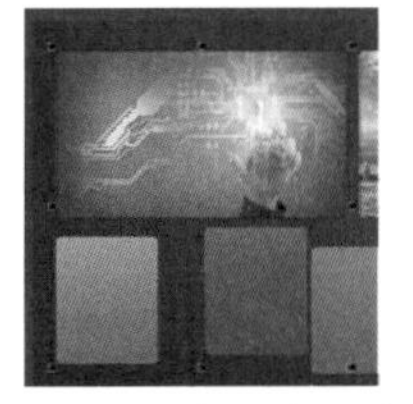
图2-74 左对齐对象

图2-75 右对齐对象

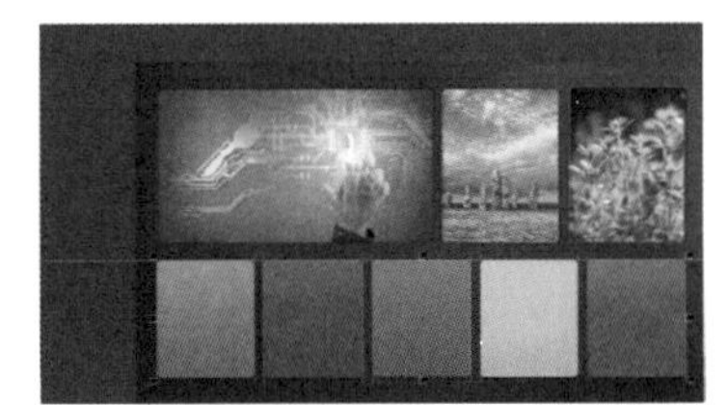
图2-76 对齐所有彩色块对象

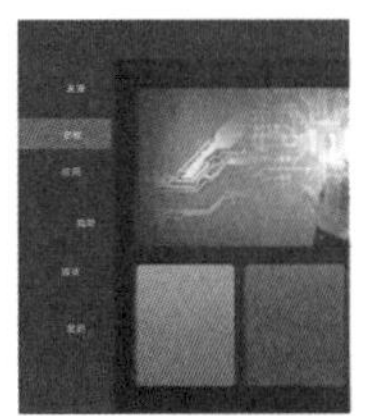
图2-77 输入文字

图2-78 对齐与分布文字

图2-79 添加图标

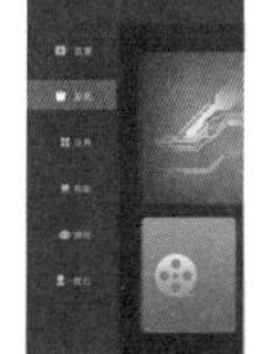
图2-80 对齐图标

图2-81 居中对齐

15 对其他色块和图标也进行相同的操作，使图标与所属色块居中对齐，然后选择所有大图标适当向上移动，效果如图2-82所示。

16 在彩色块中分别输入文字，按C键与图标进行水平居中对齐，然后选择所有彩色块中的文字，按E键进行垂直居中对齐，效果如图2-83所示。

17 在其他图像中创建文字内容和五角星，并对其应用左对齐操作，效果如图2-84所示。

图2-82　对齐图标

图2-83　输入并对齐文字

图2-84　输入其他文字

18 打开"搜索和WIFI.cdr"图标，将图标复制粘贴过来，并放到界面最上方，再输入其他文字，完成本实例的制作，最终效果如图2-85所示。

图2-85　最终效果

2.5　课堂案例：制作手机音乐播放界面

文件路径：第2章\制作手机音乐播放界面

技术掌握：对象的选择、移动、缩放和复制等操作

案例效果

本节将应用本章所学的知识，制作手机音乐播放界面，巩固之前所学的选择对象、复制对象、移动和缩放对象，以及组合对象等知识。本案例的效果如图2-86所示。

图2-86　手机音乐播放界面

操作步骤

01 新建一个文档，选择"矩形工具"，在绘图区内按住左键进行拖动，绘制一个矩形，然后在属性栏中设置宽度和高度为225mm×460mm，如图2-87所示。

02 选择"交互式填充工具"，按住左键从矩形左下方向右上方拖动，对矩形进行线性渐变填充，然后按Shift+F11组合键打开"编辑填充"对话框，设置渐变颜色从粉红色(#EE5875)到深蓝色(#223065)，效果如图2-88所示。

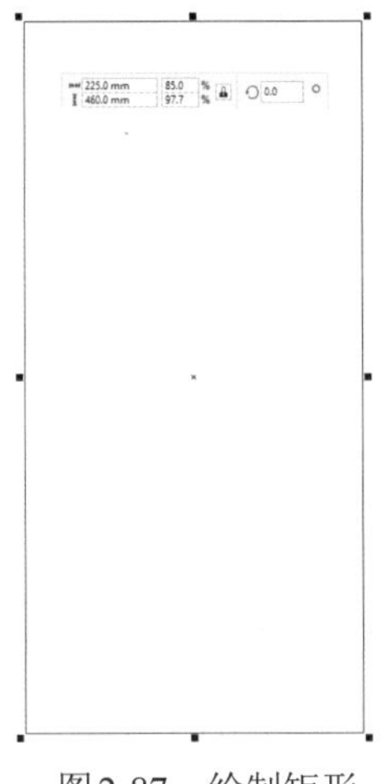

图2-87　绘制矩形

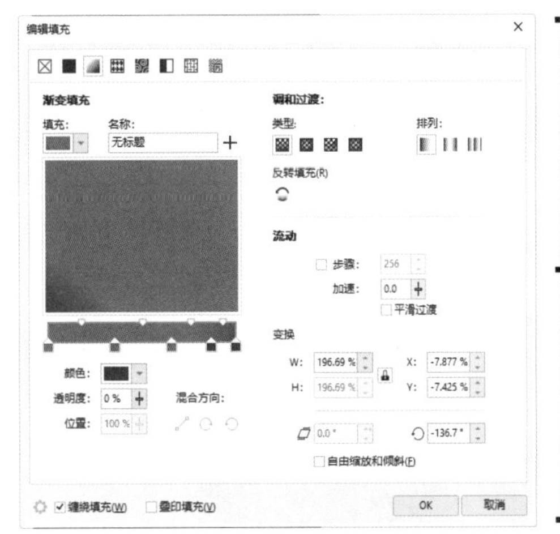

图2-88　渐变填充对象

03 选择渐变矩形，然后按小键盘中的+键，在原地复制一次对象，再将上方中间的控制点向下拖动，降低矩形高度，并修改填充颜色为黑色，如图2-89所示。

04 选择黑色矩形，在原地复制一次对象，并调整其高度，然后选择“透明度工具”，在属性栏中单击“均匀透明度”按钮，将不透明度设置为50，效果如图2-90所示。

05 再复制一次黑色矩形，将其向上移动，并调整矩形高度，然后使用“透明度工具”对其进行黑白线性渐变填充，如图2-91所示。

06 选择“手绘工具”，在界面上方绘制一条直线，然后按F12键打开“轮廓笔”对话框，设置轮廓线为粉红色(#A75275)，效果如图2-92所示。

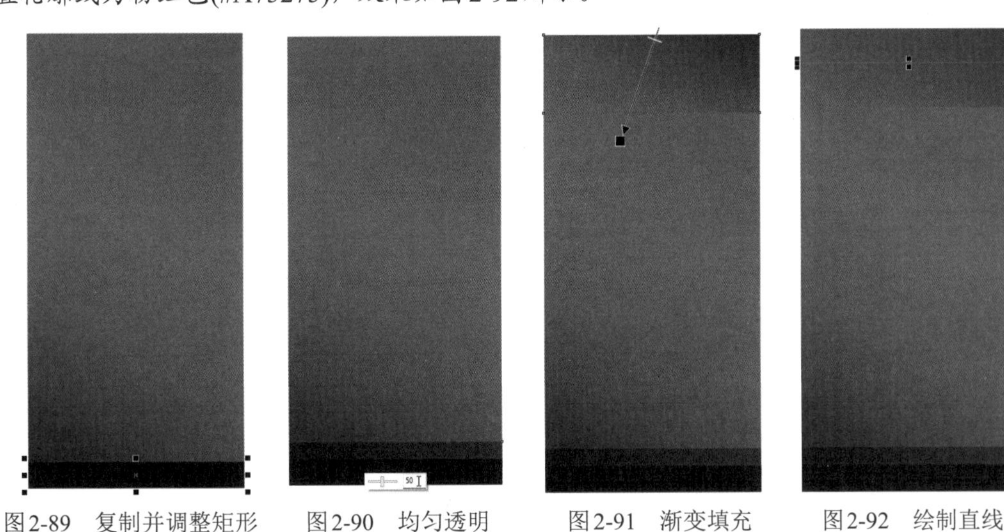

图2-89　复制并调整矩形　　图2-90　均匀透明　　图2-91　渐变填充　　图2-92　绘制直线

进阶技巧

“透明度工具”的使用方法和具体参数设置将在第8章中做详细介绍。

07 打开“图标.cdr”素材文件，框选两个图标，然后按Ctrl+C组合键复制对象，切换到当前编辑的图像文件中，再按Ctrl+V组合键粘贴对象，将其放到界面右上方，如图2-93所示。

08 选择“文本工具”字，在界面左上方分别输入时间和中英文文字，并在属性栏中设置字体为方正兰亭纤黑，填充颜色为白色，效果如图2-94所示。

09 选择“矩形工具”□，在文字下方绘制一个矩形，单击调色板中的白色进行颜色填充，然后右击调色板顶部的“无填充”按钮╱，取消轮廓线，效果如图2-95所示。

10 导入“玫瑰.jpg”素材图像，然后选择“对象”|“PowerClip”|“置于图文框内部”菜单命令，当鼠标变为➡形状时，单击白色矩形，将玫瑰图形置入矩形中，效果如图2-96所示。

图2-93　添加素材对象

图2-94　输入文字

图2-95　绘制矩形

图2-96　置入素材图像

11 选择“矩形工具”□，在玫瑰图形顶部绘制一个矩形，填充颜色为黑色，如图2-97所示。

12 使用“透明度工具”对绘制的矩形添加均匀透明效果，设置参数为50，效果如图2-98所示。

13 选择“钢笔工具”，绘制一个“<”形状，在属性栏中设置轮廓宽度为1.2mm，然后填充轮廓颜色为白色，如图2-99所示。

14 选择“窗口”|“泊坞窗”|“变换”菜单命令，在打开的“变换”泊坞窗中设置位置参数，再设置副本为1，然后单击“应用”按钮，在玫瑰图像右上方得到复制的“<”形状，如图2-100所示。

图2-97　绘制矩形

图2-98　应用透明效果

图2-99　绘制折线符号

图2-100　复制并移动对象

15 单击属性栏中的“水平镜像”按钮，水平翻转复制的对象，如图2-101所示。

16 使用“选择工具” 框选两个折线图形，然后按Ctrl+G组合键组合对象，如图2-102所示。

17 使用“文本工具” 字输入文字，并在属性栏中设置字体为方正兰亭纤黑，填充颜色为白色，适当调整文字大小，效果如图2-103所示。

图2-101　水平翻转对象

图2-102　组合对象

图2-103　输入文字

18 导入“按钮.psd”素材图像，将按钮图形放到界面下方，如图2-104所示。

19 选择白色按钮图像，按住Ctrl键，然后按住鼠标左键将其向右拖动到合适的位置，如图2-105所示。释放鼠标后，将得到复制的白色按钮。

20 选择复制的白色按钮，单击属性栏中的“水平镜像”按钮，水平翻转该按钮，效果如图2-106所示。

21 导入“进度条.png”素材图像，将其放到玫瑰图像下方，适当调整大小，如图2-107所示，完成音乐播放界面的制作。

图2-104　添加素材图像

图2-105　复制对象

图2-106　水平翻转对象

图2-107　添加素材图像

22 选择“位图”|“转换为位图”菜单命令，打开“转换为位图”对话框，如图2-108所示，保持默认设置，单击OK按钮，将图形转换为一张位图。

23 导入“手机背景.jpg”素材图像，将绘制的播放器界面图像移动到手机屏幕中，然后单击播放器界面图像，拖动右上方的旋转控制点对其进行旋转，再适当调整画面大小，如图2-109所示。

24 选择“封套工具”，在属性栏中单击“直线模式”按钮，然后调整图像四个角点，使其与手机屏幕的透视效果一致，如图2-110所示，完成本实例的制作。

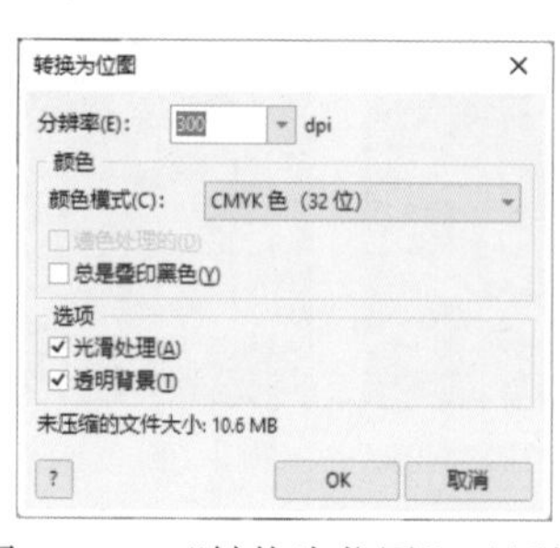

图2-108　“转换为位图”对话框　　图2-109　旋转并调整对象　　图2-110　完成效果

2.6　高手解答

问：在调整图像大小时，可以同时沿着水平和垂直方向对图像进行非等比例缩放吗？

答：可以同时沿着水平和垂直方向对图像进行非等比例缩放。例如，选择如图2-111所示的对象，然后按住Alt键拖动任意一角的控制点，即可同时沿着水平和垂直方向对该对象进行非等比例缩放，如图2-112所示。

图2-111　选择对象

图2-112　非等比例缩放对象

问：在“变换”泊坞窗中可以进行多种变换对象操作，其中各功能对应的快捷键是什么？

答：按Alt+F7可以进入位置操作；按Alt+F8可以进入旋转操作；按Alt+F9可以进入缩放和镜像操作；按Alt+F10可以进入大小操作。

问：在进行图像缩放时，怎么操作可以将对象以中心进行缩放？

答：按住Shift键对图像对象进行缩放时，便是以该对象的中心进行缩放的。

问：在使用再制功能创建多个副本对象时，如何控制再制对象的间距？

答：在使用再制功能创建多个副本对象时，可以在属性栏查看所选对象宽和高的数值，然后在“步长和重复”对话框里输入数值，输入数值小于对象的宽度时，对象重复效果为重叠；输入数值与对象宽度相同时，对象重复效果为边缘重合；输入数值大于对象宽度时，对象重复效果将有间距。

第 3 章

绘制与编辑线条

CorelDRAW提供了多种线条绘制工具，通过这些工具可以绘制直线或者各种形状的曲线，也可以绘制同时包含曲线和直线段的线条。本章将讲解CorelDRAW中线条图形的绘制与编辑方法，帮助读者掌握各类线条工具的应用方法。

◎ 练习实例：手绘直线和折线
◎ 练习实例：绘制折线和曲线
◎ 练习实例：为招牌添加装饰图案
◎ 练习实例：选择、添加和删除节点
◎ 练习实例：绘制花瓣图标
◎ 练习实例：绘制蜂蜜瓶标
◎ 练习实例：通过转换轮廓线绘制树枝
◎ 课堂案例：绘制水果标签

3.1 绘制线条

在CorelDRAW绘图操作中，线条是最基本的对象，可以创造出各种不同的图形。本节主要介绍使用各种线条工具绘制简单的线条与图形，以及绘制工具的属性设置。

3.1.1 认识线条

线条图形可以是封闭的线条，也可以是一条单独的曲线。线条图形可以通过"形状工具"进行编辑。用户可以使用绘图工具绘制线条图形，也可以将任何的矩形、多边形、椭圆以及文本对象转换成线条图形。

下面对线条图形的节点、线段、控制线和控制点等概念进行讲解。

- 节点：构成曲线的基本要素。可以通过调整节点、调整节点上的控制点来绘制和改变曲线的形状；可以通过在曲线上增加和删除节点使曲线的编辑更加简便；可以通过转换节点的性质，将直线和曲线的节点相互转换，使直线段转换为曲线段或使曲线段转换为直线段。
- 线段：指两个节点之间的部分。线段包括直线段和曲线段，直线段在转换成曲线段后，可以进行曲线特性的操作，如图3-1所示。
- 控制线：在绘制曲线的过程中，节点的两端会出现蓝色的虚线。选择"形状工具"，在已经绘制好的曲线的节点上单击鼠标左键，节点的两端会出现控制线。
- 控制点：在绘制曲线的过程中，节点的两端会出现控制线，在控制线的两端是控制点。通过拖曳或移动控制点可以调整曲线的弯曲程度，如图3-2所示。

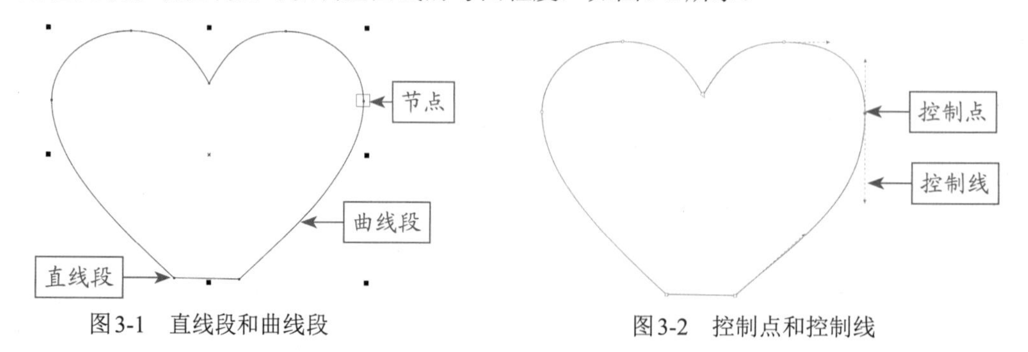

图3-1 直线段和曲线段

图3-2 控制点和控制线

3.1.2 手绘工具

使用"手绘工具"能自由绘制线条，绘制出来的线条并不规则。使用"手绘工具"绘制出直线或曲线后，还可以通过属性栏将其设置为不同的实线与虚线线条，以及带箭头符号的直线或曲线。

选择工具箱中的"手绘工具"，其属性栏如图3-3所示。

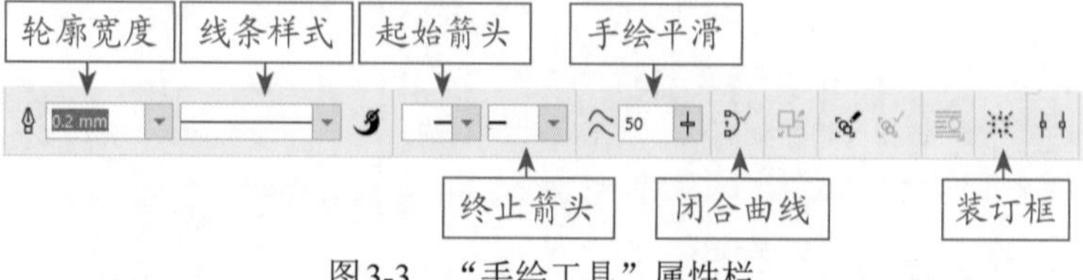

图3-3 "手绘工具"属性栏

- “起始箭头”与“终止箭头”：单击该下拉列表框右侧的按钮，在弹出的下拉列表框中可设置线条起始端与结束端的箭头样式，图3-4所示为起始箭头。
- 轮廓宽度：在该下拉列表框中可输入需要的粗细值，也可单击该数值框右侧的按钮，在弹出的下拉列表框中选择需要的线条粗细值。
- 线条样式：单击该下拉列表框右侧的按钮，在弹出的下拉列表框中可以选择实线与虚线线条样式。
- 闭合曲线：选择未闭合的线段，单击该按钮后，可以将起始节点与终止节点闭合，以便进行颜色填充，如图3-5所示。

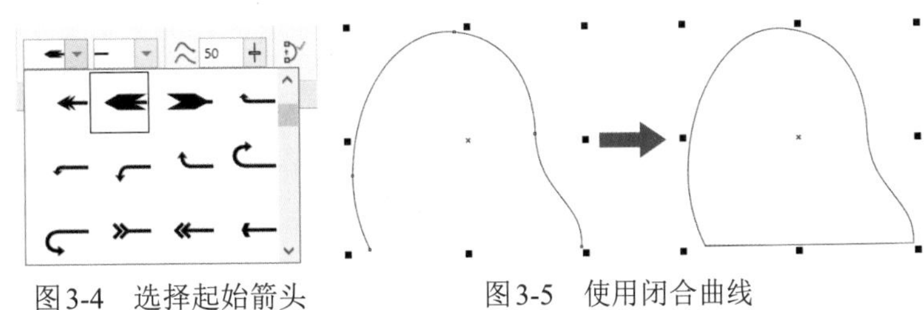

图3-4 选择起始箭头　　图3-5 使用闭合曲线

- 手绘平滑：用于设置手绘自动平滑的程度，值越大，绘制的曲线越平滑。
- 装订框：默认情况下，在绘制好曲线后，曲线四周会出现8个黑色的控制点，单击该按钮后将隐藏这8个控制点。

练习实例：绘制直线和折线

文件路径：第3章\绘制直线和折线

技术掌握：手绘工具的运用

01 选择“手绘工具”，当光标呈形状时，单击作为绘图起点，然后到适合的位置后再次单击一次，作为绘图结束点，即可绘制出一条线段，如图3-6所示。

02 单击第一段直线的终点，这样能确定出第二段直线的起点，然后移动光标到适合的位置再次单击鼠标，即可绘制出折线，如图3-7所示。

03 单击第二段直线段的终点，然后按住左键任意拖动，如图3-8所示，再单击折线的起始节点，可绘制出封闭的图形，如图3-9所示。

图3-6 绘制直线

图3-7 绘制折线

图3-8 手绘曲线

图3-9 闭合曲线

04 使用“手绘工具”绘制一条直线，然后在属性栏中设置“轮廓宽度”为0.2m，再单击“线条样式”下拉按钮，在弹出的下拉列表框中选择一种线条样式，如图3-10所示，效果如图3-11所示。

05 单击属性栏中的“终止箭头”下拉按钮，在其下拉列表框中选择一种箭头符号，如图3-12所示，可以设置线条的箭头样式，效果如图3-13所示。

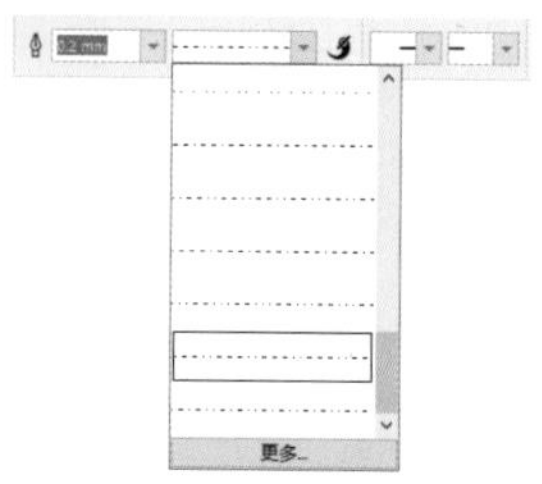
图3-10　选择线条样式

图3-11　线段效果

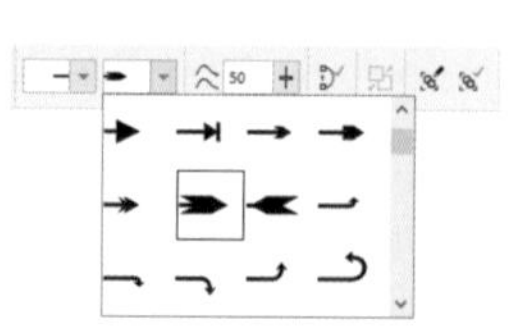
图3-12　选择箭头类型

图3-13　箭头效果

进阶技巧

在绘制直线时，按住Ctrl键，可以在水平或垂直方向的基础上，以15°的倍数为增量进行直线的绘制。

3.1.3　2点线工具

“2点线工具”位于“手绘工具”组中，专门用于绘制直线段，使用该工具还可直接创建与对象垂直或相切的直线。

选择工具箱中的“2点线工具”，在属性栏中设置需要绘制的2点线的类型，如图3-14所示，然后在工作区中按住鼠标左键并拖动至合适的角度及位置，再释放鼠标即可绘制2点线，在起始节点上按住鼠标左键并继续拖动可绘制连续的线段。

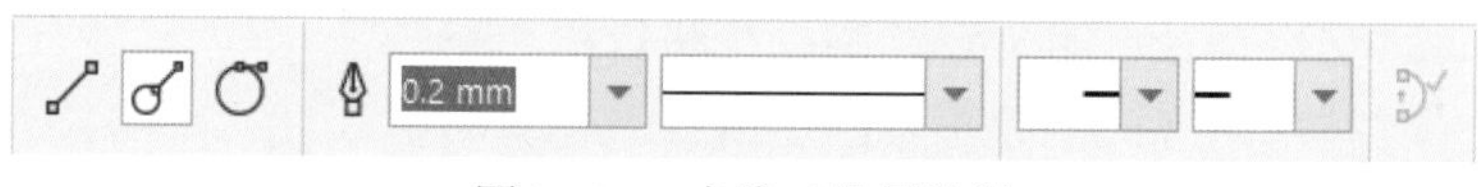

图3-14　2点线工具属性栏

- 2点线工具：可以通过连接起点和终点绘制一条直线。
- 垂直2点线：可以绘制一条与现有的直线或对象垂直的2点线，如图3-15所示。
- 相切的2点线：可以绘制与圆的直径垂直的线条，如图3-16所示。

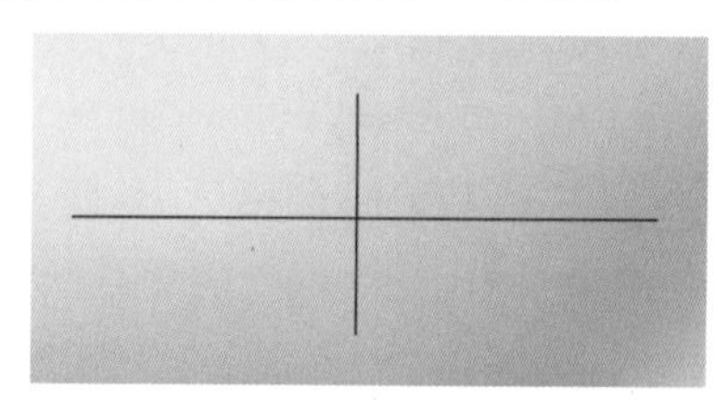
图3-15　垂直2点线

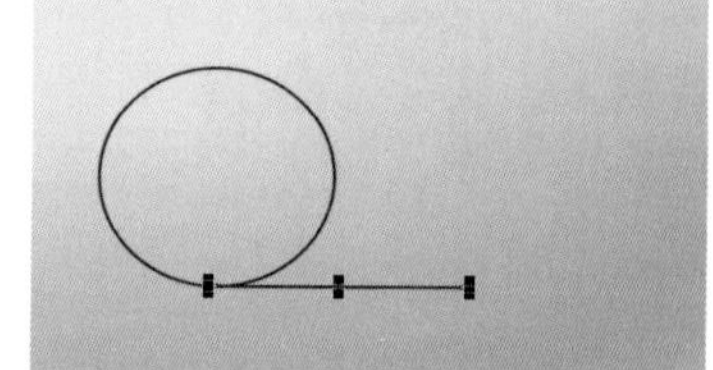
图3-16　相切的2点线

3.1.4　贝塞尔工具

“贝塞尔工具”是CorelDRAW进行画图、描图最常用的工具，使用“贝塞尔工具”可以绘制出直线和平滑的曲线，然后通过“形状工具”可以改变节点和控制点的位置来控制曲线的弯曲度，使绘制的曲线更加平滑、精确。

在CorelDRAW中，曲线也被称为贝塞尔曲线。贝塞尔曲线是由可编辑节点连接而成的直线或曲线，每个节点都有两个控制点，允许修改线条的形状。

在曲线段上每选中一个节点都会显示其相邻节点一条或两条控制线，如图3-17所示，控制线与控制点的长短和位置决定曲线线段的大小和弧度形状，拖动控制线可以改变曲线的形状，如图3-18所示。

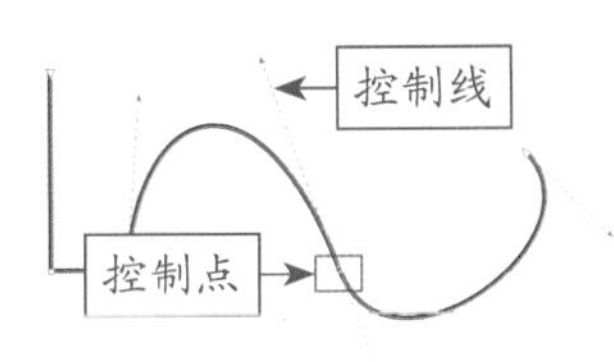

图3-17 贝塞尔曲线

图3-18 调整控制线

贝塞尔曲线分为“平滑曲线”和“尖突曲线”两种。

- 平滑曲线：调节控制线可以同时调整所选节点两端的曲线比例，如图3-19所示。
- 尖突曲线：调节控制线只会调节节点一端的曲线，如图3-20所示。

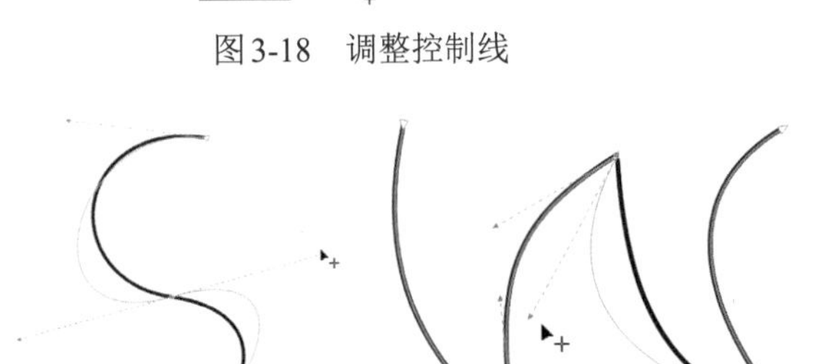

图3-19 调整平滑曲线　　图3-20 调整尖突曲线

练习实例：绘制折线和曲线

文件路径：第3章\绘制折线和曲线

技术掌握：贝塞尔工具的运用

01 选择“贝塞尔工具”，在图像中单击鼠标确定起点，移动到适当的位置后再单击一次鼠标，得到一条直线，如图3-21所示。移动到另一处单击，连续操作即可得到折线，如图3-22所示。

02 继续拖动光标回到起点处单击可以得到闭合的图形，如图3-23所示。

图3-21 绘制直线　　图3-22 连续绘制　　图3-23 闭合图形

03 如果要绘制带有弧度的曲线，可以选择“贝塞尔工具”，在绘图区中单击确定起点。然后移动光标到下一个位置，按住鼠标进行拖动，此时，在节点两端将出现两个控制点，如图3-24所示。

04 将光标移到其他位置上，按住鼠标左键进行拖动，即可绘制一段曲线，如图3-25所示。继续移动光标到下一个位置，单击并拖动鼠标可以连续绘制曲线，按Enter键完成曲线的绘制，如图3-26所示。

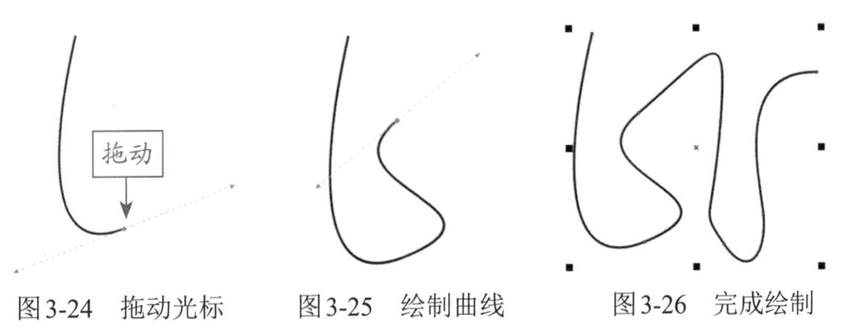

图3-24 拖动光标　　图3-25 绘制曲线　　图3-26 完成绘制

3.1.5 钢笔工具

“钢笔工具”的使用方法和性能与“贝塞尔工具”相似，也是通过节点的连接绘制直线和曲线，在完成绘制后可以通过“形状工具”进行编辑。

“钢笔工具”的属性栏上有一个“预览模式”按钮和“自动添加或删除节点”按钮，如图3-27所示。

- 预览模式：该按钮呈选中状态时，可以在绘制过程中预览即将形成的路径，如图3-28所示。
- 自动添加或删除节点：该按钮呈选中状态时，将光标移至绘制的曲线路径上，光标呈+形状时，单击将添加节点；将光标移至曲线的节点上，光标呈-形状时，单击将删除节点，如图3-29所示。

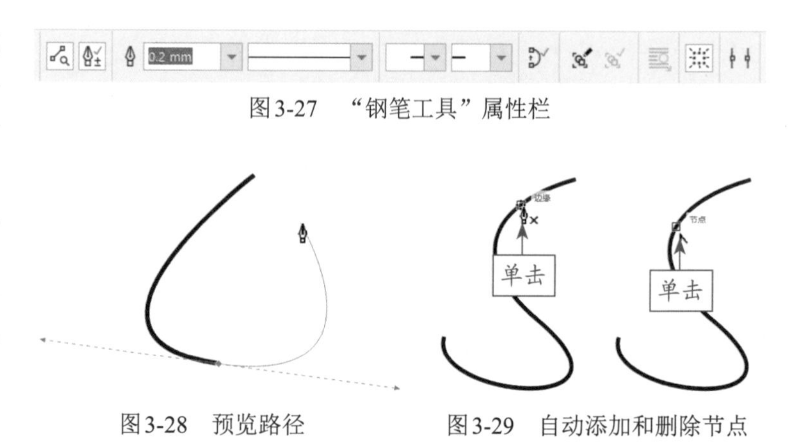

图3-27　“钢笔工具”属性栏

图3-28　预览路径

图3-29　自动添加和删除节点

3.1.6 B样条工具

“B样条工具”可以使用控制点分段绘制曲线，且绘制的曲线更为平滑。该工具位于“手绘工具”组中。

单击并按住工具箱中的“手绘工具”按钮，在弹出的面板中可以选择B样条工具，将光标移至工作区中按住鼠标左键进行拖动，到合适位置单击鼠标添加控制点，确定第一段曲线，然后继续移动光标并单击，绘制其他曲线，如图3-30所示，回到起点处单击，或双击最后一个控制点，即可结束绘制。

3.1.7 折线工具

“折线工具”位于“手绘工具”组中。使用“折线工具”可以很方便地绘制出折线，其操作方法与“贝塞尔工具”绘制折线的方法相同，不同的是：使用“贝塞尔工具”可以绘制平滑的曲线图形。

选择工具箱中的“折线工具”，在绘图页面中单击确定起点，然后移动光标依次单击，即可完成折线的绘制，如图3-31所示。

图3-30　绘制曲线条

图3-31　绘制折线

3.1.8　3点曲线工具

使用“3点曲线工具”可以绘制出各种样式的弧线或者近似圆弧的曲线，它利用一个中心点为支撑点，绘制出以该点为中心的图形。该工具位于“手绘工具”组中。

选择工具箱中的“3点曲线工具”，在绘图区单击，并按住鼠标左键向另一方拖动，释放鼠标后，即可确定弧线其中一条轴的长度，然后将鼠标移动到另一侧，即可得到适合的弧度，再单击鼠标确定弧线的第三个节点，完成弧线的绘制，如图3-32所示。

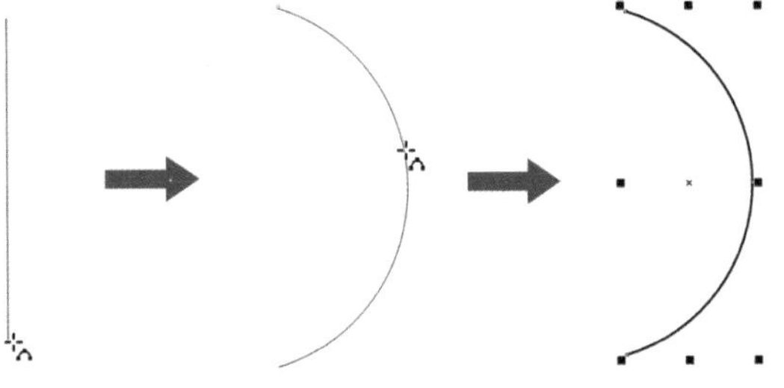

图3-32　绘制3点曲线

3.1.9　智能绘图工具

“智能绘图工具”能自动识别多种形状，如圆、矩形、箭头、菱形、梯形等，还能自动平滑、修饰和规整绘制的任意曲线。该工具位于“画笔工具”组中。

选择“智能绘图工具”，在绘图区单击，并按住鼠标左键进行拖动，绘制出图形的大致轮廓，如图3-33所示，释放鼠标后，绘制的轮廓将自动转换为相似的基本图形，图3-34所示为转换为圆的效果。

如果绘制的对象未转换为形状，可通过属性栏设置形状识别等级和绘制图形的智能平滑等级，使之转换为形状，智能绘图工具属性栏如图3-35所示。

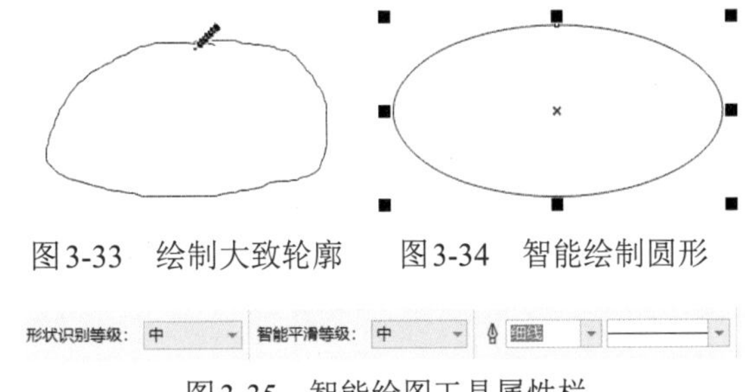

图3-33　绘制大致轮廓　　图3-34　智能绘制圆形

图3-35　智能绘图工具属性栏

进阶技巧

在绘制过程中，在绘制的前一个图形自动平滑前，可以继续绘制下一个图形，释放鼠标左键以后，绘制的多个图形将自动平滑，并且绘制的多个图形会形成一组编辑对象。

3.2　艺术笔工具

“艺术笔工具”与“手绘工具”的使用方法相同，不同的是，“艺术笔工具”属性栏预设了许多不同效果的笔触效果，包括预设、矢量画笔、喷涂、书法和表达式5种样式，使用这些样式可以帮助用户快速绘制出更多更丰富的图形。

3.2.1　预设

“预设”是指使用预设的矢量图形来绘制曲线。在“艺术笔工具”属性栏中单击“预设”按钮，可以对预设的样式属性进行设置，如图3-36所示。

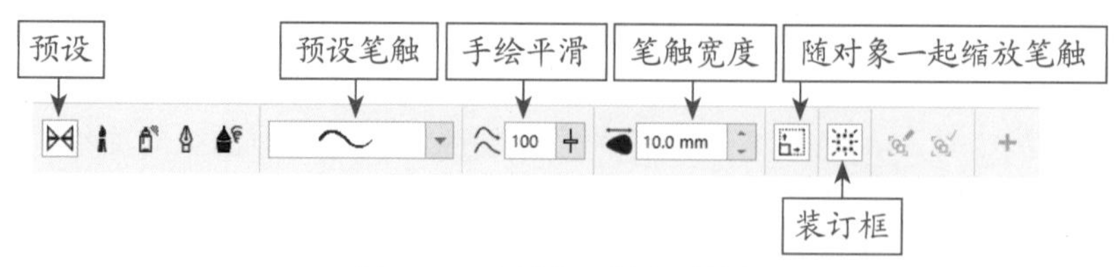

图3-36　“预设”样式属性栏

3.2.2　矢量画笔

“矢量画笔”是指绘制与笔刷笔触相似的曲线，可以利用笔刷绘制出仿真效果的笔触。在CorelDRAW中预设了艺术、书法、对象、滚动、感觉的、飞溅、符号和底纹共8组笔刷效果。在“艺术笔工具”属性栏中单击“矢量画笔”按钮，可以在右方对应的选项中选择画笔的类别和笔刷笔触，如图3-37所示。

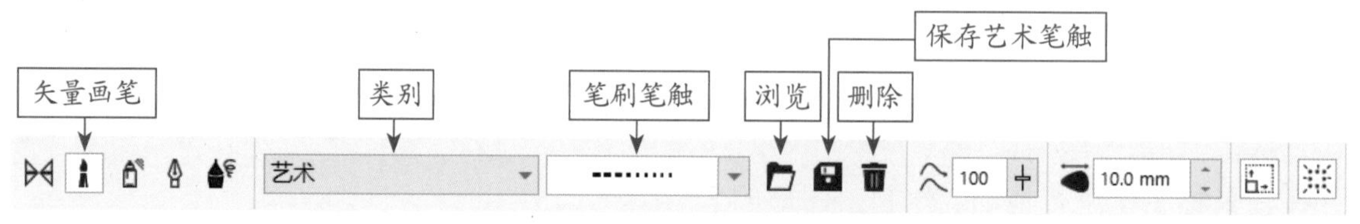

图3-37　“矢量画笔”样式属性栏

- 类别：用于选择要使用的笔刷类别，如图3-38所示。
- 笔刷笔触：用于选择相应的笔刷类别的笔刷样式，如图3-39所示。
- 浏览：单击该按钮，可以在打开的“浏览文件夹”对话框中选择所需艺术笔刷。
- 保存艺术笔触：单击该按钮，可以将选择的图形图案保存为笔刷样式。
- 删除：选择自定义的笔触样式后，单击该按钮，可以删除选择的笔触样式。

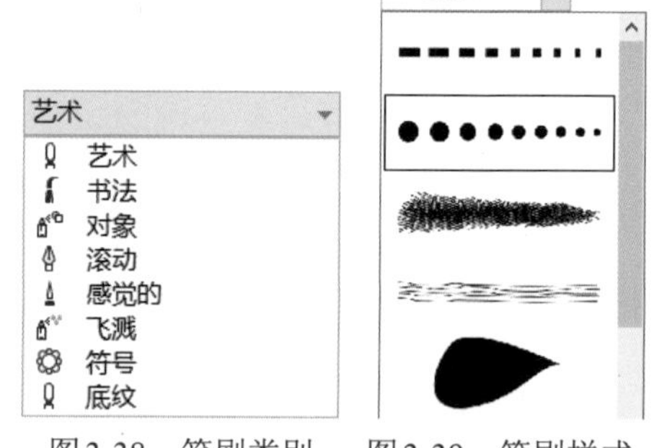

图3-38　笔刷类别　　图3-39　笔刷样式

3.2.3　喷涂

使用“喷涂”笔刷可以在线条上喷涂食物、脚印、音乐和星形等图案。在“艺术笔工具”属性栏中单击“喷涂”按钮，接着在属性栏中选择喷涂类别和喷涂图样，然后在绘图区单击或绘制线条，即可绘制出喷涂对象，其属性栏如图3-40所示。

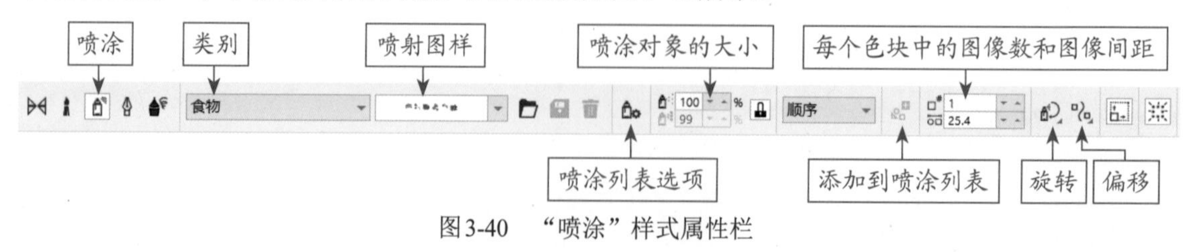

图3-40　“喷涂”样式属性栏

- 类别：用于选择要使用的喷射图样的类别，如图3-41所示。
- 喷射图样：用于选择相应的喷射类别的喷射图案样式或图案组，图3-42所示为部分喷射图样效果。
- 喷涂列表选项：单击该按钮，可以打开“创建播放列表”对话框，如图3-43所示。在其中可以单击“清除”按钮清空播放列表；单击“添加”按钮，可以将需要的对象添加到播放列表；通过控制添加顺序可以设置喷涂对象的顺序。

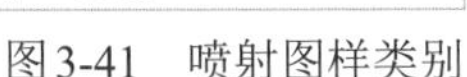
图3-41 喷射图样类别

图3-42 绘制部分图样

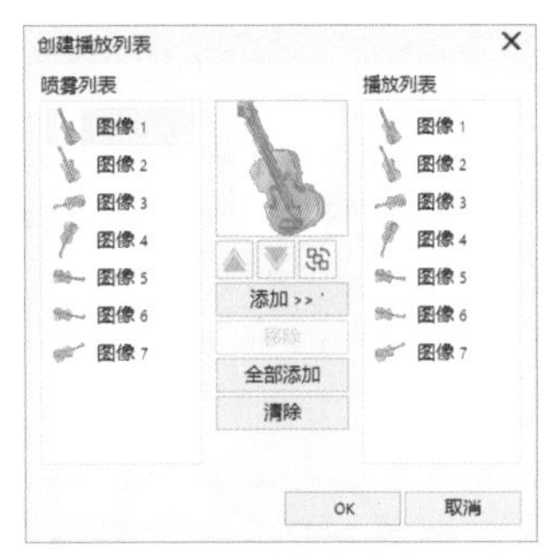

图3-43 “创建播放列表”对话框

- 喷涂对象的大小：上面的数值框用于统一调整喷涂图像的大小；单击按钮，使其变为解锁图标，即可在下面的数值框中调整喷涂的图案相对于前一图案的百分比，图3-44所示为调整为88%的效果。
- 顺序：用于选择一种喷涂对象的顺序，包括顺序、随机和按方向3种。
- 添加到喷涂列表：单击该按钮，可以将选择的对象添加到“自定义”类别的“喷射图样”下拉列表框中。
- 每个色块中的图像数和图像间距：上方的数值框用于调整每个间距点处喷涂的对象的数目；下方的数值框用于调整笔触长度中各间距点的间距，图3-45所示为间距为50的喷涂效果。

图3-44 调整喷涂对象大小

图3-45 调整喷涂对象间距

- 旋转：单击该按钮，可以在弹出的面板中设置喷涂对象的旋转角度。
- 偏移：单击该按钮，可以在弹出的面板中设置偏移的方向和距离。

3.2.4 书法

“书法”是通过笔锋角度变化达到与书法笔触相似的效果。在“艺术笔工具”属性栏上单击“书法”按钮，其属性栏如图3-46所示，按住鼠标左键进行拖动，即可绘制书法线条。

通过其属性栏可以更改书法线条的宽度和书法的角度，从而改变书法线条的粗细变换效果，图3-47所示为书法角度为10°的书法线条效果，角度越小，粗细变化也就越明显。

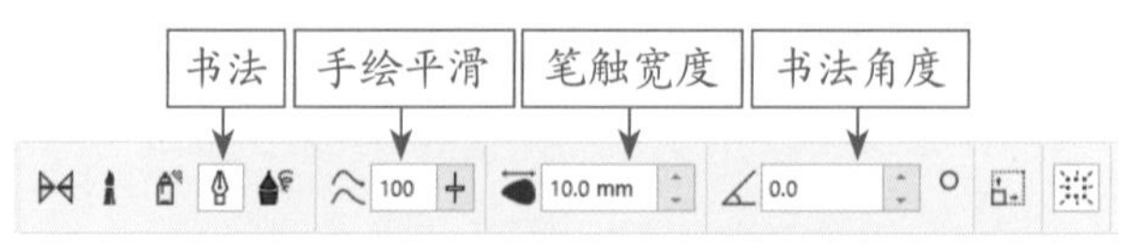

图3-46 “书法”样式属性栏

3.2.5 表达式

“表达式”是指模拟压感画笔的效果进行绘制，可以配合电子绘图板使用。在“艺术笔工具”属性栏中单击“表达式”按钮，按住鼠标左键进行拖动，即可创建出各种粗细的压感线条。压感线条的绘制和设置方法与书法线条相似，只是没有角度设置。使用“表达式”工具绘制出的曲线更加顺畅、圆润，图3-48所示为使用压力绘制的粗线条效果。

图3-47 书法线条效果

图3-48 压感线条效果

练习实例：为招牌添加装饰图案

文件路径：第3章\为招牌添加装饰图案

技术掌握：艺术笔工具的运用

01 选择“矩形工具”，绘制一个矩形，单击调色板中的冰蓝色(#A0D9F6)填充颜色，如图3-49所示。

02 打开“招牌.cdr”素材文件，将其添加到矩形图形中，如图3-50所示。下面将使用“艺术笔工具”在招牌文字周围添加一些装饰图案。

图3-49 绘制矩形

图3-50 添加招牌图形

03 选择“文本工具”，在图形右侧输入文字“小铺”，适当旋转文字，并在属性栏中设置字体为汉仪蝶语体简，填充颜色为粉红色(#EB6F80)，效果如图3-51所示。

04 选择“艺术笔工具”，在属性栏中单击“喷涂”按钮，在类别中选择“食物”选项，再选择一种食物图案，如图3-52所示。

图3-51 输入文字

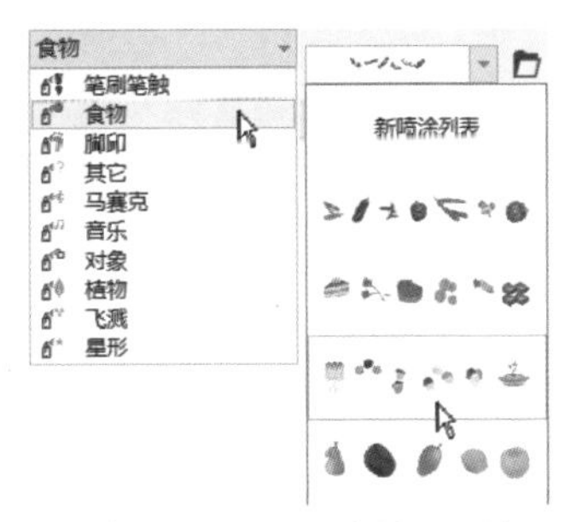

图3-52 选择“食物”图案

05 在文字上方按住鼠标左键进行拖动，绘制出图案的线条走向，如图3-53所示。

06 释放鼠标后，将得到图案效果，在属性栏中设置喷涂对象大小和图像间距参数，效果如图3-54所示。

图3-53 绘制图案线条走向

图3-54 图案效果

07 再次单击“喷射图样”右侧的按钮，选择糖果图案，在零食文字左下方绘制出该图案，如图3-55所示。

08 单击“艺术笔工具”属性栏中的“矢量画笔”按钮，在“类别”中选择“感觉的”选项，然后选择一种笔刷样式，如图3-56所示。

图3-55 绘制糖果

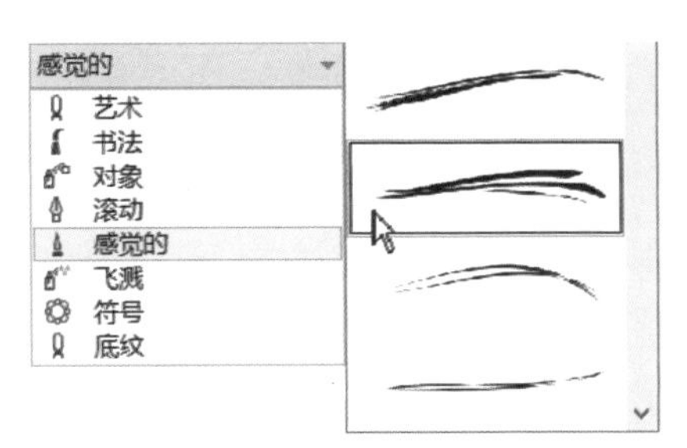

图3-56 选择笔刷图案

09 在属性栏中设置笔刷平滑和大小参数，然后在招牌文字下方按住鼠标左键进行拖动，绘制出线条图案，并将该笔触填充为白色，效果如图3-57所示。

10 在属性栏中设置类别样式为“飞溅”，然后选择水滴图案，如图3-58所示。

图3-57　绘制线条图案

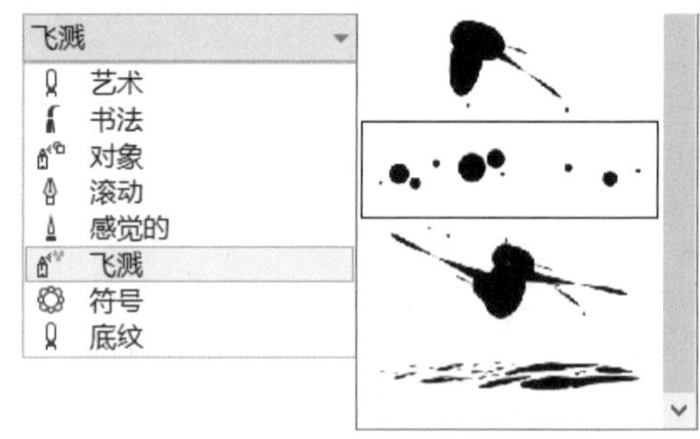

图3-58　选择水滴图案

11 在招牌文字左上方绘制水滴图案，并填充为白色，如图3-59所示，完成招牌文字周围图案的添加。

12 导入“效果图.jpg”，将绘制好的招牌文字及图案移动到效果图的门头中，并适当调整蓝色矩形的长度和宽度，展示效果如图3-60所示。

图3-59　绘制水滴图案

图3-60　效果图展示

进阶技巧

使用“艺术笔工具”绘制图形后，如果对其中某个图案进行缩放操作，可以选择绘制的图形，然后选择“对象”|“拆分艺术笔组”菜单命令以取消图形的组合，再选择某个对象进行缩放。

3.3　编辑线条

使用线条工具绘制图形后，往往不能直接得到理想的效果，这就需要使用线条编辑工具对图形进行调整。

使用“形状工具”可以直接编辑“手绘工具”、“贝塞尔工具”和“钢笔工具”等绘制的线条或形状。“形状工具”属性栏如图3-61所示。

图3-61　“形状工具”属性栏

- 选取模式：切换选取节点的模式，包括“手绘”和“矩形”两种模式。
- 添加节点：单击可添加节点，可以在曲线中增加可编辑线段的数量。

- 删除节点：单击可删除节点，可以改变曲线对象的形状，使之更加平滑。
- 连接两个节点：连接开放路径的开始和结束节点，创建闭合路径。
- 断开曲线：断开闭合或开放对象的路径。
- 转换为线条：将曲线转换为直线。
- 转换为曲线：将直线线段转换为曲线，可以通过控制线调整曲线的形状。
- 尖突节点：通过将节点转换为尖突节点，在曲线中创建一个锐角。
- 平滑节点：将节点转为平滑节点来提高曲线圆滑度。
- 对称节点：将统一曲线形状应用到节点两侧的曲线。
- 反转方向：反转开始与结束节点的位置。
- 提取子路径：从对象中提取所选的子路径来创建两个独立的对象。
- 延长曲线使之闭合：通过直线连接开始与结束节点来闭合曲线。
- 闭合曲线：连接曲线的结束节点，闭合曲线。
- 延展与缩放节点：放大或缩小选中节点相应的线段。
- 旋转与倾斜节点：旋转或倾斜选中节点相应的线段。
- 对齐节点：水平、垂直对齐节点或以控制柄来对齐节点。
- 水平反射节点：激活编辑对象水平镜像的相应节点。
- 垂直反射节点：激活编辑对象垂直镜像的相应节点。
- 弹性模式：为曲线创建另一种具有弹性的形状。
- 选择所有节点：选中对象中所有的节点。
- 减少节点：通过自动删减选定对象的节点来提高曲线平滑度。
- 曲线平滑度：通过更改节点数量调整曲线的平滑度。
- 平行绘图：显示“平行绘图”属性栏以绘制平行线条。

进阶技巧

对于基本工具绘制的几何图形，则需要按Ctrl+Q组合键将其转曲后，才能使用“形状工具”对其进行编辑。

3.3.1　编辑节点

节点是构成对象的基本元素，当用户绘制完成一个曲线图形后，可以看到曲线通常由多个节点组成。要对曲线进行编辑，可以选择工具箱中的“形状工具”，通过节点的增加或减少来做调整。

练习实例：选择、添加和删除节点

文件路径：第 3 章\选择、添加和删除节点

技术掌握：节点的编辑

01 打开“五角星.cdr”素材文件，选择“形状工具”，在图形左上方曲线处单击，确定添加节点的位置，如图 3-62 所示。

02 在添加节点的位置处双击，或在属性栏中单击“添加节点”按钮，即可为图形添加新的节点，按住节点拖动，可以移动节点，如图3-63所示，得到的效果如图3-64所示。

图3-62　单击确定添加节点的位置　　图3-63　移动节点　　图3-64　调整曲线

03 通过调整节点两侧的控制线，即可对该图形进行造型编辑，如图3-65所示。

04 如果有多余的节点，也可以使用“形状工具”进行删除。选择图形中需要删除的节点，如图3-66所示，单击属性栏中的“删除节点”按钮，或双击该节点，即可将其删除，如图3-67所示。

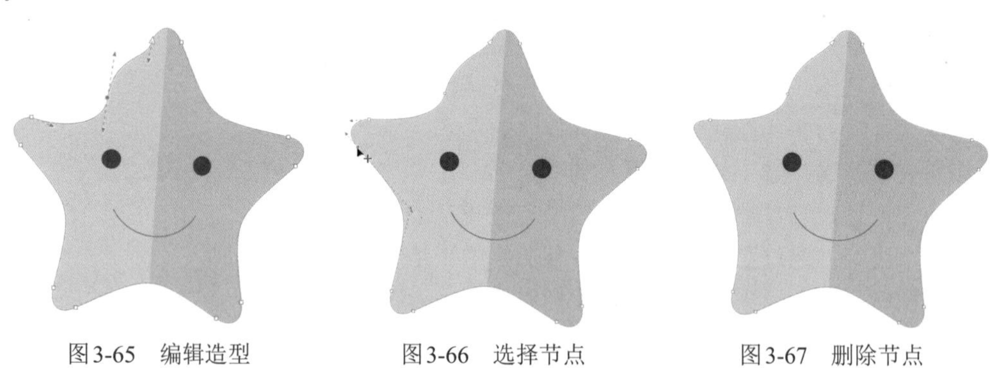

图3-65　编辑造型　　图3-66　选择节点　　图3-67　删除节点

3.3.2　调整线条造型

绘制好线条后，除节点处的编辑外，还可以对曲线的弧度进行编辑，得到符合用户要求的图形轮廓。

练习实例：绘制花瓣图标

文件路径：第3章\绘制花瓣图标

技术掌握：线条造型的调整

01 选择“椭圆形工具”，绘制一个椭圆形，填充为洋红色(#E40082)，在属性栏中设置轮廓宽度为1.0mm，效果如图3-68所示。

02 使用鼠标右击调色板中的白色块，填充轮廓颜色为白色，然后选择“透明度工具”，在属性栏中选择“均匀度透明”按钮，设置透明度为70，效果如图3-69所示。

03 选择“对象”|“转换为曲线”菜单命令，将图形转换为曲线，使用“形状工具”选择椭圆形顶部的节点，单击属性栏中的“尖突节点”按钮，将其转换为尖角编辑状态，如图3-70所示。

04 选择节点两侧的控制线并进行拖动，调整曲线造型，如图3-71所示。

05 使用“形状工具”框选中间两个节点，同时选择这两个节点，如图3-72所示，然后向下拖动节点，如图3-73所示。

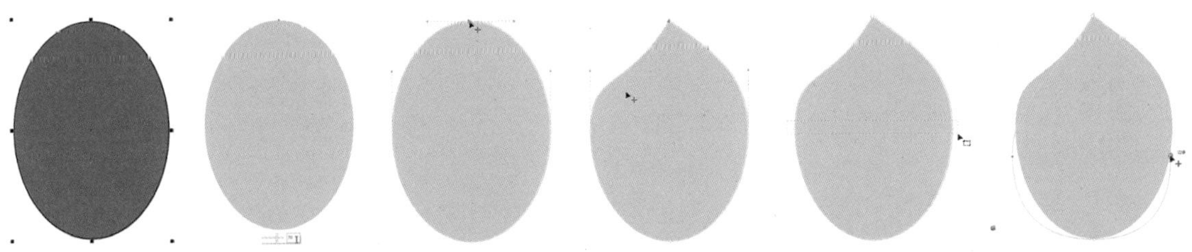

图3-68　绘制椭圆形　图3-69　透明度操作　图3-70　编辑节点　图3-71　调整曲线造型　图3-72　选择节点　图3-73　拖动节点

06 拖动节点后，效果如图3-74所示，得到花瓣初步造型。

07 选择图形底部的节点，拖动控制线，调整节点两侧的曲线造型，如图3-75所示。

08 选择花瓣图形左侧曲线中的节点，适当向内拖动，如图3-76所示，缩小图形宽度。

09 选择编辑好的花瓣图形，按小键盘中的加号键+，在原地复制一次对象，然后适当缩小对象，将其放到花瓣图形底部，如图3-77所示。

10 单击复制的对象，将中心点放到底部中心位置，向右旋转对象到合适的位置，如图3-78所示，然后右击，即可得到复制并旋转的对象。

11 使用相同的方法，选择缩小的花瓣对象，向左旋转复制对象，如图3-79所示。

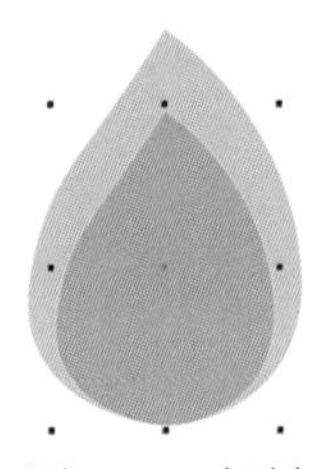

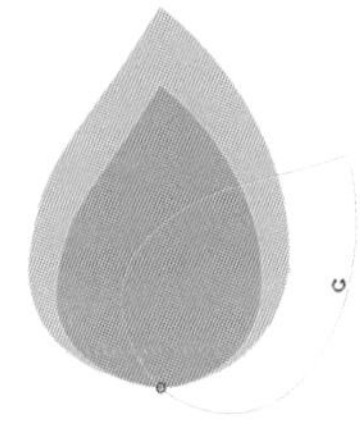

图3-74　图形效果　图3-75　调整曲线造型　图3-76　拖动节点　图3-77　复制并缩小对象　图3-78　旋转对象　图3-79　复制旋转对象

12 选择“文本工具”字，在花瓣图形右侧输入中英文文字，分别设置字体为隶书和宋体，填充为洋红色(#E40082)，效果如图3-80所示。

13 导入“背景.jpg”素材图像，将制作好的花瓣图标放到该背景白色矩形中，得到展示效果，如图3-81所示。

图3-80　输入文字

图3-81　展示效果

知识点滴

在编辑直线段所组成的图形时，需要将某些线段转换为曲线才能进行弧线编辑。如绘制一段折线，使用“形状工具”选择需要应用曲线编辑的线段，如图3-82所示，单击属性栏中的“转换为曲线”按钮，即可用“形状工具”对图形应用曲线编辑，如图3-83所示。除可将直线转换为曲线外，也可以将曲线转换为直线。选择需要转换的曲线，单击属性栏中的“转换曲线为直线”按钮即可。

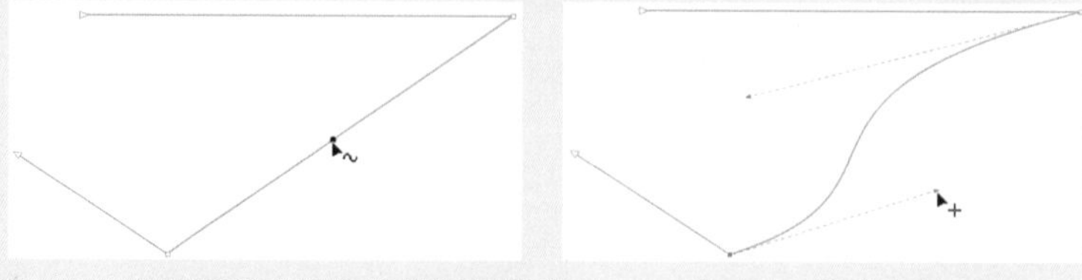

图3-82　选择需要应用曲线编辑的线段　　图3-83　编辑曲线

3.4　轮廓线的操作

在CorelDRAW中绘制图形时，图形轮廓默认是黑色的轮廓线。这些轮廓线既可以取消，也可以通过轮廓颜色、线条粗细、线条样式等进行美化。用户可以在对象与对象之间复制轮廓线的属性，并且可以将轮廓转换为对象进行编辑。

3.4.1　“轮廓笔”对话框

“轮廓笔”对话框用于设置轮廓线的属性，如颜色、宽度、风格、箭头等。选择曲线，在状态栏中双击“轮廓笔”按钮，或按F12键，可打开“轮廓笔”对话框，如图3-84所示。

- 颜色：在下拉列表中选择填充线条的颜色，可以单击已有的颜色进行填充，也可以单击“滴管”按钮吸取图片上的颜色进行填充。
- 宽度：在0.2 mm文本框中输入线条宽度数值，或者在下拉列表中选择数值，在毫米下拉列表中选择单位。
- 风格：在该下拉列表中选择线条样式。
- 斜接限制：用于解决添加轮廓时出现的尖突情况，可以在文本框中输入数值进行修改，数值越小，越容易出现尖突，正常情况下，45°为最佳值。
- 角：用于设置轮廓线夹角的“角”样式，分别有斜接角、圆角和斜切角三种样式，如图3-85所示。
- 线条端头：用于设置单线条或未闭合路径线段顶端的样式，分别有方形端头、

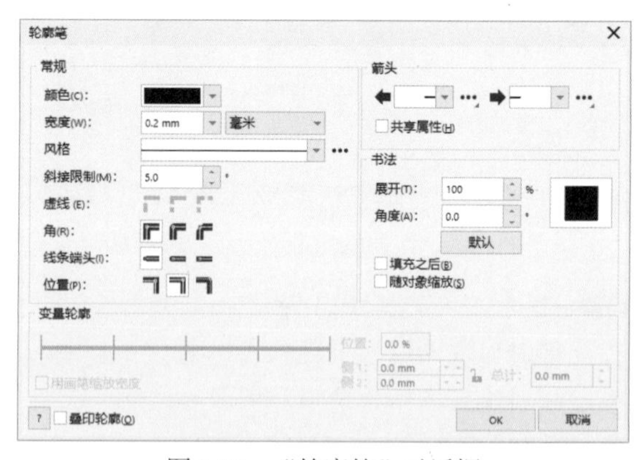

图3-84　“轮廓笔”对话框

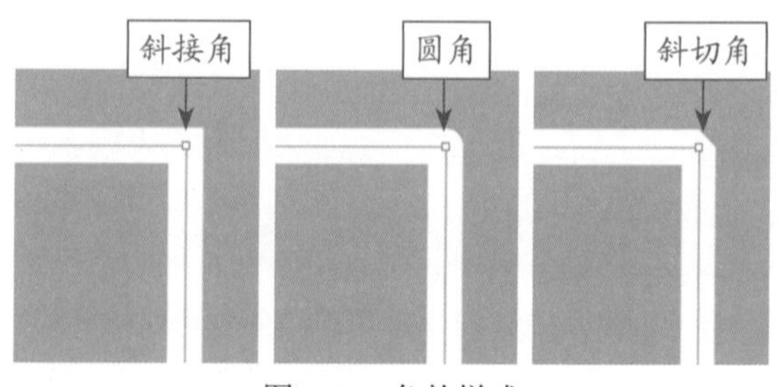

图3-85　角的样式

圆形端头、延伸方形端头，如图3-86所示。其中，方形端头与延伸方形端头绘制效果相似，不同的是，方形端头节点在线段边缘，而延伸方形端头的节点被包裹在线段内。

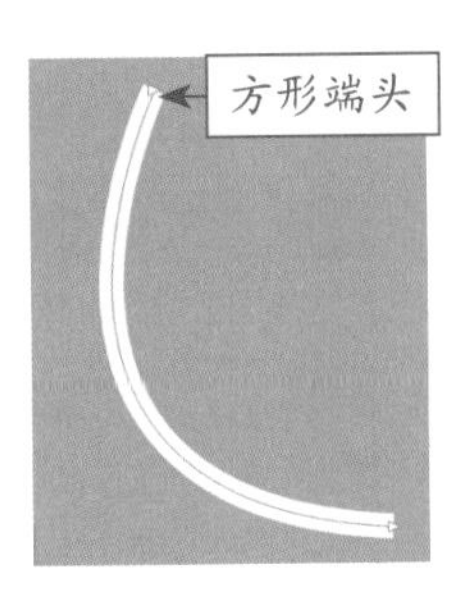

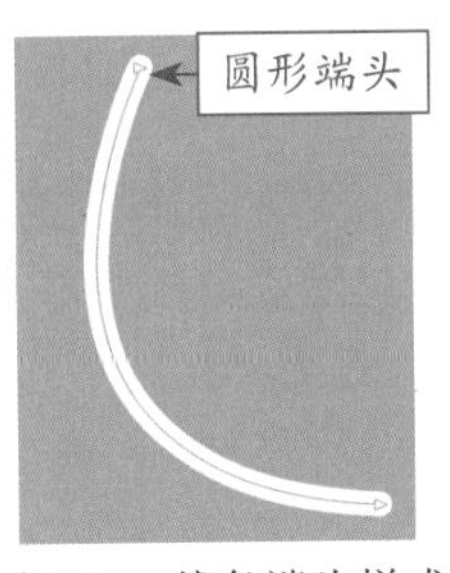

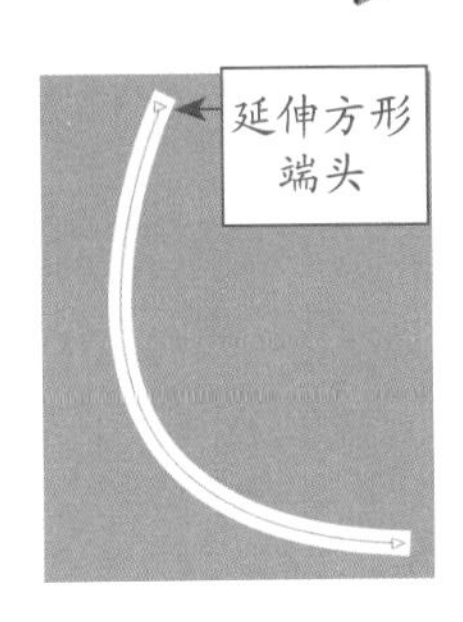

图3-86　线条端头样式

- 箭头：在相应方向的下拉样式选项中，可以设置添加左边与右边端点的箭头样式，如图3-87和图3-88所示。
- 书法：设置书法效果，可以将单一粗细的线条修饰为书法线条。
- 随对象缩放：选中该复选框后，在放大或缩小对象时，轮廓线也会随之进行变化；不选中该复选框，则轮廓线宽度不变。

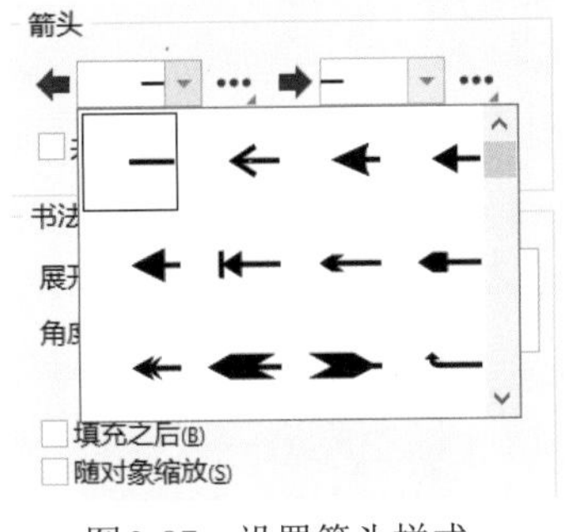

图3-87　设置箭头样式

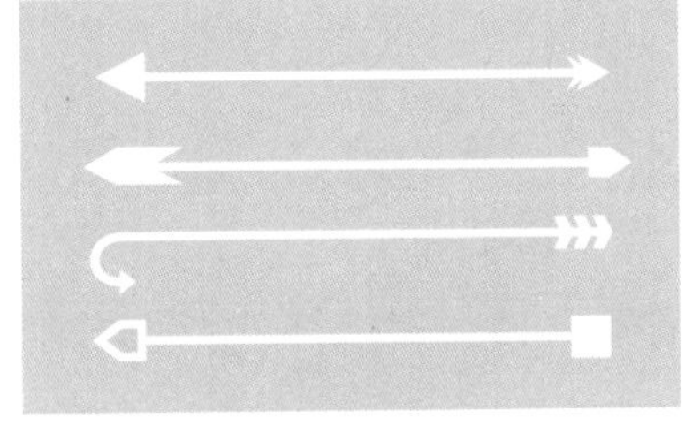

图3-88　箭头样式效果

3.4.2　轮廓线宽度

设置对象轮廓线的宽度将直接影响图形的外观效果，也能使图像效果更加丰富。设置轮廓线宽度的方法有以下3种。

- 选择需要设置的轮廓线，在属性栏的“轮廓粗细”数值框中设置粗细值。
- 选择需要设置的轮廓线，按F12键打开“轮廓笔”对话框，在“宽度”数值框中可以设置粗细值。
- 选择需要设置的轮廓线，按Alt+Enter组合键打开“属性”泊坞窗，单击“轮廓笔”按钮，在“轮廓宽度”数值框中设置粗细值，如图3-89所示。

图3-89　轮廓“属性”泊坞窗

知识点滴

在属性栏或“轮廓笔”对话框中设置“轮廓宽度”为“无”，或选择要删除轮廓的对象，使用鼠标右击调色板上的“无色”色块，都可直接清除轮廓线。

3.4.3 轮廓线颜色

设置轮廓线的颜色可以将轮廓与对象区分开，也可以增添轮廓线颜色。在CorelDRAW中设置轮廓颜色的常用方法有以下3种。

- 在调色板中需要的颜色块上右击，或将色块拖动至轮廓线上，即可设置轮廓线颜色。
- 在工具箱中选择“颜色滴管工具”，在界面中单击吸取颜色，如图3-90所示，然后单击图形轮廓，即可设置轮廓线颜色，如图3-91所示。
- 若常用的轮廓色无法满足轮廓编辑的需求，可以按Shift+F12组合键打开“轮廓颜色”对话框，然后在颜色下拉列表中选择更为丰富的颜色，如图3-92所示。

图3-90　使用颜色滴管工具吸取颜色　图3-91　使用吸取的颜色填充轮廓色　图3-92　设置具体颜色参数

练习实例：绘制蜂蜜瓶标

文件路径：第3章\绘制蜂蜜瓶标

技术掌握：轮廓线的绘制与颜色设置

01 新建一个文档，选择“椭圆形工具”，绘制一个圆形，在属性栏中设置大小为60mm×60mm，然后填充圆形为橘黄色(#F08519)，效果如图3-93所示。

02 使用鼠标右击调色板上方的“无色”按钮，即可取消轮廓线的填充，如图3-94所示。

03 选择圆形，按小键盘上的+键，在原地复制一次对象，然后将光标放到右上方的控制点中，按住Shift键向内拖动，等比例缩小圆形，如图3-95所示。

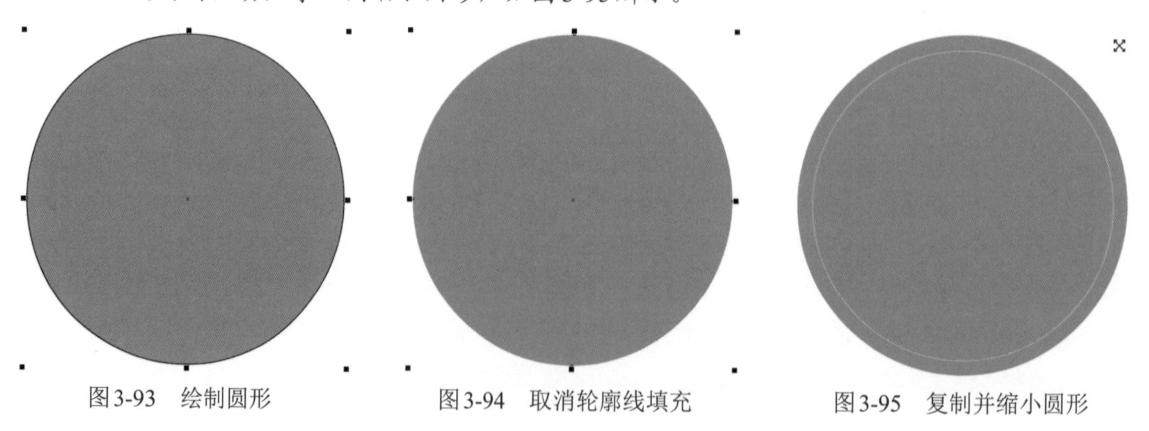

图3-93　绘制圆形　　图3-94　取消轮廓线填充　　图3-95　复制并缩小圆形

04 选择缩小的圆形，按F12键打开“轮廓笔”对话框，设置颜色为白色，宽度为0.6mm，如图3-96所示。

05 单击OK按钮，得到圆形的描边效果，如图3-97所示。

06 选择橘色圆形，按小键盘上的+键，在原地复制一次对象，然后以中心对其进行缩小，再单击调色板中的白色块进行填充，效果如图3-98所示。

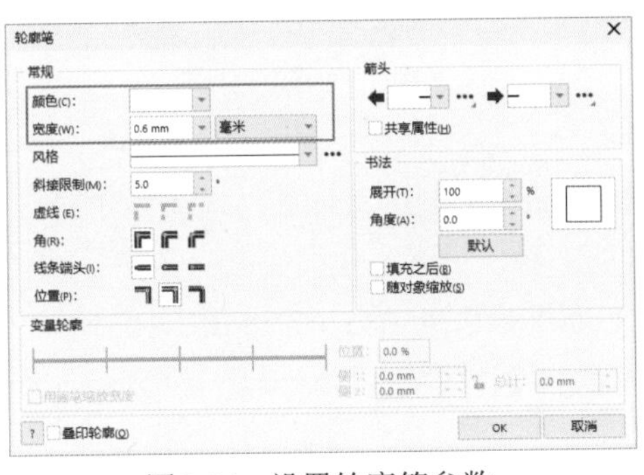

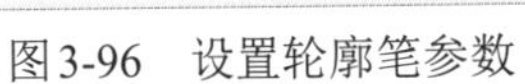

图3-96　设置轮廓笔参数

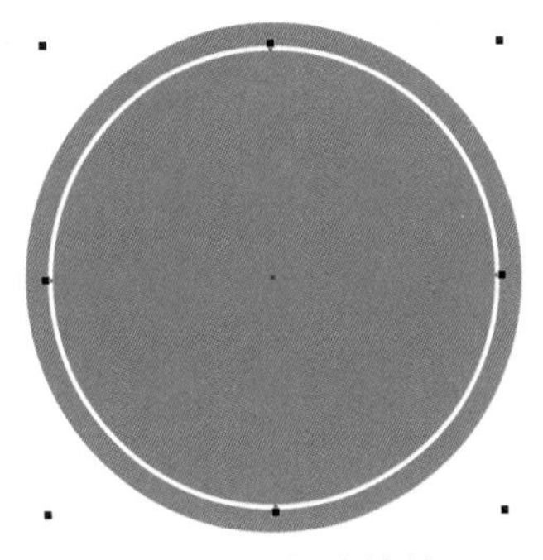

图3-97　描边效果

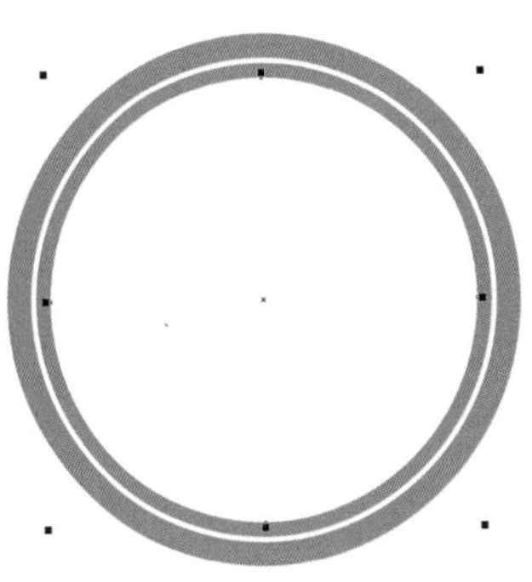

图3-98　制作白色圆形

07 选择“矩形工具”□，在圆形中间绘制一个矩形，填充为橘黄色(#F08519)，并取消轮廓线填充，如图3-99所示。

08 选择矩形，按小键盘上的+键，在原地复制一次对象，将其以中心缩小后，使用鼠标右击调色板中的白色填充轮廓，并在属性栏中设置轮廓宽度为1.0mm，效果如图3-100所示。

09 选择“文本工具”字，在矩形中输入中文文字，并在属性栏中设置字体为方正粗宋简体，填充为白色，如图3-101所示。

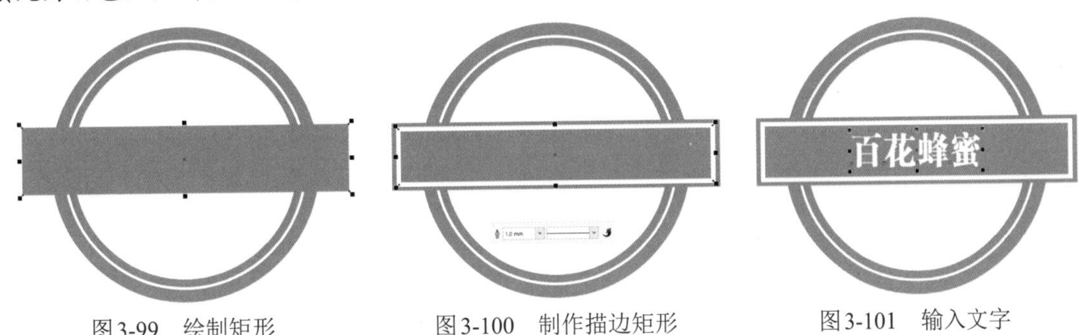

图3-99　绘制矩形　　图3-100　制作描边矩形　　图3-101　输入文字

10 继续在文字左侧输入英文文字，在属性栏中设置字体为Times New Roman，填充为白色，复制一次对象，向右侧移动，如图3-102所示。

11 选择“多边形工具”⬡，在属性栏中设置边数为6，在白色圆形上方绘制一个六边形，填充为橘黄色(#F08519)，并取消轮廓线填充，如图3-103所示。

12 复制一次六边形，将其以中心放大，使用鼠标单击调色板上方的“无色”按钮⁄，然后按F12打开“轮廓笔”对话框，设置轮廓宽度为0.3mm，填充为橘黄色(#F08519)，效果如图3-104所示。

进阶技巧

在CorelDRAW中也可以对文字轮廓进行填充和编辑，使用鼠标右击调色板中的色块可以设置轮廓颜色，在“轮廓笔”对话框中同样可以设置轮廓属性，还可以将文字轮廓转换为对象进行编辑。

图3-102　输入并复制文字

图3-103　绘制六边形

图3-104　制作六边形轮廓

13 选择中间的橘黄色六边形，按两次小键盘中的+键，在原地复制两次对象，适当缩小后，分别放到左右两侧，如图3-105所示。

14 使用“贝塞尔工具”分别绘制两条折线，将轮廓填充为橘黄色(#F08519)，如图3-106所示。

15 打开“蜜蜂.cdr”素材文件，将其复制粘贴过来，然后放到白色圆形下方，适当调整图形大小，效果如图3-107所示。

图3-105　复制对象

图3-106　绘制折线

图3-107　添加素材图形

16 选择“贝塞尔工具”，在蜜蜂图形左侧绘制一个曲线图形，如图3-108所示。

17 将绘制的曲线图形对象填充为橘黄色(#F08519)，并取消轮廓线填充，然后复制一次对象，单击属性栏中的“水平镜像”按钮对复制对象进行镜像，然后将镜像对象放到蜜蜂图形右侧，如图3-109所示。

18 选择“文本工具”字，在蜜蜂对象左右分别输入文字，并在属性栏中设置字体为方正精品书宋，填充为橘黄色(#F08519)，效果如图3-110所示。

图3-108　绘制曲线

图3-109　复制并镜像对象

图3-110　输入文字

19 导入“蜜蜂瓶.jpg”素材文件，将绘制好的对象放到蜜蜂瓶中，如图3-111所示，适当调整瓶标大小和方向，得到瓶标的展示效果，如图3-112所示。

图3-111　移动对象

图3-112　展示效果

3.4.4　轮廓线样式

设置轮廓线的样式可以提升图形美观度，也可以起到醒目和提示作用。改变轮廓线的样式有以下两种方法。

- 选中对象，在属性栏的“线条样式”下拉列表中选择相应样式来改变轮廓线样式，如图3-113所示。
- 选中对象后，双击状态栏右下方的“轮廓笔”，打开“轮廓笔”对话框，在“风格”下拉列表中选择相应的样式进行修改，如图3-114所示。

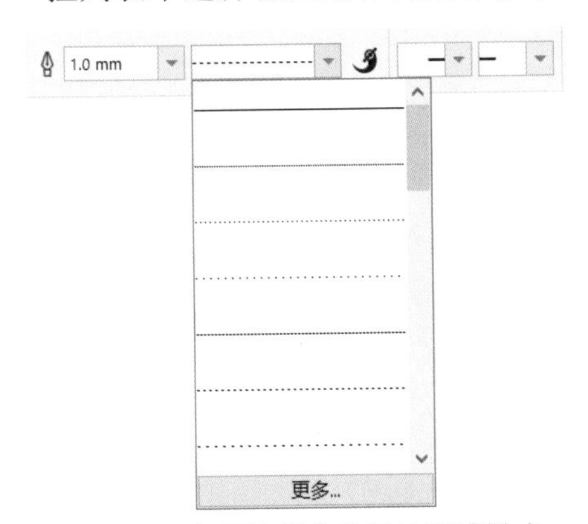

图3-113　在属性栏中选择轮廓线样式

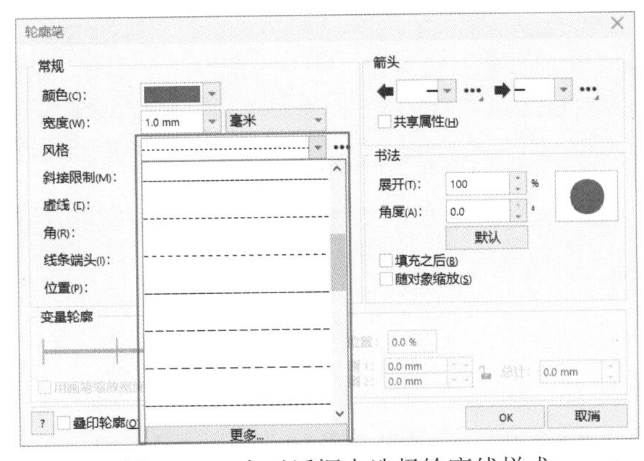

图3-114　在对话框中选择轮廓线样式

知识点滴

如果在属性栏的“线条样式”下拉列表中没有找到需要的线条样式，可以单击下面的“更多”按钮，打开“编辑线条样式”对话框进行样式编辑。

3.4.5　轮廓线转为对象

在CorelDRAW中，轮廓线的编辑仅限于宽度调整、颜色均匀填充、样式变更等操作，如果在编辑对象的过程中需要对轮廓线的外观形状进行编辑，可以将轮廓线转换为对象后进行操作。

练习实例：通过转换轮廓线绘制树枝

文件路径：第3章\通过转换轮廓线绘制树枝

技术掌握：将轮廓线转为对象并编辑

01 使用“贝塞尔工具”绘制几条曲线，组合成树枝的形状，如图3-115所示。

02 选择中间最长的曲线，然后选择“对象”|“将轮廓转换为对象”菜单命令，或按Ctrl+Shift+Q组合键将轮廓线转换为对象，再使用“形状工具”拖动两端的控制线进行编辑，如图3-116所示。

03 继续选择其他几条曲线进行编辑，将轮廓线转为对象后，可以进行形状修改、渐变填充、图案填充等操作，这里将编辑好的树枝形状填充为黑色，如图3-117所示。

04 选择“手绘工具”，在树枝图形中绘制几片树叶，将其填充为绿色，并单击调色板上方的“无色”按钮，取消轮廓线填充，效果如图3-118所示。

图3-115　绘制轮廓线

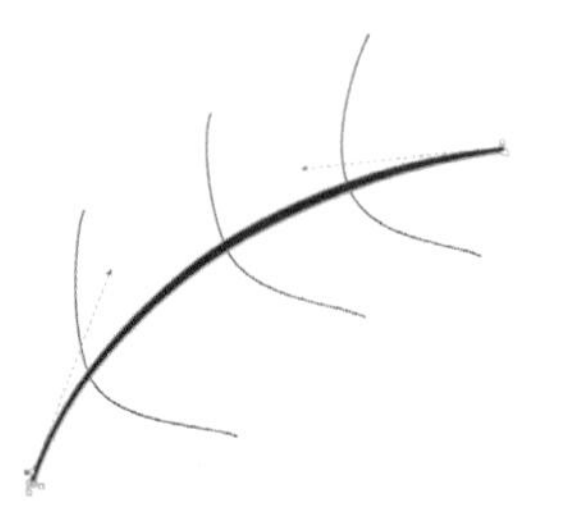

图3-116　编辑轮廓线

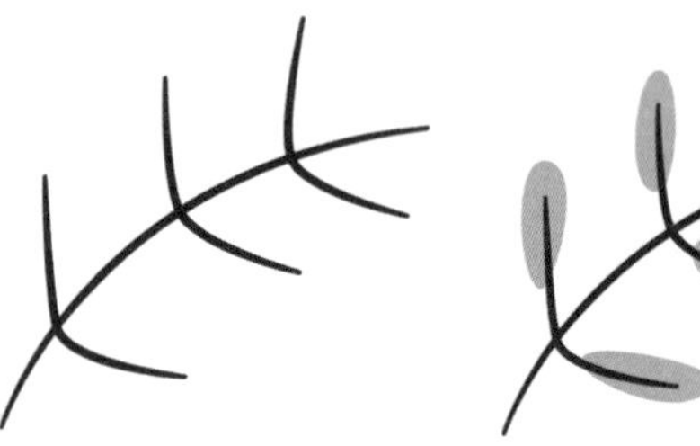

图3-117　编辑对象　图3-118　绘制树叶后的效果

3.5　课堂案例：绘制水果标签

文件路径：第3章\绘制水果标签

技术掌握：线条的绘制和编辑、轮廓线的设置

案例效果

本节将应用本章所学的知识，制作一个水果标签，巩固之前所学的手绘工具、“轮廓笔”对话框、线条样式的选择和属性设置等操作。本案例的效果如图3-119所示。

图3-119　水果标签

操作步骤

01 新建一个空白文档，在工具箱中选择“星形工具”，在属性栏中设置边数为14、锐度为8，然后按住Ctrl键，在工作区内绘制一个星形，如图3-120所示。

02 按Ctrl+Q组合键对星形进行转曲，然后使用“形状工具”框选所有节点，如图3-121所示。

03 单击“转换为曲线”按钮，在属性栏中单击“对称节点”按钮，创建花朵形状，如图3-122所示。

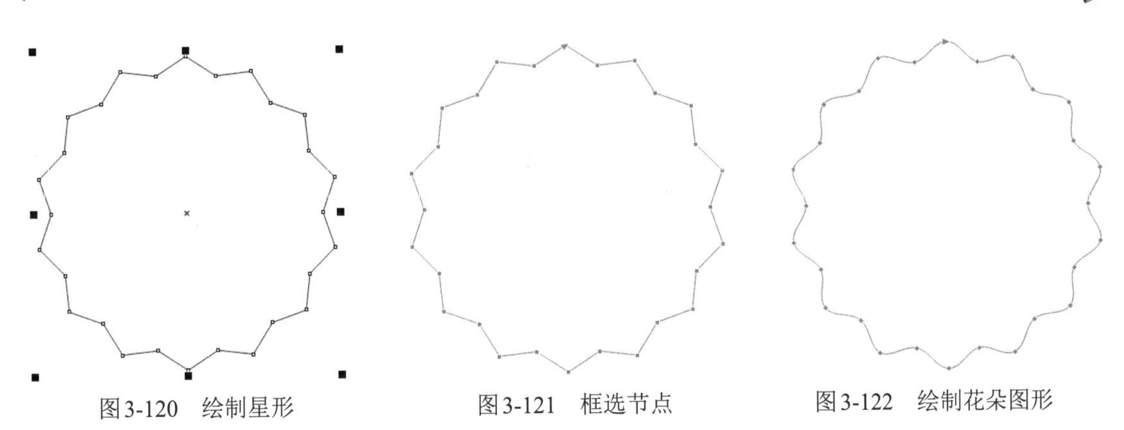

图3-120　绘制星形　　图3-121　框选节点　　图3-122　绘制花朵图形

04 单击调色板中的白色色块，将花朵形状填充为白色。然后按F12键打开“轮廓笔”对话框，设置轮廓宽度为4mm，设置颜色为果绿色(#77BA6F)，如图3-123所示，再单击OK按钮，得到轮廓效果，如图3-124所示。

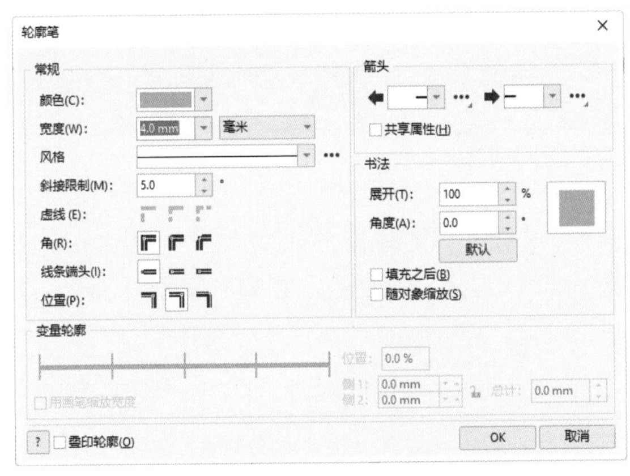

图3-123　设置轮廓属性

图3-124　轮廓效果

05 选择花朵形状，按住Shift键向内拖动四角的任意控制点至合适位置时右击，得到复制的花朵，如图3-125所示，单击调色板顶部的无填充色块☐，取消花朵形状的填充色。

06 选择内部的轮廓，然后按F12键打开“轮廓笔”对话框，调整轮廓宽度为2mm，设置颜色为淡绿色(#A6D4AE)，再选择一种轮廓样式，如图3-126所示。

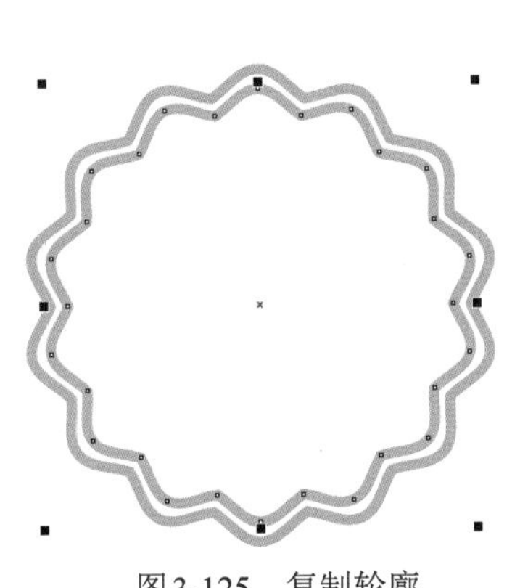

图3-125　复制轮廓

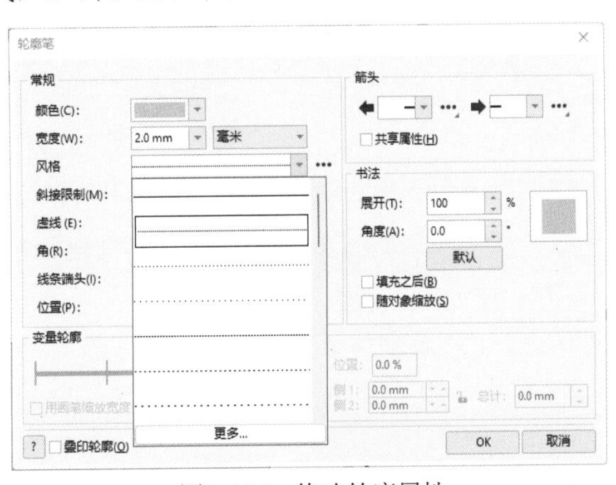

图3-126　修改轮廓属性

07 在“轮廓笔”对话框中单击OK按钮，得到设置轮廓后的效果，如图3-127所示。

08 选择“椭圆形工具”，按Ctrl+Shift组合键在花瓣形状中间绘制一个圆形，再选择“颜色滴管工具”，单击虚线轮廓吸取颜色，然后单击圆形填充绿色，并取消轮廓线填充，效果如图3-128所示。

09 选择圆形，按住Shift键向内拖动四角的任意控制点至合适位置时右击，对圆形进行复制，再右击调色板中的白色，得到轮廓颜色，然后在属性栏中设置轮廓粗细为2mm，效果如图3-129所示。

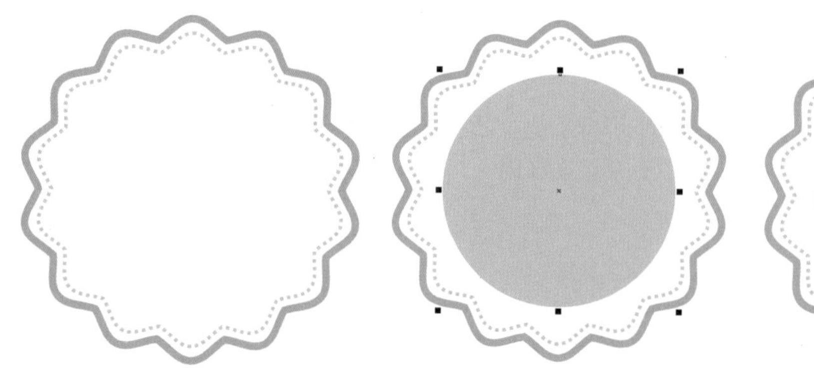

图3-127 虚线轮廓效果　　图3-128 绘制圆形　　图3-129 复制圆形并调整轮廓

10 使用相同的方法继续复制并缩小圆，再导入“苹果.jpg”素材图像，调整苹果的大小，然后按住右键拖动图片到中心的圆中，在弹出的快捷菜单中选择“PowerClip内部”命令，如图3-130所示，将图片置入圆中，如图3-131所示。

11 使用“文本工具”字在苹果图像上方输入文字，在属性栏中设置字体为方正卡通简体，填充文字为白色，效果如图3-132所示。

图3-130 拖动图片

图3-131 置入圆形中

图3-132 输入文字

12 选择“常见的形状工具”，单击属性栏中的“常用形状”下拉按钮，在弹出的面板中选择一种条幅形状，如图3-133所示。

13 在标签中绘制出条幅图形，然后使用“形状工具”拖动左下方的红点，调整形状大小，如图3-134所示。

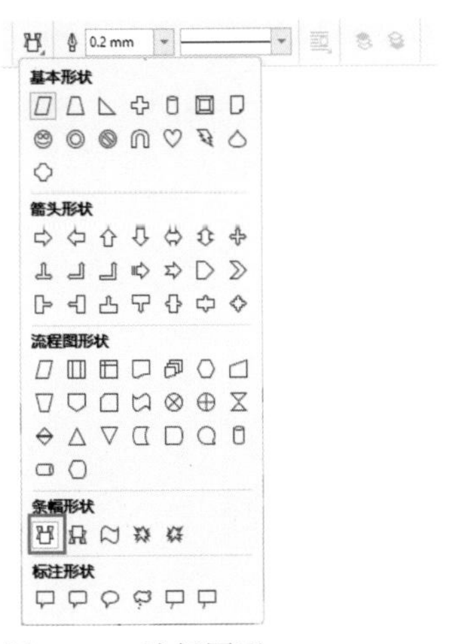

图3-133　选择图形

图3-134　绘制并调整形状

14 为条幅形状填充绿色(#86C481)，并设置轮廓线宽度为2mm，轮廓线颜色为淡绿色(#A6D4AE)，效果如图3-135所示。

15 使用“钢笔工具”在条幅形状中绘制一条直线，在属性栏中设置轮廓宽度为1mm，填充轮廓为白色，再修改为虚线样式，效果如图3-136所示。

图3-135　填充图形并设置轮廓线

图3-136　绘制虚线

16 复制一次虚线，并将其向下移动，得到如图3-137所示的效果。

17 选择“星形工具”☆，在属性栏中设置边数为5，锐度为55，在条幅图形两侧绘制五角星，填充为白色，效果如图3-138所示。

图3-137　复制并移动虚线

图3-138　绘制五角星

18 使用“文本工具”字在条幅图形中输入文字，并在属性栏中设置字体为方正卡通简体，填充文字为白色，效果如图3-139所示，完成本实例的制作。

图3-139 创建文字

3.6 高手解答

问：如何理解曲线与控制手柄的关系？

答：在使用“贝塞尔工具”“钢笔工具”和“形状工具”时，经常会使用控制手柄来调节曲线的弯曲度和弯曲方向。控制手柄的方向决定曲线弯曲的方向，控制手柄在下方时，曲线向下弯曲；反之则向上弯曲。控制手柄离曲线较近时，曲线的曲度较小；控制手柄离曲线较远时，曲线的曲度则较大。曲线的控制手柄可分左右两个，蓝色的箭头非常形象地指明了曲线的方向。

问：在添加线条样式时，如果其中没有需要的样式，该怎么办？

答：在添加线条样式时，如果其中没有我们想要的样式，可以在“线条样式”下拉列表中单击“更多”按钮，打开“编辑线条样式”对话框进行自定义编辑。

问：在编辑节点时，将节点定位错了，但已经拖动了控制线，该怎么办？

答：如果处于节点编辑的过程中，可以按Alt键不放，然后将节点移动到需要的位置即可，也可以在编辑完成后，配合“形状工具”进行位移节点修正。

问：选择“艺术笔工具”的喷涂模式时，其属性栏中的“选择喷涂顺序”下拉列表中有3个选项，它们分别是什么意思呢？

答：这代表3种不同的喷涂顺序。其中“随机”选项表示喷涂对象将随机分布，“顺序”选项表示喷涂对象将会按播放顺序以方形区域分布，“按方向”选项则表示喷涂对象将按路径进行分布。

问：除肉眼观察该线为直线或曲线外，还有什么办法进行判断？

答：可在使用“形状工具”选择线段中的某个节点时，如果该节点显示为空心方框，表示当前节点所在这一节线段为直线段；当该节点显示为实心方块时，则表示当前节点所在的这一节线段为曲线段。

第 4 章
绘制几何图形

在CorelDRAW中，使用几何图形工具可以方便、快速地绘制基本的几何图形，如矩形、圆形、多边形、螺旋纹；也可以使用形状工具组中的工具绘制基本形状、箭头形状、流程图形状、标注形状等图形。本章将讲解使用几何图形工具和形状工具绘制各种图形的方法。

- ◎ 练习实例：绘制积分卡
- ◎ 练习实例：绘制生日卡片
- ◎ 练习实例：绘制课程表
- ◎ 课堂案例：绘制中国风传统节气海报

4.1 矩形工具组

在CorelDRAW中可以使用“矩形工具”□和“3点矩形工具”□来绘制矩形。使用“矩形工具”□可以直接拖动鼠标绘制矩形，而“3点矩形工具”□则是通过绘制矩形相邻的两边直线来绘制矩形。

4.1.1 矩形工具

使用“矩形工具”□绘制矩形时，通过指定矩形两个对角点的方式来确定矩形的大小和位置。在工具箱中选择“矩形工具”□，在绘图区中按住鼠标左键向矩形的对角线方向拖曳，再释放鼠标即可绘制矩形，如图4-1所示。

在绘制矩形的过程中，按住Ctrl键，可绘制正方形，如图4-2所示；按住Shift键则会绘制出一个以起点处为中心的矩形；如果同时按住Ctrl和Shift键，则可以绘制出一个以起点处为中心的正方形。

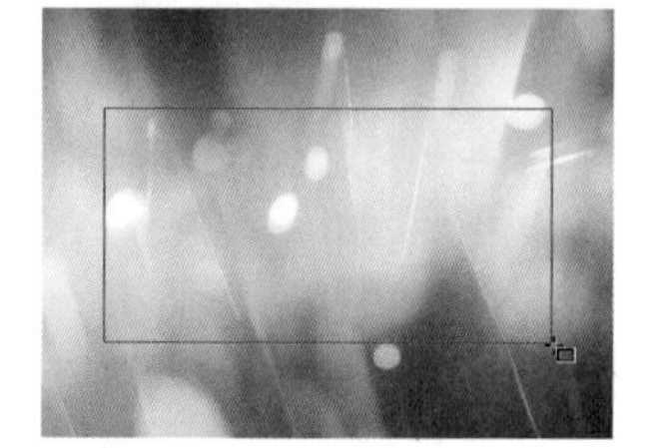

图4-1　绘制矩形

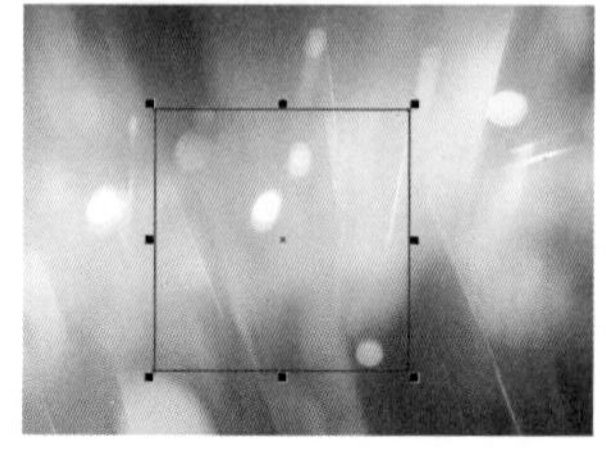

图4-2　绘制正方形

绘制矩形后，可以通过工具属性栏进行参数修改，包括调整矩形大小、锁定比率、角样式、圆角半径、同时编辑所有角、相对角缩放、轮廓宽度和转换为曲线等，如图4-3所示。

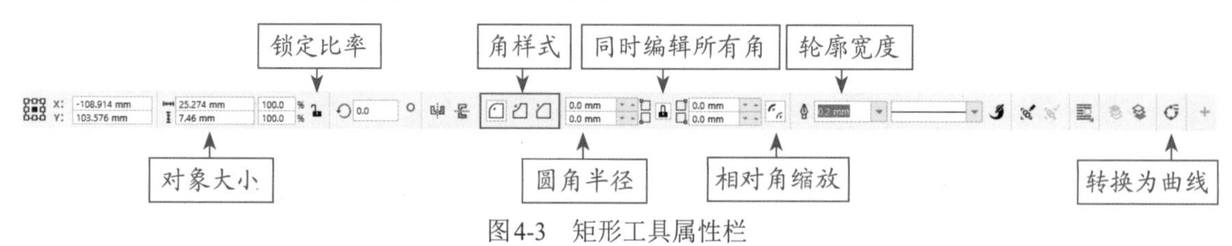

图4-3　矩形工具属性栏

- 对象大小：输入“宽度”与“高度”数值可以精确设置绘制矩形的大小。
- 锁定比率：单击“锁定比率”按钮，使其呈现状态，在设置宽度(高度)时，高度(宽度)会根据对象原始比例自动变化。
- 角样式：当圆角半径为0时，为直角样式；当圆角半径为非0时，单击“圆角”按钮、“扇形角”按钮和“倒棱角”按钮，可设置不同的角样式，效果分别如图4-4、图4-5、图4-6和图4-7所示。

图4-4　直角效果

图4-5　圆角效果

图4-6　扇形角效果

图4-7　倒棱角效果

▶ 圆角半径：在4个数值框中输入数值可以设置圆角、扇形角、倒棱角的平滑大小，图4-8和图4-9所示分别为圆角半径为5mm和15mm的对比效果。

▶ 同时编辑所有角：默认状态下该按钮呈锁定状态，在任意一个“圆角半径”文本框中输入数值，其他数值框将会随之变化；单击后呈状态，可以分别修改“圆角半径”的数值，图4-10所示为只调整左上角的圆角半径的效果。

▶ 相对角缩放：单击该按钮将其激活，在缩放矩形时，角度平滑值也会进行相应的缩放。如果没有激活该按钮，缩放矩形时，角度平滑值不会发生变化。

▶ 轮廓宽度：在其下拉列表框中可以设置矩形边框的宽度。选择“无”选项，将取消矩形的轮廓。

▶ 转换为曲线：在没有转曲时只能进行角上的变化，单击转曲后可以进行自由变换和添加节点等操作。图4-11所示是将矩形转换为曲线后，对矩形的边进行编辑后的效果。

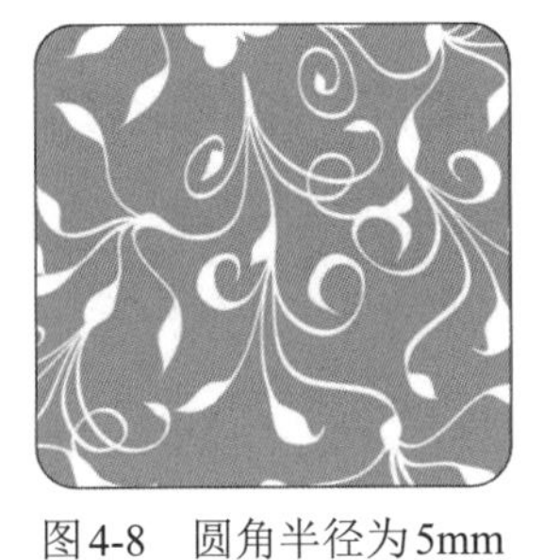

图4-8　圆角半径为5mm

图4-9　圆角半径为15mm

图4-10　调整单一圆角

图4-11　调整曲线

4.1.2　3点矩形工具

“3点矩形工具”可以通过指定3个点的位置，以指定的高度和宽度来绘制矩形。在工具箱中单击“矩形工具”下拉按钮，在弹出的面板中选择“3点矩形工具”，然后在页面空白处单击确定第1个点后，按住鼠标进行拖动，此时会出现一条实线，如图4-12所示，确定位置后松开鼠标确定下一个点，再移动光标进行下一个点的定位，如图4-13所示，单击鼠标即可绘制一个矩形。

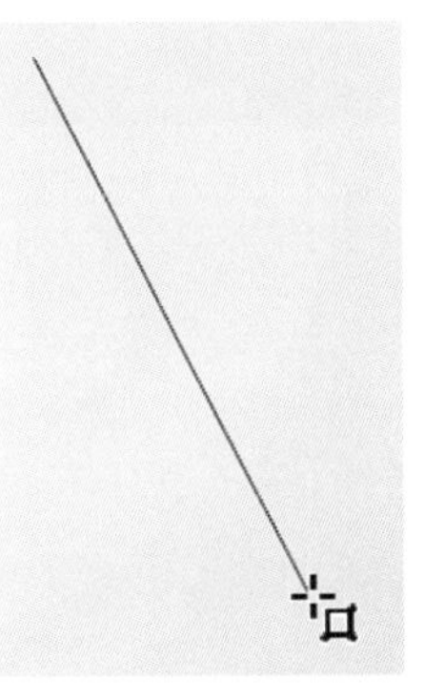

图4-12　拖动绘制直线

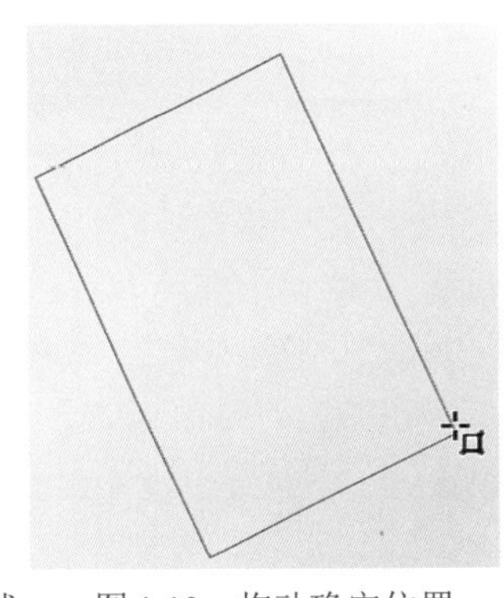

图4-13　拖动确定位置

练习实例：绘制积分卡

文件路径：第4章\绘制积分卡

技术掌握：矩形的绘制

01 新建一个文件，然后双击工具箱中的“矩形工具”按钮，得到与页面相同大小的矩形，将其填充为10%灰色作为背景。然后选择“矩形工具”，在画面中按住鼠标拖动，绘制一个矩形，填充为橘黄色(#F3B436)，如图4-14所示。

02 按小键盘中的+键，在原地复制一次矩形，然后按住Ctrl键向右拖动矩形，对其进行翻转，如图4-15所示。

03 将翻转后的矩形填充为淡黄色(#F6CC77)，然后将创建的两个条形矩形复制一次，并向右方水平移动，如图4-16所示。

图4-14　绘制矩形

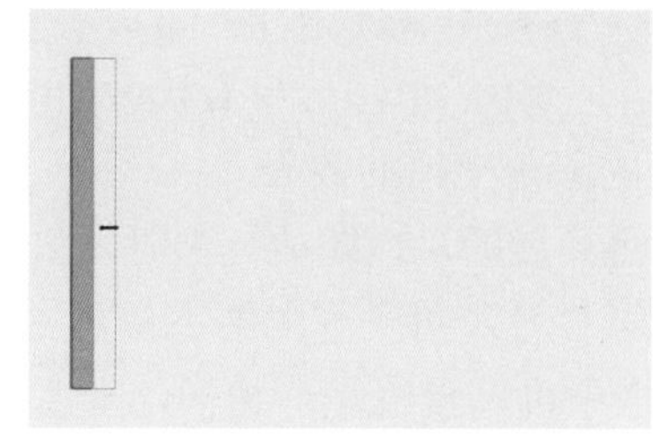
图4-15　移动对象

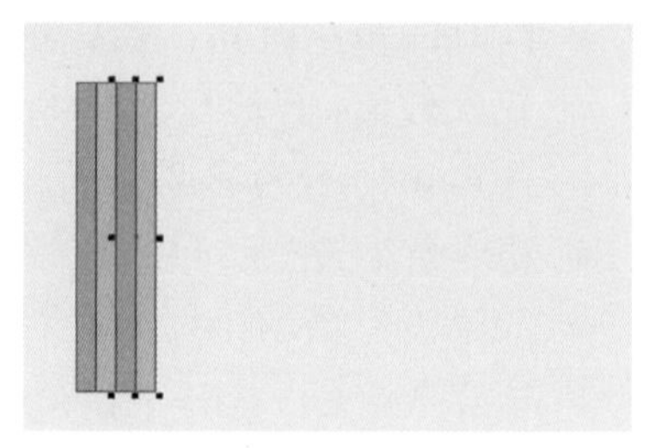
图4-16　复制并移动对象

04 使用同样的方法，对创建的条形矩形进行多次复制，并排列成如图4-17所示的样式，然后选择所有条形矩形，在属性栏中设置宽度和高度为95mm×60mm，确定卡片的尺寸。

05 选择所有条形矩形，按Ctrl+G组合键组合对象，然后右击调色板上方的“无填充”按钮，取消轮廓线，效果如图4-18所示。

06 选择“矩形工具”，在卡片中绘制一个矩形，填充为白色，并取消轮廓线，效果如图4-19所示。

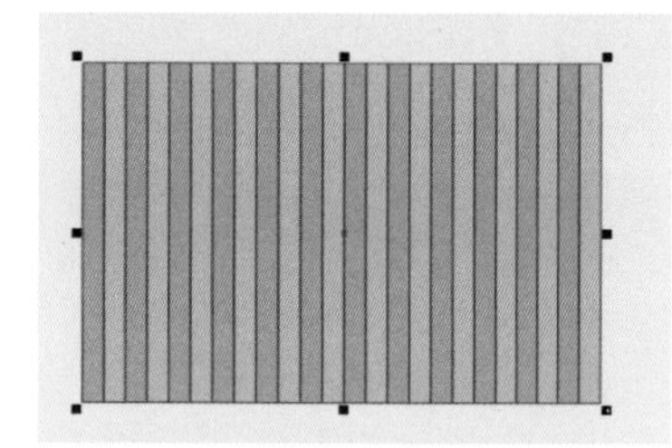
图4-17　设置卡片尺寸

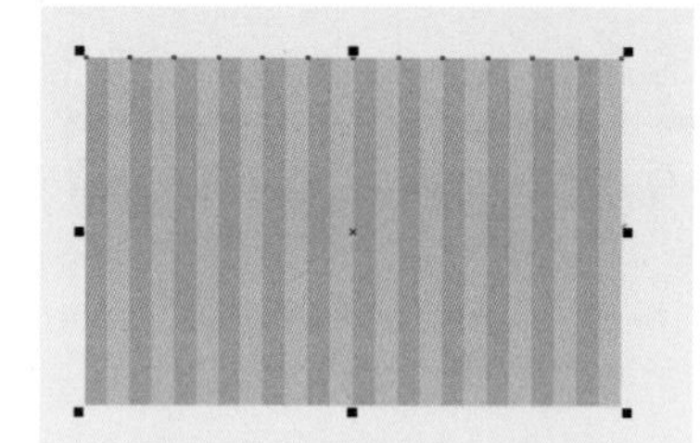
图4-18　组合矩形对象

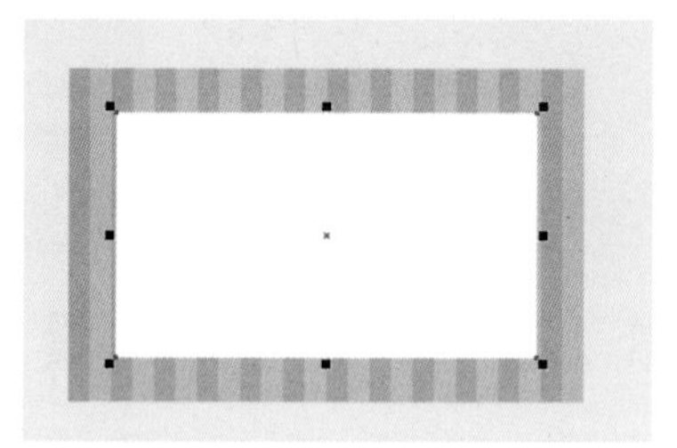
图4-19　绘制矩形

07 导入“橘子1.tif”和“橘子2.tif”素材图像，将素材图像分别放到卡片左下方和右上方，如图4-20所示。

08 选择“矩形工具”，在白色矩形下方绘制一个矩形，填充为橘红色(#F09240)，并取消轮廓线，然后在属性栏中单击“圆角”按钮，设置左下角和右上角的圆角半径为3mm，效果如图4-21所示。

09 按Ctrl+I组合键导入“文字.tif”文件，将文字放到圆角矩形上方，然后选择“文本工具”字，在圆角矩形中输入文字，并在属性栏中设置字体为方正少儿简体，填充为白色，得到积分卡正面图形，如图4-22所示。

图4-20　添加素材图像

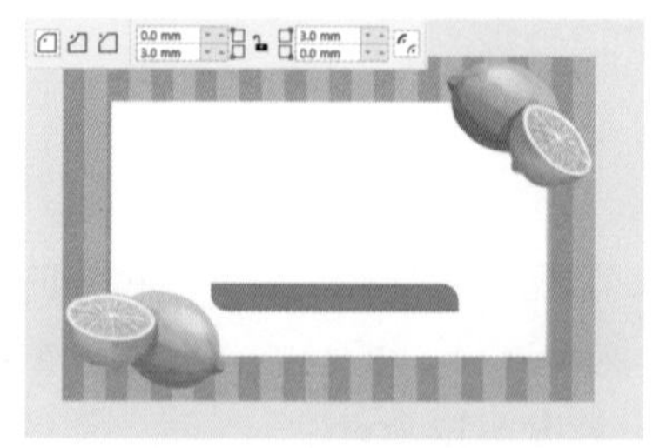
图4-21　绘制圆角矩形

图4-22　添加文字

10 下面来制作积分卡背面图形。选择积分卡中的背景和白色矩形对象，按小键盘中的+键，在复制一次对象后，再将其向下移动，如图4-23所示。

11 导入“橘子3.tif”文件，将其移动到积分卡背面图像中，放到白色矩形两端，如图4-24所示。

12 继续在白色矩形中绘制一个较小的矩形，在属性栏中设置轮廓线宽度为0.5mm，然后设置填充为无，轮廓线颜色为橘红色(#F09240)，效果如图4-25所示。

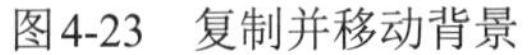

图4-23 复制并移动背景

图4-24 添加素材图像

图4-25 绘制矩形

13 在橘色轮廓线矩形中再绘制一个较窄的矩形，填充为橘红色(#F09240)，效果如图4-26所示。

14 对刚创建的两个矩形进行多次复制，然后移动排列成如图4-27所示的效果。

15 选择“文本工具”字，在橘色矩形中输入不同的数字，填充为白色，如图4-28所示，然后在白色矩形下方输入一行说明文字，设置字体为方正喵呜体，填充为黑色，效果如图4-29所示，完成本例的制作。

图4-26 绘制较窄矩形

图4-27 复制并移动对象

图4-28 输入数字

图4-29 输入说明文字

4.2 椭圆形工具组

椭圆形是绘制和设计图形时最常用的基本图形之一。“椭圆工具”的使用方法与“矩形工具”的使用方法相似，也分为“椭圆工具”和“三点椭圆工具”。除可绘制椭圆外，还可通过属性栏设置图形为扇形和圆弧等。

4.2.1 椭圆形工具

在工具箱中选择“椭圆形工具”，然后在绘图区中按住鼠标左键向椭圆轴的方向进行拖动，如图4-30所示，可以预览圆弧大小，确定大小后松开左键完成椭圆形的绘制。在绘制图形时，按住Ctrl键将绘制一个圆形，如图4-31所示；按住Shift键，将以起始点为中心绘制一个椭圆形；同时按住Shift键和Ctrl键，将以起始点为中心绘制圆形。

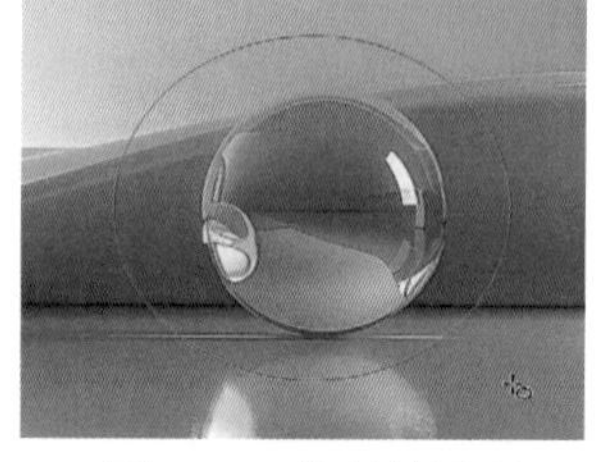

图4-30　绘制椭圆形

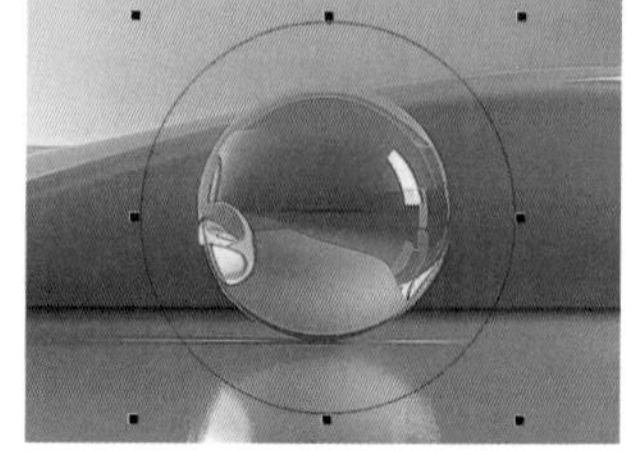

图4-31　绘制圆形

选择“椭圆形工具”后，其属性栏如图4-32所示。

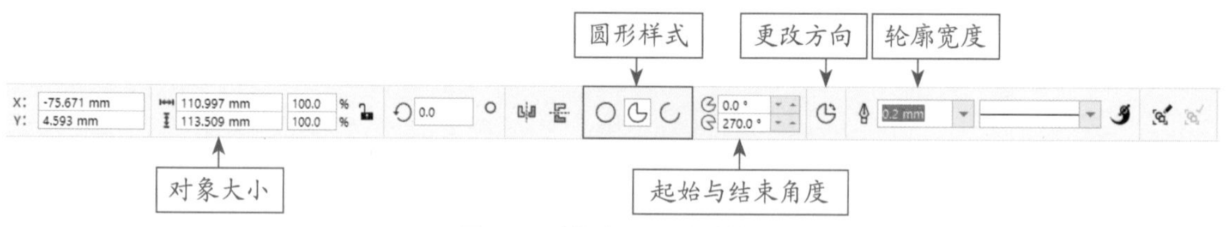

图4-32　椭圆形工具属性栏

- 圆形样式：有椭圆形、饼形、弧形三种样式。单击“椭圆形”按钮、“饼形”按钮或“弧形”按钮，可切换到相应的工具进行图形绘制，图4-33和图4-34所示为饼形和弧形效果。
- 起始与结束角度：设置饼形和弧形断开位置的起始角度与终止角度，范围在0°和360°之间，图4-35和图4-36所示分别为不同起始与结束角度的饼形图。

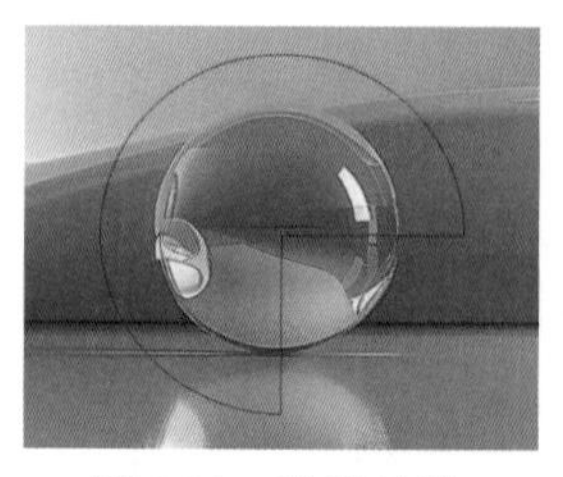

图4-33　饼形效果

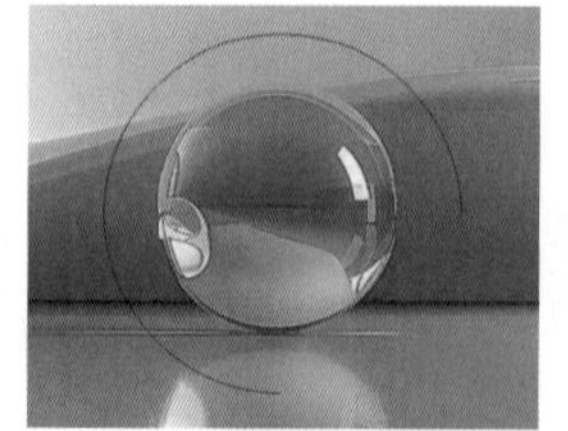

图4-34　弧形效果

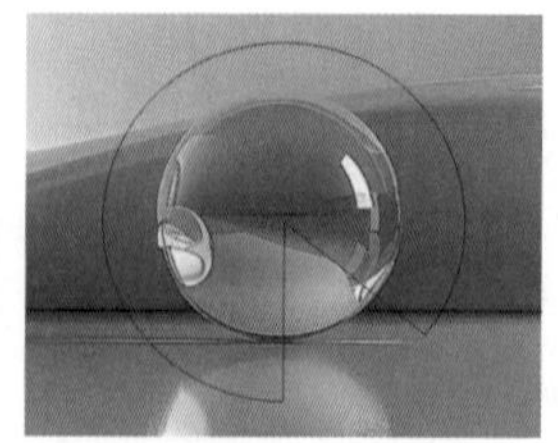

图4-35　不同角度的饼形(1)

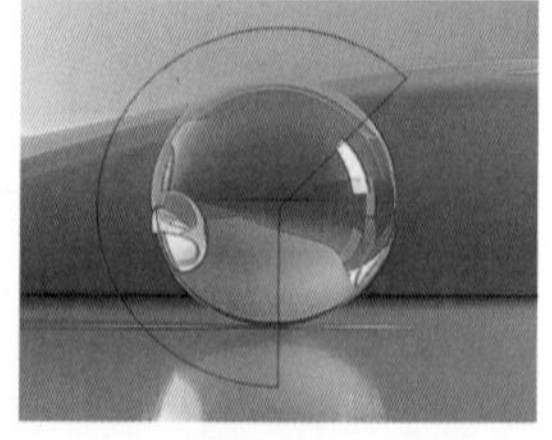

图4-36　不同角度的饼形(2)

- 更改方向：单击该按钮，可以更改起始角度和结束角度的方向，即转换顺时针或逆时针方向。

4.2.2　3点椭圆形工具

“3点椭圆形工具”和“3点矩形工具”的绘图原理相同，都是通过指定3个点来确定形状，不同之处是：矩形以高度和宽度确定形状，椭圆则是以高度和直径确定形状。

单击“椭圆形工具”下拉按钮，在弹出的面板中选择“3点椭圆工具”，在绘图区中确定第一个点位置，然后按住鼠标左键拖动出一条斜线，得到椭圆的直径，如图4-37所示，再到合适的位置释放鼠标，移动光标确定椭圆的高度后单击，完成椭圆的绘制，如图4-38所示。

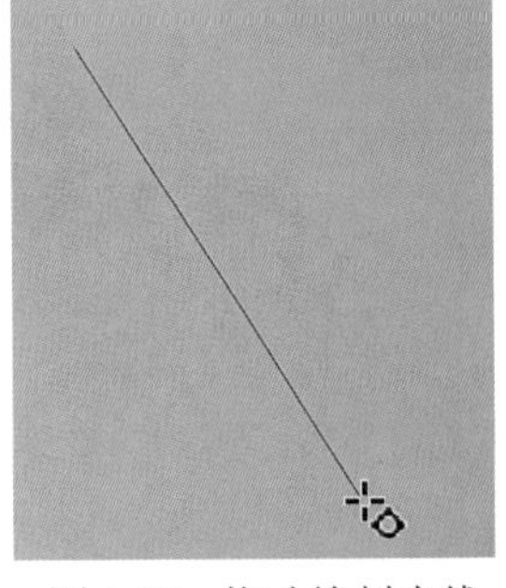

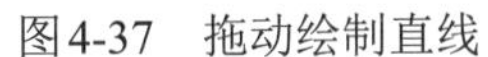

图4-37　拖动绘制直线

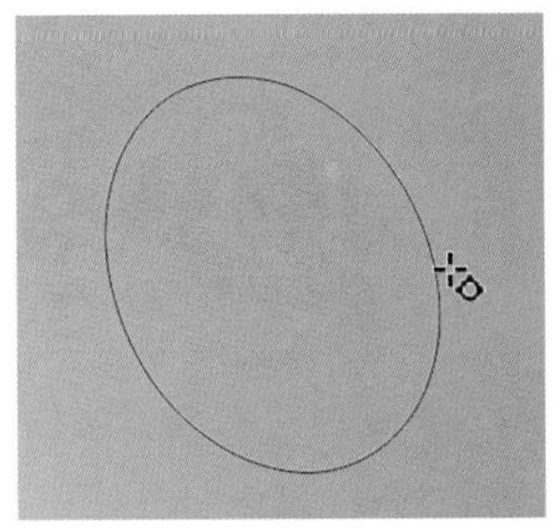

图4-38　拖动确定位置

4.3　多边形与星形工具

使用“多边形工具”与“星形工具”可以绘制出更复杂的图形，用户还可以自定义图形的点数、边数来绘制需要的形状。

4.3.1　多边形工具

多边形是一种常见的几何图形，使用“多边形工具”可以绘制三角形、五边形和六边形等，用户还可以自定义多边形的边数。

选择“多边形工具”，然后在属性栏中的“多边形上的点数”数值框中设置多边形的边数，在绘图区中按住鼠标左键进行拖曳，再释放鼠标即可绘制出多边形，图4-39所示为绘制的不同边数的多边形效果，边数越多，就越接近圆。

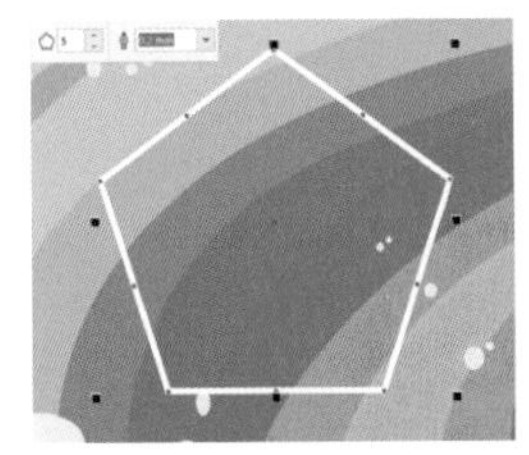

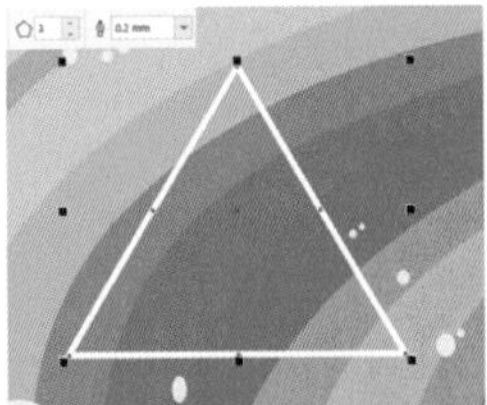

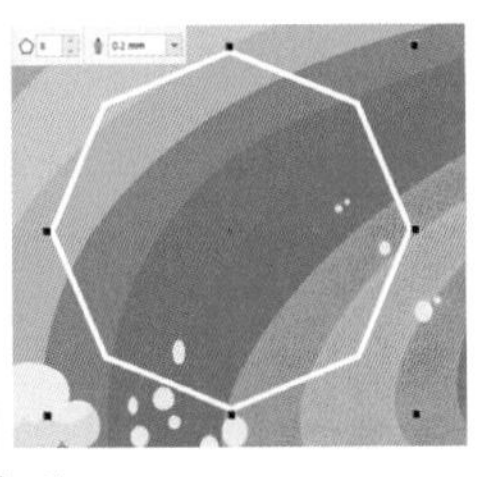

图4-39　绘制不同边数的多边形

绘制好多边形后，还可以将其直接转换为星形。在工具箱中选择“形状工具”，选择线段上的一个节点，按住Ctrl键和鼠标左键向内拖动，如图4-40所示，松开鼠标即可得到一个星形，如图4-41所示。

图4-40　向内拖动节点

图4-41　得到星形

进阶技巧

绘制多边形时，按住Ctrl键可以绘制正多边形；按住Shift键可以以起始点为中心绘制多边形；按住Ctrl+Shift组合键，将以起始点为中心绘制正多边形。

4.3.2 星形工具

使用“星形工具”☆可以绘制简单的星形和复杂的星形两种图形。在属性栏中单击“星形”按钮☆，设置边数和锐度，锐度数值越大角越尖，数值越小角越钝，然后在绘图区中按住鼠标左键向对角线的方向进行拖动，即可绘制简单的星形，如图4-42所示。单击“复杂星形”按钮☼，在属性栏中设置边数和锐度，然后按住鼠标左键并拖动鼠标，即可绘制出复杂的星形，如图4-43所示。

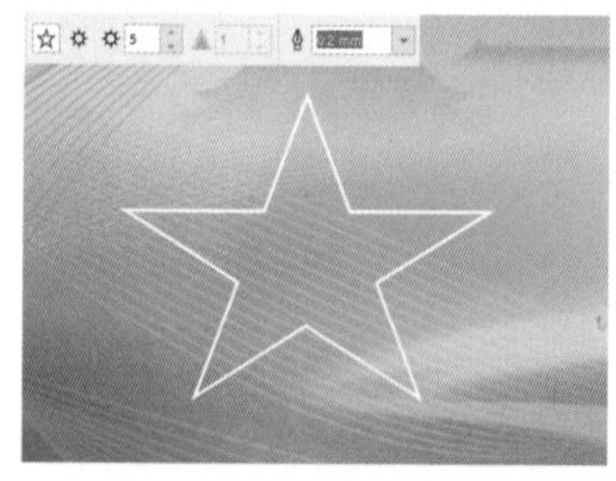

图4-42 绘制简单的星形

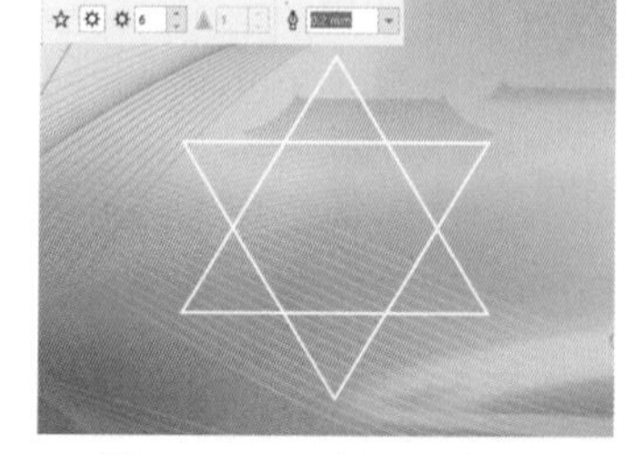

图4-43 绘制复杂的星形

练习实例：绘制生日卡片

文件路径：第4章\绘制生日卡片

技术掌握：星形图形的绘制

01 打开“粉红背景.cdr”素材图像，如图4-44所示。选择“多边形工具”⬡，在属性栏中设置边数为5，然后按住鼠标拖动，绘制一个五边形，如图4-45所示。

02 选择“形状工具”，选择五边形线条中间的节点，向内拖动节点，如图4-46所示。释放鼠标后将得到一个五角星图形。

03 将五角星填充为黄色(#FDD633)，并取消轮廓线填充，效果如图4-47所示。

图4-44 打开图像

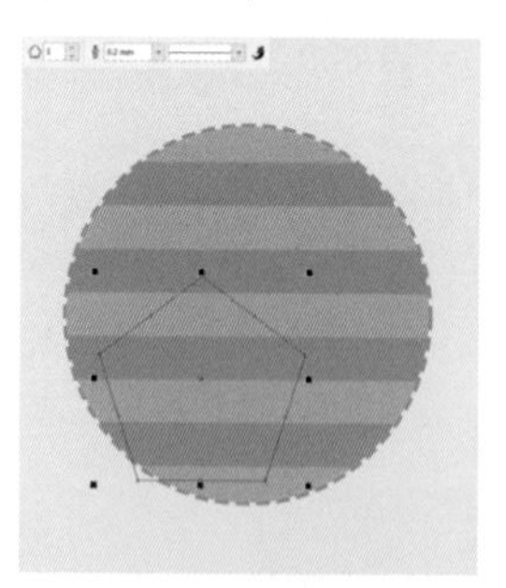

图4-45 绘制五边形

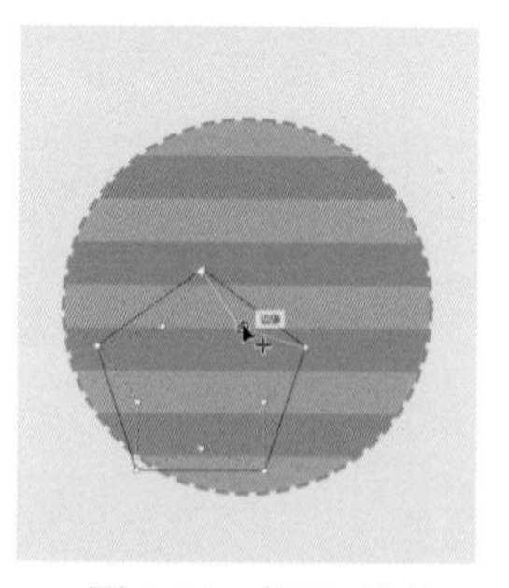

图4-46 拖动节点

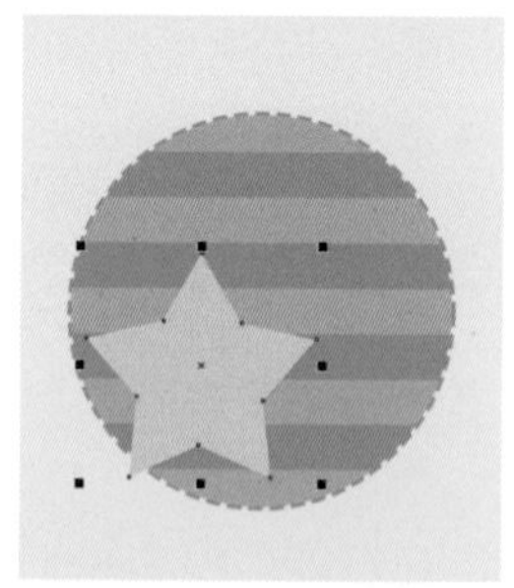

图4-47 填充颜色

04 再次单击五角星，将鼠标指针移动到图形右上角，按住鼠标旋转对象，如图4-48所示。

05 按小键盘中的+键复制一次对象，再适当移动对象，取消填充颜色，并填充轮廓线为黑色，效果如图4-49所示。

06 选择“多边形工具”⬡，在属性栏中单击“变量轮廓工具”，分别在轮廓线左上方和右下方单击并拖动鼠标，改变为不同的轮廓宽度，如图4-50所示，释放鼠标后，即可得到如图4-51所示的效果。

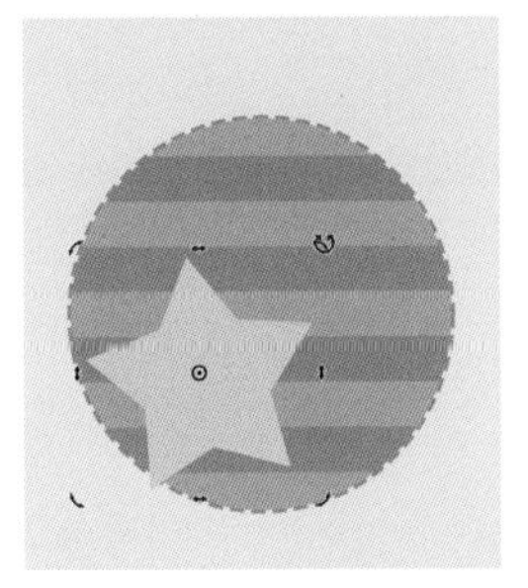

图4-48　旋转星形

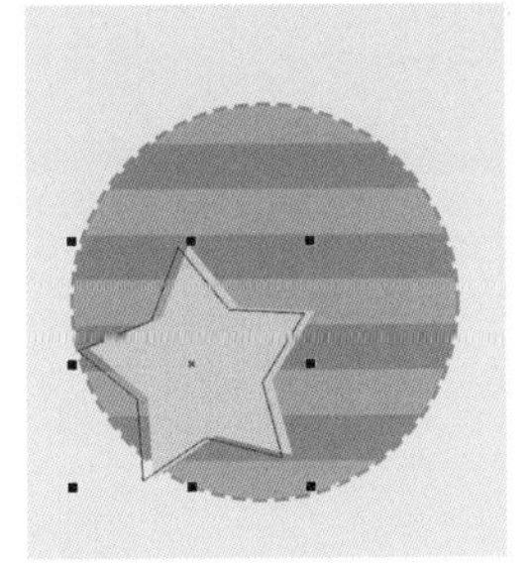

图4-49　复制并移动星形

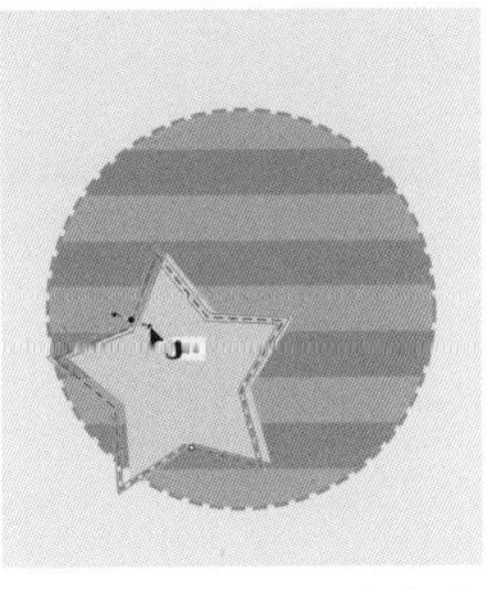

图4-50　改变轮廓宽度

图4-51　轮廓效果

07 选择“贝塞尔工具”，在五角星上方绘制一个皇冠图形，填充为橘黄色，并设置轮廓宽度为3.5mm，效果如图4-52所示。

08 打开“五官.cdr”素材图像，将其复制粘贴过来，放在五角星中，得到卡通形象效果，如图4-53所示。

09 选择“艺术笔工具”，在属性栏中选择“表达式”工具，设置“笔触宽度”为15mm、“倾斜角”为90°，然后绘制出两条线作为双手图形，如图4-54所示。

10 打开“气球.cdr”素材图像，将其复制粘贴过来，放在五角星右侧，效果如图4-55所示。

图4-52　绘制皇冠

图4-53　添加五官图形

图4-54　绘制双手

图4-55　添加气球

11 选择“星形工具”，在属性栏中设置边数为5、锐度为38，按住鼠标左键并拖动鼠标绘制出五角星，如图4-56所示。

12 适当旋转对象，然后填充为粉红色(#F4B9D2)，并取消轮廓线，效果如图4-57所示。

13 适当缩小粉红色五角星，并复制多个对象，放在圆形中，如图4-58所示。

14 打开“文字.cdr”素材图像，将其复制粘贴过来，将文字分别放在圆形的上下两侧，效果如图4-59所示，完成本实例的制作。

图4-56　绘制星形

图4-57　旋转星形

图4-58　复制星形

图4-59　添加文字

4.4 图纸与螺纹工具

利用“图纸工具”和“螺纹工具”，用户可以方便地绘制出需要的图形。

4.4.1 图纸工具

使用“图纸工具”可以绘制不同行数和列数的网格图形，从而起到对图像精确定位的作用。网格图纸实际上就是多个连续排列且中间不留缝隙的矩形群组而成的。

选择“图纸工具”，在属性栏中设置“行数”和“列数”参数，然后在绘图区中按住鼠标左键拖曳，在合适的位置释放鼠标，即可绘制出网格图形，如图4-60所示。

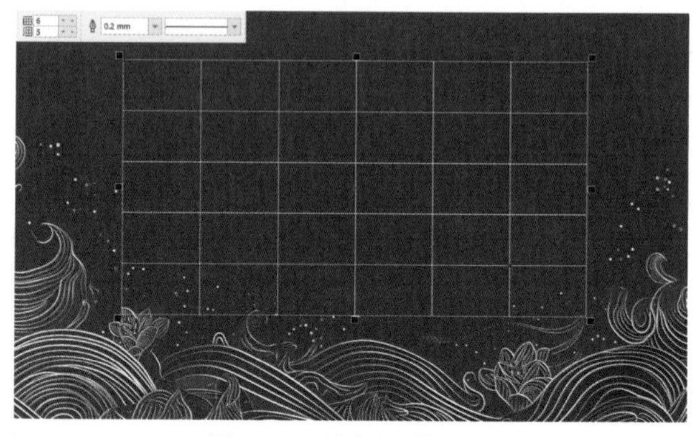

图4-60　绘制网格图形

练习实例：绘制课程表

文件路径：第4章\绘制课程表

技术掌握：图纸工具的运用

01 新建一个文件，导入“卡通背景.jpg”素材图像，如图4-61所示。

02 选择“文本工具”字，在画面左上方输入文字“课程表”，在属性栏中设置字体为方正喵呜体，填充为白色，效果如图4-62所示。

03 选择“图纸工具”，在属性栏中设置“列数”和“行数”分别为7和5，然后将光标移到文字下方，按住鼠标左键向右下方拖动，绘制出网格图形，如图4-63所示。

图4-61　导入素材图像

图4-62　输入文字

图4-63　绘制网格图形

04 在属性栏中设置轮廓为1.5mm，再右击调色板中的白色块，填充轮廓线为白色，效果如图4-64所示。

05 选择绘制好的网格对象，按Ctrl+U组合键解散群组，然后选择左侧一列的矩形，填充为深蓝色(#55C2F0)，如图4-65所示。

06 选择“文本工具”字，在蓝色小方格中分别输入日期文字，并在属性栏中设置字体为方正喵呜体，填充为白色，效果如图4-66所示，完成本实例的操作。

图4-64　设置轮廓线

图4-65　填充小方格

图4-66　输入文字

4.4.2　螺纹工具

螺纹图形是一种旋转式的图形，如蚊香、螺丝钉、螺蛳、棒棒糖花纹等都属于螺纹图形。选择“螺纹工具”，可以直接绘制对称式螺纹或对数螺纹图形。

选择“螺纹工具”后，可以在属性栏中设置螺纹的回圈、对称式螺纹、对数螺纹、螺纹扩展参数、螺纹线条样式等，如图4-67所示。然后在绘图区中按住鼠标左键进行拖动，再释放鼠标即可绘制出螺纹图形。

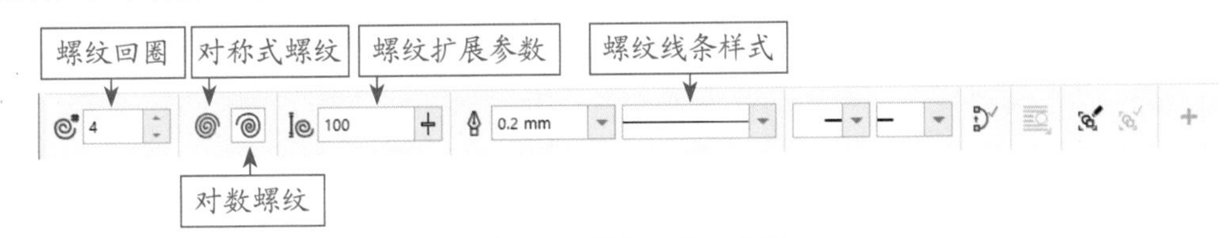

图4-67　螺纹工具属性栏

- 螺纹回圈：设置螺纹中完整圆形回圈的圈数，范围为1~100，值越大，圈数越密，如图4-68所示。
- 对称式螺纹：激活该按钮后，绘制的螺纹回圈间距是均匀的，如图4-69所示。
- 对数螺纹：激活该按钮后，绘制的螺纹回圈间距是由内向外不断增大的，如图4-70所示。
- 螺纹扩展参数：设置对数螺纹时将被激活，向外扩展的速率的最小值为1，最大值为100，间距内圈最小，越往外越大。
- 螺纹线条样式：在该下拉列表框中可以设置螺纹的轮廓线为虚线或实线，其右侧的两个下拉列表框用于设置轮廓线条两端的箭头形状。

图4-68　不同回圈效果

图4-69　对称式螺纹

图4-70　对数螺纹

4.5　形状工具组

CorelDRAW软件将一些常用的形状组合到一起，方便用户单击选取并绘制。单击并按住“多边形工具”按钮，在展开的工具列表中选择“常见的形状”，然后在其属性栏中单击“常用形状”按钮，可以展开5种形状样式，包括“基本形状”“箭头形状”“流程图形状”“条幅形状”“标注形状”，如图4-71所示。

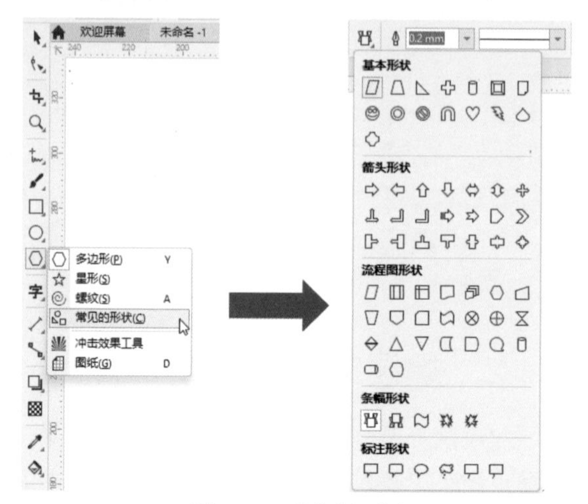

图4-71　形状组面板

4.5.1　基本形状工具

使用“基本形状工具”可以快速绘制梯形、心形、圆柱体、水滴等基本形状。

选择“常见的形状”工具，在属性栏的“常用形状”下拉列表中即可查看多种基本形状，选择其中的一种基本形状后，在绘图区中按住鼠标左键进行拖动，可以绘制出基本形状，如图4-72所示。在绘制基本形状后，形状上将出现红色控制点，使用鼠标拖动红色控制点可修改形状外观，如图4-73所示。

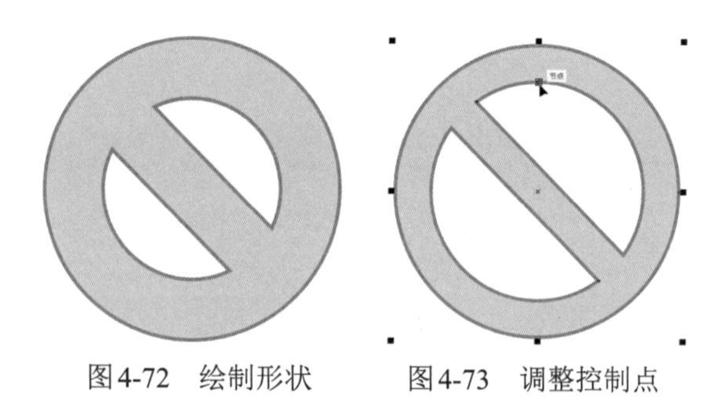

图4-72　绘制形状　　图4-73　调整控制点

4.5.2　箭头形状工具

使用“箭头形状工具”可以快速绘制路标、指示牌和方向引导标识。在CorelDRAW中提供了多种常用的箭头形状，利用这些箭头形状可以快速地绘制各式各样的箭头图形。

选择工具箱中的“常见的形状”工具，在属性栏的“常用形状”下拉列表中可以选择需要的箭头样式，在绘图区中按住鼠标左键进行拖动，再释放鼠标即可绘制出选择样式的箭头，如图4-74所示。

箭头相对复杂，变量也相对多，控制点有两个，黄色的控制点用于调整十字形的粗细，如图4-75所示；红色控制点用于调整箭头的宽度，如图4-76所示。

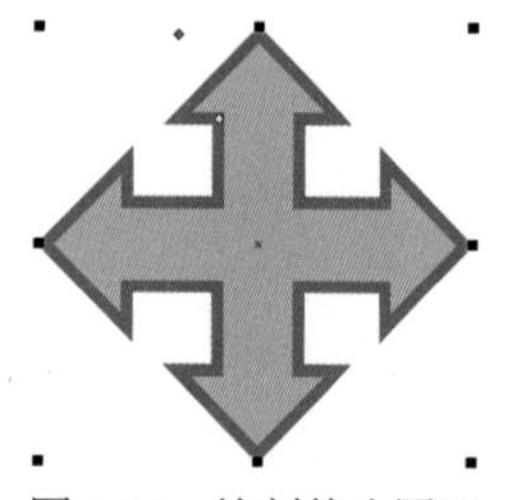

图4-74　绘制箭头图形

图4-75　调整黄色控制点

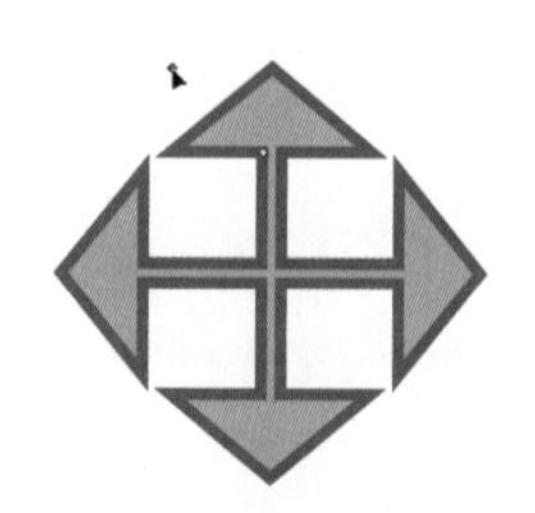

图4-76　调整红色控制点

4.5.3　流程图形状工具

使用“流程图形状工具”可以快速绘制各种流程图，如业务流程图、数据流程图等。选择工具箱中的“常见的形状”工具，在属性栏的“常用形状”下拉列表中可以选择需要的流程图样式，然后在绘图区中按住鼠标左键进行拖动，即可绘制对应的流程图形状，如图4-77所示。

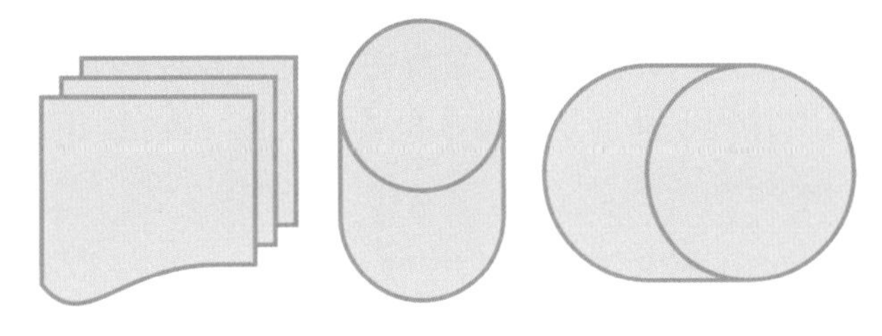

图4-77　流程图形状

4.5.4　条幅形状工具

使用“条幅形状工具”可以快速绘制标题栏、旗帜标语、爆炸效果。选择工具箱中的“常见的形状”工具，在属性栏的“常用形状”下拉列表中可以选择需要的条幅样式，在绘图区中按住鼠标左键进行拖动，然后释放鼠标，即可绘制选择的标题形状，图4-78所示为在其中添加文字的条幅形状。

图4-78　条幅形状

4.5.5　标注形状工具

使用“标注形状工具”可以绘制一种特殊图形来添加标注文字，如添加对白。选择工具箱中的“常见的形状”工具，在属性栏的“常用形状”下拉列表中可以选择需要的标注样式，在绘图区中按住鼠标左键进行拖动，然后释放鼠标，即可绘制出选择的标注形状，图4-79所示为在其中添加文字的标注形状。

图4-79　标注形状

4.6　课堂案例：绘制中国风传统节气海报

文件路径：第4章\中国风传统节气海报

技术掌握：绘制和编辑矩形、设置多边形属性

案例效果

本节将应用本章所学的知识，制作中国风传统节气海报，巩固之前所学的矩形工具、多边形工具、手绘工具等多种工具的操作和属性设置。本案例的效果如图4-80所示。

图4-80　中国风传统节气海报

操作步骤

01 新建一个空白文档，选择“文件”|“导入”菜单命令，导入“背景.jpg”素材图像，然后选择背景图形，在属性栏中设置宽度和高度为600mm×900mm，效果如图4-81所示。

02 选择“矩形工具”□，在背景图像中绘制一个矩形，然后按F12键打开“轮廓笔”对话框，设置轮廓宽度为1.6mm，颜色为绿色(#559E40)，如图4-82所示，效果如图4-83所示。

图4-81　导入背景图像

图4-82　设置矩形轮廓

图4-83　矩形轮廓效果

03 按Ctrl+Q组合键将矩形转换为曲线，然后选择“形状工具”，在矩形上方的轮廓线左侧进行双击，添加一个节点，如图4-84所示。

04 使用同样的方法，在右侧添加一个节点，然后选择中间线段，如图4-85所示，按Delete键删除线段，效果如图4-86所示。

图4-84　添加节点

图4-85　选择线段

图4-86　删除线段

05 选择“矩形工具”□，在海报底部左侧角点处绘制一个较小的矩形，设置相同的轮廓线属性，效果如图4-87所示。

06 选择该矩形，按小键盘中的+键复制一次对象，然后按住Ctrl键向右水平移动复制对象，放在右侧角点处，效果如图4-88所示。

07 选择两个较小的矩形，复制一次对象，然后按住Ctrl键向上垂直移动复制对象，放在两边顶部，如图4-89所示。

图4-87　绘制矩形　　图4-88　复制并移动对象　　图4-89　复制并移动对象

08 选择“多边形工具”，在属性栏中设置边数为3，然后按住鼠标左键进行拖动，绘制一个三角形，如图4-90所示。

09 填充三角形为绿色(#559E40)，并取消轮廓线，效果如图4-91所示。

10 适当调整三角形的大小和方向，然后放在左侧线条接口处，如图4-92所示。

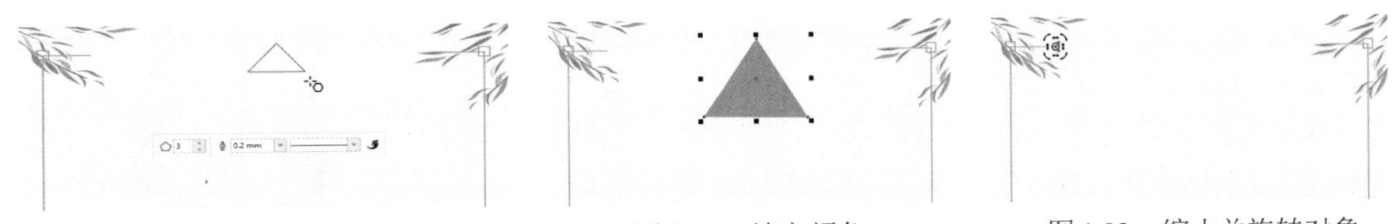

图4-90　绘制三角形　　图4-91　填充颜色　　图4-92　缩小并旋转对象

11 复制一次三角形，适当向右侧移动，如图4-93所示。然后复制一次创建的两个三角形，接着将复制对象移到图形右侧，再单击属性栏中的“水平镜像”按钮，对复制对象进行水平翻转，如图4-94所示。

12 选择“文本工具”字，在海报上方输入一行文字，注意输入文字时在其中添加“/”符号，在属性栏中设置字体为宋体，效果如图4-95所示。

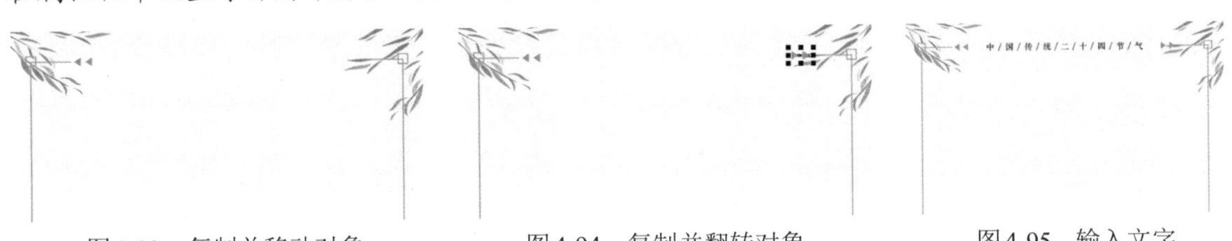

图4-93　复制并移动对象　　图4-94　复制并翻转对象　　图4-95　输入文字

13 继续在下方输入文字“大暑”，在属性栏中设置字体为方正字迹-吕建德行楷简体，填充为绿色(#559E40)，适当调整文字大小，效果如图4-96所示。

14 选择“贝塞尔工具”，在文字左侧绘制一条折线，在属性栏中设置轮廓宽度为3mm，填充轮廓为绿色(#559E40)，效果如图4-97所示。

15 复制一次折线，对复制对象进行水平翻转操作，然后将其放在文字右侧，效果如图4-98所示。

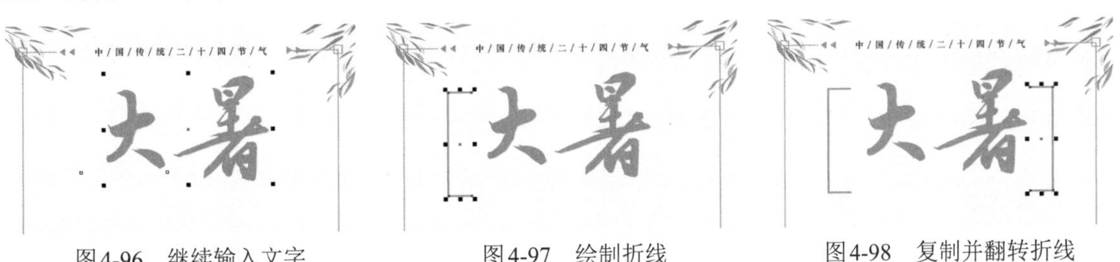

图4-96　继续输入文字　　图4-97　绘制折线　　图4-98　复制并翻转折线

16 选择“手绘工具”，在属性栏中设置手绘平滑为2，然后在“暑”字左侧手绘一个不规则图形，如图4-99所示。

17 将该图形填充为红色(#E62129)，并取消轮廓线填充，得到印章效果，如图4-100所示。

18 输入文字“二十四节气”，放在印章图形中，设置字体为方正小标宋简体，填充为白色，效果如图4-101所示。

图4-99　绘制不规则图形

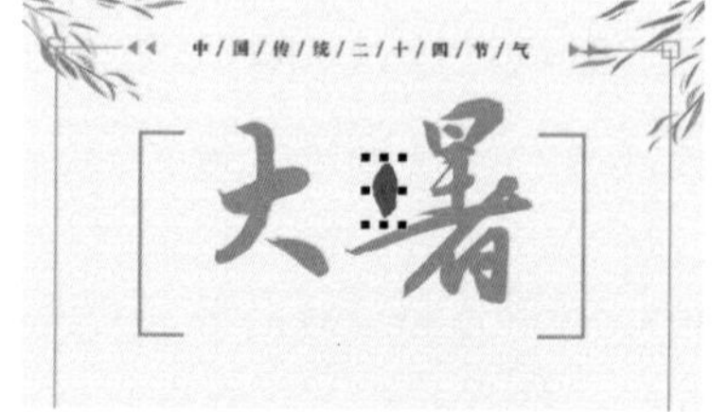

图4-100　填充颜色

图4-101　在印章中输入文字

19 在“大暑”下方再输入一行文字，设置其字体为方正宋刻本秀楷简体，适当调整文字大小和位置，如图4-102所示。

图4-102　输入文字

20 选择“多边形工具”，在属性栏中设置边数为12，按住Ctrl键在海报中绘制一个正多边形，如图4-103所示。

21 适当旋转多边形，然后填充为淡绿色(#E9F3E0)，并取消轮廓线颜色，效果如图4-104所示。

22 选择“阴影工具”，将光标移到多边形中，按住鼠标左键向右侧拖动，得到投影效果，并在属性栏中设置投影为黑色，如图4-105所示。

23 导入“荷花.psd”素材图像，将其放在多边形中，如图4-106所示。

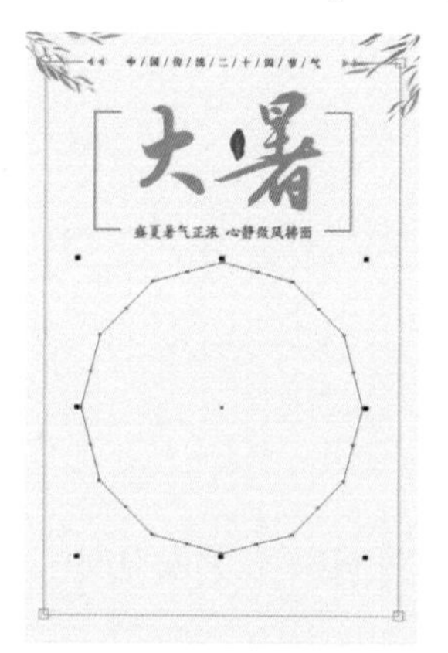

图4-103　绘制多边形

图4-104　旋转并填充颜色

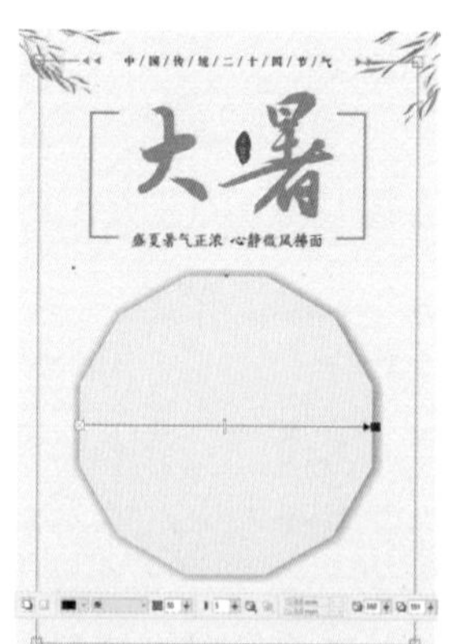

图4-105　添加投影

图4-106　添加荷花图像

24 选择“文本工具”字，在荷花右侧输入日期文字，并在属性栏中设置字体为方正兰亭纤黑，然后填充为绿色(#559E40)，效果如图4-107所示。

25 导入“鱼.png”素材图像，将其放在海报下方，效果如图4-108所示。

26 打开“云纹.cdr”素材图像，将素材图像复制粘贴到当前编辑的图像中，然后分别放在多边形的左上方和右下方，如图4-109所示。

图4-107　输入日期文字

图4-108　添加鱼图像

图4-109　添加云纹图形

27 使用“矩形工具”□在多边形下方绘制一个矩形，并填充为绿色(#559E40)，效果如图4-110所示。

28 在矩形内输入文字，并在属性栏中设置字体为黑体，填充为白色，效果如图4-111所示。

29 使用“手绘工具”在海报底部绘制两条不同长短的线段，填充线段的轮廓线为绿色(#559E40)，效果如图4-112所示，完成本实例的制作。

图4-110　绘制矩形

图4-111　输入文字

图4-112　绘制两条线段

4.7　高手解答

问：绘制矩形后，如何手动调整圆角矩形的半径？

答：选择绘制的矩形，使用“形状工具”单击矩形边缘的黑色控制点并进行拖动，如图4-113所示，此时虚线部分为更改圆角半径后的效果，调整到合适大小后释放鼠标，即可得到调整的效果，如图4-114所示。

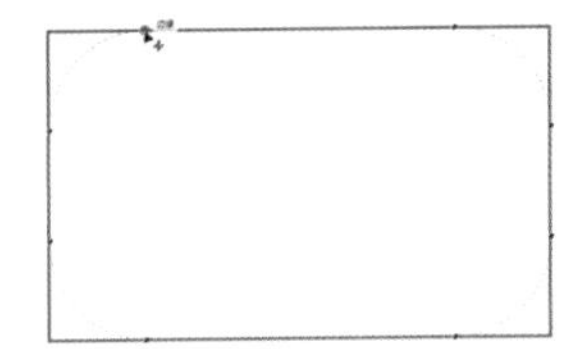

图4-113　拖动黑色控制点

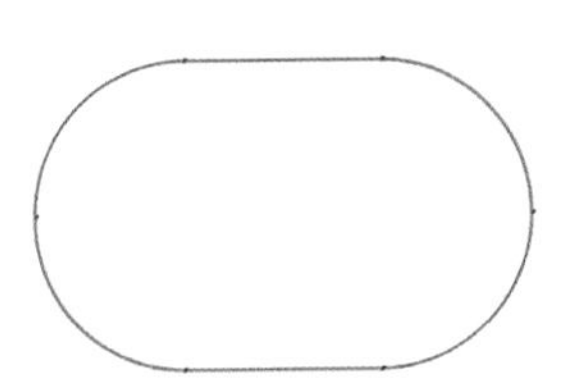

图4-114　圆角矩形效果

问：使用“3点椭圆形工具”可以绘制圆形吗？

答：可以。在使用“3点椭圆形工具”绘制图形时，按Ctrl键可以绘制圆形。

问：如何修改预设的基本形状？

答：在绘制基本形状后，形状上将出现红色控制点，使用鼠标拖动红色控制点可修改形状外观。绘制基本形状后，按Ctrl+Q组合键对形状进行转曲，然后使用形状工具编辑形状的节点，也可修改形状。

第 5 章
编辑复杂图形

创建图形的过程中，通常难以直接绘制出所需要的图形形状，而是需要通过在绘制图形对象上进行编辑，从而得到最终需要的造型。本章将讲解编辑复杂图形的方法，包括形状编辑工具、裁剪工具组和造型功能的应用。

◎ 练习实例：使用“涂抹工具”变形对象
◎ 练习实例：使用“弄脏工具”绘制促销标签
◎ 练习实例：使用不同方式切割图形
◎ 练习实例：使用造型功能绘制卡通门牌
◎ 课堂案例：制作海洋馆标志

5.1　形状编辑工具

在CorelDRAW中，使用形状编辑工具可以对图形进行变形操作。单击工具箱中的“形状工具”下拉按钮，或按住该工具按钮不放，可以在弹出的工具列表中选择所需的形状编辑工具，其中包括“平滑”“涂抹”“转动”“吸引和排斥”“弄脏”和“粗糙”工具，如图5-1所示。

5.1.1　平滑工具

“平滑工具”可以将对象的边缘变得平滑弯曲。选择一个图形，再选择“平滑工具”，在其属性栏中可对笔尖半径与速度进行设置，然后在轮廓处按住鼠标不放或沿轮廓拖动鼠标，可以使不平滑线段变得平滑，如图5-2所示。

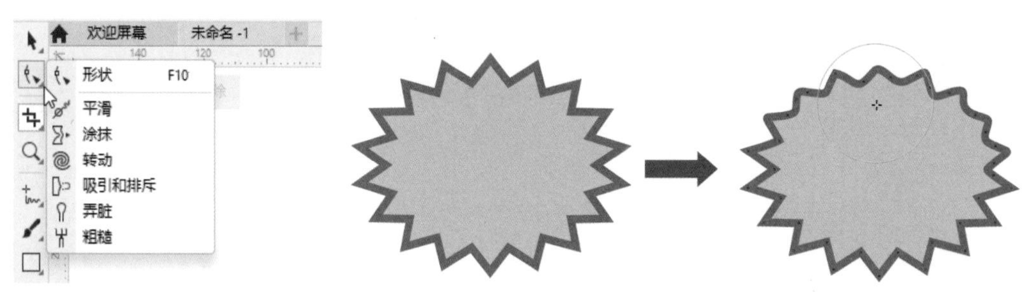

图5-1　形状编辑工具列表　　图5-2　平滑编辑线条

平滑工具属性栏如图5-3所示。

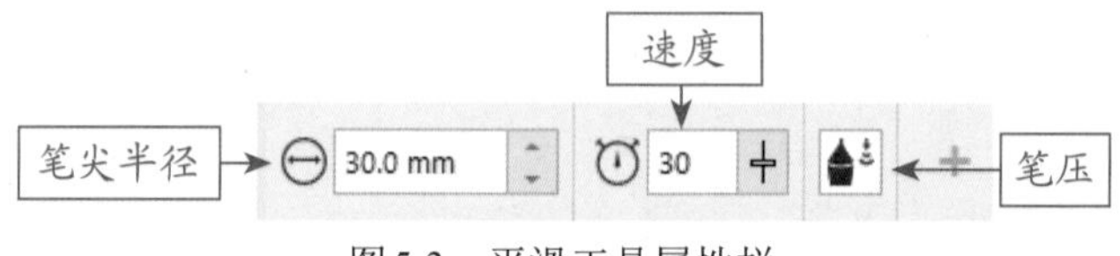

图5-3　平滑工具属性栏

- 笔尖半径：用于设置平滑笔刷的大小。
- 速度：用于设置平滑效果的速度。
- 笔压：单击该按钮，可使用数字笔的压力来控制效果。

5.1.2　涂抹工具

“涂抹工具”可以修改图形边缘形状，既可以对单一对象进行涂抹操作，也可以应用于组合对象。

练习实例：使用“涂抹工具”变形对象

文件路径：第5章\绘制柠檬图形

技术掌握：涂抹工具的应用

01 新建一个文档，选择“椭圆形工具”，绘制一个椭圆形，填充为黄色，并取消轮廓线填充，如图5-4所示。

02 单击“涂抹工具”，属性栏中的各选项如图5-5所示，设置笔尖半径为35mm、压力为100，然后单击“平滑涂抹”按钮。

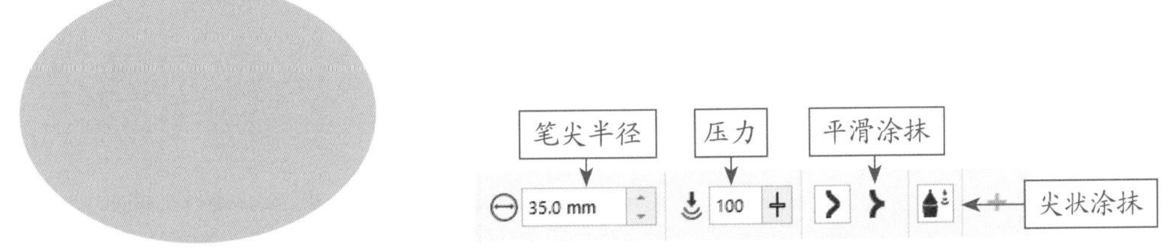

图5-4　绘制椭圆形　　图5-5　涂抹工具属性栏

03 在圆形左边缘按住鼠标向外拖动，图形可以产生平滑变形效果，如图5-6所示。

04 在圆形右边缘按住鼠标向外拖动，得到变形效果，如图5-7所示。

05 选择“椭圆形工具”，在黄色图形中绘制多个大小不一的圆形，填充为灰白色，并取消轮廓线填充，得到柠檬图形，如图5-8所示。

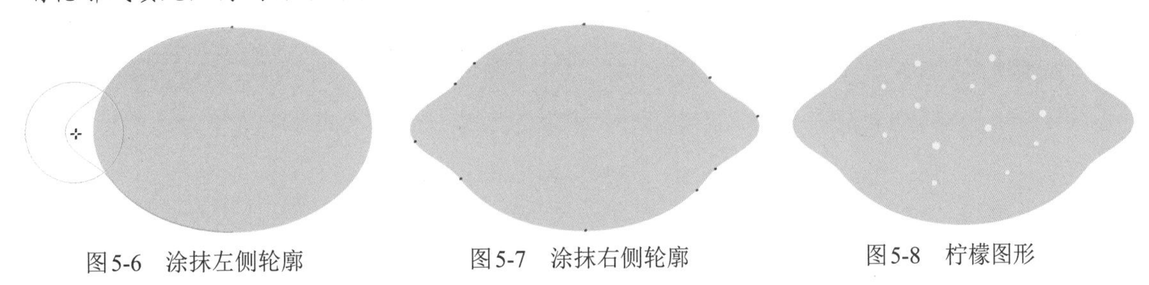

图5-6　涂抹左侧轮廓　　图5-7　涂抹右侧轮廓　　图5-8　柠檬图形

5.1.3　转动工具

“转动工具”可以使图形对象的边缘产生旋转效果，用户也可以使用“转动工具”对群组对象进行旋转操作。在“转动工具”属性栏中可改变转动的笔尖大小、速度、转动方向，其中，选择“顺时针转动”按钮和“逆时针转动”按钮，可以改变转动的方向。

在转动曲线时，将光标移动到线段上，按住鼠标左键，笔刷范围内会出现转动效果预览，达到想要的效果后就可以松开左键完成编辑，图5-9所示为线条的转动效果。当笔刷中心在图形边缘时，长按左键可以转动图形，效果如图5-10所示。

图5-9　线条转动效果　　图5-10　转动图形

5.1.4　吸引和排斥工具

使用“吸引和排斥工具”可以通过吸引或推动节点位置来改变对象的形状。在工具箱中单击“吸引和排斥工具”按钮，然后在属性栏中可以选择“吸引工具”或“排斥工具”，如图5-11所示。

“吸引工具”可以将笔刷范围内的边缘向笔刷中心回缩，产生被中点吸引的效果。选择图形，然后选择“吸引和排斥工具”，在属性栏中单击“吸引工具”按钮，对笔尖大小、速度进行设置，完成后将光标移动到需要调整的对象节点上，如图5-12所示，按住鼠标拖动，图形将向内收缩，如图5-13所示。

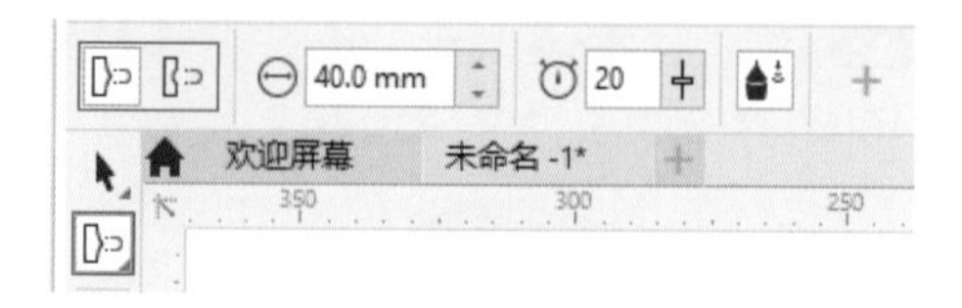

图5-11　选择“吸引工具”或“排斥工具”

“排斥工具”用于将笔刷范围内的边缘向笔刷边缘扩张，产生推挤的效果，其使用方法与“吸引工具”相似。在属性栏中设置笔刷大小和速度后，在需要排斥的区域按住鼠标左键不放，即可产生排斥效果，图5-14所示为向内凹陷排斥效果，图5-15所示为向外凸出排斥效果。

图5-12　移动光标至对象节点

图5-13　吸引效果

图5-14　向内排斥效果

图5-15　向外排斥效果

5.1.5　弄脏工具

使用“弄脏工具”在矢量对象外轮廓上拖动可使其变形。选择该工具后，其属性栏如图5-16所示，通过设置笔尖半径、笔刷的干燥、笔倾斜和笔方位等属性，可以涂抹出更加符合需要的形状。

图5-16　弄脏工具属性栏

“干燥”选项可以设置笔刷在涂抹时的宽窄程度，值越大涂抹得越窄，图5-17和图5-18所示分别是干燥为0和5的弄脏效果；“笔倾斜”选项用于设置笔刷尖端的饱满程度，不同角度具有不同的笔刷形状，角度越大笔刷越圆，角度越小笔刷越尖，调整的效果也不同，图5-19和图5-20所示分别是笔倾斜为20°和90°的弄脏效果。

图5-17　干燥为0

图5-18　干燥为5

图5-19　笔倾斜为20°

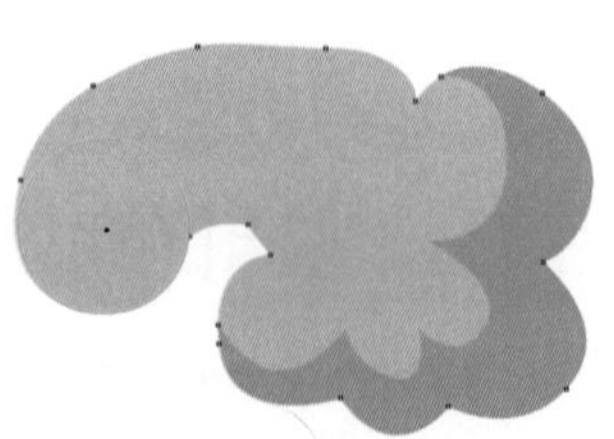
图5-20　笔倾斜为90°

练习实例：使用“弄脏工具”绘制促销标签

文件路径：第5章\绘制促销标签

技术掌握：弄脏工具的应用

01 新建一个文档，使用“矩形工具”□绘制一个矩形，填充为橘红色(#F06034)，并取消轮廓线填充，效果如图5-21所示。

02 选择“形状工具”，在属性栏中单击“圆角”按钮，然后选择矩形任意一角并拖动，得到圆角矩形，如图5-22所示。

图5-21　绘制矩形

图5-22　得到圆角矩形

03 选择“弄脏工具”，在属性栏中设置“笔尖半径”为20mm、“干燥”为9、“笔倾斜”为90°，然后在圆角矩形左上方边缘处按住鼠标向上拖动，如图5-23所示。

04 继续在圆角矩形轮廓边缘拖动，得到如图5-24所示的效果。

图5-23　使用弄脏工具变形图形

图5-24　继续变形图形

05 进行多次操作后，图形边缘得到多个向上的变形效果，如图5-25所示。

06 使用“形状工具”对图形进行编辑，使曲线变得更圆滑，效果如图5-26所示。

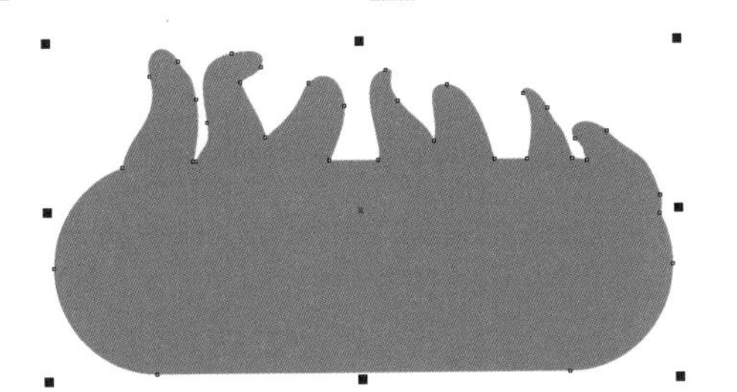

图5-25　变形效果

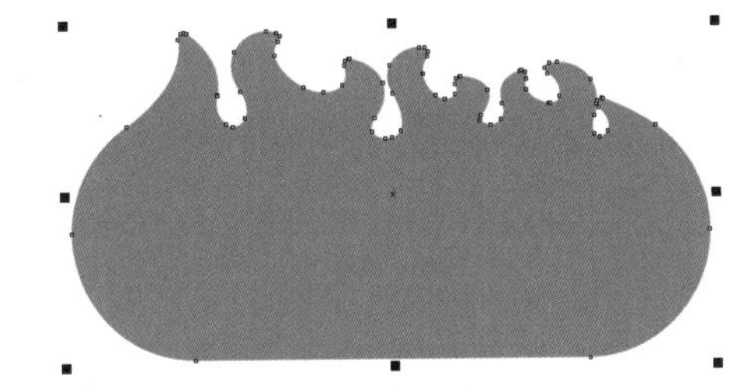

图5-26　编辑图形

07 按小键盘中的+键，在原地复制一次对象，再将其适当向上移动，然后填充为红色(#E81C18)，设置轮廓线宽度为2.5mm、填充为黄色(#FEDDB1)，效果如图5-27所示。

08 选择“文本工具”字，在图形中输入文字“大优惠”，在属性栏中设置字体为方正超粗黑简体，如图5-28所示。

09 选择“交互式填充工具”，在文字下方按住鼠标向上拖动，对其进行线性渐变填充，设置颜色从上到下为(#FFCA83)、(#FDE4C1)、(#FFCA83)，效果如图5-29所示。

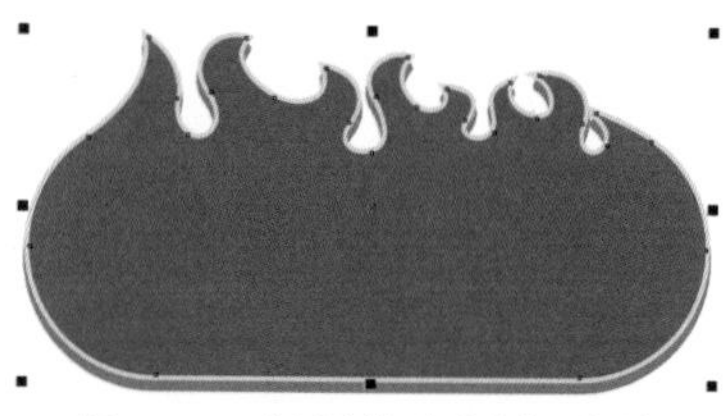

图5-27　复制并改变图形颜色

图5-28　输入文字

图5-29　调整文字填充效果

10 选择“矩形工具”，在文字下方绘制一个矩形，填充为橘红色(#F06034)，并取消轮廓线，然后使用“形状工具”将其调整为圆角矩形，如图5-30所示。

11 复制一次圆角矩形，并适当向上移动，然后对其进行线性渐变填充，颜色与文字相同，效果如图5-31所示。

12 在圆角矩形中输入一行文字，在属性栏中设置字体为方正特粗光辉简体，填充为红色(#E81C18)，效果如图5-32所示，完成促销标签的绘制。

图5-30　绘制圆角矩形

图5-31　复制并移动对象

图5-32　输入文字

5.1.6　粗糙工具

使用“粗糙工具”可以沿着图形轮廓进行操作，在平滑的曲线上产生粗糙的、锯齿或尖突的边缘变形效果。在使用该工具时，若没有将对象轮廓转换为曲线，系统会自动将轮廓转换为曲线。

选择“粗糙工具”，其属性栏如图5-33所示，在其中可对笔尖半径、尖突的频率、干燥和笔倾斜等属性进行设置，除“尖突的频率”外，其他选项与“弄脏工具”属性栏相同。

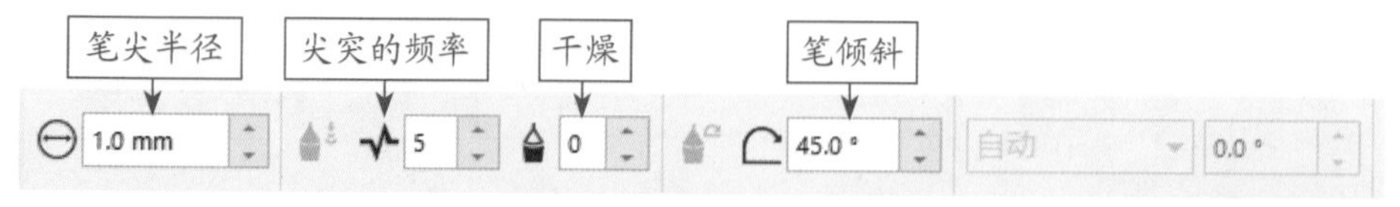

图5-33　粗糙工具属性栏

通过在“尖突的频率”数值框中设置数值，可以改变粗糙突出的效果，取值范围为1~10，值越小，尖突越平缓。图5-34和图5-35所示分别是尖突的频率为2和10的粗糙效果。

图5-34　尖突的频率为2的粗糙效果　图5-35　尖突的频率为10的粗糙效果

5.2　裁剪工具组

使用裁剪工具组中的工具可以快速对图形进行特殊效果和造型处理，从而提高工作效率。单击工具箱中的“裁剪工具”下拉按钮，或按住该工具按钮不放，可以在弹出的工具列表中选择所需的编辑工具，其中包括“裁剪”“刻刀”“虚拟段删除”和“橡皮擦”4种工具，如图5-36所示。

5.2.1　裁剪工具

“裁剪工具”能够裁切位图和矢量图，并且可以裁切组合的对象和未转曲的对象。

选择需要裁剪的图像，单击“裁剪工具”，在图像上绘制一个裁剪范围，然后拖动节点可以调整裁剪框大小，还可以旋转裁剪框。得到理想的范围后，单击浮动工具栏中的“裁剪”按钮 ✓ 裁剪 ，或按Enter键完成裁剪，如图5-37所示。

图5-36　裁剪工具列表　　图5-37　对图形进行裁剪

知识点滴

如果要取消裁剪框，可以单击浮动工具栏中的“清除”按钮 ✕ 清除 。

5.2.2　刻刀工具

“刻刀工具”可以将对象沿直线或曲线切割为两个独立的对象，其属性栏如图5-38所示。单击确定切割起点，移动鼠标，然后在切割结束点位置单击，可以实现直线切割。

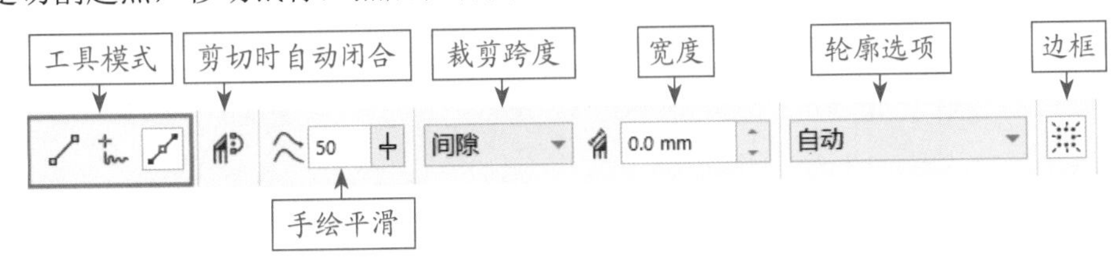

图5-38　刻刀工具属性栏

- 工具模式：包括“2点线模式”“手绘模式”和“贝塞尔模式”3种绘制模式。
- 剪切时自动闭合：激活该按钮后，在切割时将自动闭合路径；关掉该按钮，切割后不会闭合路径，填充内容也不会消失。

- 手绘平滑：在创建手绘曲线时调整其平滑度，范围为0~100。
- 裁剪跨度：包括无(即沿着宽度为0的线拆分对象)、间隙(即在新对象之间创建间隙)和重叠(即使新对象重叠)3个选项。
- 宽度：设置新对象之间的间隙或重叠部分的宽度。
- 轮廓选项：在切割对象时，设置是将轮廓转换为曲线还是保留轮廓。
- 边框：单击激活该按钮，在使用曲线工具时隐藏边框。

练习实例：使用不同方式切割图形

文件路径：第5章\切割图形

技术掌握：图形的切割操作

01 新建一个文档，导入“卡通图.jpg”素材图像。然后选择“刻刀工具”，在属性栏中单击“2点线模式”按钮，在需要切割的图像位置绘制一条直线，如图5-39所示，对象将被切割为两个独立的对象，并且可以分别移动对象，如图5-40所示。

02 在属性栏中单击“手绘模式”按钮，按住鼠标左键在图形中绘制曲线，如图5-41所示，可以沿着手绘线将图形切割为两部分，如图5-42所示。

图5-39 绘制直线

图5-40 切割效果

图5-41 手绘曲线

03 在属性栏中单击“贝塞尔模式”按钮，在图形中确定起点并按住鼠标拖动，得到曲线预览线，然后绘制一条曲线，如图5-43所示，按Enter键完成绘制，对象将被拆分为两个独立的对象，如图5-44所示。

图5-42 切割效果

图5-43 绘制贝塞尔曲线

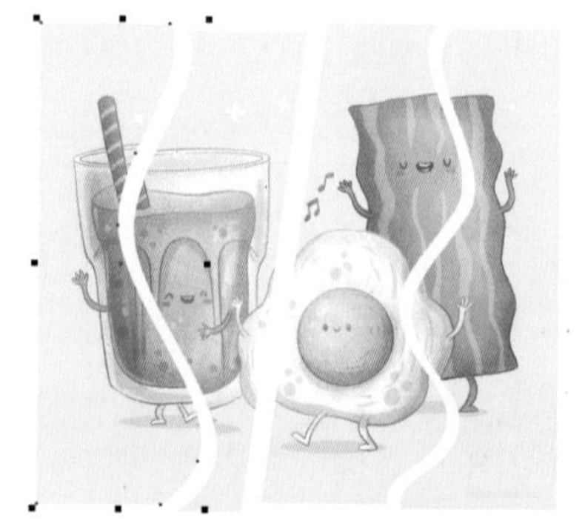

图5-44 切割效果

5.2.3　虚拟段删除工具

使用“虚拟段删除工具”可以移除对象中重叠或不需要的线段。

绘制一个图形，选择“虚拟段删除工具”，将鼠标指针移至相交部分，当鼠标指针呈形状时，单击选中的线段，如图5-45所示，可以将其删除，效果如图5-46所示。如果要删除多条线段，可以在删除线段周围拖出一个虚线框，如图5-47所示，释放鼠标后，即可同时删除多条线段，如图5-48所示。

图5-45　单击线段

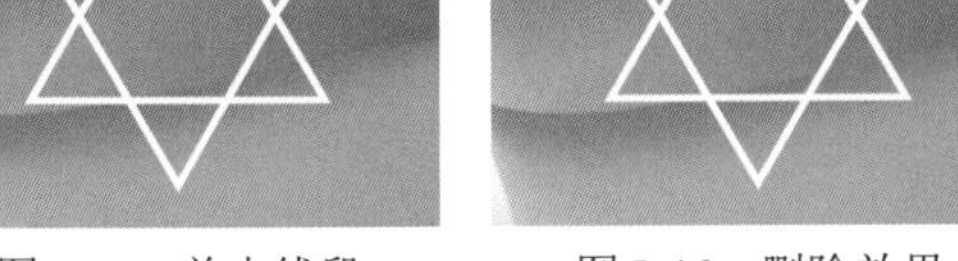
图5-46　删除效果

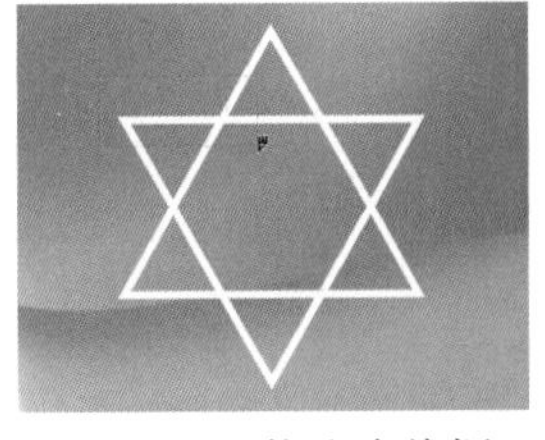
图5-47　拖出虚线框

图5-48　删除效果

知识点滴

使用“虚拟段删除工具”不能对组合对象、文本、阴影和位图进行编辑。

5.2.4　橡皮擦工具

“橡皮擦工具”可以对矢量对象或位图进行擦除。文本和添加效果的图形需要在转曲后，才能使用“橡皮擦工具”对其进行擦除。选择“橡皮擦工具”后，其属性栏如图5-49所示。

图5-49　橡皮擦工具属性栏

- 形状：橡皮擦的形状有两种，一种是默认的圆形笔尖○，另一种是方形笔尖□，单击相应按钮可以切换形状。
- 橡皮擦厚度：在文本框中输入数值，可以调节橡皮擦笔尖的宽度，擦除时按住Shift键，然后上下拖动光标可以调整笔尖大小。
- 减少节点：激活该按钮，可以在擦除过程中减少节点的数量。

选择对象，使用“橡皮擦工具”在需要擦除的区域按住鼠标进行拖动，如图5-50所示，可以将图形或位图中不需要的部分擦除，并自动封闭擦除部分，效果如图5-51所示。在使用“橡皮擦工具”的过程中，用户还可以通过属性栏调整笔触的宽度和形状。

图5-50　拖动鼠标

图5-51　擦除效果

知识点滴

擦除对象后，用户可以使用“形状工具”对擦除的区域进行轮廓造型编辑，从而生成新的图形。

5.3 造型功能

造型功能是CorelDRAW中非常重要的图形调整功能，使用造型功能可以对多个矢量图形进行焊接、修剪等操作。对象的造型操作主要有以下3种方式。

- 选择需要造型的对象，单击属性栏中的造型按钮即可得到相应的效果。
- 选择“对象”|“造型”菜单命令，在子菜单中选择所需的命令，如图5-52所示。
- 选择“对象”|“造型”|“形状”菜单命令，打开“形状”泊坞窗，在该泊坞窗中可以通过选择“焊接”“修剪”“相交”“简化”“移除后面对象”“移除前面对象”和“边界”命令对图形进行编辑，如图5-53所示。

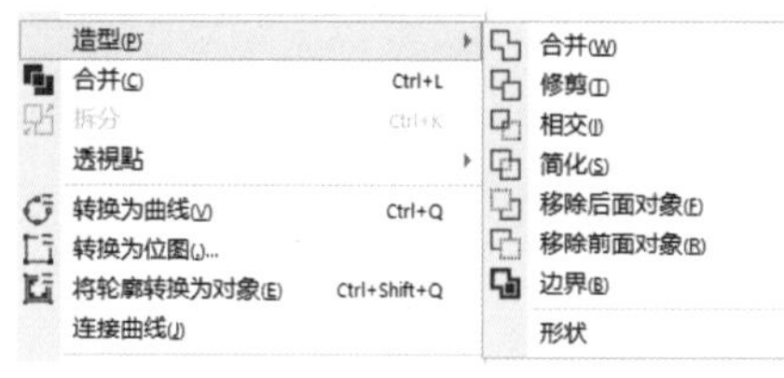

图5-52　“造型”子菜单

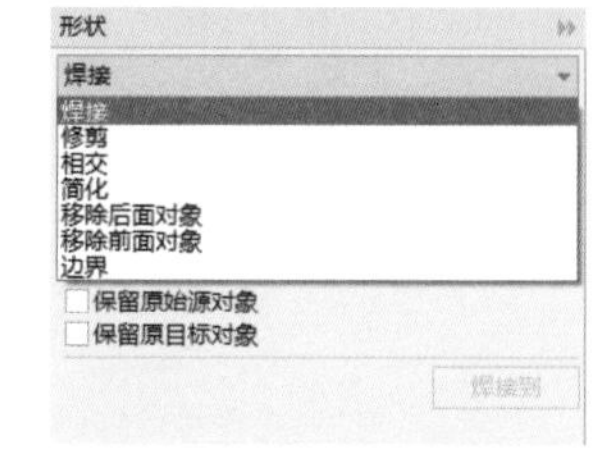

图5-53　“形状”泊坞窗

知识点滴

在泊坞窗中使用造型功能时，选中“保留原始源对象”复选框，造型后移开新对象，将看到保留的是原始对象；选中“保留原目标对象”复选框，造型后移开新对象，将看到保留的是目标对象；若同时选中这两个复选框，造型后的图形将是一个独立的对象，而原始的两个对象都不会发生变化。

5.3.1 焊接

焊接图形是指将多个图形焊接到一起，新生成的图形具有单一的轮廓，将沿用目标对象的填充和轮廓属性。

选择需要焊接的所有图形对象，如图5-54所示，在属性栏中单击“焊接”按钮；或选择“对象”|“造型”|“合并”菜单命令，即可得到焊接效果，如图5-55所示。

图5-54　选择图形

图5-55　焊接效果

如图5-56所示，选择一个爱心对象，然后选择“对象”|“造型”|“形状”菜单命令，打开“造型”泊坞窗，在“造型”下拉列表框中选择“焊接”选项，单击“焊接到”按钮，鼠标呈形状时单击另一个心形，即可将两个心形图形焊接在一起。

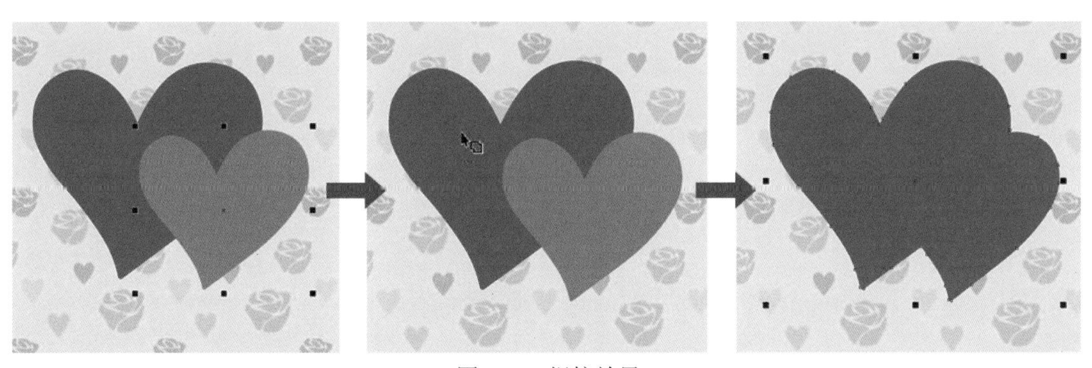

图 5-56　焊接效果

5.3.2　修剪

修剪图像是指用一个对象的形状剪切掉另一个对象形状中的一部分，修剪完成后，目标对象仍保留其填充色和轮廓属性。

选择需要修剪的两个对象，如图 5-57 所示，在属性栏中单击“修剪”按钮；或选择“对象”|“造型”|“修剪”菜单命令，移开底部对象后，即可看到修剪效果，如图 5-58 所示。

图 5-57　选择对象

图 5-58　修剪效果

练习实例：使用造型功能绘制卡通门牌

文件路径：第 5 章\绘制卡通门牌

技术掌握：图形的修剪和焊接操作

01 新建一个文档，使用“椭圆形工具”绘制 3 个交叉叠放的圆形，如图 5-59 所示。

02 选择绘制的 3 个圆形，单击属性栏中的“焊接”按钮，将其合并为一个图形，如图 5-60 所示。

03 将合并后的对象填充为绿色(#50A198)，并取消轮廓线填充，效果如图 5-61 所示。

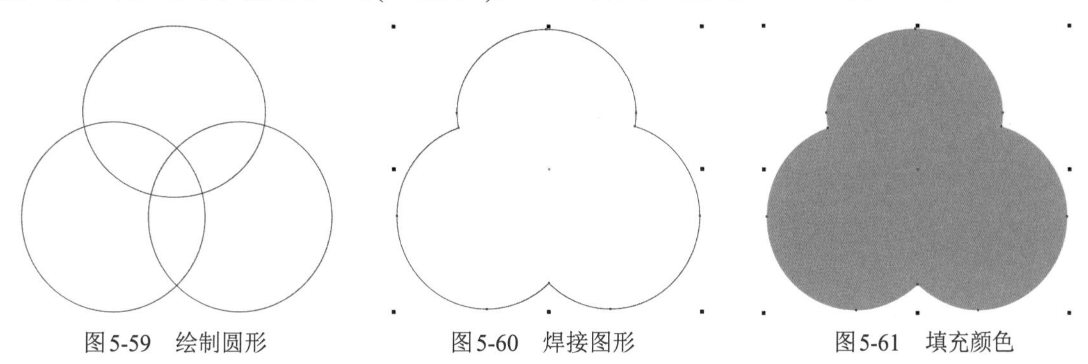

图 5-59　绘制圆形　　图 5-60　焊接图形　　图 5-61　填充颜色

04 使用“椭圆形工具”在上方绘制两个小圆作为小熊的耳朵，如图 5-62 所示。

05 选择所有对象，单击“焊接”按钮得到焊接对象，两个小圆将自动得到填充效果，如图 5-63 所示。

06 在工作区空白处绘制两个相交的圆形，如图 5-64 所示。

图 5-62　绘制圆形

图 5-63　焊接对象

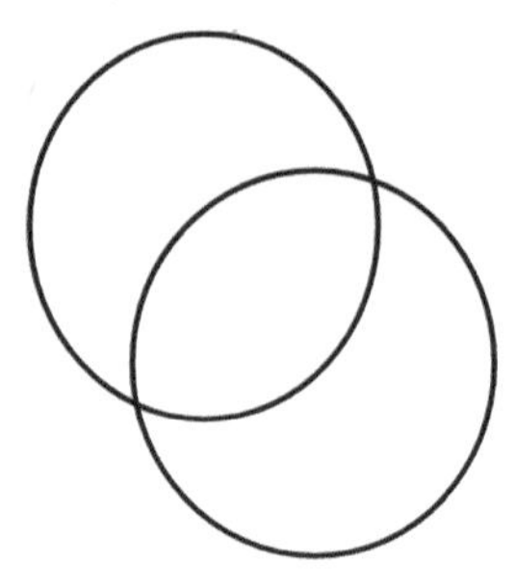
图 5-64　绘制圆形

07 选择两个圆形，单击属性栏中的“修剪”按钮，为对象进行修剪，如图 5-65 所示，选择右下圆形，按Delete键将其删除，得到月牙图形，如图 5-66 所示。

08 将月牙图形放到小熊左侧耳朵中，填充为橘红色(#E88484)，并取消轮廓线填充，效果如图 5-67 所示。

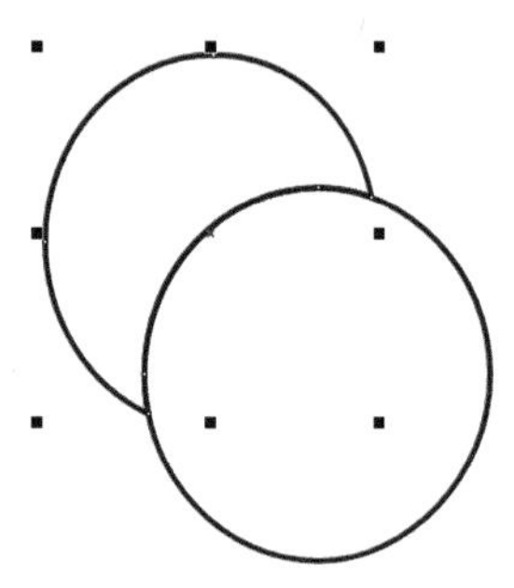
图 5-65　修剪对象

图 5-66　月牙图形

图 5-67　放到左侧耳朵中

09 选择月牙图形，按小键盘中的+键，在原地复制一次对象，单击属性栏中的“水平镜像”，将其放在小熊右侧耳朵图形中，如图 5-68 所示。

10 在小熊中绘制两个小圆，填充为黑色，作为眼睛图像，如图 5-69 所示。

11 再绘制两个大小不同的圆形，将其重叠放置，分别填充为白色和黑色，作为鼻子图形，如图 5-70 所示。

图 5-68　复制并翻转对象

图 5-69　绘制眼睛

图 5-70　绘制鼻子

12 选择白色圆形，选择“阴影工具”，在圆形中按住鼠标向外拖动，得到投影效果，如图 5-71 所示。

13 在小熊下方再绘制一个圆形，填充为粉红色(#E68483)，使用“阴影工具”为粉红色圆形添加投影，效果如图 5-72 所示。

14 在粉红色圆形中再绘制一个较小的圆形，填充为白色，如图5-73所示。

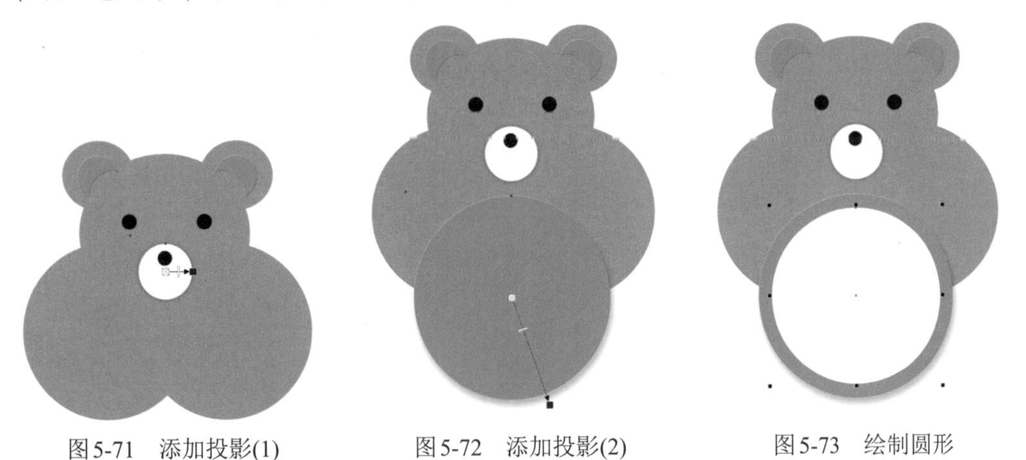

图5-71　添加投影(1)　　图5-72　添加投影(2)　　图5-73　绘制圆形

15 使用“文本工具”字在白色圆形中输入班级文字，在属性栏中设置字体为方正少儿简体，填充为浅蓝色(#62C3D0)，效果如图5-74所示，完成一个门牌的制作。

16 复制绘制好的门牌，并移动到其他位置，然后修改文字内容，就可以制作成其他门牌，效果如图5-75所示，然后为其添加一个浅灰色矩形作为背景，完成本实例的制作。

图5-74　输入文字

图5-75　制作其他门牌

5.3.3　相交

相交图形是指将对象的重叠区域创建为一个新的独立对象，并且属性与目标对象一致。

选择需要得到相交区域的多个重叠图形，如图5-76所示，在属性栏中单击“相交”按钮；或选择“对象”|“造型”|“相交”菜单命令，移动图像后可以查看相交效果，如图5-77所示。

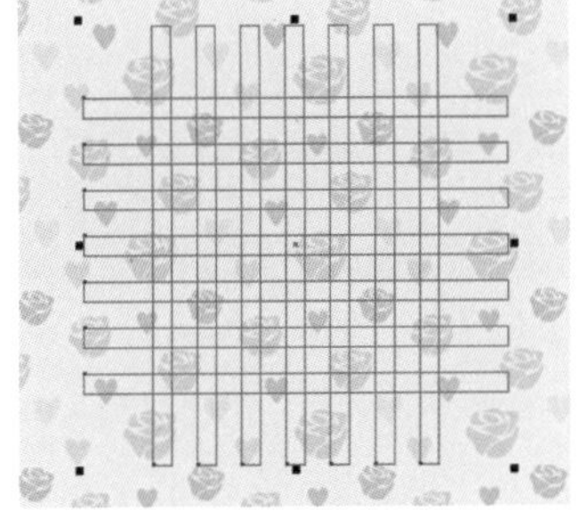

图5-76　选择对象

图5-77　相交效果

5.3.4 简化

简化功能与修剪相似，不同的是，简化功能与对象的选择顺序无关，只与图形放置的图层位置有关，上一图层对象将简化下一图层对象。

选择需要简化的重叠图形，如图5-78所示，在属性栏中单击“简化”按钮；或选择“对象”|“造型”|“简化”菜单命令，移动图形后可以查看简化效果，如图5-79所示。

图5-78 选择对象

图5-79 简化效果

5.3.5 移除对象

移除对象包括移除后面对象和移除前面对象。移除后面对象是指利用下层对象的形状减去上层对象中重叠的部分；移除前面对象是指利用上层对象的形状减去下层对象中重叠的部分。

选择重叠的图形，如图5-80所示，单击属性栏中的“移除后面对象”按钮，或选择“对象”|“造型”|“移除后面对象”菜单命令，此时下层对象消失，同时上层对象中下层对象形状范围内的部分将被删除，如图5-81所示。如果单击属性栏中的“移除前面对象”按钮，此时上层对象将消失，同时下层对象中上层对象形状范围内的部分图像也将被删除，如图5-82所示。

图5-80 选择对象

图5-81 移除后面对象

图5-82 移除前面对象

5.3.6 边界

边界是指在保持原有对象不变的情况下，创建所有轮廓的边缘轮廓。

选择多个对象，如图5-83所示，单击属性栏中的“创建边界”按钮，图形周围将出现一个与对象外轮廓形状相同的图形，如图5-84所示。选择创建的边界，可以改变轮廓宽度、颜色等属性，并且可以改变填充颜色。

图5-83　选择对象

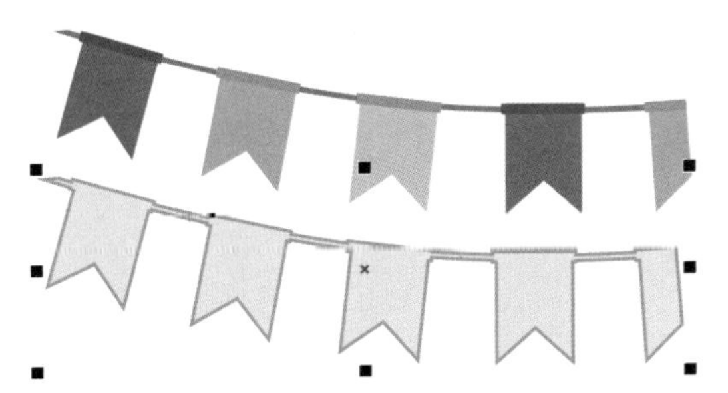

图5-84　创建边界效果

5.4　课堂案例：绘制海洋馆标志

文件路径：第5章\绘制海洋馆标志
技术掌握：图形造型操作

案例效果

本节将应用本章所学的知识，制作海洋馆标志，巩固之前所学的图形造型功能，通过修剪和焊接等功能编辑图形，可以得到较为复杂图形效果。本案例的效果如图5-85所示。

图5-85　海洋馆标志

操作步骤

01 新建一个文档，选择“椭圆形工具”◯，绘制一个圆形，填充为蓝色(#01B9E8)，并取消轮廓线填充，效果如图5-86所示。

02 选择“贝塞尔工具”，在圆形中间绘制一个不规则图形，然后使用“形状工具”进行编辑，得到曲线图形，如图5-87所示。

03 选择圆形和曲线图形，然后单击属性栏中的“修剪”按钮，修剪掉圆形中间的区域，如图5-88所示。

图5-86　绘制圆形

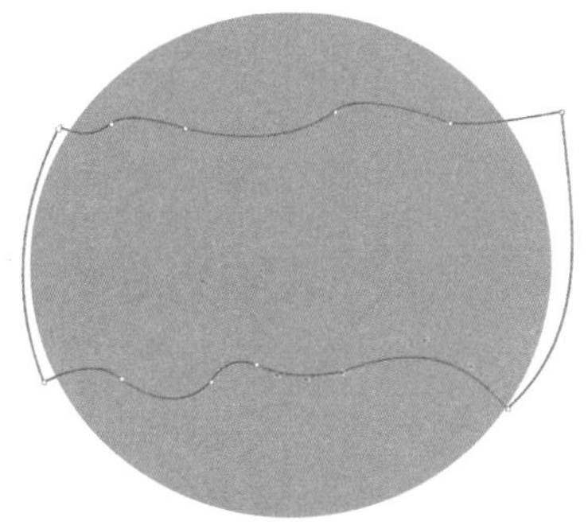

图5-87　绘制曲线图形

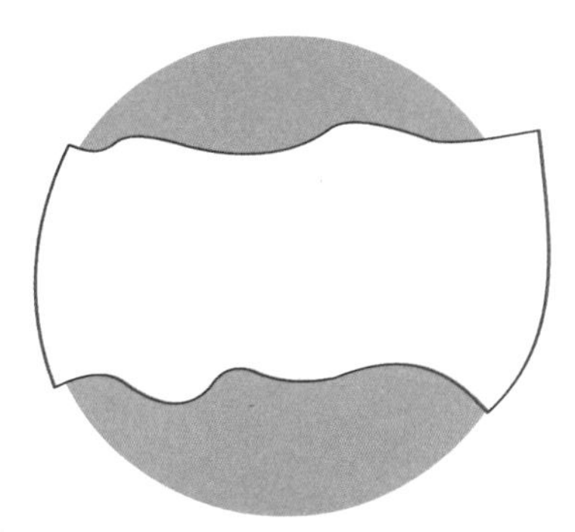

图5-88　修剪效果

04 选择曲线图形，按Delete键删除对象，然后选择修剪后的圆形，单击属性栏中的“拆分”按钮，再选择上方的图形，将其填充为橘黄色(#F6AE45)，如图5-89所示。

05 导入“海豚.cdr”素材图像，将海豚图像复制并粘贴到当前编辑的文件中，放到圆形中间，如图5-90所示。

06 选择“椭圆形工具”，绘制几个重叠的椭圆形，如图5-91所示。

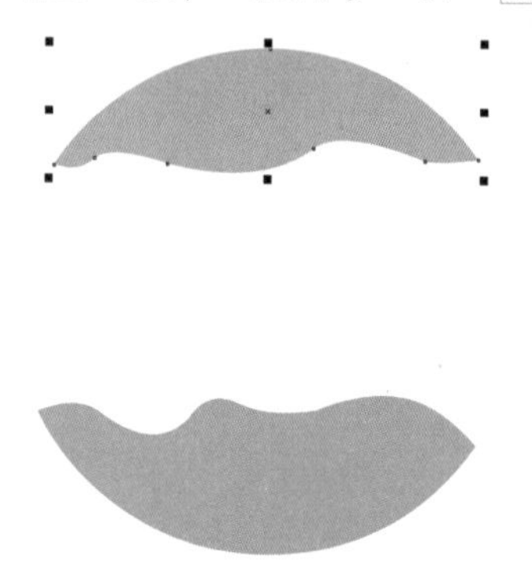

图5-89　填充颜色

图5-90　添加海豚

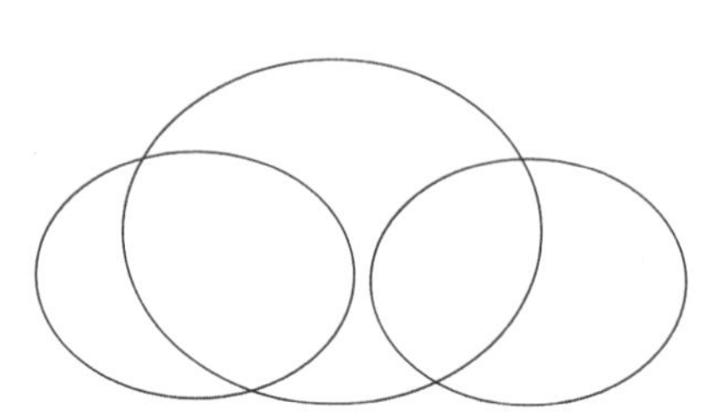

图5-91　绘制椭圆形

07 选择绘制的椭圆形，单击属性栏中的“焊接”按钮，对椭圆形进行焊接，得到云朵图形，如图5-92所示。

08 将云朵图形填充为蓝色(#01B9E8)，并取消轮廓线，放到海豚图形右侧，并适当调整大小，如图5-93所示。

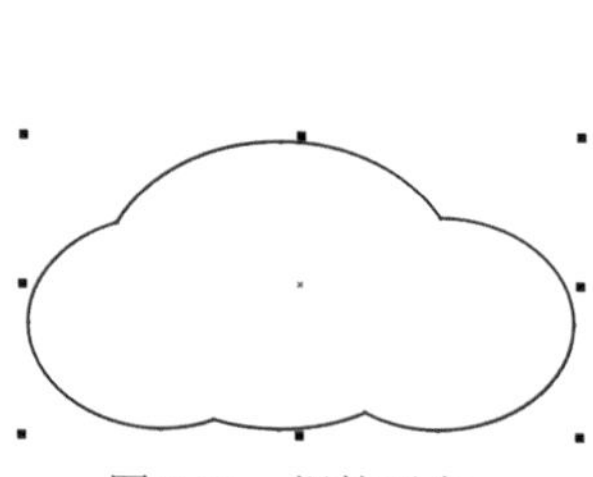

图5-92　焊接对象

图5-93　调整云朵图形位置

09 按小键盘中的+键，在原地复制一次对象，再单击属性栏中的“水平镜像”按钮，水平翻转对象，然后向左上方略微移动，如图5-94所示。

10 选择“多边形工具”，在属性栏中设置边数为4，绘制一个菱形，如图5-95所示。

11 使用“形状工具”对菱形四边进行编辑，得到带弧度的轮廓，然后填充为橘黄色(#F6AE45)，并取消轮廓填充，效果如图5-96所示。

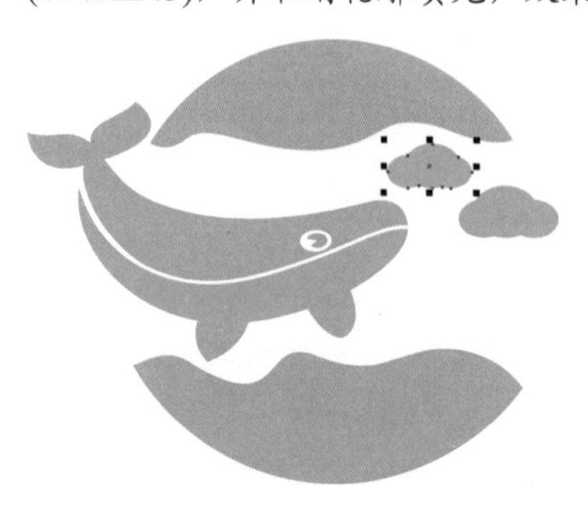

图5-94　复制云朵图形

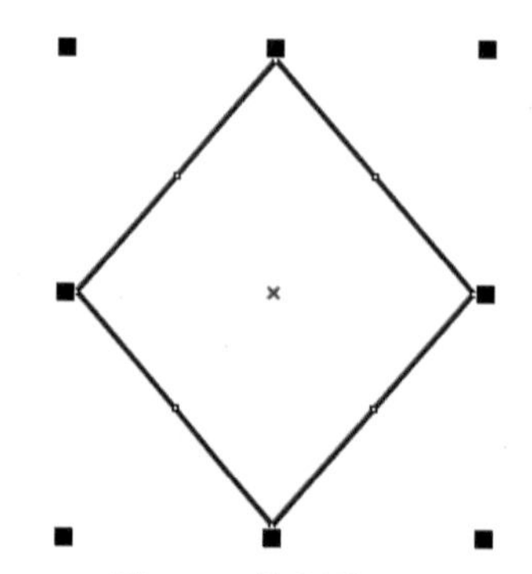

图5-95　绘制菱形

图5-96　填充图形

12 复制一次菱形，然后将两个图形分别放到海豚的上下两边，如图5-97所示。

13 选择“贝塞尔工具”，绘制一个飞鸟图形轮廓，如图5-98所示，使用“形状工具”对其进行编辑，并填充为蓝色(#01B9E8)，效果如图5-99所示。

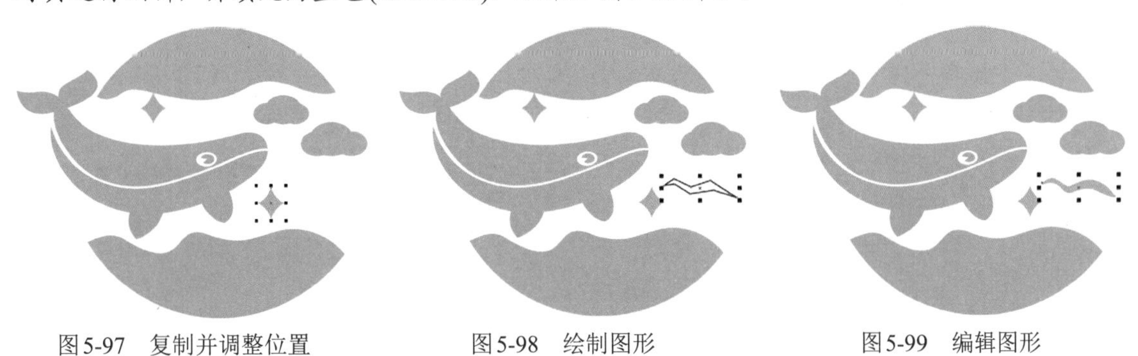

图5-97　复制并调整位置　　图5-98　绘制图形　　图5-99　编辑图形

14 结合“贝塞尔工具”和“形状工具”的使用，绘制一个水滴图形，填充为蓝色(#01B9E8)，并取消轮廓线填充，放到海豚图形左下方，如图5-100所示。

15 使用“文本工具”输入中文和英文文字，设置中文字体为方正少儿简体、英文字体为Cooper Black，分别填充为蓝色和橘黄色，放在标志图形右侧。

16 打开“背景.cdr”素材文件，将背景图像复制并粘贴进来，然后将绘制好的标志图形放在白色矩形中，得到最终的展示效果，如图5-101所示，完成本例的制作。

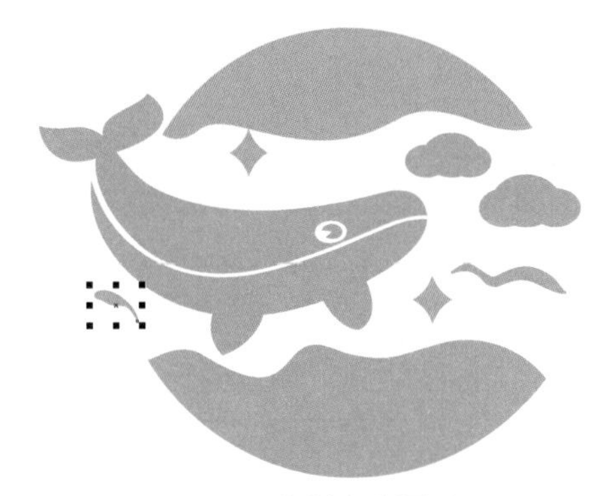

图5-100　绘制水滴图形

图5-101　展示效果

5.5　高手解答

问：在使用“转动工具”编辑线条时，转动的圈数有没有什么规律？

答：在使用“转动工具”编辑线条时，转动的圈数是根据按住鼠标的时间来决定的，时间越长，转动的圈数越多；时间越短，转动的圈数越少。

问：使用“排斥工具”从笔刷中心开始，向笔刷边缘推挤图形时，会产生哪两种效果？

答：使用“排斥工具”从笔刷中心开始，向笔刷边缘推挤图形时，如果笔刷中心在对象内，涂抹效果将向外鼓出；如果笔刷中心在对象外，涂抹效果将向内凹陷。

问：使用“橡皮擦工具”将图像擦除成为两部分后，是不是已经将图像拆分开了？

答：使用“橡皮擦工具”将图像擦除成为两部分后，擦除的图像并没有拆分开，还是一个整体。如果要将图像分开，则应选择“对象”|“拆分位图”菜单命令，将原来对象拆分成两个独立的对象。

问：“修剪”命令能不能直接修剪文本？

答：“修剪”命令不能直接修剪文本。如果要修剪文本对象，需要先对文本对象进行转曲操作，然后才能对其进行修剪操作。

问：使用“修剪”命令可以制作镂空效果吗？

答：可以。目标对象被修剪后，被修剪的区域变为空心，透过被修剪区域可以看到下面的图形。

第 6 章

填充图形

当用户绘制好图形后，需要对其填充颜色来改变单一的图形样式。为图形填充颜色可以使图形具有立体感、空间感等，相当于为单纯的线条添加了生命力。本章将讲解填充图形的各种方法，包括如何使用调色板进行均匀填充、使用“交互式填充工具”进行渐变填充和图样填充、使用“智能填充工具”进行智能填充，以及使用“网状填充工具”进行网格填充。

◎ 练习实例：绘制家具宣传册封面
◎ 练习实例：为图形填充线性渐变色
◎ 练习实例：绘制信息框图标
◎ 练习实例：快速为五角星填充颜色
◎ 课堂案例：绘制时尚撞色名片

6.1 填充色与轮廓色

在CorelDRAW中绘制图形后，图形主要由“填充”和“轮廓线”两部分组成。

“填充”是在闭合曲线的内部填充颜色，填充色可以是均匀色、渐变色、图样填充色和位图填充色等；“轮廓线”则是绘制的开放曲线或闭合曲线的边缘轮廓线本身颜色，轮廓色通常情况下是均匀色。一个图形可以同时拥有填充和轮廓线，如图6-1所示，也可以只有填充或只有轮廓线，如图6-2和图6-3所示。

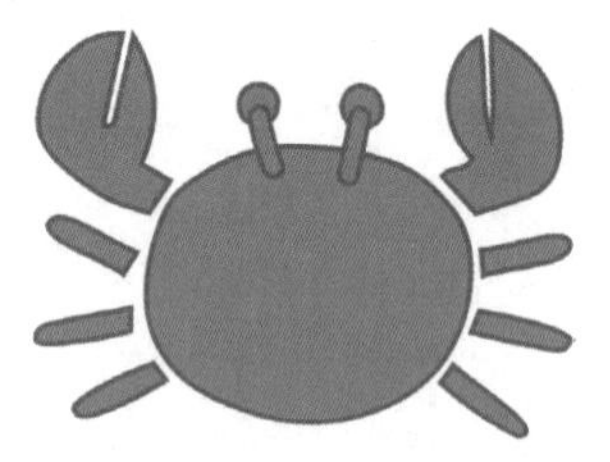

图6-1　同时拥有填充和轮廓线

图6-2　只有填充

图6-3　只有轮廓线

6.2 使用调色板

使用调色板是填充图形时最常用的填充方式之一，具有方便快捷以及操作简单的特点，在软件绘制过程中可以省去许多繁复的操作步骤，起到提高操作效率的作用。

6.2.1 打开和关闭调色板

选择“窗口”|“调色板”|“默认调色板”菜单命令，可在软件界面的右侧以色样列表的方式显示调色板，如图6-4所示，默认调色板以CMYK颜色模式显示。

如果需要打开其他模式的调色板，可以选择“窗口”|“泊坞窗”|“调色板”菜单命令，打开“调色板”泊坞窗，其中显示了系统预设的所有调色板类型，如图6-5所示，选中相应的调色名称复选框，即可在界面右侧显示该调色板。若取消其中的复选框，可以关闭相应的调色板。选择“窗口”|“调色板”|“关闭所有调色板”菜单命令，可以关闭所有调色板。

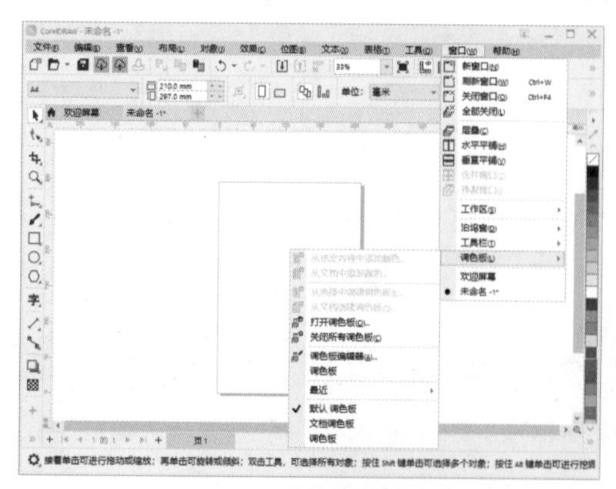

图6-4　打开调色板

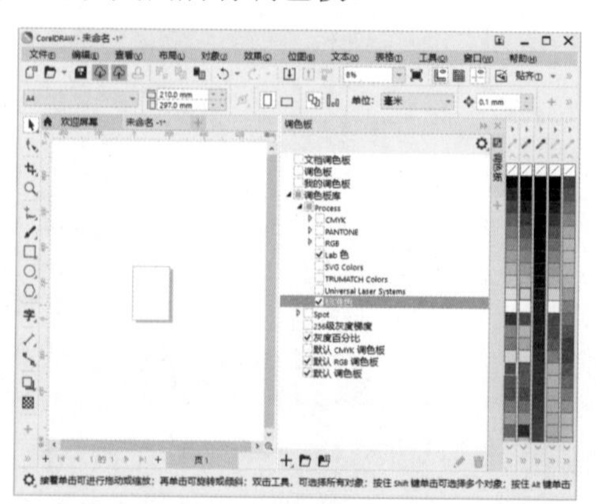

图6-5　选择系统预设的调色板

6.2.2　填充和去除颜色

在CorelDRAW中绘制图形后，可以在调色板中直接选择一种颜色进行填充，此外，还可以设置对象为无填充状态。

选择一个图形，如图6-6所示，单击调色板中的冰蓝色块，即可将颜色设置为图形的填充色，如图6-7所示。

使用鼠标右键单击调色板中的色块，可以为图形设置轮廓线颜色，如图6-8所示。单击调色板顶部的☒按钮，可以去除填充色，如图6-9所示；使用鼠标右键单击该按钮，可以去除轮廓色的填充。

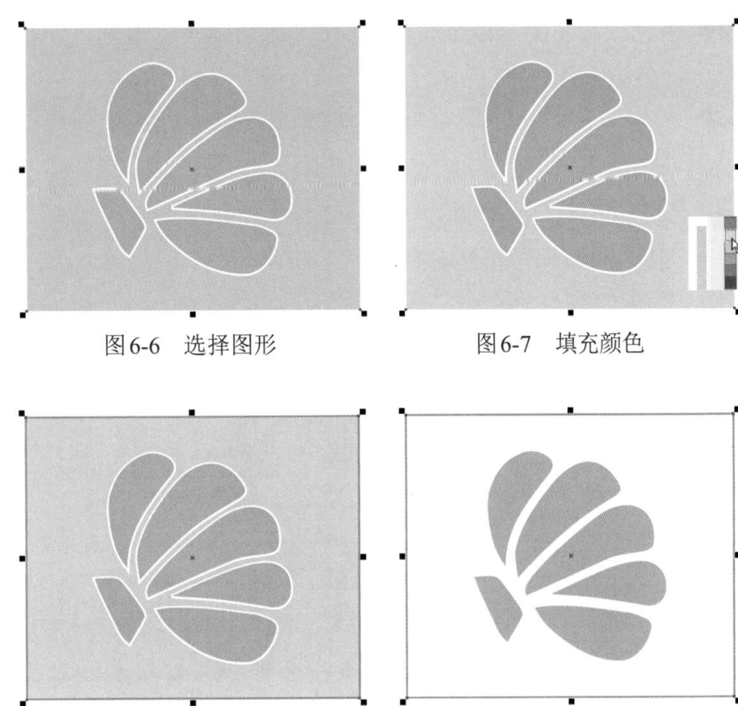

图6-6　选择图形　　图6-7　填充颜色

图6-8　填充轮廓色　　图6-9　去除填充色

练习实例：绘制家具宣传册封面

文件路径：第6章\绘制家具宣传册封面

技术掌握：使用“调色板”泊坞窗填充图形颜色

01 新建一个文档，设置页面的宽度和高度为210 mm×285mm，双击“矩形工具”□得到一个与页面相同大小的矩形，单击调色板中的白色块填充颜色，如图6-10所示。

02 右击调色板顶部的☒按钮，去除轮廓线填充，然后使用“矩形工具”□绘制一个矩形，如图6-11所示。

03 选择“窗口”|“泊坞窗”|“调色板”菜单命令，打开“调色板”泊坞窗，在其中选择一组颜色，如图6-12所示。

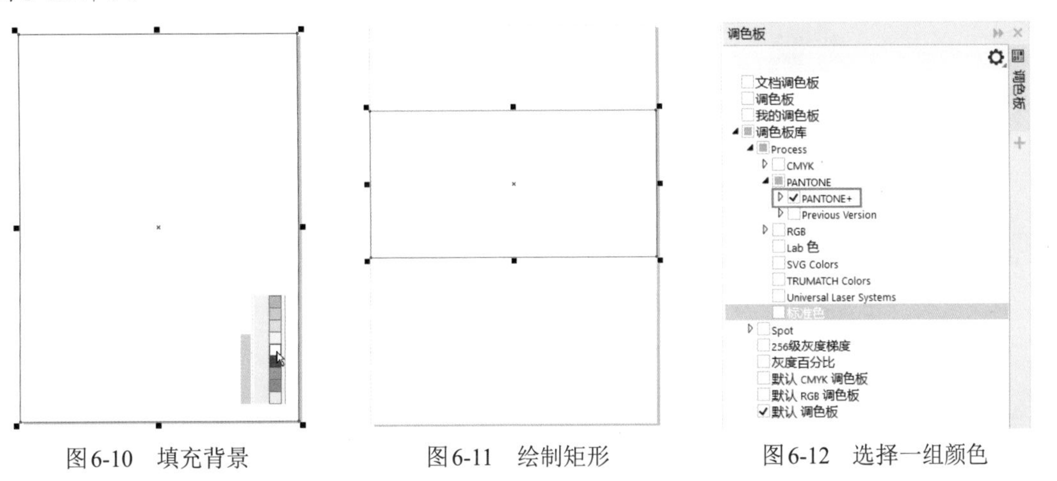

图6-10　填充背景　　图6-11　绘制矩形　　图6-12　选择一组颜色

04 调色板中将显示该组颜色，单击其中的橘黄色填充，如图6-13所示，再右击顶部的⧄按钮，去除轮廓线填充。

05 导入“家居.jpg”素材图像，调整图像大小，放到橘黄色矩形中，如图6-14所示。

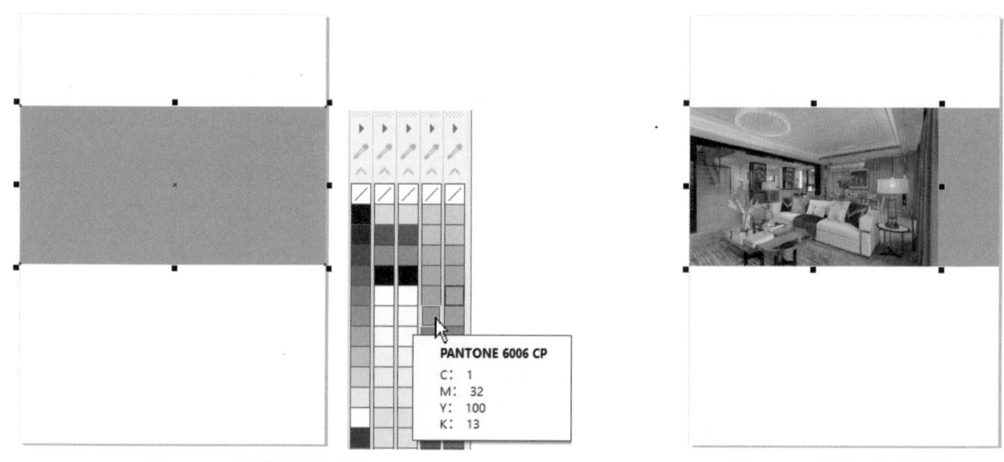

图6-13　填充矩形对象　　　　图6-14　添加素材图像

06 选择“钢笔工具”，在橘黄色矩形上方绘制一条直线，并在属性栏中设置宽度为1mm，然后使用鼠标右键单击土黄色块，填充轮廓线，如图6-15所示。

07 在封面下方绘制一个矩形，同样填充为橘黄色，如图6-16所示。

08 继续绘制一个较小的矩形，填充为咖啡色，如图6-17所示，然后在封面右下方再绘制一个矩形，填充为土黄色，如图6-18所示。

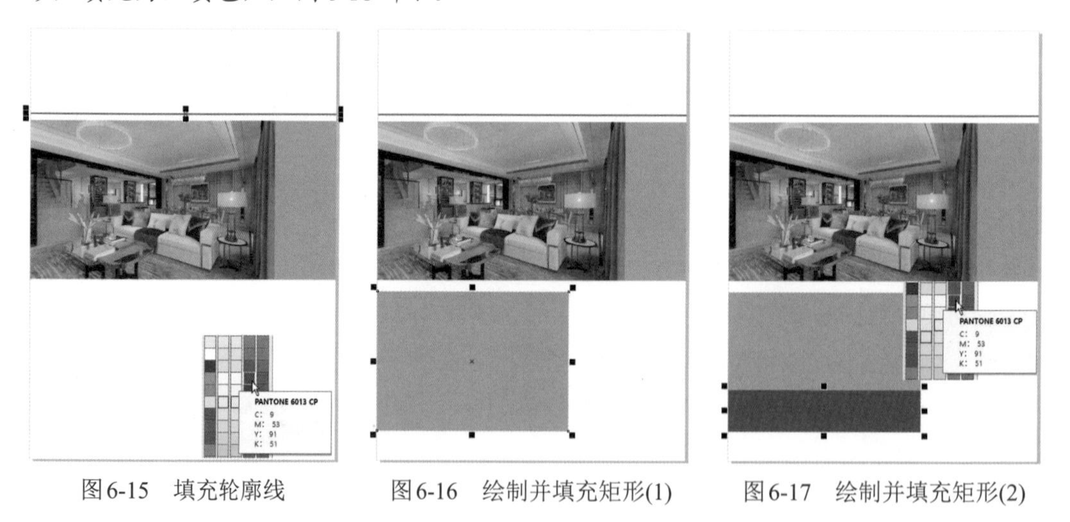

图6-15　填充轮廓线　　图6-16　绘制并填充矩形(1)　　图6-17　绘制并填充矩形(2)

09 选择“文本工具”字，在封面中分别输入文字，将字体填充为白色和褐色，排列成如图6-19所示的效果。

10 选择所有对象，按Ctrl+G组合键将其组合在一起，使用“阴影工具”对其添加投影效果，然后添加一个浅灰色背景，得到展示效果，如图6-20所示。

图6-18 绘制并填充矩形(3)

图6-19 输入文字

图6-20 展示效果

6.3 交互式填充工具

“交互式填充工具”包含多种填充功能，利用该工具可以为图形设置各种填充效果，其属性栏选项会根据选择的填充类型而有所变化。选择该工具后，其属性栏如图6-21所示，其中包含了多种模式。

图6-21 交互式填充工具属性栏

6.3.1 无填充

选择一个已填充的图形，如图6-22所示，然后选择工具箱中的“交互式填充工具”，单击属性栏中的“无填充”按钮☒，即可取消对该对象的填充效果，如图6-23所示。

图6-22 选择图形

图6-23 无填充效果

6.3.2 均匀填充

使用“均匀填充”方式可以为对象填充单一颜色，也可以在调色板中单击颜色进行填充。选择需要填充的图形，然后选择工具箱中的“交互式填充工具”，单击属性栏中的“均匀填充”按钮■，然后设置填充色为蓝色，如图6-24所示，得到填充效果，如图6-25所示。

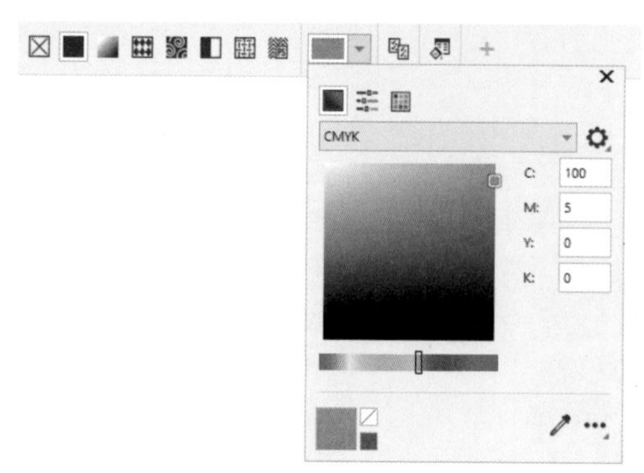

图6-24　设置颜色

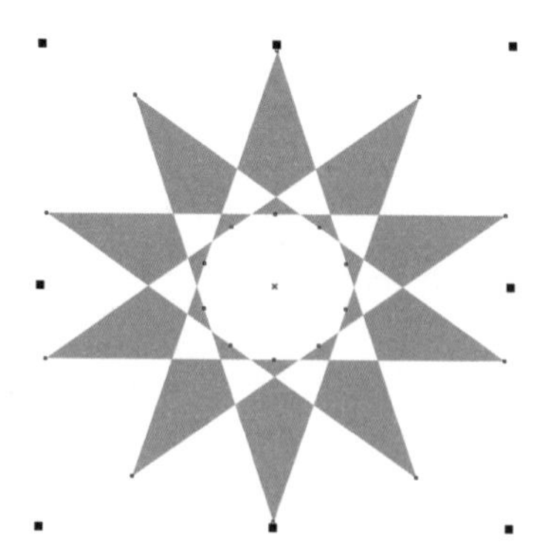

图6-25　均匀填充效果

使用均匀填充时，除可在属性栏中编辑颜色外，还可以使用“编辑填充”对话框进行更加详细的颜色设置。双击状态栏中的“均匀”按钮，或按Shift+F11组合键，打开“编辑填充”对话框，可以在对话框中通过“颜色查看器”和“调色板”选项设置颜色。

1. 颜色查看器

在“编辑填充”对话框中选中“颜色查看器”单选按钮，如图6-26所示，在对话框中提供了完整的色谱。通过拖动左侧颜色设置区域的滑块设置颜色，也可以在各参数框中设置准确的颜色值。在对话框中还可以选择不同的颜色模式，“色彩模型”设置框默认的是CMYK模式，如图6-27所示。

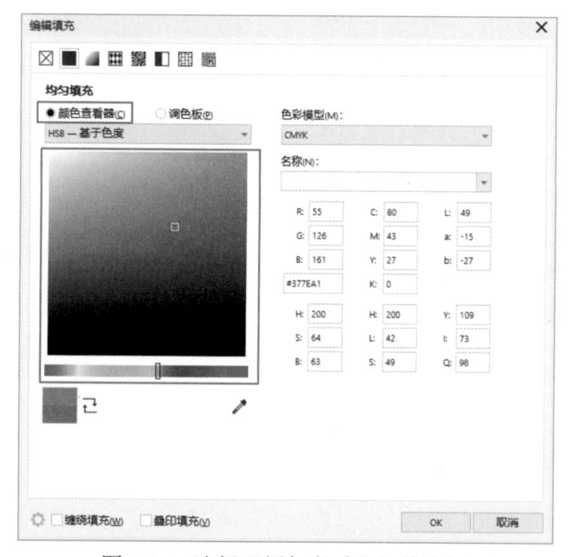

图6-26　选择“颜色查看器”单选按钮

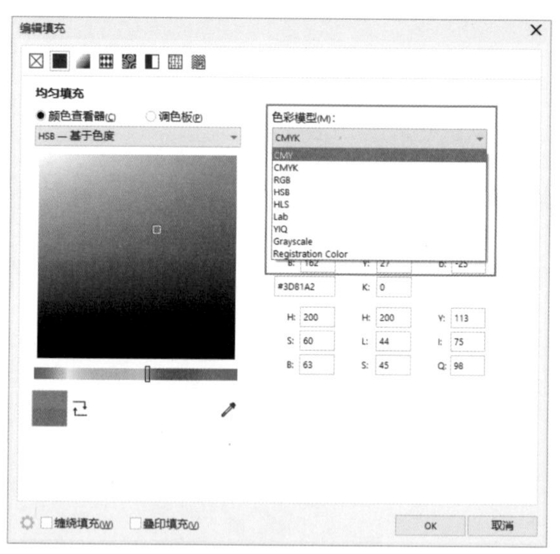

图6-27　选择颜色模式

2. 调色板

在“编辑填充”对话框中选中“调色板”单选按钮，如图6-28所示，可以通过CorelDRAW中已有颜色库中的颜色来填充图形对象，在“调色板”选项的下拉列表中可以选择需要的颜色库，如图6-29所示。

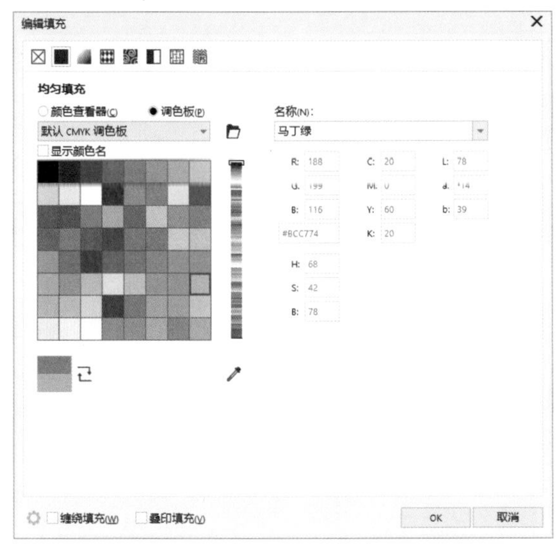

图6-28　选中“调色板”单选按钮

图6-29　选择颜色库

知识点滴

在“编辑填充”对话框中选中“调色板”单选按钮时，右侧的数值框上方将显示颜色名称，而数值框内的参数不能进行编辑。

6.3.3　渐变填充

“渐变填充”可以给图形增加深度感，并添加两种或多种颜色的平滑渐进效果。在CorelDRAW中，“渐变填充”类型包括“线性渐变填充”“椭圆形渐变填充”“圆锥形渐变填充”和“矩形渐变填充”4种渐变色彩的形式。

选择图形，然后选择“交互式填充工具”，在属性栏中单击“渐变填充”按钮，再双击状态栏中的“渐层”按钮，打开“编辑填充”对话框，在其中可以选择渐变类型和颜色参数，如图6-30所示。

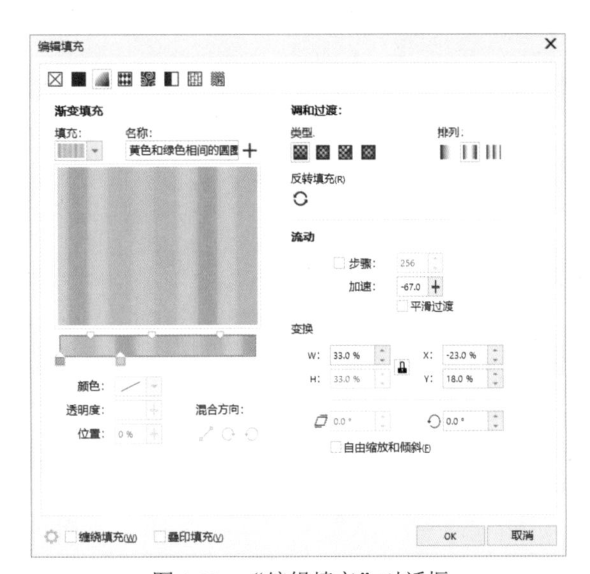

图6-30　“编辑填充”对话框

对话框中各主要选项作用如下。

- 填充：在该下拉列表中可以选择填充纹样。
- 颜色：以两种或多种颜色设置渐变，可以在颜色带上双击添加色标，单击色标可在颜色样式中为所选色标设置颜色。
- 透明度：用于指定选定节点的透明度。

- 位置：用于指定所选节点的位置。
- 调和过渡：可以选择填充方式的类型和排列方式。
- 加速：用于指定渐变填充从一个颜色调和到另一个颜色的速度。
- 变换：用于调整颜色渐变过渡的范围，数值范围为0~49%，数值越小，渐变过渡范围越大，数值越大，渐变过渡范围越小。
- 倾斜：用于设置渐变颜色的倾斜角度，可以在数值框中输入数值，也可以在预览窗口中拖动色标，设置填充对象的角度。
- 旋转：用于设置渐变颜色按顺时针或逆时针旋转颜色渐变序列。

1. 线性渐变填充

“线性渐变填充”是在两个或两个以上颜色之间产生直线型的颜色渐变，从而产生丰富的颜色变化效果。

练习实例：为图形填充线性渐变色

文件路径：第6章\填充线性渐变色

技术掌握：对图形进行线性渐变填充

01 打开“花儿.cdr”素材文件，选择花瓣图形，单击工具箱中的“交互式填充工具”按钮，在属性栏中单击“渐变填充”按钮，再单击“线性渐变填充”按钮，在图形中按住鼠标拖动，将得到调整杆，调整杆左右两侧的色块可以设置颜色，拖动调整杆，调整它的长短和角度，可以手动调整渐变色的范围，如图6-31所示。

02 在控制杆中双击鼠标，可以添加一个色标，在随之显示的浮动属性栏中可以设置颜色属性，如图6-32所示。

图6-31　拖动鼠标应用渐变色

图6-32　添加色标并设置颜色

03 按Shift+F11组合键，打开“编辑填充”对话框，在渐变色条下方双击，也可以添加一个色标，然后为色标调整颜色和透明度、位置，如图6-33所示。

04 单击OK按钮，即可得到填充后的渐变颜色效果，如图6-34所示。

进阶技巧

在控制杆上添加色标后，右击该色标，即可将其删除；在对话框中添加色标后，可以双击色标将其删除。

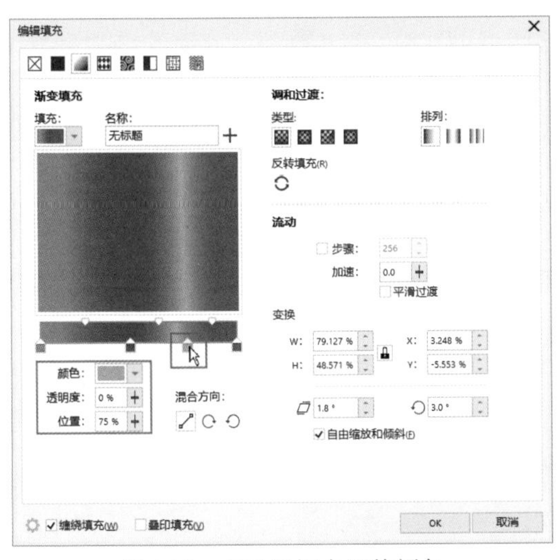

图6-33　在对话框中调整颜色

图6-34　渐变颜色效果

2. 椭圆形渐变填充

“椭圆形渐变填充”用于在两个或多个颜色之间产生以同心圆的形式，由对象中心向外辐射生成的渐变效果。该填充类型可以很好地体现球体的光线变化和光晕效果。

选择需要填充的对象，单击“交互式填充工具”按钮，然后在属性栏上单击“椭圆形渐变填充”按钮，设置两个节点颜色为橘黄色(#FFC05A)和白色；或按Shift+F11组合键，打开“编辑填充”对话框，在其中编辑渐变属性，填充效果如图6-35所示。

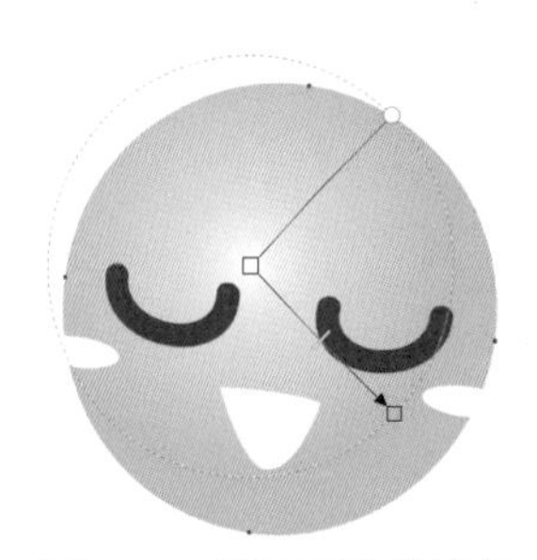

图6-35　椭圆形渐变填充

3. 圆锥形渐变填充

“圆锥形渐变填充”用于在两个或多个颜色之间产生色彩渐变，可以模拟光线落在圆锥上的视觉效果，使平面图形表现出空间立体感。

选择需要填充的对象，单击“交互式填充工具”按钮，然后在属性栏上单击“圆锥形渐变填充”按钮，设置两个节点颜色；或按Shift+F11组合键，打开“编辑填充”对话框，在其中编辑渐变属性，填充效果如图6-36所示。

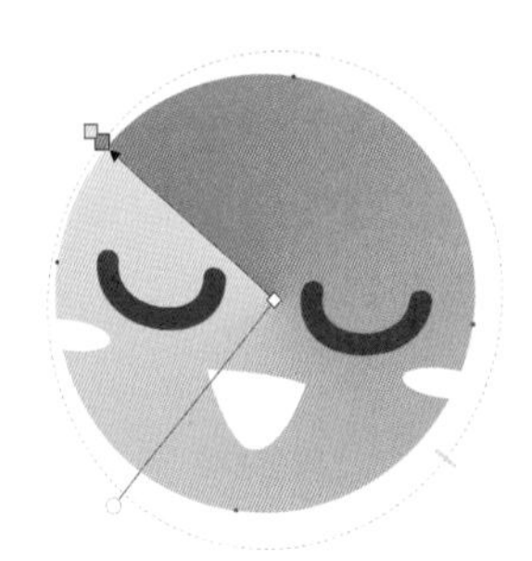

图6-36　圆锥形渐变填充

4. 矩形渐变填充

“矩形渐变填充”用于在两个或多个颜色之间产生以同心方形的形式，从对象中心向外扩散的色彩渐变效果。

选择需要填充的对象，单击“交互式填充工具”按钮，然后在属性栏上单击“矩形渐变填充”按钮，设置节点渐变颜色；或按Shift+F11组合键，打开“编辑填充”对话框，在其中编辑渐变属性，填充效果如图6-37所示。

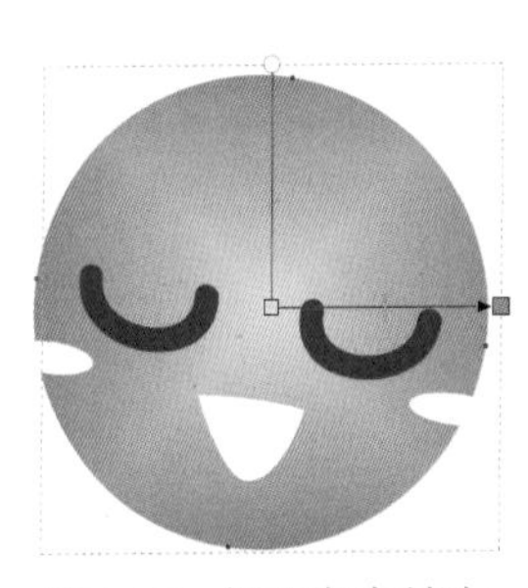

图6-37　矩形渐变填充

6.3.4 图样填充

CorelDRAW提供了多种图案填充预设，使用“图样填充”对话框可以直接为对象填充预设的图案，也可用绘制的对象或导入的图像创建图样进行填充。

1. 向量图样填充

使用“向量图样填充”可以使用矢量图案填充图形，软件中提供了多种“向量”填充图案，也可以下载和创建图案进行填充。

选择需要填充的对象，如图6-38所示，单击“交互式填充工具”按钮，然后在属性栏中单击“向量图样填充”按钮，接着单击“填充挑选器”下拉按钮，在弹出的面板中选择一种图样，如图6-39所示，即可将图样填充到图形中，效果如图6-40所示。

图6-38　选择对象

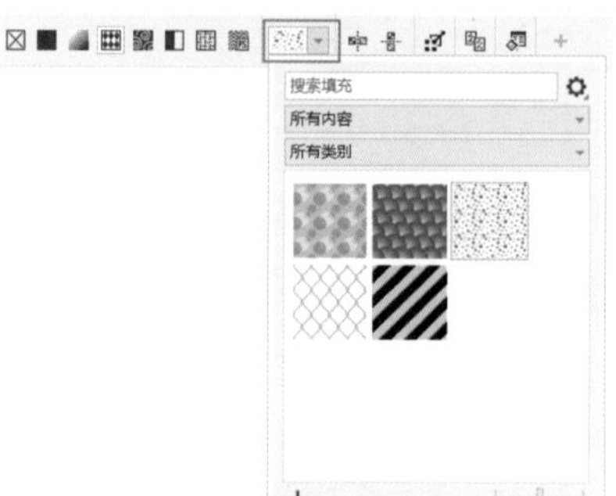

图6-39　选择图案样式

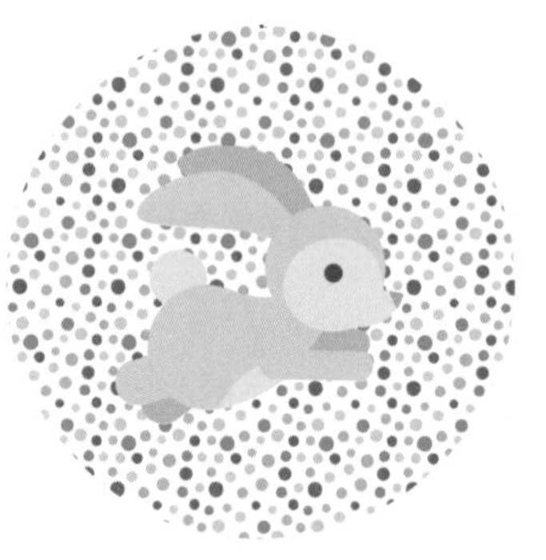

图6-40　填充效果

2. 位图图样填充

使用“位图图样填充”可以使用位图图像填充图形，填充后的图像属性取决于位图的大小、分辨率和深度。

选择需要填充的对象，单击“交互式填充工具”按钮，然后在属性栏上单击“位图图样填充”按钮，接着单击“填充挑选器”下拉按钮，在弹出的面板中选择一种图样，即可将图样应用到图形中，如图6-41所示。

图6-41　位图图样填充

3. 双色图样填充

使用“双色图样填充”可以为对象填充只有“前景色”和“背景色”两种颜色的图案。

选择需要填充的对象，单击“交互式填充工具”按钮，然后在属性栏上单击“双色图样填充”按钮，接着单击“填充挑选器”下拉按钮，在弹出的面板中选择一种图样，即可将图样应用到图形中，效果如图6-42所示。

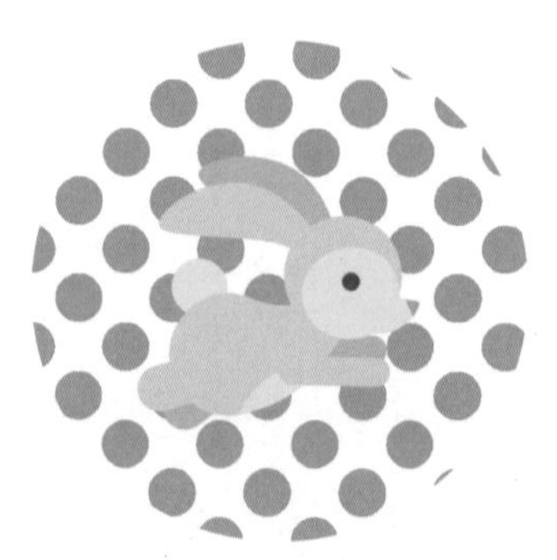

图6-42　双色图样填充

6.3.5　底纹填充

“底纹填充”是用随机生成的纹理来填充图形，使用“底纹填充”可以赋予对象自然的外观。CorelDRAW提供了多种底纹样式，每种底纹都可通过“底纹填充”对话框进行相应的选项设置。

按Shift+F11组合键，打开“编辑填充”对话框，如图6-43所示，在该对话框中单击“底纹填充”按钮，在“底纹库”下拉列表中可以选择不同的样本组。选择样本组后，单击“填充”右侧的下拉按钮，在弹出的面板中可以预览并选择需要的底纹图案，如图6-44所示。

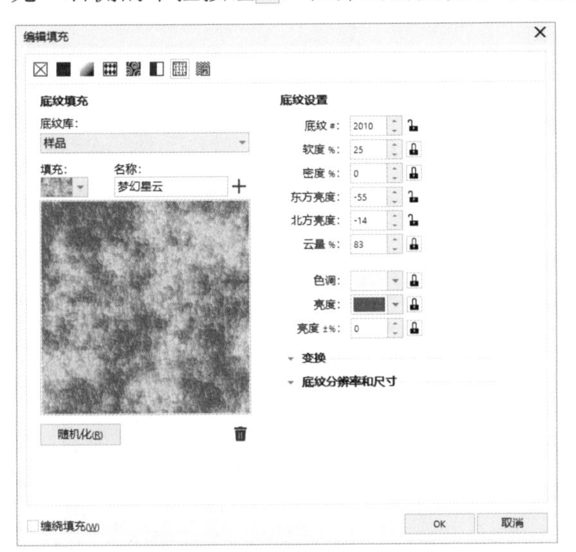

图6-43　“编辑填充”对话框

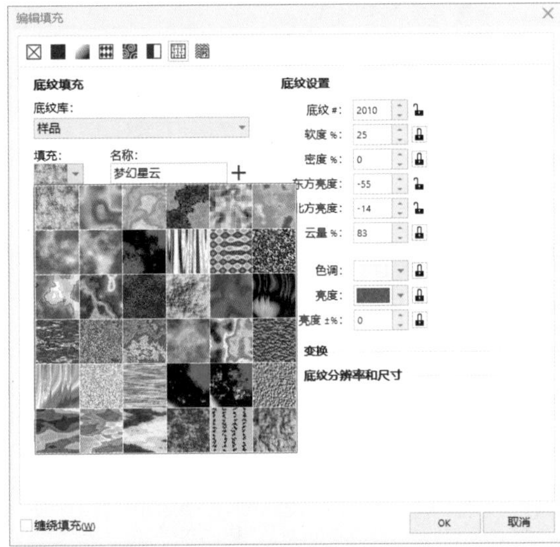

图6-44　选择底纹图案

单击OK按钮，可以将底纹填充到图形对象中。图6-45所示为填充不同底纹的图形效果。

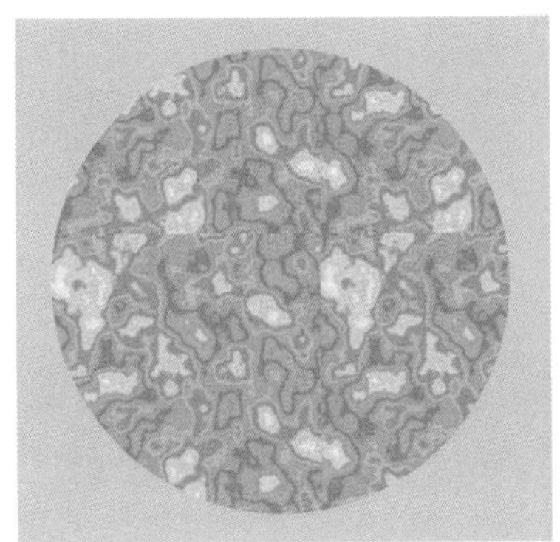

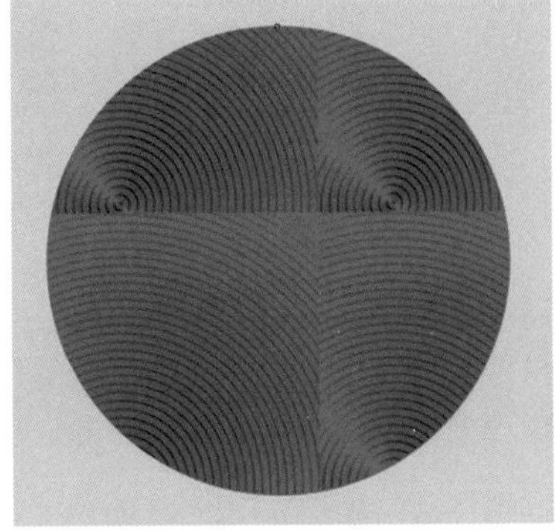

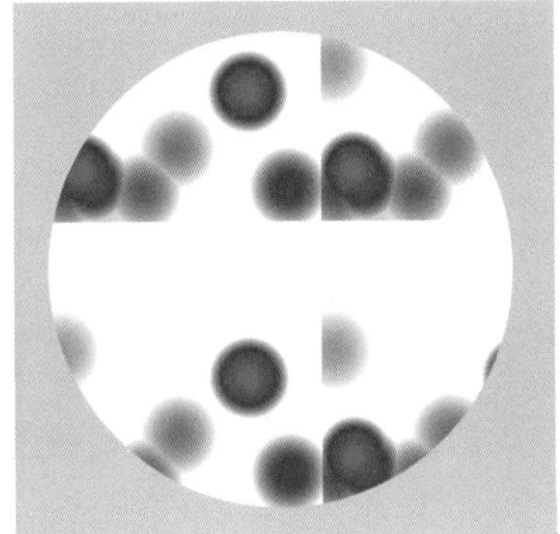

图6-45　底纹填充效果

选择“交互式填充工具”，在属性栏中单击“底纹填充”按钮，单击“填充挑选器”选项右侧的下拉按钮，在弹出的下拉列表中可以快速选择底纹填充的样式。

6.3.6 PostScript 填充

PostScript填充是建立在数学公式基础上的一种特殊纹理填充方式。该填充方式具有纹理细腻的特点，用于较大面积的填充。

按Shift+F11组合键，打开“编辑填充”对话框，单击“PostScript填充”按钮▦，在“填充底纹”下拉列表框中选择需要的图样，在右侧的面板中可对图样的参数进行设置，如图6-46所示，设置完成后，单击OK按钮即可。图6-47所示为泡泡填充背景后的效果。

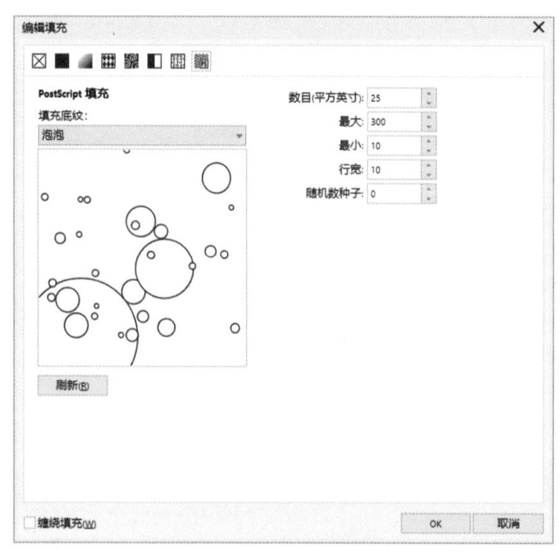

图6-46　PostScript填充

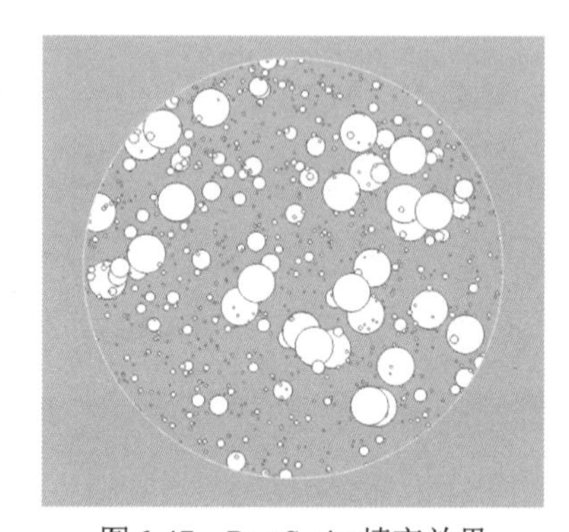
图6-47　PostScript填充效果

选择“交互式填充工具”，在属性栏中单击“PostScript填充”按钮▦，单击“PostScript填充底纹”选项，可以在弹出的下拉面板中选择多种PostScript底纹填充的样式，对图形对象进行填充。

知识点滴

PostScript图案是一种特殊的图案。只有在“增强”视图模式下，PostScript填充的底纹才能显示出来。

6.4 智能填充工具

“智能填充”能够对任意一个闭合区域进行填充，如两个对象重叠的区域，还可以通过属性栏设置新对象的填充颜色和轮廓颜色。

6.4.1 设置智能填充属性

使用“智能填充工具”对图形进行填充，是一种与众不同的填充方式。选择“智能填充工具”，其属性栏如图6-48所示。

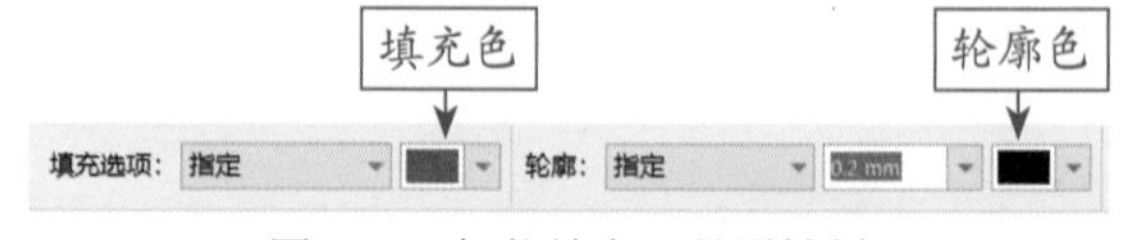

图6-48　智能填充工具属性栏

- 填充选项：将选择的填充属性应用到新对象上，在其下拉列表中有3个选项，分别是“使用默认值”“指定”和“无填充”。
- 填充色：用于设置对象内部的填充颜色，该选项只有在“填充选项”设置为“指定”时才可用。
- 轮廓：将选择的轮廓属性应用到对象上，在其下拉列表中有3个选项，分别是“使用默认值”“指定”和“无轮廓”。
- 轮廓色：用于设置对象的轮廓颜色。该选项只有在“轮廓”选项设置为“指定”时才可用。

6.4.2　智能填充方法

无须选择对象，即可使用“智能填充工具”对所需填色区域应用填充效果。绘制两个相交的图形，如图6-49所示。在属性栏中设置填充为绿色，轮廓宽度为2mm、颜色为白色，将光标移动到图形相交处单击，即可填充颜色，如图6-50所示。删除矩形，移动填充的对象，可以看到填充对象为一个新的独立图形，如图6-51所示。

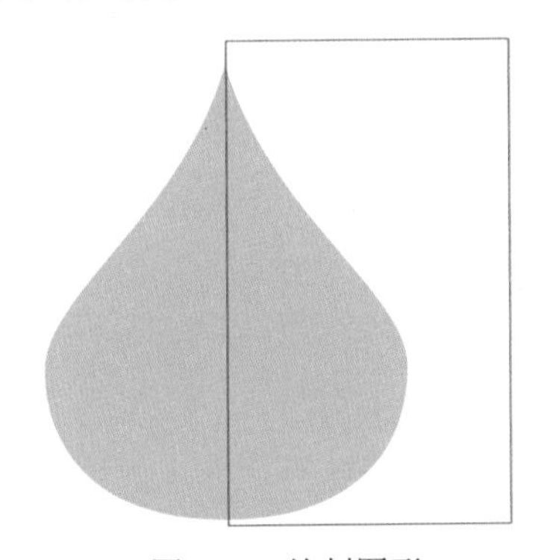

图6-49　绘制图形

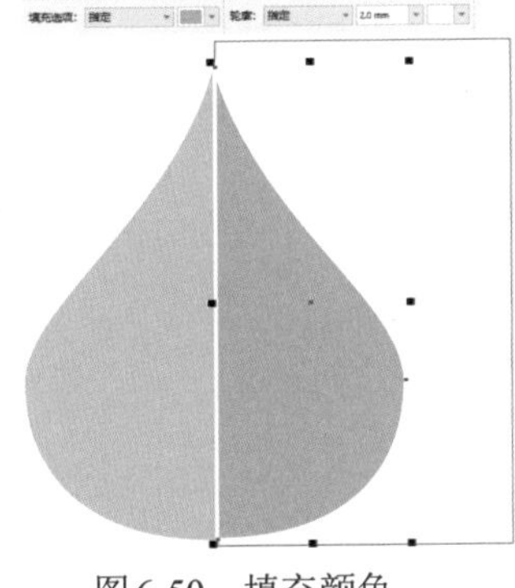

图6-50　填充颜色

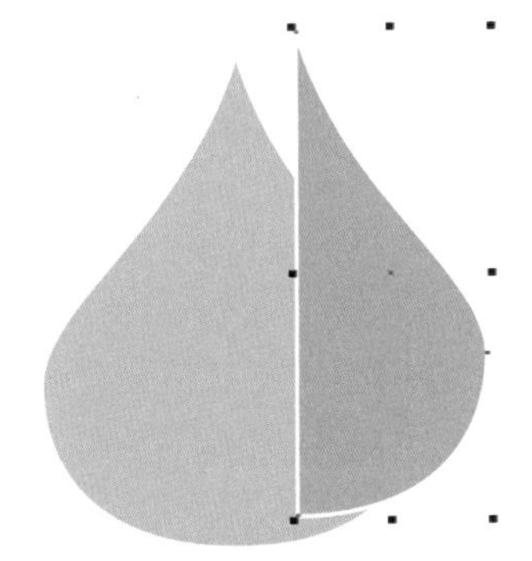

图6-51　填充效果

6.5　网状填充工具

“网状填充工具”主要通过单击填充节点对一个对象填充多种颜色，被填充对象上将出现分割网状填充区域的经纬线，从而创造出自然而柔和的过渡填充，体现出图形的光影效果和质感。

6.5.1　属性栏设置

选择图形，再选择“网状填充工具”，在属性栏中设置网格行数和列数，例如，将网格行数和列数都设置为3，得到的网状效果如图6-52所示，直接单击调色板中的色块，或将色块拖动到网格中，可以填充颜色，如图6-53所示。

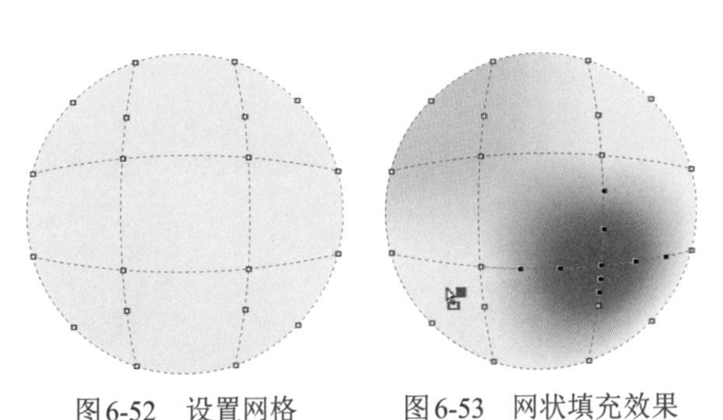

图6-52　设置网格　　图6-53　网状填充效果

网状填充工具属性栏如图6-54所示。

图6-54　网状填充工具属性栏

- 网格大小：可以分别设置水平方向和垂直方向上网格的数目。
- 选取模式：可以在该选项的下拉列表中选择“矩形”或“手绘”，作为选定内容的选取框。
- 添加交叉点：单击该按钮，可以在网状填充的网格中添加一个交叉点(只有单击填充对象的空白处出现一个黑点时，该按钮才可用)。
- 删除节点：删除所选节点，改变曲线对象的形状。
- 曲线编辑按钮组：通过该组按钮可以调整曲线的形状，使用方式与形状工具属性栏相同。
- 对网状颜色填充进行取样：从文档窗口中为选定节点选取颜色。
- 网状填充颜色：为选定节点选择填充颜色。
- 透明度：设置所选节点的透明度，单击该按钮出现透明度滑块，拖动滑块，可设置所选节点区域的透明度。
- 曲线平滑度：通过更改节点数量调整曲线的平滑度。
- 平滑网状颜色：减少网状填充中的硬边缘，使填充颜色过渡更加柔和。
- 复制网状填充：将文档中另一个对象的网状填充属性应用到所选对象上。
- 清除网状：移除对象中的网状填充。

6.5.2　编辑网格

使用“网状填充工具”填充图形后，在图形中可以编辑网格，然后填充多种颜色，使其产生过渡效果。

练习实例：绘制信息框图标

文件路径：第6章\绘制信息框图标

技术掌握：网状填充工具的应用

01 打开“图标.cdr”素材文件，选择中间较小的蓝色图形，如图6-55所示。选择“网状填充工具”，在属性栏中将横竖网格的数值均设置为3，按Enter键为图形添加网格，然后在网状线上方双击添加一行网格，效果如图6-56所示。

02 框选第二行中间两个节点，在属性栏中设置填充颜色为淡蓝色(#9ED8F6)，效果如图6-57所示。

图6-55　选择对象

图6-56　制作网格

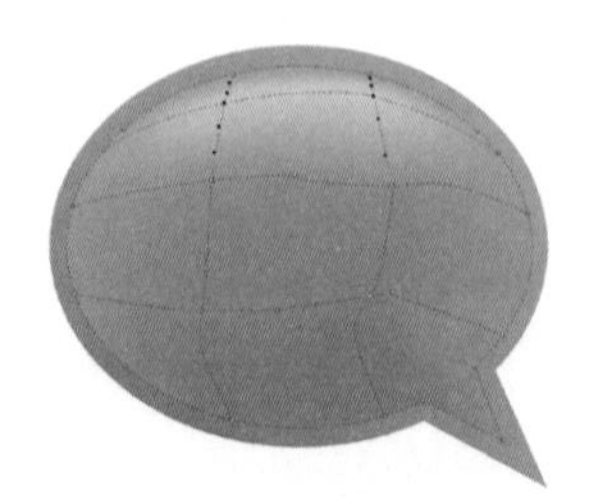

图6-57　填充颜色

进阶技巧

如果要删除网格，可以选择对应的节点，直接按键盘中的Delete键即可删除该区域网格。

03 在下方的网格线中双击，添加一条网格线，然后拖动曲线周围的控制杆调整造型，效果如图6-58所示。

04 在调色板中按住“青”色块，在弹出的颜色面板中选择较深的蓝色，将其拖动到左下方的网格中，如图6-59所示。按空格键完成编辑操作，同时隐藏网格，图形的颜色编辑效果如图6-60所示。

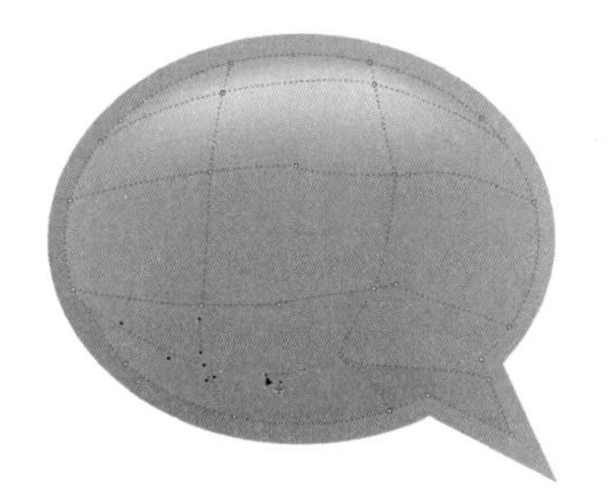

图6-58　编辑网格

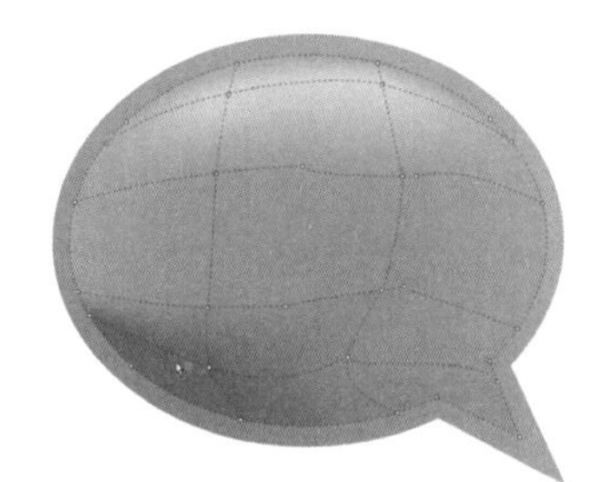

图6-59　拖动颜色

图6-60　填充效果

05 再次按空格键显示网格，然后在左侧再添加一条网格线，并将左侧区域填充为较深一些的蓝色，如图6-61所示。

06 选择“椭圆形工具”，绘制三组深浅不同的蓝色圆形，将其放到信息框内，完成图标的绘制，如图6-62所示。

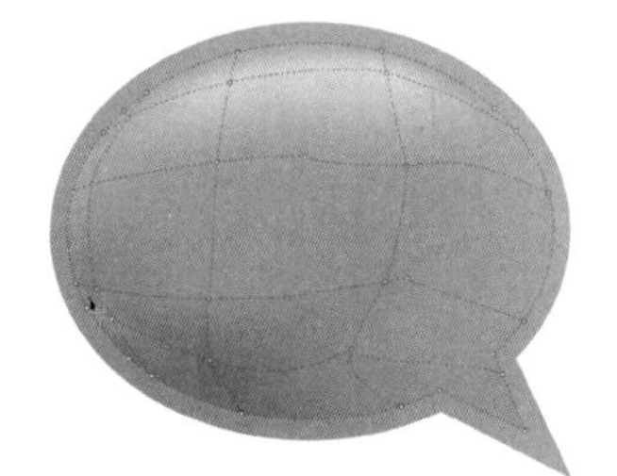

图6-61　填充颜色

图6-62　绘制圆形

6.6　滴管工具

滴管工具用于复制对象颜色样式和属性样式，并且可以将吸取的颜色或属性应用到其他对象上。滴管工具包括“颜色滴管”和“属性滴管”两种工具。

6.6.1　颜色滴管工具

使用“颜色滴管工具”可以将从图形对象上提取的颜色复制到其他图形对象中。选择“颜色滴管工具”，其属性栏如图6-63所示。

从桌面选择　添加到调色板

图6-63　颜色滴管工具属性栏

- 选择颜色：单击该按钮后，可以在文档窗口中进行颜色取样。
- 从桌面选择：单击该按钮后，不仅可以在文档窗口内进行颜色取样；还可在应用程序外进行颜色取样(该按钮只有在“选择颜色”模式下才可用)。

- 1×1 ：单击该按钮后，可以对1×1像素区域内的平均颜色值进行取样。
- 2×2 ：单击该按钮后，可以对2×2像素区域内的平均颜色值进行取样。
- 5×5 ：单击该按钮后，可以对5×5像素区域内的平均颜色值进行取样。
- 所选颜色 ：仅查看取样的颜色。
- 应用颜色 ：单击该按钮后，可以将取样的颜色应用到其他对象上
- 添加到调色板：单击该按钮，可将取样的颜色添加到"文档调色板"或"默认CMYK调色板"中，单击该选项右侧的按钮可显示调色板类型。

练习实例：快速为五角星填充颜色

文件路径：第6章\填充五角星颜色

技术掌握：使用颜色滴管工具快速填充图形颜色

01 打开"五角星.cdr"素材文件，如图6-64所示，下面将月亮中的颜色复制填充到五角星中。

02 选择"颜色滴管"工具 ，将滴管光标放置在月亮图形左侧的淡黄色区域，光标所到之处将显示相应的颜色值，单击鼠标左键可以提取对象的颜色，如图6-65所示。

图6-64 打开素材文件

图6-65 吸取颜色

03 光标变为 图标时，将光标移动到五角星中，单击鼠标填充提取的颜色，效果如图6-66所示。

04 在属性栏中单击"选择颜色"按钮 ，再次将滴管光标移动到月亮图形中较深的颜色区域，单击鼠标提取颜色，如图6-67所示。

05 将光标移动到五角星右侧后单击，为右侧区域填充颜色，得到如图6-68所示的效果。

图6-66 填充对象

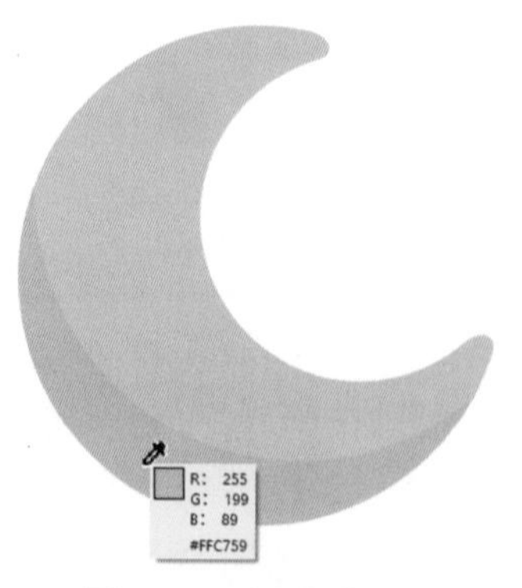

图6-67 吸取颜色

图6-68 填充对象

6.6.2 属性滴管工具

使用“属性滴管”工具可以复制对象的属性，并将复制的属性应用到其他对象上。选择“属性滴管”工具，其属性栏如图6-69所示。

图6-69 属性滴管工具属性栏

- 属性：在其下拉列表中可以设置提取并复制对象的轮廓属性、填充属性和文本属性。
- 变换：在其下拉列表中可以设置提取并复制对象的大小、旋转和位置等属性。
- 效果：在其下拉列表中可以设置提取并复制对象的透视点、封套、混合、立体化、轮廓图、透镜、PowerClip、阴影、变形和位图效果等属性。

选择“属性滴管工具”，在属性栏中选择“效果”中的“阴影”选项，如图6-70所示，将滴管光标放置在图形对象上，单击鼠标提取对象的属性，如图6-71所示。光标变为图标，将光标移动到另一图形中，单击鼠标填充提取的所有属性，效果如图6-72所示。

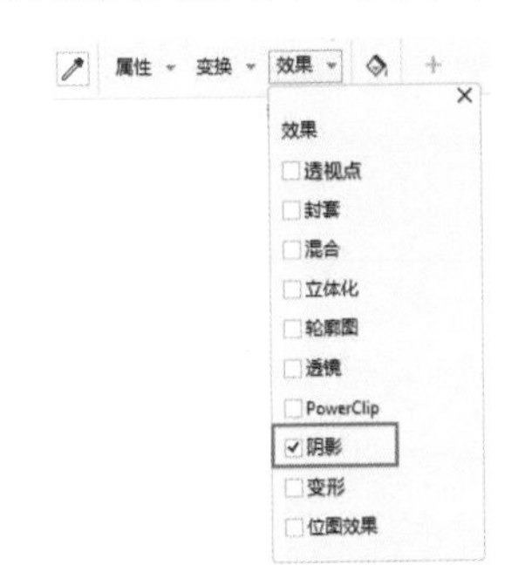

图6-70 设置属性栏

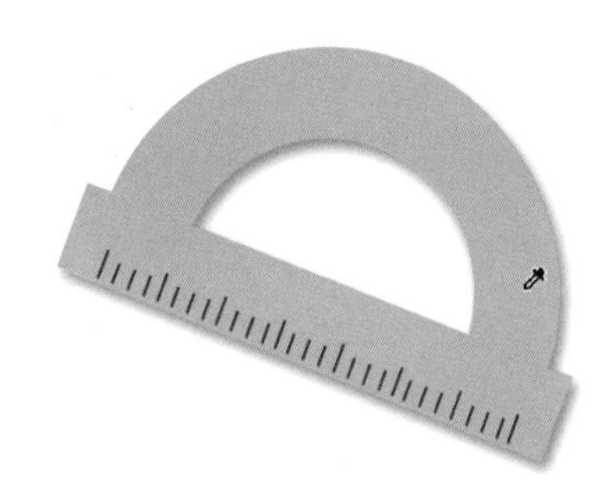

图6-71 吸取属性

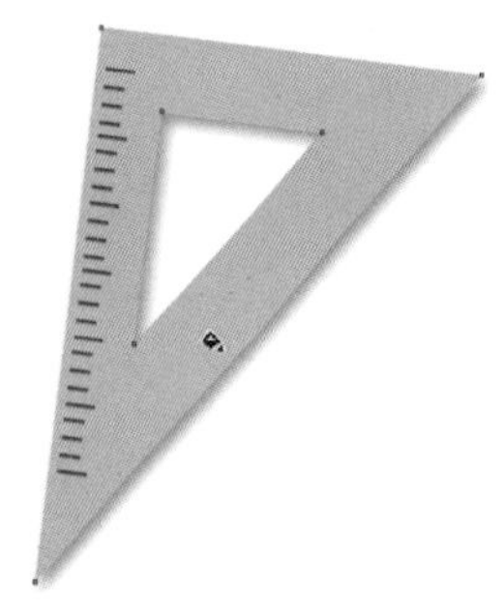

图6-72 填充属性

6.7 课堂案例：绘制时尚撞色名片

文件路径：第6章\绘制时尚撞色名片

技术掌握：渐变填充操作、颜色属性的复制

案例效果

本节将应用本章所学的知识，制作时尚撞色名片，巩固之前所学的“交互式填充工具”“属性滴管工具”等多种工具的操作和属性设置。本案例的效果如图6-73所示。

图6-73 时尚撞色名片

操作步骤

01 新建一个文档，选择“矩形工具”，在绘图区绘制两个矩形，将较大的矩形填充为浅灰色，作为背景图像。选择中间的矩形，在属性栏中设置宽度和高度为95mm×55mm，效果如图6-74所示。

02 选择“交互式填充工具”，按Shift+F11组合键打开“编辑填充”对话框，单击“双色图样填充”按钮，在“填充”下拉列表中选择一种图样，然后设置“前部颜色”为浅灰色、“背面颜色”为白色，如图6-75所示。

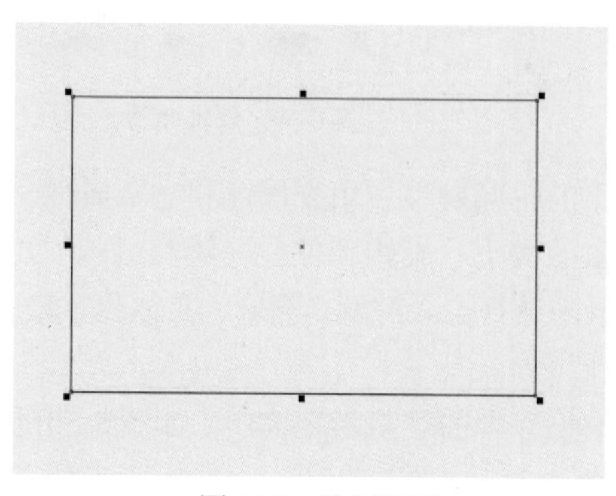

图6-74　绘制矩形

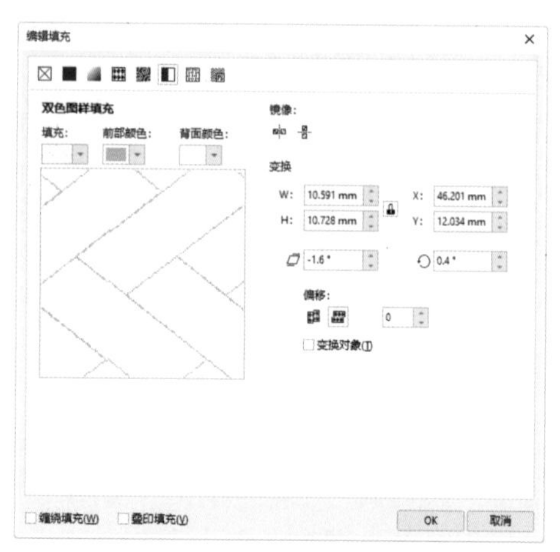

图6-75　设置双色图样

03 在“编辑填充”对话框中单击OK按钮，得到双色图样填充效果，然后取消轮廓线，效果如图6-76所示。

04 选择“贝塞尔工具”，在名片右上方绘制一个四边形，如图6-77所示。

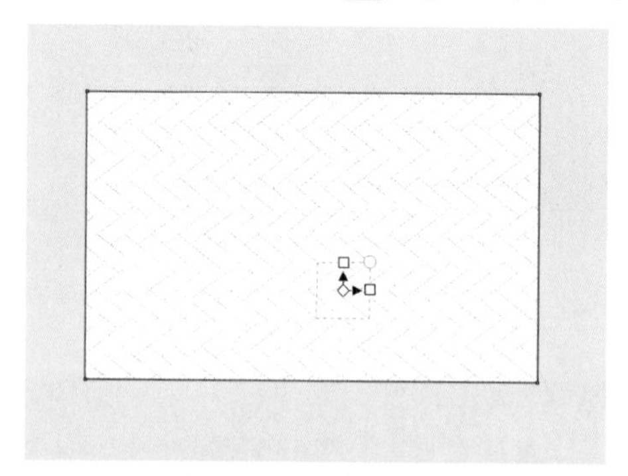

图6-76　图样填充效果

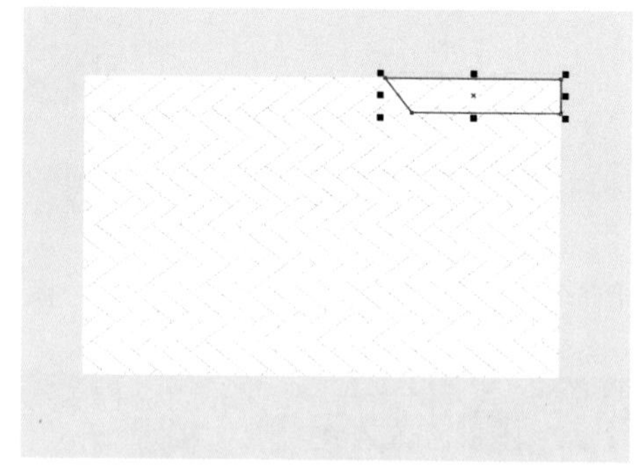

图6-77　绘制四边形

05 按Shift+F11组合键打开“编辑填充”对话框，单击“渐变填充”按钮，在对话框右侧选择类型为“线性渐变填充”，然后设置颜色从橘黄色(#FDD100)到橘红色(#F39910)渐变，如图6-78所示。

06 单击OK按钮，得到线性渐变填充效果，再取消轮廓线，效果如图6-79所示。

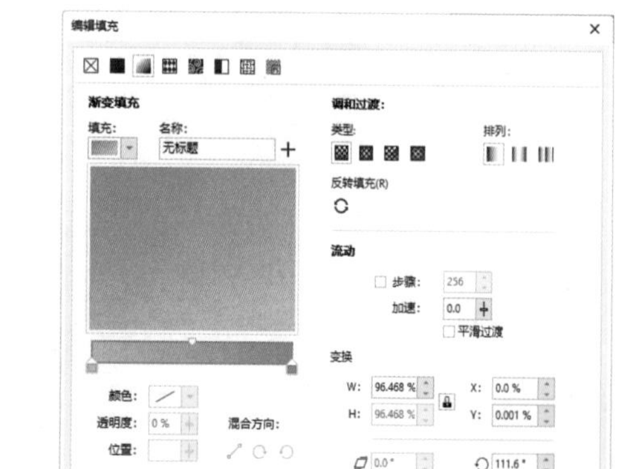

图6-78　设置渐变填充

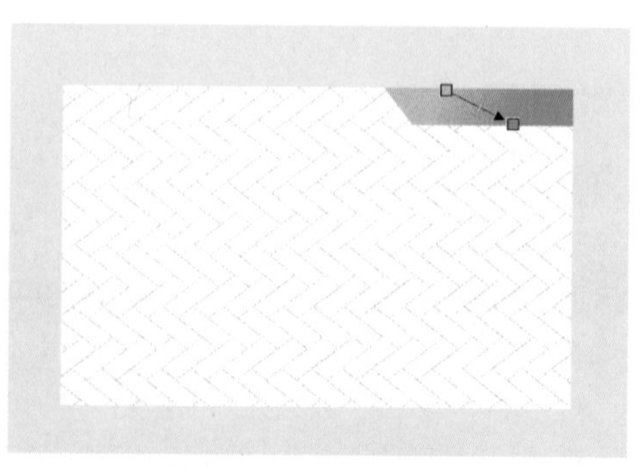

图6-79　渐变填充效果

07 再绘制一个四边形，打开“编辑填充”对话框，对其进行线性渐变填充，设置颜色从橘红色(#F0871A)到橘色(#F5A83E)渐变，效果如图6-80所示。

08 在名片左侧再绘制一个四边形，单击属性栏中的“均匀填充”按钮■，然后设置填充色为深灰色，如图6-81所示，填充效果如图6-82所示。

图6-80 渐变填充图形

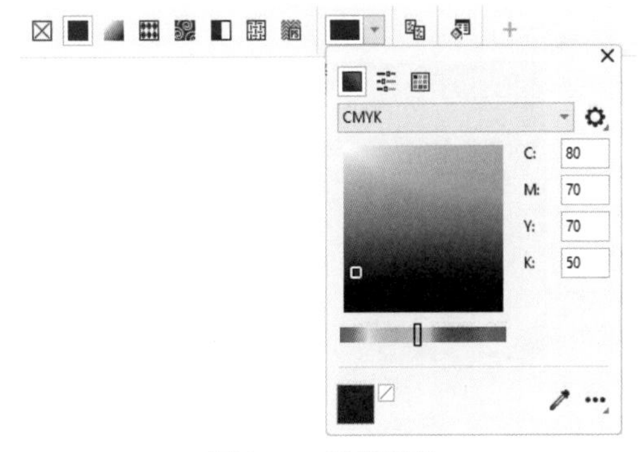

图6-81 设置颜色

09 继续在深灰色图形底部绘制一个四边形，然后选择“属性滴管”工具，再单击名片右上方的渐变色矩形，如图6-83所示。

图6-82 均匀填充效果

图6-83 提取对象属性

10 吸取属性后，单击左下方绘制的四边形，对其进行填充，效果如图6-84所示。

11 使用“贝塞尔工具”在名片左下方绘制一个四边形和三角形，分别填充为白色和红色(#EB6622)，效果如图6-85所示。

图6-84 填充对象

图6-85 绘制并填充图形

12 在深灰色图形与背景底纹交界处绘制一个四边形，使用“交互式填充工具”对其进行线性渐变填充，设置颜色从橘黄色(#FDD100)到橘红色(#F39910)渐变，效果如图6-86所示。

13 使用“文本工具”在深灰色图形中输入公司中文和英文名称，并设置字体为方正品尚中黑简体和方正粗宋，填充为白色，适当调整文字大小，如图6-87所示。

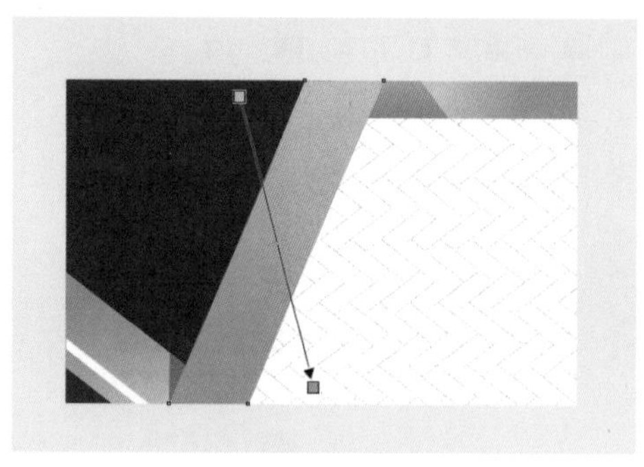

图6-86　渐变填充对象

图6-87　输入公司名称

14 在右侧纹理背景中输入人物名称和职位，设置字体为方正品尚中黑简体和黑体，填充为深灰色，再在文字下方绘制一个细长的矩形，填充为橘黄渐变色，如图6-88所示。

15 打开“图标.cdr”素材文件，将图标复制粘贴到当前编辑的文件中，适当调整大小，放在人物名称的下方，如图6-89所示。

图6-88　输入人物名称和职位

图6-89　添加图标

16 在图标右侧输入地址、电话等文字信息，设置字体为黑体，填充为深灰色，效果如图6-90所示。

17 选择纹理背景图形，使用“阴影工具”在图形中间按住鼠标向下拖动，得到投影效果，如图6-91所示，完成名片正面图像的制作。

图6-90　输入电话等文字信息

图6-91　添加阴影

18 下面来制作名片背面图像。选择所有名片对象，按小键盘中的+键，在原地复制一次对象，然后适当向下移动，并删除部分内容，如图6-92所示。

19 单击属性栏中的“水平镜像”按钮，得到水平翻转效果，如图6-93所示。

20 复制名片正面图形中的公司名称，将其放到背面深灰色图形中，如图6-94所示。

图6-92　复制并移动对象

图6-93　水平翻转图像

图6-94　复制文字

21 使用“矩形工具”在背面左下方绘制一个矩形，在属性栏中设置圆角半径为2mm，再使用“属性滴管”工具吸取左上方渐变矩形的颜色，如图6-95所示。

22 吸取颜色后，单击圆角矩形，得到渐变色的填充效果，如图6-96所示。

23 在圆角矩形中输入文字，设置字体为方正品尚中黑简体，填充为白色，得到名片背面图像效果，如图6-97所示，完成本实例的制作。

图6-95　吸取颜色

图6-96　渐变填充对象

图6-97　输入文字

6.8　高手解答

问：如何将修改的底纹保存为自定义的底纹？

答：单击“底纹填充”对话框中的+按钮，打开“保存底纹为”对话框，然后在“底纹名称为”

文本框中输入底纹的保存名称，再设置好保存的位置，单击OK按钮，即可保存自定义的底纹。

问：可以为已填充的对象添加其他颜色吗？

答：可以。为已填充的对象添加其他颜色，首先需要选中填充对象，然后按住Ctrl键的同时，使用鼠标左键在调色板中单击想要添加的颜色，即可为已填充的对象添加少量该颜色。

问：应用网状填充有哪些优点？

答：应用网状填充，可以指定网格的列数和行数，而且可以指定网格的交叉点，这些网格点所填充的颜色会相互渗透、混合，使填充对象更加自然。在绘制一些立体感较强的对象时，使用网状填充更能体现对象的质感。

问：如何将自定义的颜色保存到调色板中，以便于今后使用？

答：如果调色板中没有用户所需的颜色，可以自行设置所需的颜色，并将设置好的颜色添加到调色板中。选择“窗口”|“调色板”|“调色板编辑器”菜单命令，打开“调色板编辑器”对话框，如图6-98所示，在其中可以执行“编辑颜色”“添加颜色”和“删除颜色”操作。单击“添加颜色”按钮，将打开“选择颜色”对话框，如图6-99所示，单击“吸管”按钮，然后单击需要保存的颜色，再单击OK按钮，即可将该颜色保存到该调色板中。

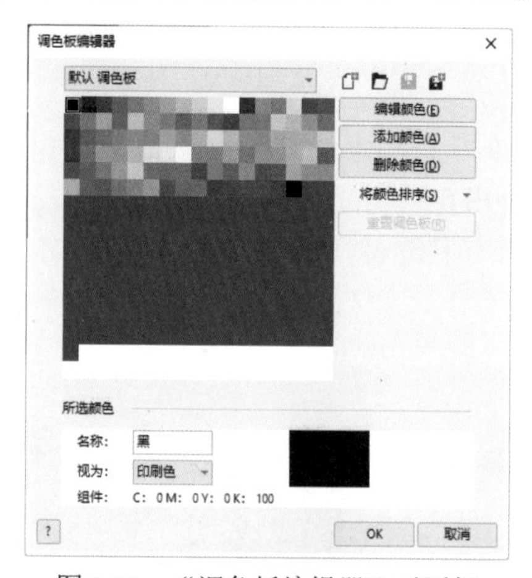

图6-98 “调色板编辑器”对话框

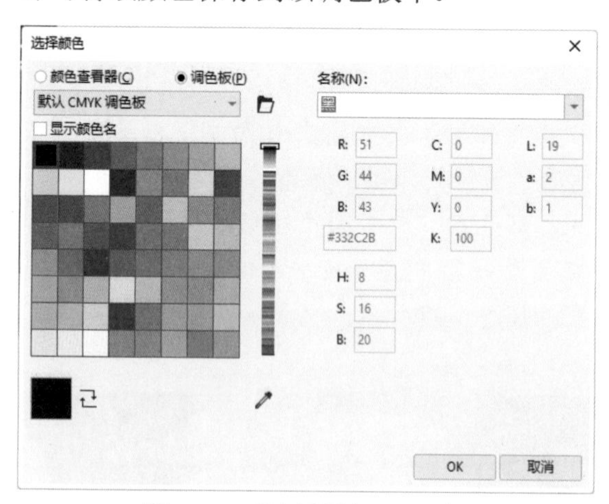

图6-99 “选择颜色”对话框

第 7 章
度量和连接工具

使用对象的度量和连接功能，可以对各类图形的参数进行标注，如对象的大小、距离和角度等。本章将讲解如何运用度量工具组中的工具进行图形尺寸的测量和标注，以及使用连接工具创建连接线。

◎ 练习实例：测量相册尺寸
◎ 练习实例：为产品添加标注
◎ 课堂案例：绘制户型图

7.1 度量工具组

CorelDRAW提供了丰富的度量工具，包括“平行度量工具”“水平或垂直度量工具”“角度量工具”“线段度量工具”和“2边标注工具”等，方便用户快速、便捷、精确地进行测量。在产品设计、VI设计、景观设计等领域中，经常需要用度量符号来标出对象的参数。

7.1.1 平行度量工具

“平行度量工具”用于测量任意角度上两个节点间的实际距离，并添加标注。平行度量工具属性栏如图7-1所示。

图7-1 平行度量工具属性栏

属性栏中常用选项的作用如下。

- 动态度量：当度量线重新调整大小时自动更新度量线测量值。
- 度量样式：在下拉列表中可以选择度量线的样式。
- 度量精度：在下拉列表中可以选择度量线的测量精度。
- 度量单位：在下拉列表中可以选择度量线的测量单位。
- 显示单位：激活该按钮，在度量线文本后将显示测量单位；反之则不在文本后显示测量单位。
- 显示前导零：在测量数值小于1时，将显示前导零；反之则隐藏前导零。
- 前缀/后缀：输入相应的前缀/后缀文字，在测量文本中将显示前缀/后缀。
- 轮廓宽度：在列表中可以选择轮廓线的宽度。
- 线条样式：用于选择线条或轮廓样式。
- 双箭头：在下拉列表中可以选择度量线的箭头样式。
- 文本位置：在该按钮的下拉选项中可以设定以度量线为基准的文本位置。
- 延伸线选项：在下拉列表中可以自定义度量线上的延伸线。

练习实例：测量相册尺寸

文件路径：第7章\测量相册尺寸

技术掌握：使用“平行度量工具”测量对象的尺寸

01 打开“相册.cdr”素材文件，选择工具箱中的“平行度量工具”，接着将光标移动到相册左上方，光标旁将出现“边缘”字样，如图7-2所示。

02 单击并按住鼠标左键向相册上方拖动，确定测量的距离，如图7-3所示。

03 确定测量距离后，向右侧移动光标，如图7-4所示，确定测量线与画册的距离，然后单击鼠标左键完成测量，测量线中间将显示距离值，如图7-5所示。

04 使用“选择工具”选择测量线段，在属性栏中设置“轮廓宽度”为1mm，填充轮廓线为白色，然后选中距离值文本，设置“字体大小”为30，填充为白色，效果如图7-6所示。

05 使用同样的方法，对相册的高度进行测量，测量效果如图7-7所示。

图7-2 移动光标

图7-3 确定测量距离

图7-4 向右移动光标

图7-5 完成测量

图7-6 调整测量线

图7-7 绘制另一条测量线

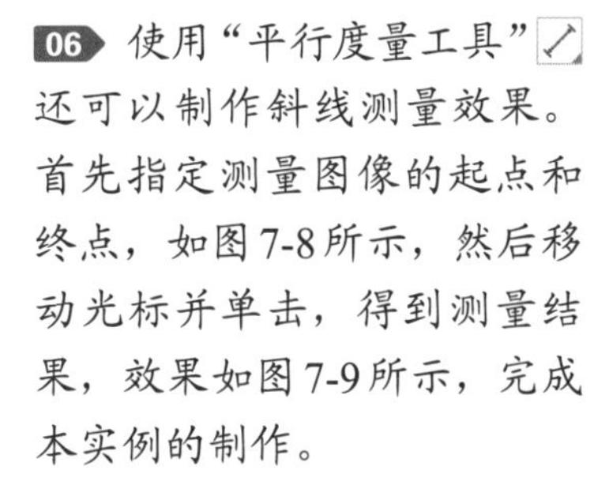

06 使用“平行度量工具”还可以制作斜线测量效果。首先指定测量图像的起点和终点，如图7-8所示，然后移动光标并单击，得到测量结果，效果如图7-9所示，完成本实例的制作。

图7-8 指定起点和终点

图7-9 绘制斜线测量效果

7.1.2 水平或垂直度量工具

“水平或垂直度量工具”主要用于测量对象水平或垂直角度上两个节点间的实际距离，并添加标注。其使用方法与“平行度量工具”一样，在要测量的对象上按住鼠标左键进行拖动，拖动的距离就是测量的距离，如图7-10所示，释放鼠标后移动光标到合适的位置，然后单击鼠标创建测量线段，效果如图7-11所示。

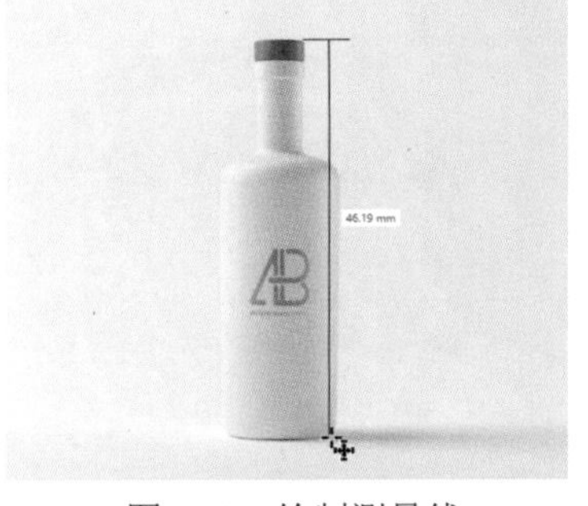

图7-10 绘制测量线

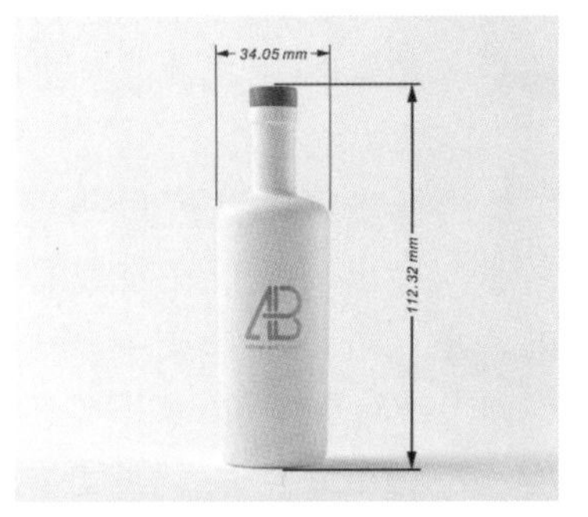

图7-11 测量效果

7.1.3 角度量工具

“角度量工具”用于测量标注对象的角度。选择“角度量工具”，在属性栏中设置角的单位，然后将鼠标指针移动到需要测量角的相交处，按住鼠标左键进行拖动，将光标移到角的一边释放鼠标，继续移动光标到角的另一边单击，即可完成角度的测量，如图7-12所示。

图7-12 使用角度量工具测量效果

7.1.4 线段度量工具

“线段度量工具”可以自动捕捉并测量两个节点间线段的距离。该工具不仅可以测量单一线段的距离，还可以度量连续线段的距离。

1. 度量单一线段

选择“线段度量工具”，按住鼠标左键进行拖动，当能够覆盖需测量对象的虚线区域时松开鼠标，然后移动光标确定标注的位置，再单击鼠标左键即可完成对象的测量，如图7-13所示。

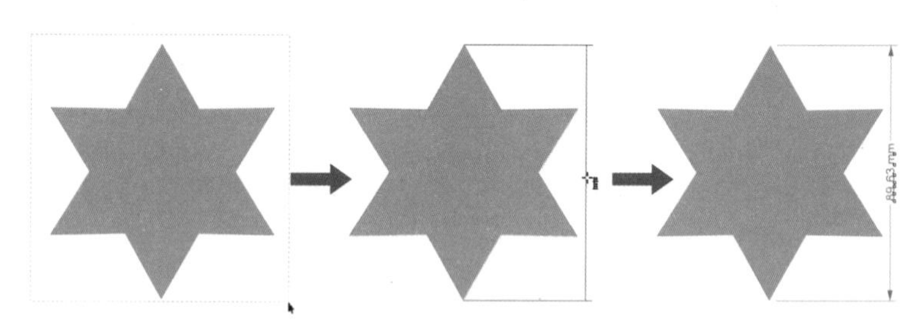

图7-13 度量单一线段测量效果

2. 度量连续线段

选择“线段度量工具”，在属性栏中单击“自动连续度量”按钮，框选要连续测量的所有节点，移动到合适的位置确定标注位置，然后单击鼠标完成测量，如图7-14所示。

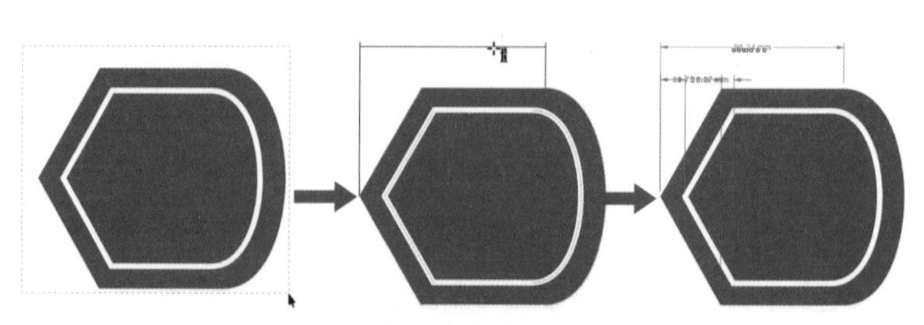

图7-14 度量连续线段测量效果

当绘制了多条度量线段后时，会出现线段文字重叠的现象，可以选择文字，适当向上或向下拖动，如图7-15所示，将重叠的文字移动后的效果如图7-16所示。

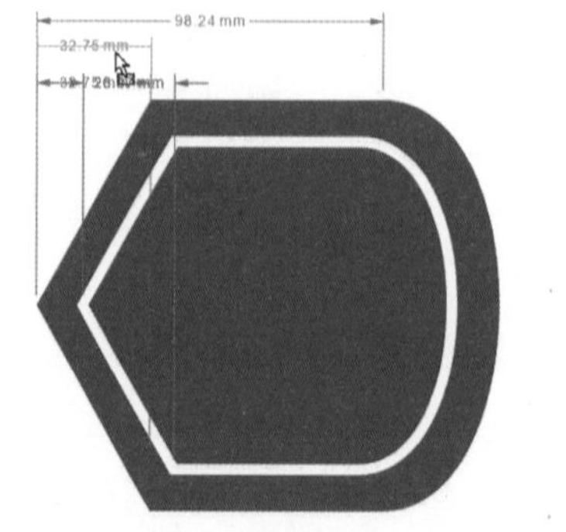

图7-15 移动文字

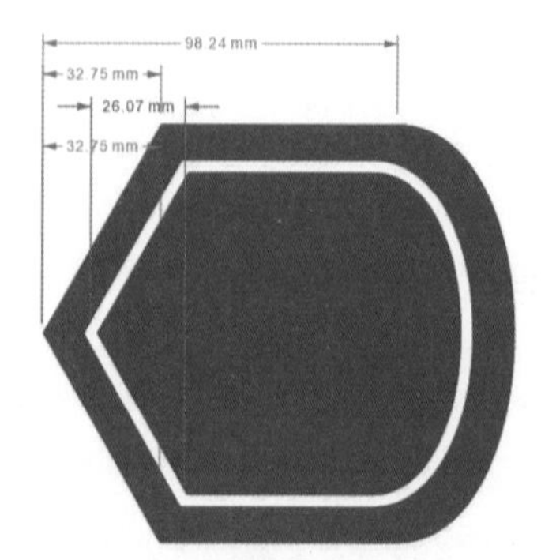

图7-16 调整文字后的效果

7.1.5　2 边标注工具

“2边标注工具”用于快速为对象添加折线标注，在制作带有图标、提示的图形时常会用到该工具。

练习实例：为产品添加标注

文件路径：第7章\添加产品标注

技术掌握：标注工具的操作、标注线段和文字的编辑

01 导入“剃须刀.jpg”素材图像，选择工具箱中的“2边标注工具”，将光标移动到需要进行标注的对象位置上，按住鼠标左键进行拖动，然后单击鼠标，确定第一段标注线，再继续在其他位置单击，绘制出标注线，如图7-17所示。

02 在标注线末端将出现输入文本光标，在此处输入文本，即可完成2边标注的创建，如图7-18所示。

03 在“2边标注工具”属性栏中的“标注形状”下拉列表框中可设置标注形状，再设置线条样式为虚线，如图7-19所示，得到的标注效果如图7-20所示。

04 选择文字，在属性栏中设置字体为方正品尚粗黑简体、大小为16pt，颜色为黑色，然后选择线条，设置轮廓线为白色，得到如图7-21所示的效果。

05 使用相同的操作方式，添加剃须刀中的其他标注线和文字说明，如图7-22所示，完成产品标注的添加。

图7-17　绘制标注线

图7-18　输入标注文字

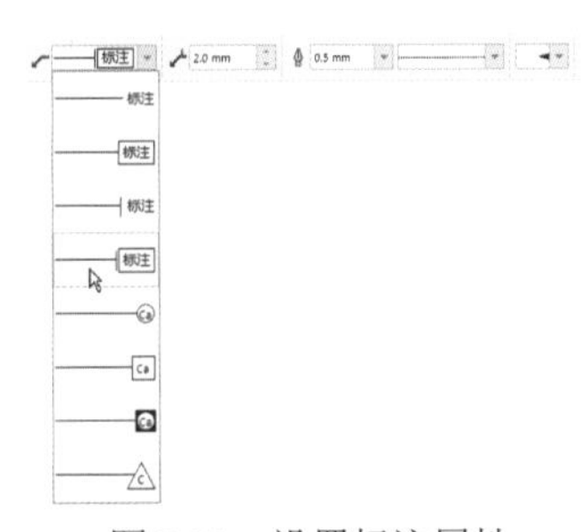

图7-19　设置标注属性

图7-20　2边标注效果

图7-21　调整文字属性

图7-22　添加其他标注

7.2　连接工具

使用“连接工具”可以将矢量图形对象通过连接“节点”的方式用线连接起来，并且在移动对象时保持连接状态。连接线也被称为“流程线”，在技术绘图和工程制图中被广泛使用，如图表、流程图和电路图等。

7.2.1 直线连接器

“直线连接器”用于以任意角度创建对象间的直线连接线。在工具箱中选择“连接工具”，单击属性栏中的“直线连接器”按钮，然后将光标移动到需要进行连接的节点上，按住鼠标移动到对应的连接节点上，如图7-23所示，松开鼠标完成连接，如图7-24所示。绘制好连接线后，可以在属性栏中编辑线段宽度、颜色和样式等，图7-25所示为虚线连接线的线段样式，图7-26所示为添加箭头的线段样式。

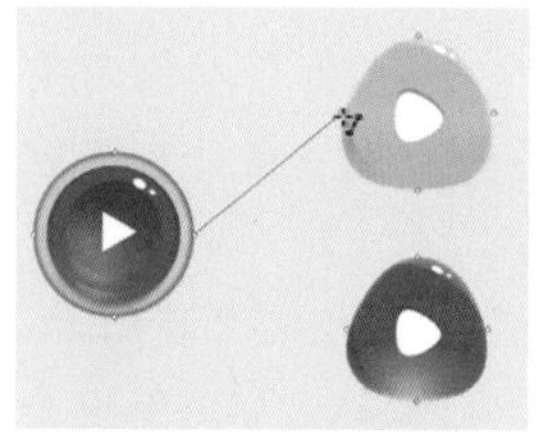

图7-23 连接图形

图7-24 完成连接

图7-25 设置虚线样式

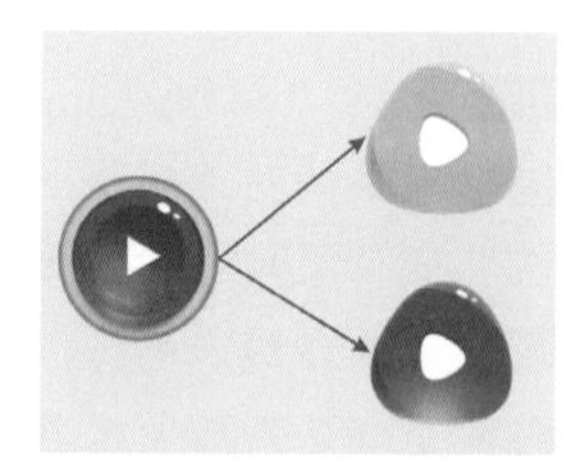

图7-26 添加箭头样式

知识点滴

当出现多个连接线连接到同一个位置的情况时，起始连接节点需要从没有选中连接线的节点上开始，如果在已经连接的节点上单击拖动，则会拖动当前连接线的节点。

7.2.2 直角连接器

“直角连接器”用于创建水平和垂直的直角线段连线。在工具箱中选择“连接工具”，单击属性栏中的“直角连接器”按钮，然后将光标移动到需要连接的节点上，按住鼠标拖动到对应的连接节点上，如图7-27所示，松开鼠标完成连接，编辑线段属性后的效果如图7-28所示。

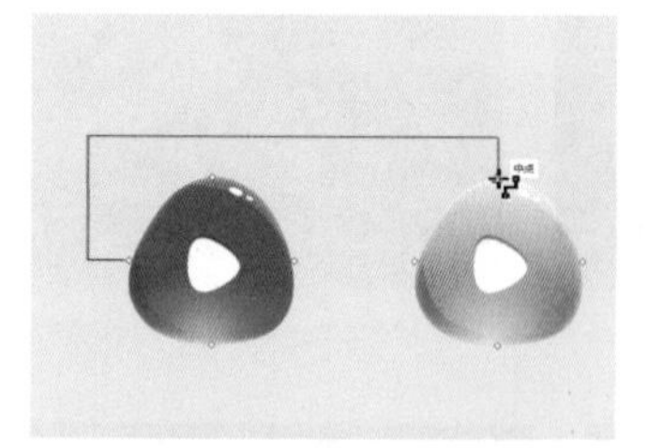

图7-27 绘制直角连接线

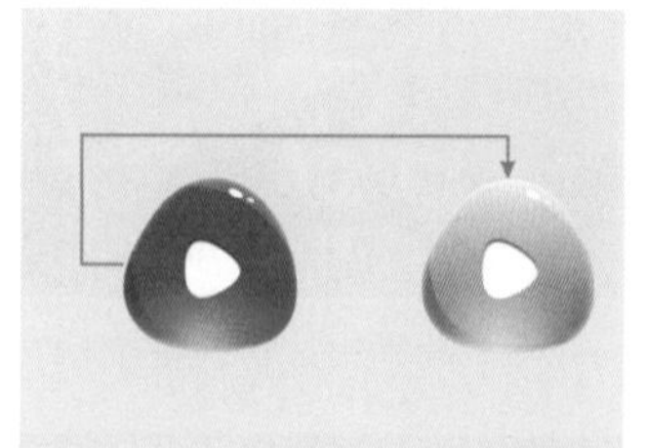

图7-28 直角连接线效果

知识点滴

在绘制平行位置的直角连接线时，拖动的连接线为直线，在移动连接的对象时，连接形状会随着移动变化。

7.2.3 圆直角连接符

“圆直角连接符”主要用于创建水平和垂直的圆直角连接线。在工具箱中选择“连接工具”，单击属性栏中的“圆直角连接符”按钮，然后将光标移动到对象的节点上，按住鼠标移动到对应的连接节点上，如图7-29所示，松开鼠标完成对象的连接，连接好的对象将以圆直角连接线进行连接，图7-30所示是修改连接线属性后的效果。

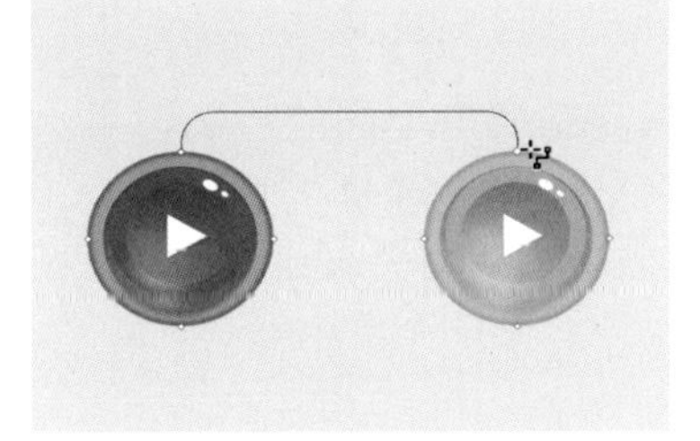

图7-29　绘制圆直角连接线

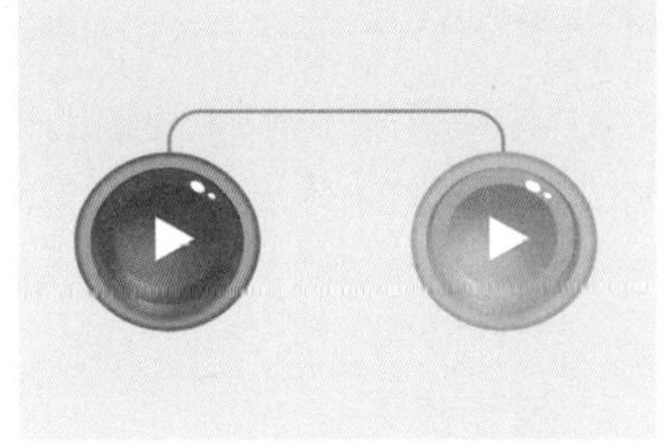

图7-30　圆直角连接线效果

7.2.4　编辑锚点工具

“编辑锚点工具”主要用于编辑连接线节点，使用该工具可以在对象上添加锚点、删除锚点或调整锚点位置。选择“编辑锚点工具”，该工具属性栏如图7-31所示。

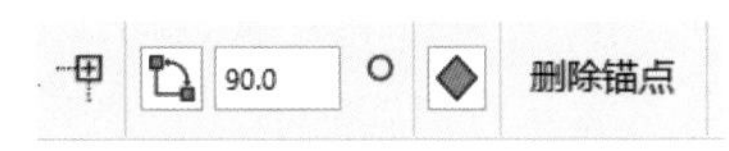

图7-31　编辑锚点工具属性栏

- 调整锚点方向：激活该按钮，可以按指定度数调整锚点方向。
- 锚点方向 90.0 ：在文本框中输入数值，可以改变锚点方向。单击“调整锚点方向”按钮激活文本框，当输入数值为直角度数“0”“90”“180”“270”时，只能改变直角连接线的方向。
- 自动锚点：激活该按钮，可以允许锚点成为连接线的贴齐点。
- 删除锚点：单击该按钮，可以删除对象中的锚点。

使用“连接工具”绘制好连接线后，然后使用“编辑锚点工具”在锚点上单击，即可选择该锚点，如图7-32所示。按住鼠标左键进行拖动，即可移动锚点位置，如图7-33所示。

调整连接线到锚点位置，可以改变连接线位置，如图7-34所示。按Delete键可以删除选择的锚点；如果需增加锚点，可以在所需位置双击鼠标左键，即可得到增加的锚点。

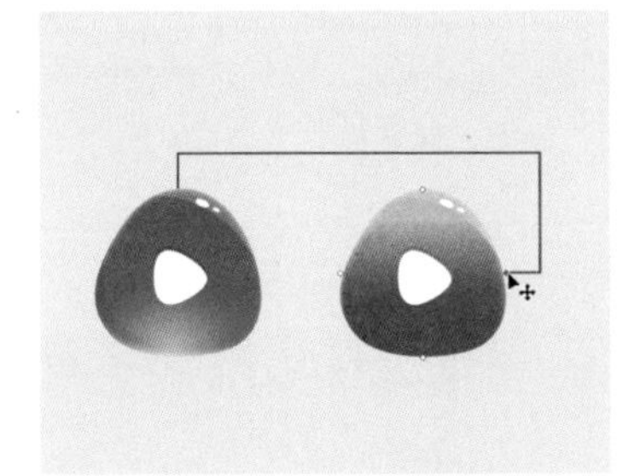

图7-32　选择锚点

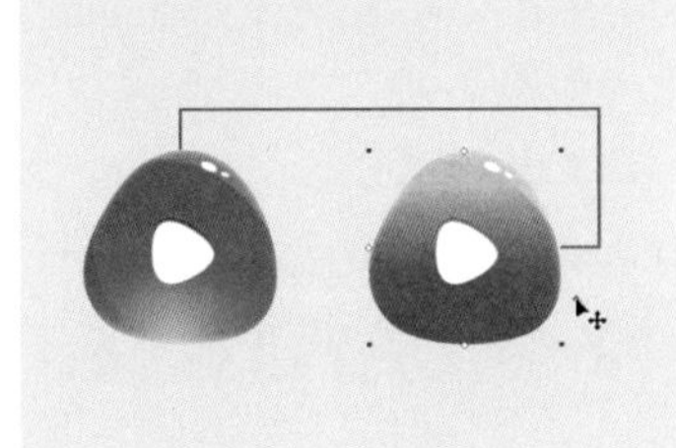

图7-33　移动锚点

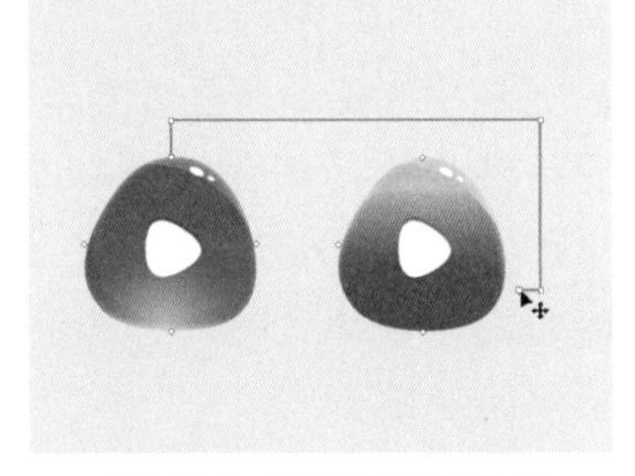

图7-34　改变连接线位置

7.3　课堂案例：绘制户型图

文件路径：第7章\绘制户型图

技术掌握：绘制测量线的方法、测量线文字的修改

案例效果

本节将应用本章所学的知识，完成户型图的绘制，巩固之前所学的平行度量工具、水平或垂直度量工具，以及工具属性的设置等知识。本案例的效果如图7-35所示。

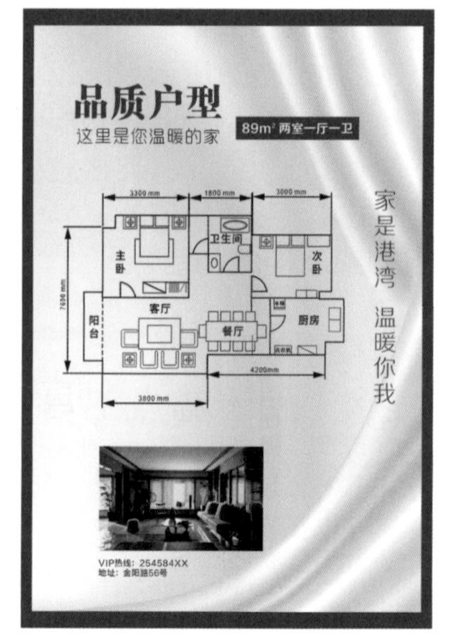

图7-35　户型图最终效果

操作步骤

01 新建一个空白文档，导入“户型图.png”素材图像，如图7-36所示，下面将为其添加标注尺寸线和背景等图像。

02 选择“水平或垂直度量工具”，然后在户型图左下角单击并按住鼠标左键向上拖动，到主卧左侧顶端后，释放鼠标，再向左侧移动，如图7-37所示。

03 将光标移到合适的位置后单击，得到该段图形的尺寸标注，效果如图7-38所示。

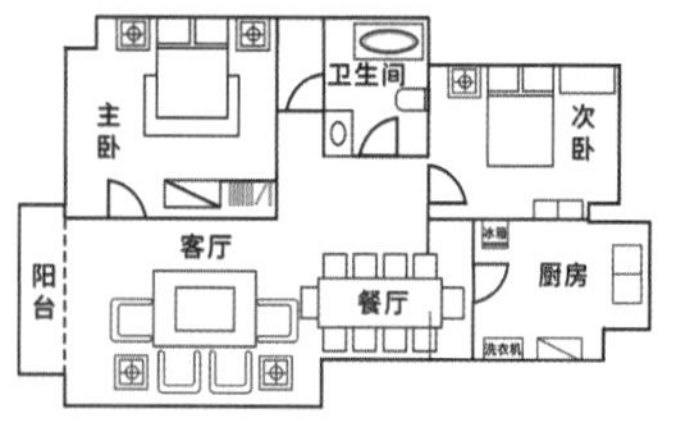

图7-36　导入素材图像

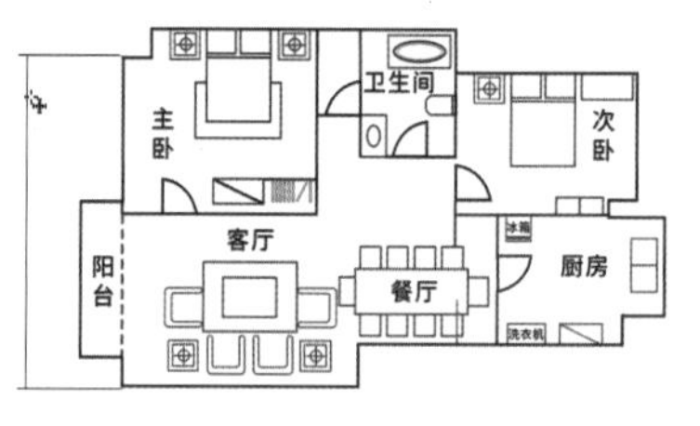

图7-37　拖动测量线

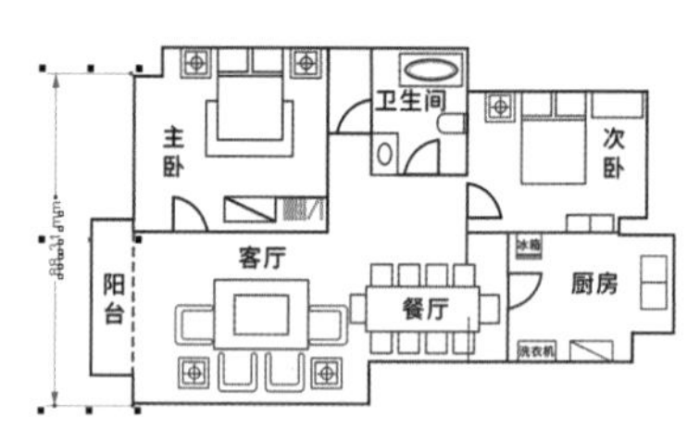

图7-38　尺寸标注效果

04 在属性栏中设置度量精度，轮廓线宽度为0.5mm，然后选择位置为“尺度线上方的文本”，如图7-39所示。

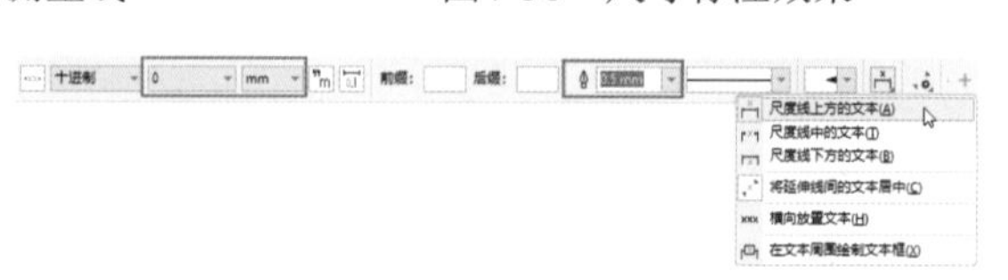

图7-39　设置属性

05 将测量线轮廓颜色填充为黑色，如图7-40所示，然后选择测量线并右击，在弹出的菜单中选择“拆分尺度”命令，如图7-41所示。

06 选择标注的文字，将其填充为黑色，然后改变尺寸文字内容，如图7-42所示，完成第一个标注的绘制。

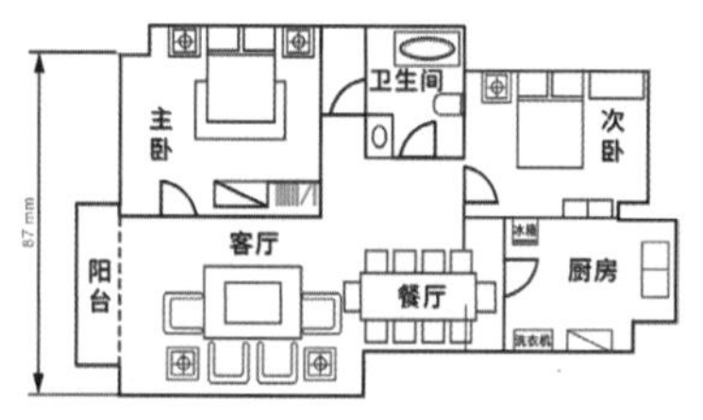

图7-40　填充轮廓线

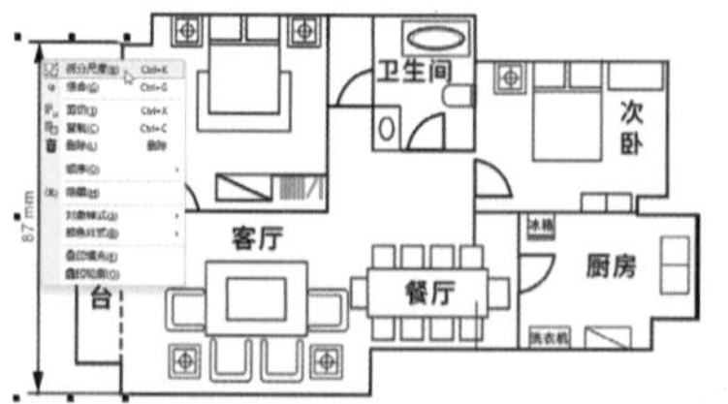

图7-41　拆分尺度

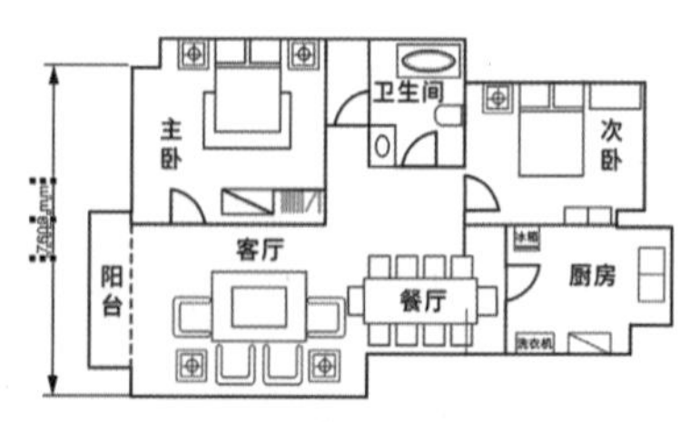

图7-42　修改文字内容

07 选择“平行度量工具”，按住Ctrl键在户型图主卧中按住鼠标拖动出一条直线，然后向上移动光标，如图7-43所示。

08 将光标移动到合适的位置后单击鼠标，然后设置与第一条测量线相同的属性，再拆分尺寸标注，对文字内容进行修改，如图7-44所示。

09 使用相同的方式绘制出其他位置的尺寸标注，并修改文字内容，如图7-45所示。

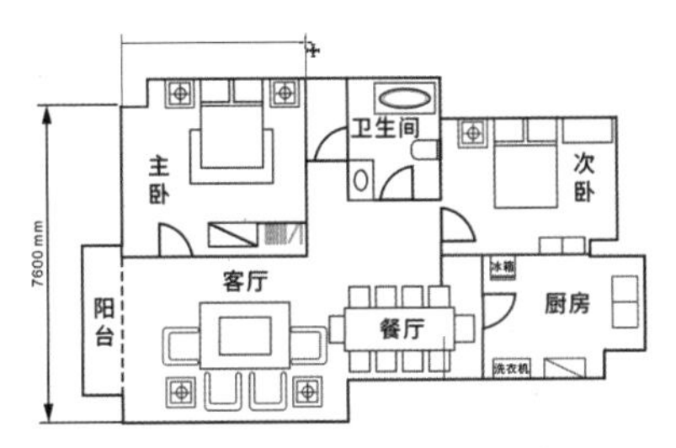

图7-43　绘制主卧测量线

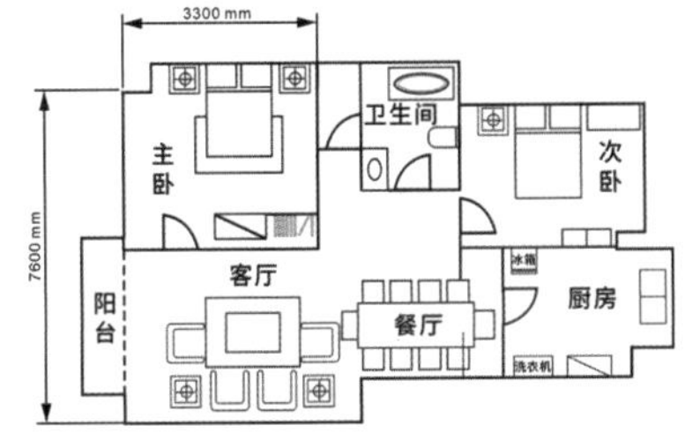

图7-44　设置属性并修改文字

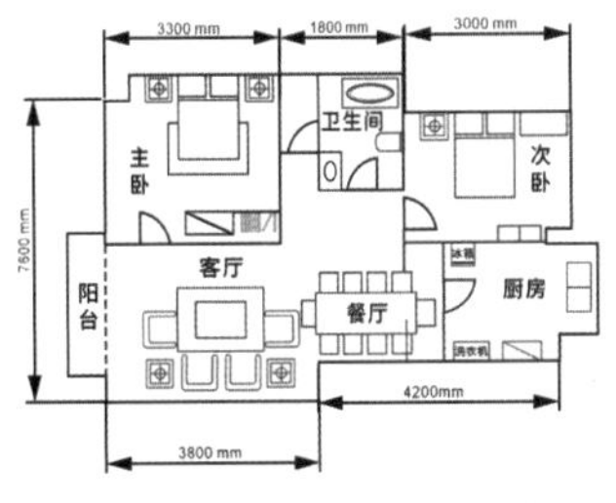

图7-45　绘制其他位置的尺寸标注

10 选择“矩形工具”，绘制两个不同大小的矩形，设置较大的矩形宽度和高度为180 mm×264mm，并填充为深黄色(#5D4739)，效果如图7-46所示。

11 导入“背景.jpg”素材图像，选择“对象”|“PowerClip”|“置于图文框内部”菜单命令，将素材图像置入中间的矩形中，效果如图7-47所示。

12 将制作好的户型图和尺寸标注放在背景图像中，并适当调整大小，如图7-48所示。

13 选择“文本工具”字，在户型图上方输入两行文字，分别设置字体为方正粗宋和方正品尚纤黑简体，填充为深黄色(#5D4739)和黑色，效果如图7-49所示。

图7-46　绘制矩形

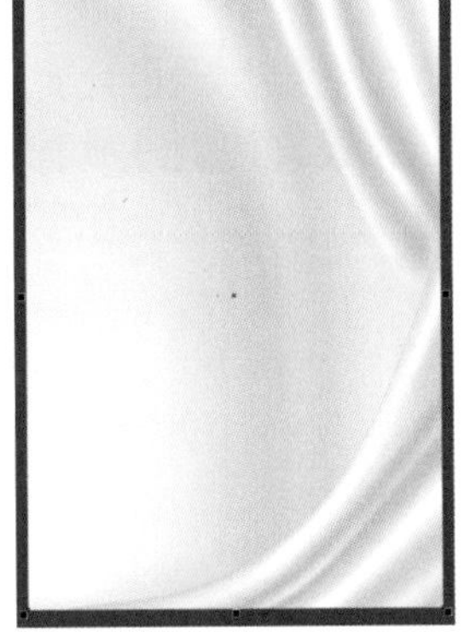
图7-47　置入图像

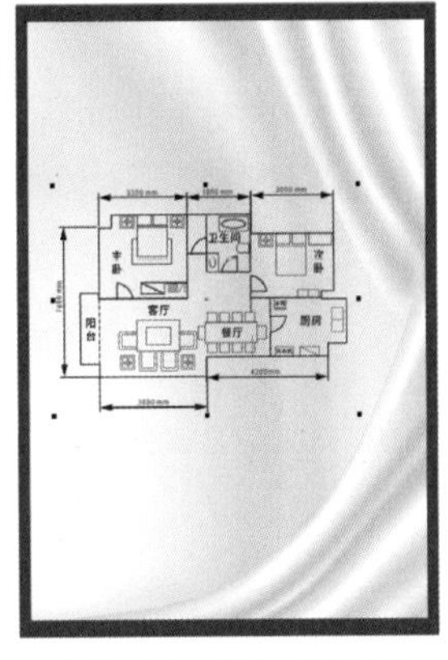
图7-48　添加户型图

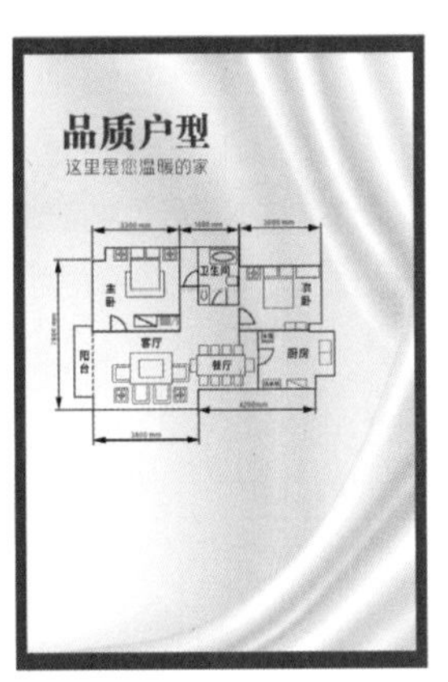

图7-49　输入文字

14 选择“矩形工具”，在文字右侧绘制一个矩形，填充为深黄色，然后在其中输入文字，设置字体为黑体，填充为白色，如图7-50所示。

15 在背景图像右侧输入一行竖排文字，并设置字体为方正正纤黑简体，填充为深黄色，如图7-51所示。

16 导入“客厅.jpg”素材图像，适当缩小素材图像，然后放在画面左下方，如图7-52所示。

17 在客厅图像下方输入地址和电话文字，并设置字体为方正兰亭中黑，填充为深黄色，如图7-53所示，完成本实例的操作。

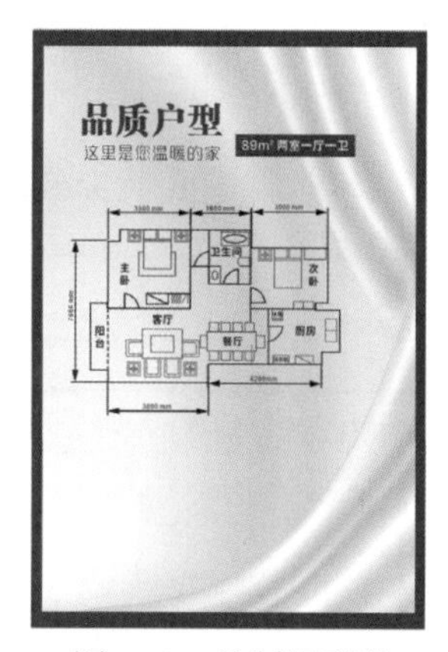

图7-50　绘制矩形并输入文字

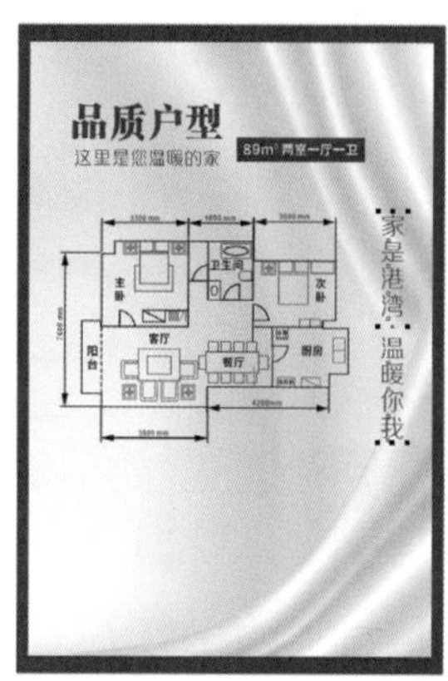

图7-51　输入文字

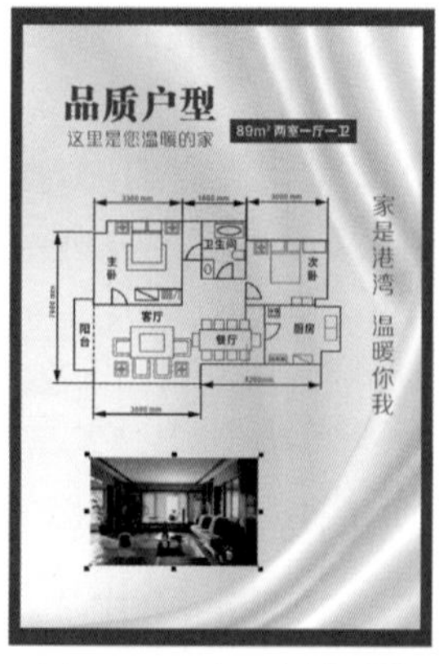

图7-52　导入素材图像

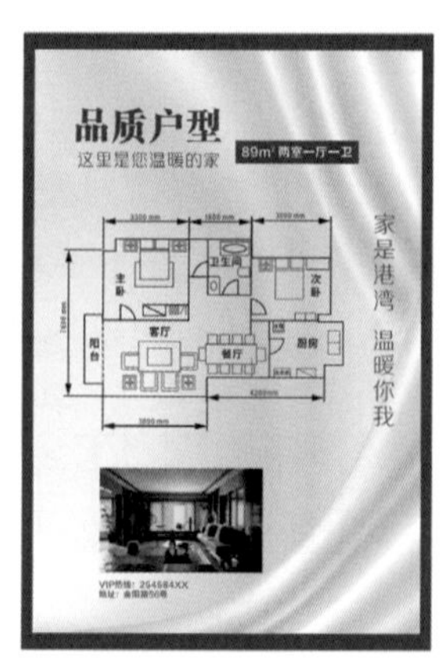

图7-53　输入文字

7.4　高手解答

问：在使用“平行度量工具”时，能不能自动捕捉对象的中点、交点等特殊点？

答：在使用“平行度量工具”时，是可以自动捕捉对象的某些特殊点的。按Ctrl+J组合键打开“选项”对话框，在左侧列表中选择“快照”选项，然后在右方的“模式”列表中选中需要捕捉的特殊点复选框，如“节点”“中点”“交集”“正切”和“垂直”等。在下次使用“平行度量工具”测量图形时，就能自动捕捉对象的这些特殊点。

问：在连接线上如何添加文本内容？

答：在创建好连接线后，将鼠标指针移动到连接线上，当指针变为双向箭头样式时，双击鼠标，将出现文字光标，然后直接输入文本，即可在连接线上添加文本内容。

第 8 章

为图形添加效果

CorelDRAW提供了一些可创建图形效果的工具，如阴影工具、轮廓图工具、混合工具、变形工具、封套工具和立体化工具等，用户通过这些工具可以为矢量图添加一些特殊效果，如投影效果、多重轮廓效果、颜色调和效果、透明效果、立体效果等。本章将具体讲解常用效果工具的使用方法，以提高用户绘制图形的水平。

◎ 练习实例：为对象添加投影
◎ 练习实例：制作轮廓图效果
◎ 练习实例：制作律动曲线卡片
◎ 练习实例：制作立体化效果
◎ 课堂案例：制作店铺首页海报

8.1 阴影效果

运用阴影效果可以使对象产生光线照射、立体的投影视觉。CorelDRAW提供的创建阴影的工具可以对多种对象添加阴影，包括位图、矢量图、美工文字、段落文本等。

8.1.1 创建阴影效果

使用“阴影工具”可以为对象创建投影效果，从而增强对象的立体感。在为图形添加效果时，“阴影工具”是使用较为广泛的一个工具。为对象创建阴影的操作很简单，在图形上拖动得到投影控制线，然后对其进行编辑即可。

练习实例：为对象添加投影

文件路径：第8章\为对象添加投影

技术掌握：阴影的创建

01 打开“母亲节海报.cdr”素材文件，选择其中的“5月爱，母亲节”文字，然后选择“阴影工具”，将光标移动到对象中间，按住左键向右侧拖动，会出现蓝色实线预览，如图8-1所示。释放鼠标即可生成阴影，调整阴影方向线上的滑块，可以设置阴影的不透明度，效果如图8-2所示。

图8-1　拖动鼠标

图8-2　投影效果

知识点滴

在拖动阴影效果时，“白色方块”表示阴影的起始位置；“黑色方块”表示阴影的终止位置。在创建阴影后，移动“黑色方块”可以更改阴影的位置和角度。

02 选择下方的文字“大声说一句：妈妈我爱你！”，然后选择“阴影工具”，将光标移动到文字底部按住左键拖动，如图8-3所示，可以从底部创建阴影。释放鼠标后即可生成阴影，调整阴影方向线上的滑块可以设置阴影的不透明度，效果如图8-4所示。当创建底部阴影时，阴影倾斜的角度决定文字的倾斜角度，呈现的视觉感受也不同。

03 选择文字下方的圆角矩形，使用“阴影工具”在对象中间按住鼠标向右下方拖动，如图8-5所示。释放鼠标后，将得到拖动出的对象投影效果，如图8-6所示。

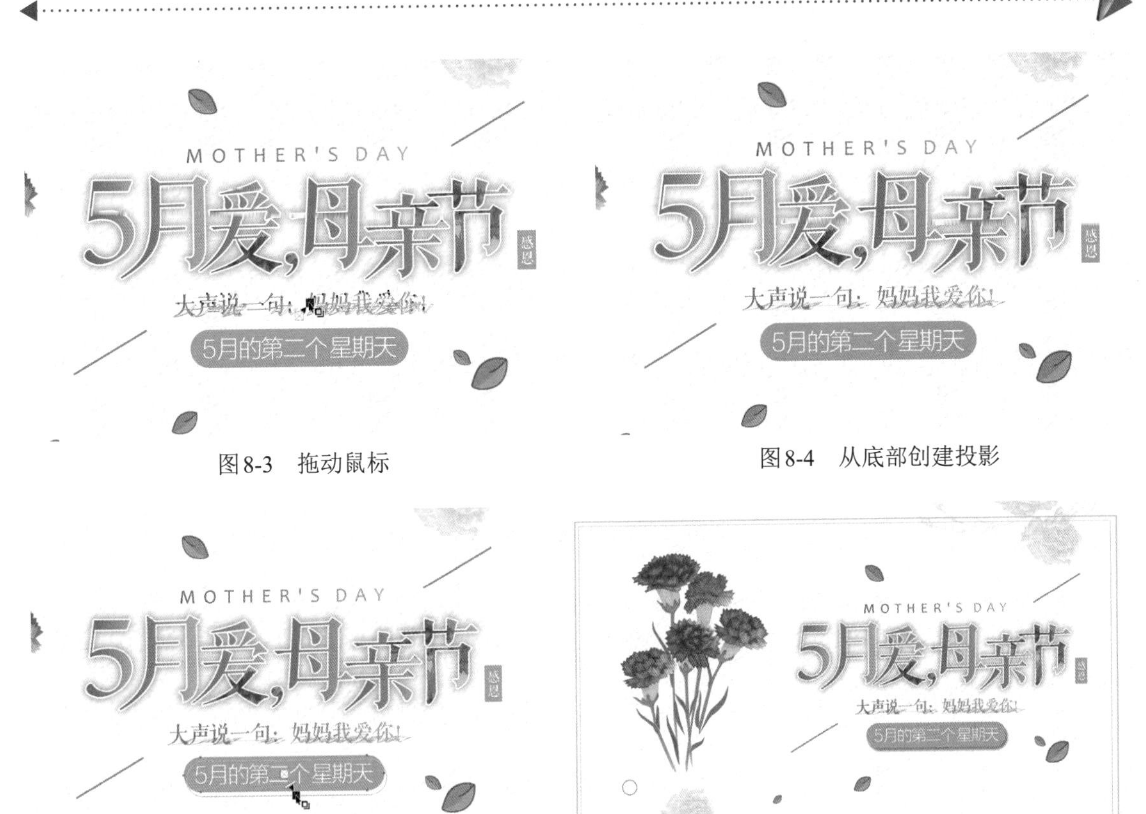

图8-3　拖动鼠标

图8-4　从底部创建投影

图8-5　拖动鼠标

图8-6　为圆角矩形创建投影

8.1.2　编辑阴影效果

对阴影的编辑包括在属性栏中设置阴影的效果，以及添加、复制和拆分阴影效果等操作。通过“阴影工具”的属性栏可以设置阴影的效果，如图8-7所示。

图8-7　阴影工具属性栏

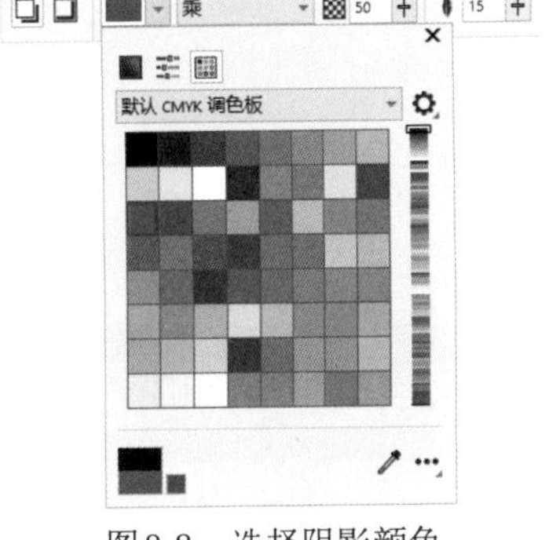

图8-8　选择阴影颜色

- “预设”下拉列表框：在该下拉列表框中可以选择预置的阴影样式，单击其后的“+”按钮，可以将当前选择对象的阴影效果添加到预设列表中，单击“—”按钮，可以删除自定义预设的阴影样式。
- 阴影工具和内阴影工具：单击“阴影工具”按钮，可以在对象后面或下方应用阴影；单击“内阴影工具”，可以在对象内部应用阴影。
- 阴影颜色：该选项用于设置阴影的颜色，在下拉选项中可以选取颜色进行填充，如图8-8所示。
- 合并模式乘：在该下拉列表框中可以选择阴影的合并模式。

- 阴影不透明度：在该数值框中可以设置阴影的不透明度。值越大颜色越深，值越小颜色越浅，图8-9所示为不透明度为20%和90%的效果。
- 阴影羽化：用于设置阴影的羽化程度，图8-10所示分别是羽化为7%和20%的效果。

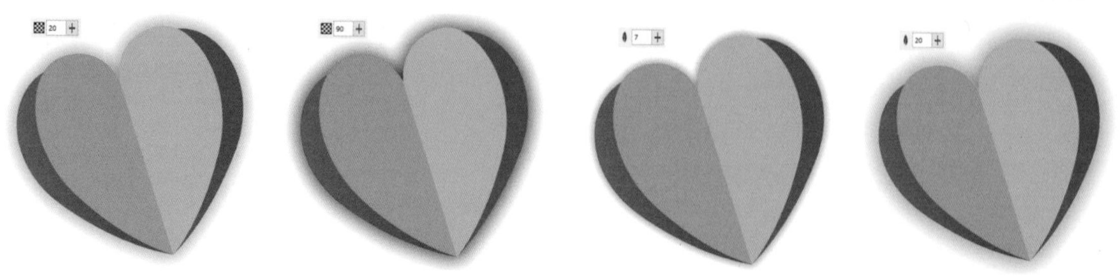

图8-9　不同不透明度效果

图8-10　不同羽化值效果

- 羽化方向：单击该按钮，在弹出的列表中可以选择羽化的方向，包括“向内”“中间”“向外”和“平均”4种方式。
- 羽化边缘：单击该按钮，在弹出的列表中可以选择羽化的边缘类型，包括“线性”“方形的”“反白方形”和“平面”4种类型。
- 阴影偏移：在X轴和Y轴后面的文本框输入数值，可以设置阴影与对象之间的偏移距离，正数为向上向右偏移，负数为向左向下偏移。
- 阴影角度：用于设置阴影的方向。该设置只在创建呈角度透视阴影时被激活。
- 阴影延展：用于调整阴影的长度， 取值范围为0~100，默认为“50”，当输入大于50的值时将延长阴影；当输入小于50的值时将缩短阴影。
- 阴影淡出：用于设置阴影边缘向外淡出的程度。在文本框输入数值，最大值为100，最小值为0，值越大向外淡出的效果越明显。
- 清除阴影：单击该按钮，可清除选择对象的阴影效果。
- 复制阴影效果属性：选择对象，单击该按钮，然后单击目标对象中的阴影，可以将目标对象的阴影效果复制到选择的对象上，如图8-11所示。

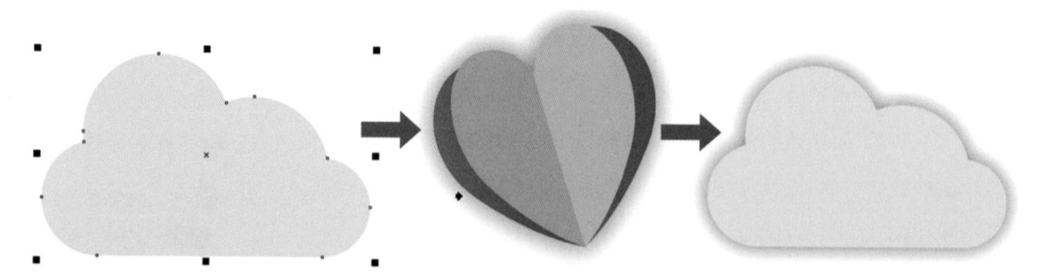

图8-11　复制阴影效果属性

8.2　轮廓图效果

轮廓图效果是通过拖曳的方式，为对象创建一系列过渡到对象内部或外部的同心线，主要用于创建图形和文字的三维立体效果。创建轮廓图的对象可以是封闭路径，也可以是开放路径，还可以是美工文本对象。

8.2.1 创建轮廓图

在CorelDRAW 中可以创建3种轮廓图效果，分别是“到中心”“内部轮廓”和“外部轮廓”，选择“轮廓图工具”后，在属性栏左侧可以通过单击相应的按钮来设置，如图8-12所示。

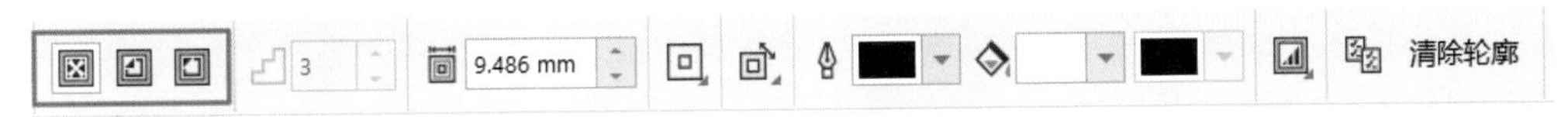

图8-12 轮廓图工具属性栏

1. 创建中心轮廓图

选择图形，然后选择工具箱中的“轮廓图工具”，单击属性栏左侧的“到中心”图标，将自动创建从边缘到中心的渐变层次效果，拖动控制杆中间的滑块，可以调整轮廓的数量和距离，效果如图8-13所示。

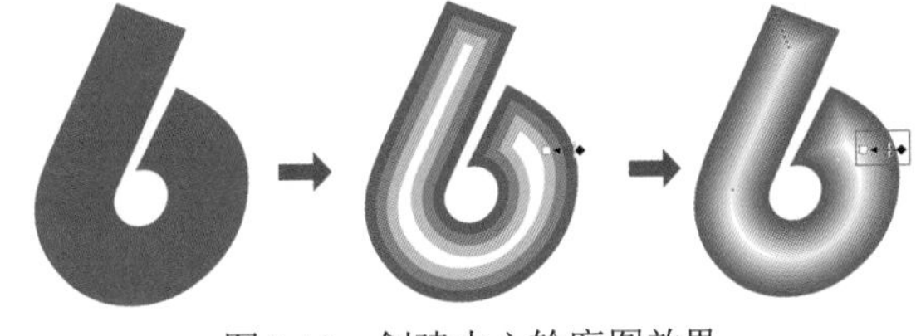

图8-13 创建中心轮廓图效果

2. 创建内部轮廓图

选择图形，然后选择“轮廓图工具”，在对象轮廓处按住鼠标左键向内拖动，再释放鼠标，即可完成内部轮廓图的创建；也可以选择图形，单击属性栏“内部轮廓”图标，则自动生成内部轮廓图效果，如图8-14所示。

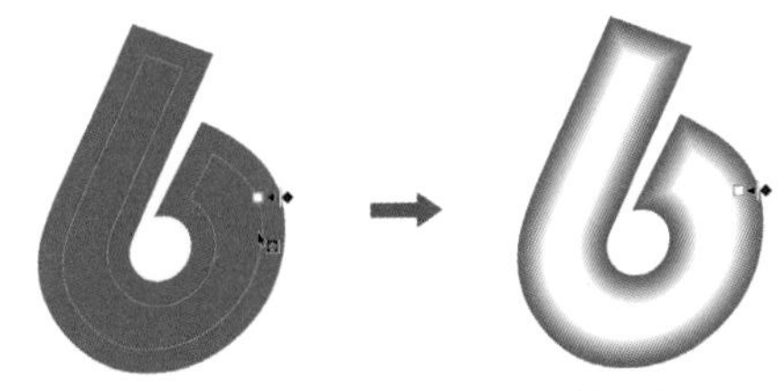

图8-14 创建内部轮廓图效果

3. 创建外部轮廓图

选择图形，然后选择“轮廓图工具”，在对象轮廓处按住鼠标左键向外拖动，再释放鼠标，即可完成外部轮廓图的创建；也可以选择图形，单击属性栏中的“外部轮廓”图标，则自动生成外部轮廓图效果，如图8-15所示。

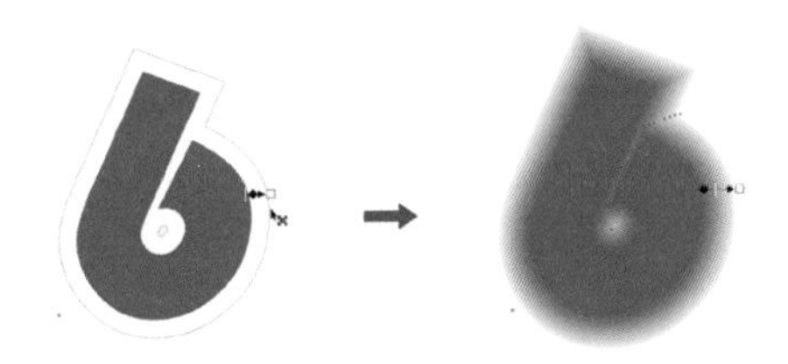

图8-15 创建外部轮廓图效果

8.2.2 编辑轮廓图

对轮廓图的编辑包括在属性栏中设置轮廓图的效果，以及调整轮廓步长、轮廓图颜色和拆分轮廓图等操作。

使用“轮廓图工具”创建轮廓图后，可以在属性栏中进行参数设置，如图8-16所示。也可以选择“效果”|“轮廓图”菜单命令，在打开的“调和”泊坞窗进行参数设置。

图8-16 轮廓图工具属性栏

- “预设”下拉列表框：选择对象后，在该列表框中可以使用预设的轮廓图样式。
- 到中心：单击该按钮，创建从对象边缘向中心放射状的轮廓图。
- 内部轮廓：单击该按钮，创建从对象边缘向内部放射状的轮廓图。创建后可以通过“轮廓图步长”设置轮廓图的层次数。

- 外部轮廓：单击该按钮，创建从对象边缘向外部放射状的轮廓图。创建后可以通过“轮廓图步长”设置轮廓图的层次数。
- 轮廓图步长：在后面的文本框中输入数值，可以调整轮廓图的数量。
- 轮廓图偏移：在后面的文本框中输入数值，可以调整轮廓图各步数之间的距离。
- 轮廓图角：用于设置轮廓图的角类型，分别有斜接角、圆角和斜切角。
- 轮廓色：单击该按钮，在弹出的下拉列表中可以按调色盘中的颜色设置轮廓的过渡颜色。
- 轮廓色：在后面的颜色选项中设置轮廓图的轮廓线颜色。当去掉轮廓线“宽度”后，轮廓色不显示。
- 填充色：在后面的颜色选项中设置轮廓图的填充颜色。
- 对象和颜色加速：单击该按钮，将打开“对象和颜色加速”面板，在其中可以调整轮廓图中对象大小和颜色的变化速率。
- 复制轮廓图属性：单击该按钮，可以将其他轮廓图属性应用到所选轮廓中。
- 清除轮廓：单击该按钮，可以清除所选对象的轮廓。

练习实例：制作轮廓图效果

文件路径：第8章\制作轮廓图效果

技术掌握：轮廓图的创建与编辑

01 打开“生如夏花.cdr”素材文件，如图8-17所示。选择其中的文字，单击调色板中的黄色色块填充文字，再右击蓝色色块，得到蓝色描边颜色，如图8-18所示。

02 选择“轮廓图工具”，再选择文字，然后在属性栏中单击“外部轮廓”按钮，得到默认的轮廓图文字效果，如图8-19所示。

图8-17　打开素材文件

图8-18　填充文字颜色

图8-19　外部轮廓图效果

03 在属性栏的“轮廓图步长”和“轮廓图偏移”数值框中输入数值，按Enter键后得到调整效果，如图8-20所示。在轮廓图偏移不变的情况下，步长越大越向中心靠拢。

04 选择文字，单击属性栏中“填充色”后面的下拉按钮，在打开的拾色器中设置颜色，如图8-21所示，得到的文字填充效果如图8-22所示。

进阶技巧

在编辑轮廓图颜色时，可以选中轮廓图，然后单击调色板顶部的╱按钮去除填充色，或右击╱按钮去除轮廓线颜色。

图8-20　调整步长和偏移后的效果

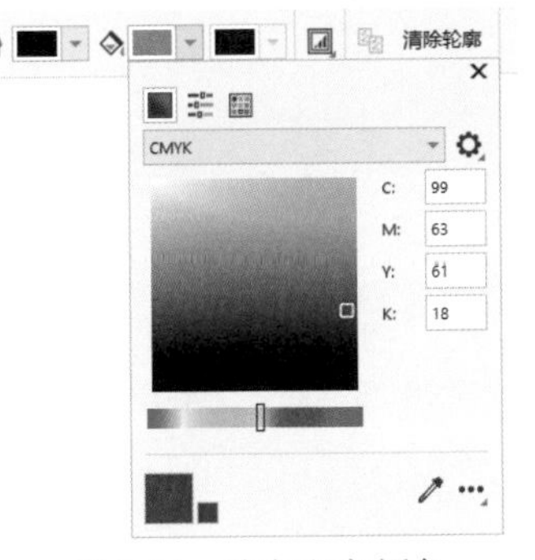

图8-21　填充文字颜色

图8-22　外部轮廓图效果

05 选择“对象”|“拆分轮廓图”菜单命令，如图8-23所示，将得到拆分的轮廓，轮廓效果自动组合，适当向左上方移动轮廓图形，得到更具有立体感的文字效果，如图8-24所示。

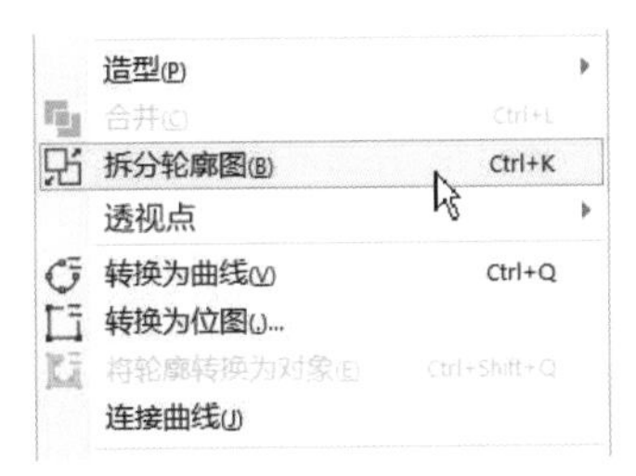

图8-23　拆分轮廓图

图8-24　立体感的文字效果

8.3　混合效果

混合效果用于创建任意两个或多个对象之间的颜色和形状过渡，包括直线调和、曲线路径调和及复合调和等多种方式，可以用来增强图形和艺术文字的效果，也可以创建颜色渐变、高光、阴影、透视等特殊效果，是CorelDRAW中非常重要的功能。

8.3.1　创建混合效果

“混合工具”可以通过调和两个图形，在图形之间创建出一系列对象。在调和两个对象的位置和大小时，会影响中间系列对象的形状变化，两个图形的颜色决定中间系列对象的颜色渐变的范围。

将调和的两个对象放置在需要的位置，选择“混合工具”，在起始对象上按住鼠标左键不放，向另一个对象拖动鼠标，即可在两个对象间创建直线调和效果，如图8-25所示；若在向另一个对象拖动鼠标过程中按Alt键，可以绘制调和的路径，如图8-26所示；若在调和的对象上继续进行调和操作，将得到复合调和效果，如图8-27所示。

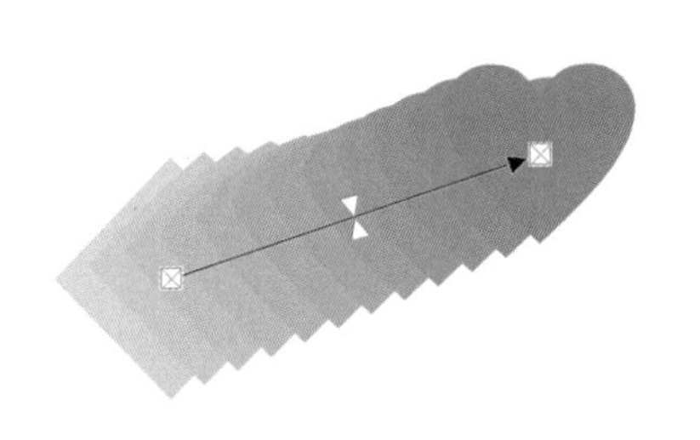

图8-25　直线调和

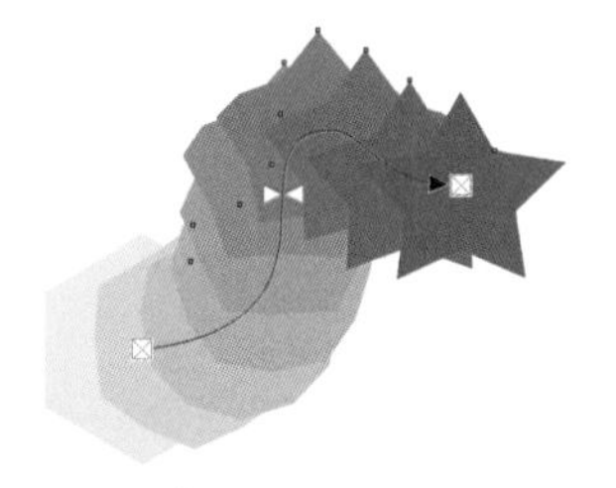

图8-26　曲线调和

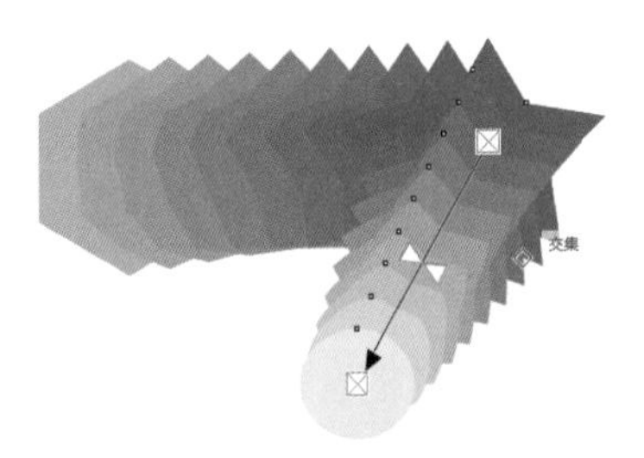

图8-27　复合调和

8.3.2 编辑混合路径

创建出调和图形之后，可在“混合工具”属性栏中对调和效果进行设置，其属性栏如图8-28所示。

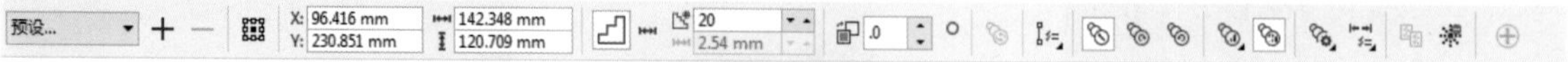

图8-28 混合工具属性栏

- “预设”下拉列表：系统提供的预设调和样式，可以在下拉列表中选择预设选项。
- 调和步长：单击该按钮，在后面的文本框中输入数值，可以控制中间对象的个数。
- 调和间距：单击该按钮，在后面的文本框中输入数值，可以控制调和对象的间距。
- 调和方向：在后面的文本框中输入数值，可以设置已调和对象的旋转角度。
- 环绕调和：在设置调和方向后单击该按钮，可以按调和方向在对象之间产生环绕式调和效果。
- 直接调和：该方式为默认的调和方式，单击该按钮后，直接在所选对象的填充颜色之间进行颜色过渡。
- 顺时针调和：单击该按钮后，可以使选择对象上的颜色按色盘中顺时针方向进行颜色过渡。
- 逆时针调和：单击该按钮后，可以使调和对象上的颜色按色盘中逆时针方向进行颜色过渡。
- 对象和颜色加速：单击该按钮，在弹出的对话框中通过拖动“对象”、“颜色”后面的滑块，可以调整形状和颜色的加速效果。
- 调整加速大小：激活该对象，可以调整调和对象的大小更改速率。
- 更多调和选项：单击该按钮后，在弹出的下拉列表框中可以设置映射节点、拆分、融合始端、融合末端、沿全路径调和旋转全部对象。
- 起始和结束属性：单击该按钮，在弹出的下拉列表框中可以设置新起点、显示起点、新终点、显示终点。
- 路径属性：用于将调和好的对象添加到新路径，或显示路径、从路径分离等。
- 复制调和属性：单击该按钮，可以将其他调和属性应用到所选调和中。
- 清除调和：单击该按钮，可以清除所选对象的调和效果。

知识点滴

“显示路径”和“从路径分离”两个选项在曲线调和状态下才会激活，直线调和则无法使用。

混合对象后，可以对混合的路径进行设置，包括设置新的调和路径、显示与编辑调和路径，以及拆分调和对象与路径。

1. 修改混合顺序

选择“混合工具”，在两个对象中间添加混合效果，如图8-29所示。选择“对象”|“顺序”|“逆序”菜单命令，可以改变混合的前后顺序，效果如图8-30所示。

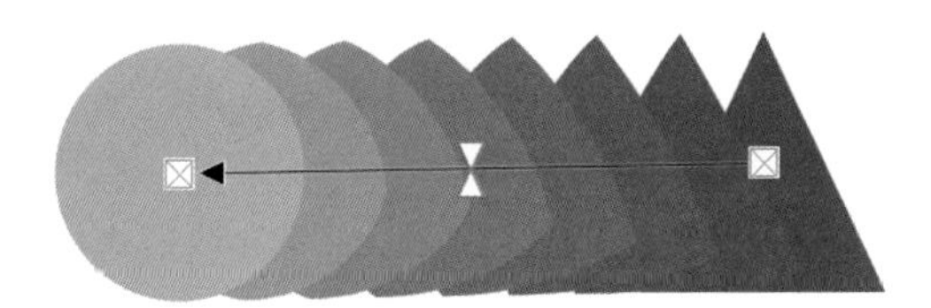

图 8-29　混合对象

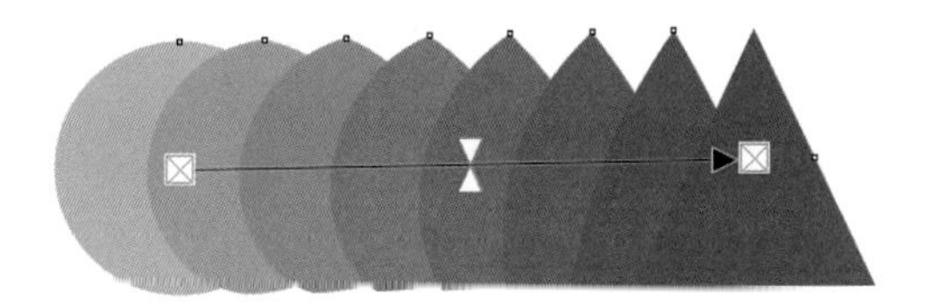

图 8-30　修改混合顺序

2. 修改起始和终止对象

在混合对象旁边绘制一个图形，再选中调和的对象，如图 8-31 所示，单击属性栏中的“起始和结束属性”按钮，然后在下拉列表中选择“新终点”选项，如图 8-32 所示。

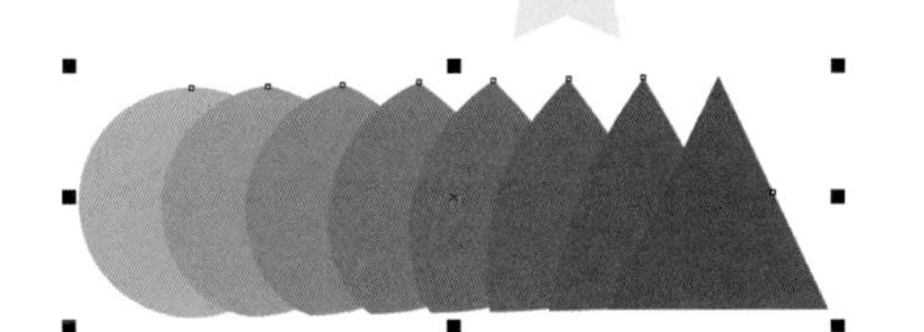

图 8-31　绘制新的图形

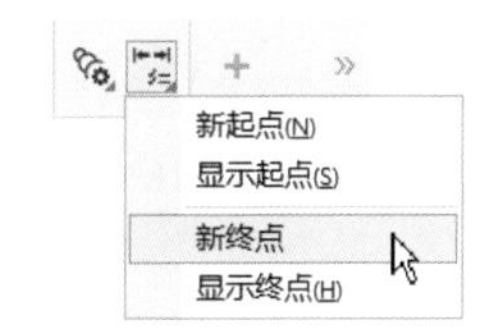

图 8-32　选择“新终点”选项

当光标变为箭头时单击新图形，如图 8-33 所示。此时调和的终止对象变为新绘制的图形，如图 8-34 所示。使用同样的方式，选择“新起点”选项，当光标变为箭头时单击新图形，将改变始端对象。

图 8-33　单击终端对象　　图 8-34　改变终端对象

3. 显示与编辑混合路径

选择混合对象，在属性栏中单击“路径属性”按钮，在弹出的下拉列表中选择“显示路径”选项，如图 8-35 所示，然后选择混合对象的路径，使用“形状工具”可以对该路径进行编辑，如图 8-36 所示。

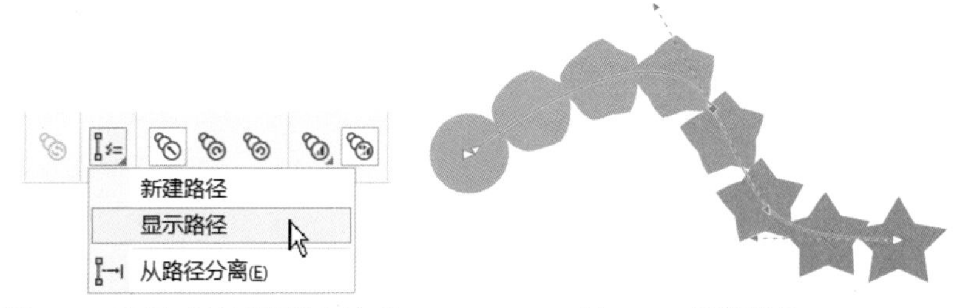

图 8-35　选择“显示路径”选项　　图 8-36　调整路径

4. 拆分混合路径

选择路径中的调和对象，在属性栏中单击“更多调和选项”按钮，在弹出的下拉选项中选择“拆分”选项，这时鼠标光标呈形状，如图8-37所示，在需要拆分位置的对象上单击，即可将一个调和对象拆分为多个调和对象，如图8-38所示。

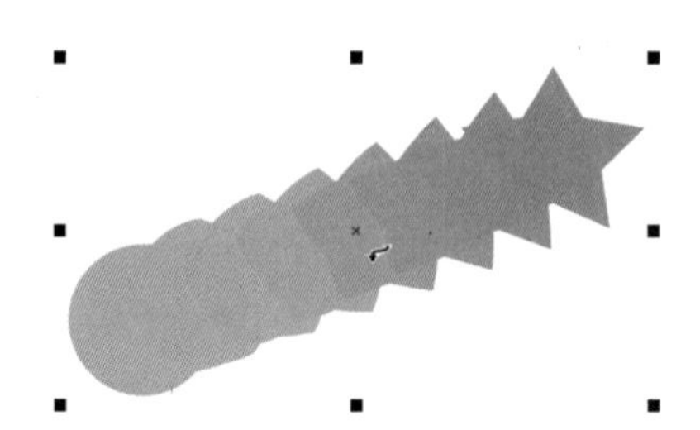

图8-37　拆分混合对象

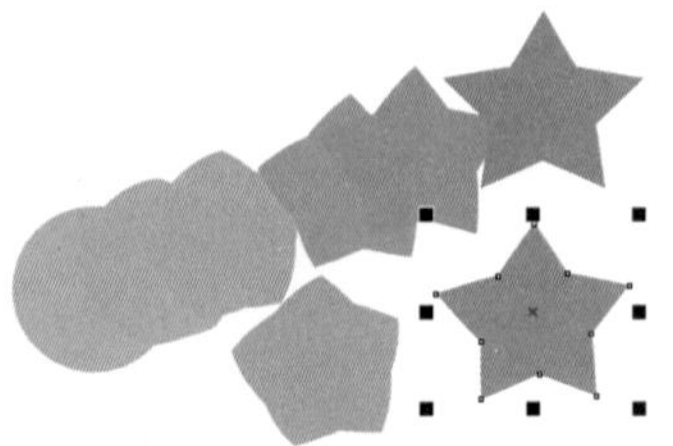

图8-38　拆分后移动对象

进阶技巧

选择路径中的调和对象，按Ctrl+K组合键，可以在不改变调和路径的情况下将路径分离出来，然后取消图形的组合，可以单独编辑调和的每个对象。

练习实例：制作律动曲线卡片

文件路径：第8章\律动曲线卡片

技术掌握：混合工具的应用

01 新建一个文档，使用“矩形工具”绘制一个矩形，在属性栏中设置宽度和高度为90mm×50mm，填充为淡绿色(#D5EAD8)，取消轮廓线填充，效果如图8-39所示。

02 使用“贝塞尔工具”绘制一条曲线，在属性栏中设置轮廓宽度为0.2mm，如图8-40所示。

03 再绘制一条曲线，在属性栏中设置轮廓宽度为0.5mm，得到一条较粗的线条，如图8-41所示。

图8-39　绘制矩形

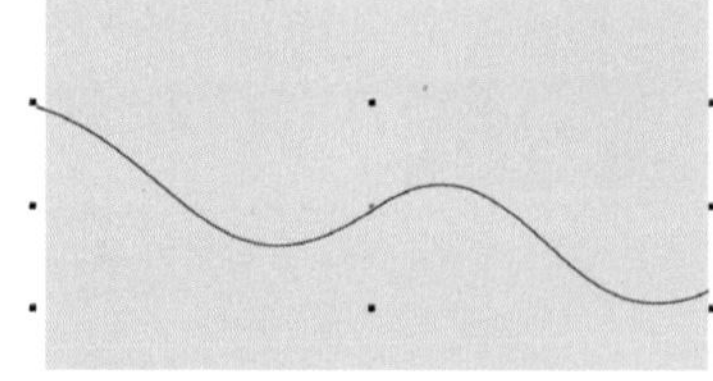

图8-40　绘制曲线

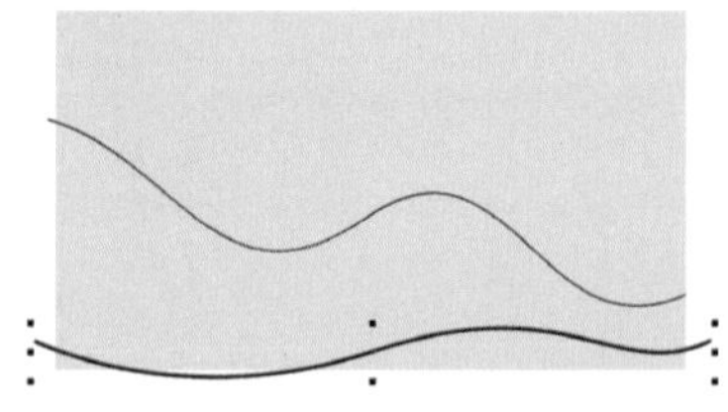

图8-41　绘制另一条曲线

04 将上面曲线的轮廓填充为白色，将下面曲线的轮廓填充为淡绿色(#D5EAD8)，效果如图8-42所示。

05 使用“混合工具”选择白色曲线，按住鼠标左键向淡绿色曲线拖动，将得到预览混合效果，如图8-43所示。松开鼠标后，在属性栏中设置调和对象的步长为15，得到的混合效果如图8-44所示。

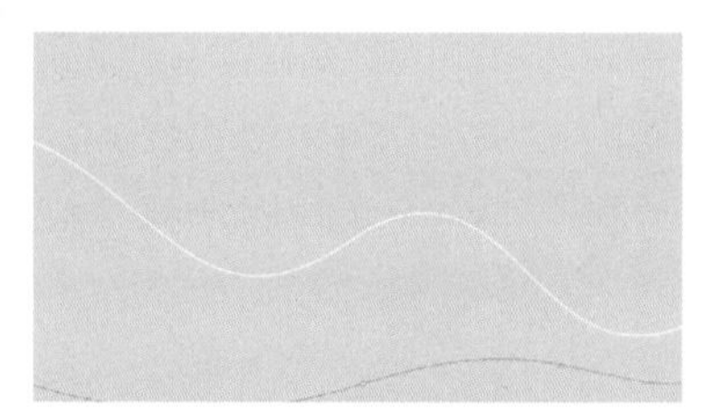

图8-42　填充曲线颜色

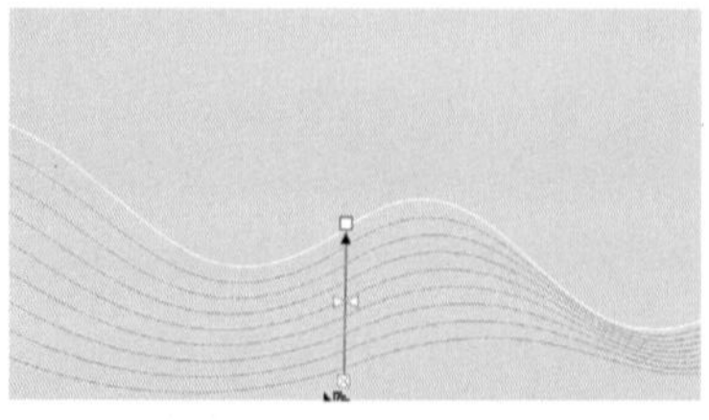

图8-43　创建混合效果

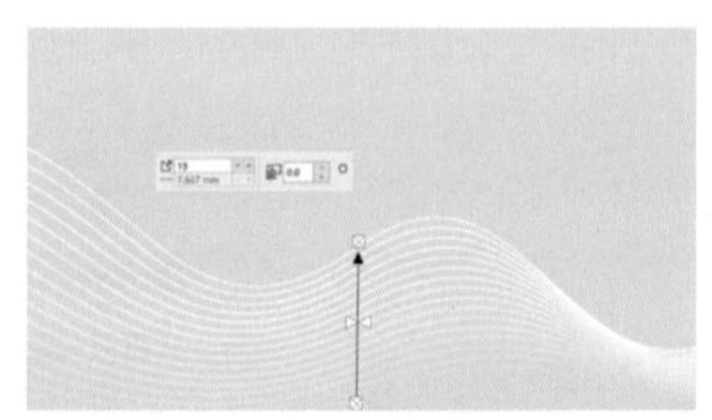

图8-44　混合效果

06 选择混合后的对象，按小键盘中的+键复制一次对象，适当旋转并缩小图形，将其放在矩形右上方，如图 8-45 所示。

07 选择两组混合对象，选择“对象”|“PowerClip”|“置于图文框内部”菜单命令，当光标变为➧形状时，单击绿色矩形，如图 8-46 所示，将曲线置入矩形中，效果如图 8-47 所示。

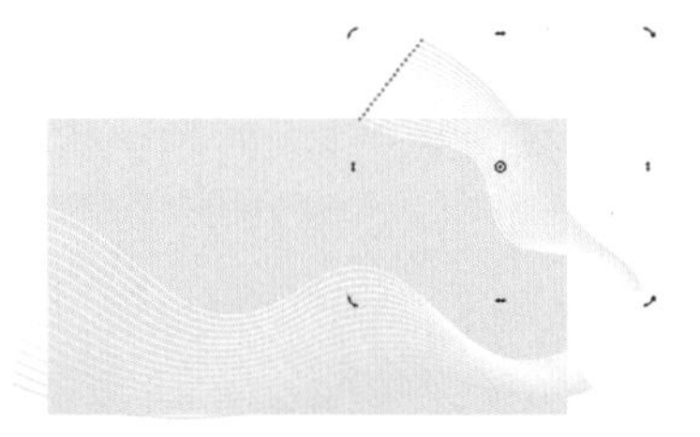
图 8-45　复制并旋转、缩小对象

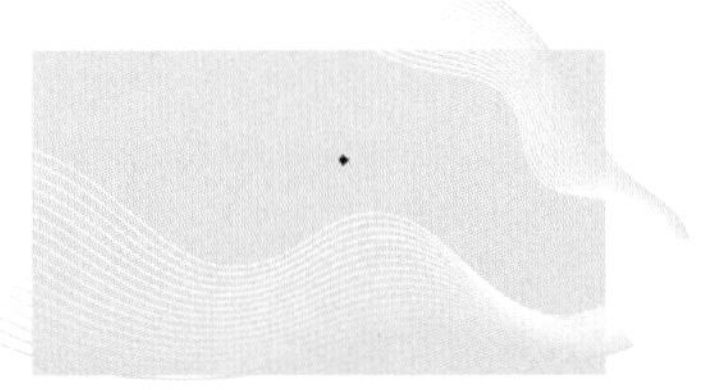
图 8-46　单击绿色矩形

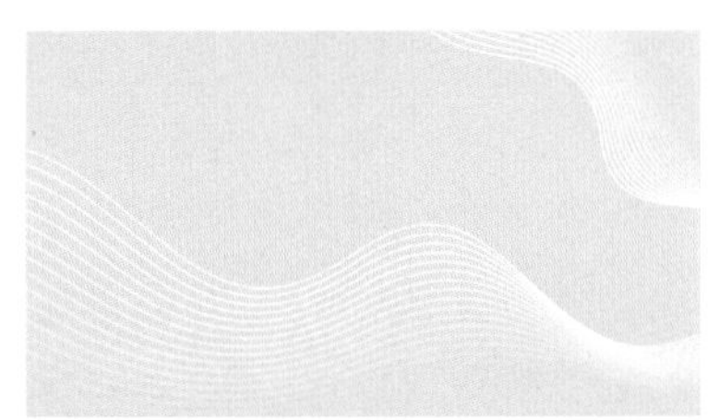
图 8-47　置入矩形中

08 选择“椭圆形工具”，先绘制两个较小的圆形，填充为绿色(#4B8D7F)和蓝色(#62C3D0)，取消轮廓线，再绘制一个较大的圆形，设置为无填充色，效果如图 8-48 所示。

09 选择“混合工具”，选择左侧较小的圆形，按住鼠标左键向拖动到右侧圆形中，如图 8-49 所示。

10 在属性栏中设置步长为 8，然后单击“路径属性”按钮，在弹出的菜单中选择“新建路径”命令，如图 8-50 所示。

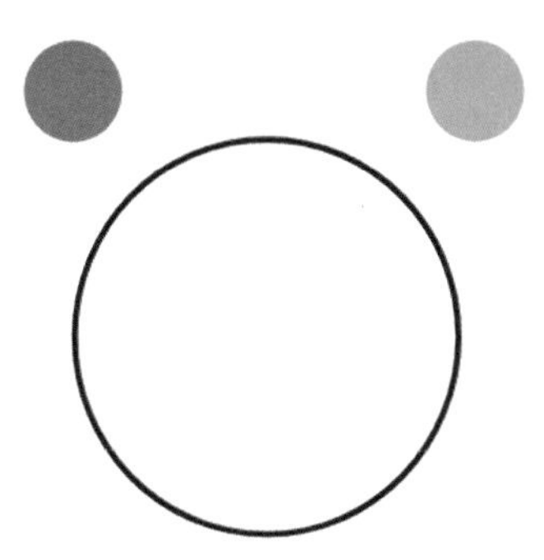
图 8-48　绘制圆形

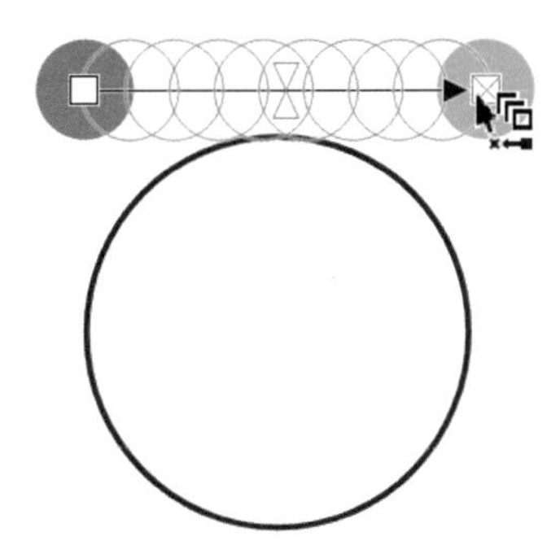
图 8-49　混合对象

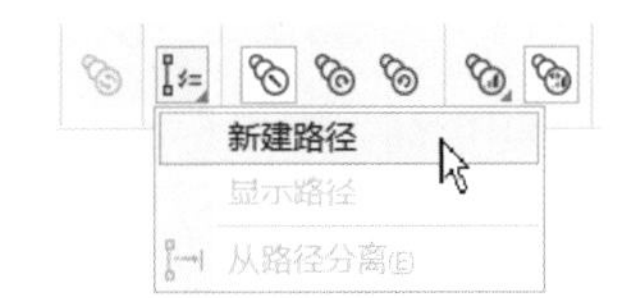

图 8-50　选择“新建路径”命令

11 当光标变为↩形状时，单击下方的圆形边框，如图 8-51 所示，将调和对象附着到圆上，如图 8-52 所示。

12 此时选择路径中的调和对象，在属性栏中单击“更多调和选项”按钮，在弹出的下拉列表框中选择“沿全路径调和”选项，得到均匀分布的混合效果，如图 8-53 所示。

图 8-51　单击圆形边框

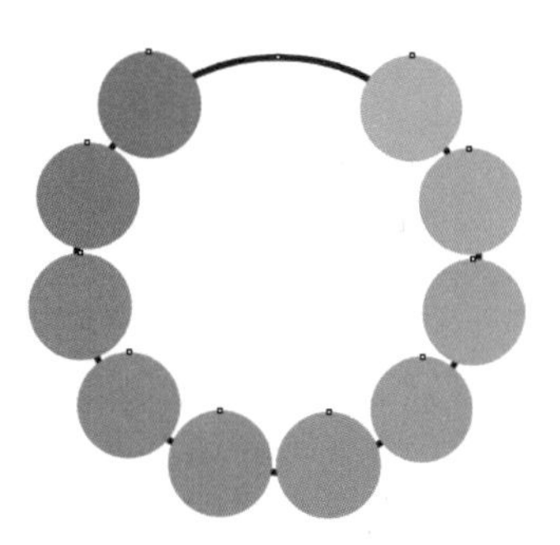
图 8-52　沿路径混合对象

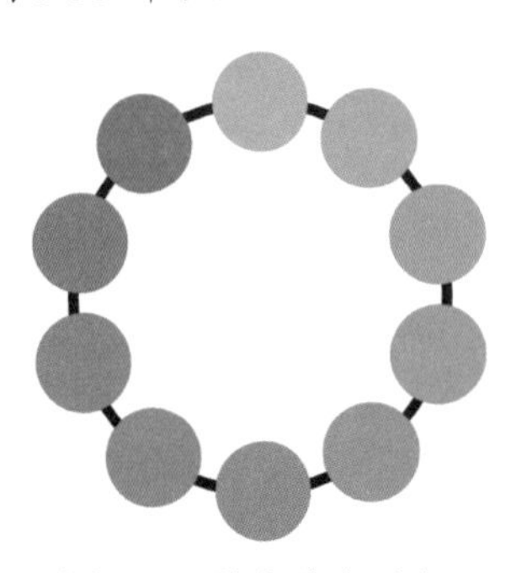
图 8-53　均匀分布对象

13 选择圆形路径，单击调色板上方的“无填充”按钮隐藏路径，然后在圆形下方输入文字。然后将圆形和文字放在律动卡片中，完成本实例的制作，效果如图8-54所示。

图8-54　律动曲线卡片效果

8.4　变形效果

使用“变形工具”可以通过拖动图形创建不同效果的变形，CorelDRAW提供了“推拉变形”“拉链变形”和“扭曲变形”3种变形方法。

8.4.1　推拉变形

若想创建“推拉变形”效果，可以通过手动拖曳的方式，将对象边缘进行推进或拉出操作。

1. 创建推拉变形

绘制图形，如图8-55所示，再选择“变形工具”，单击属性栏中的“推拉变形”按钮，将变形样式转换为推拉变形。按住鼠标左键向左边拖动，可以使轮廓边缘向内推进，效果如图8-56所示；向右边拖动，可以使轮廓边缘从中心向外拉出，效果如图8-57所示。

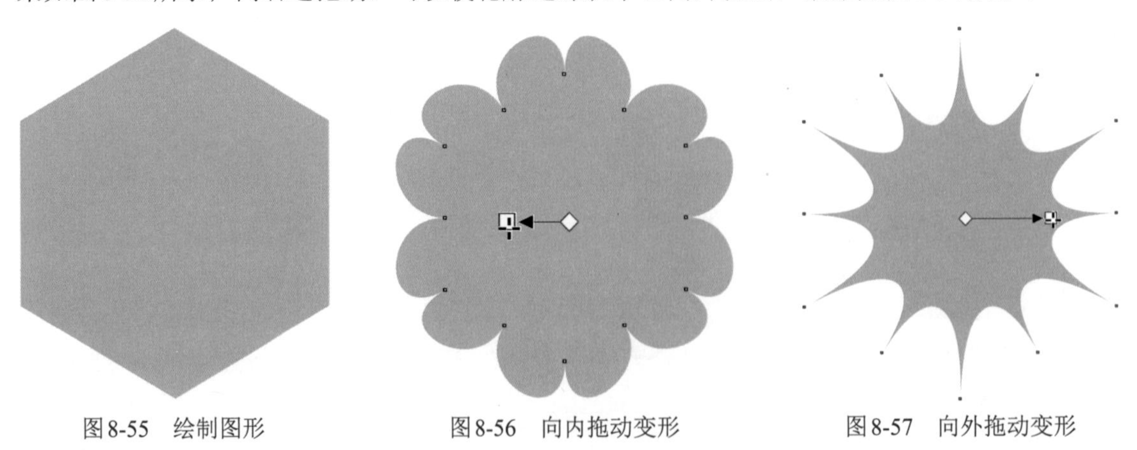

图8-55　绘制图形　　图8-56　向内拖动变形　　图8-57　向外拖动变形

知识点滴

在水平方向移动的距离决定推进或拉出的距离和程度，也可以在属性栏进行设置。

2. 推拉变形设置

选择“变形工具”，单击属性栏中的“推拉变形”按钮，属性栏变为推拉变形的相关设置，如图8-58所示。

推拉变形常用设置选项如下。

- “预设”下拉列表：系统提供的预设变形样式，可以在下拉列表中选择预设选项。
- 推拉变形：单击该按钮，可以激活推拉变形效果和属性设置。
- 添加新的变形：单击该按钮，可以在当前变形的对象上进行再次变形。
- 推拉振幅：输入数值，可以设置对象推进拉出的程度。输入数值为正数则向外拉出，最大为200；输入数值为负数则向内推进，最小为–200。
- 居中变形：单击该按钮，可以将当前变形的起点调整为对象的中心，如图8-59所示。

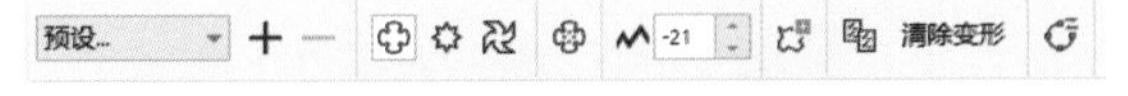

图8-58　推拉变形属性栏

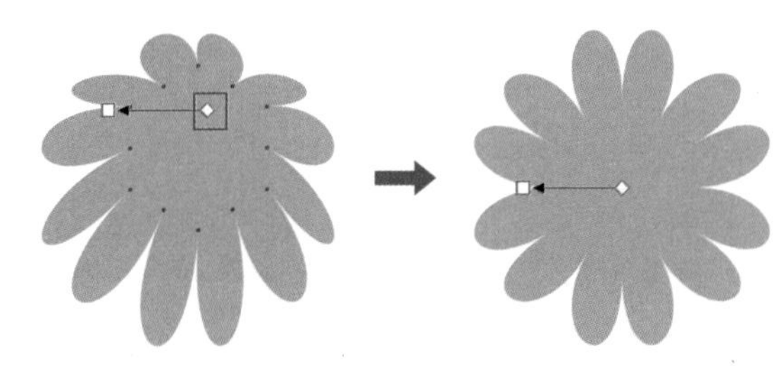

图8-59　将变形起点居中

8.4.2　拉链变形

若想创建“拉链变形”效果，可以通过手动拖曳的方式，将对象边缘调整为锯齿效果，再通过移动拖曳线上的滑块来增加锯齿的个数。

1. 创建拉链变形

绘制图形，如图8-60所示，然后选择“变形工具”，单击属性栏中的“拉链变形”按钮，将光标移动到圆形中，按住鼠标左键向外拖动，出现蓝色实线预览变形效果，释放鼠标后，即可得到变形效果，如图8-61所示。

图8-60　绘制椭圆形

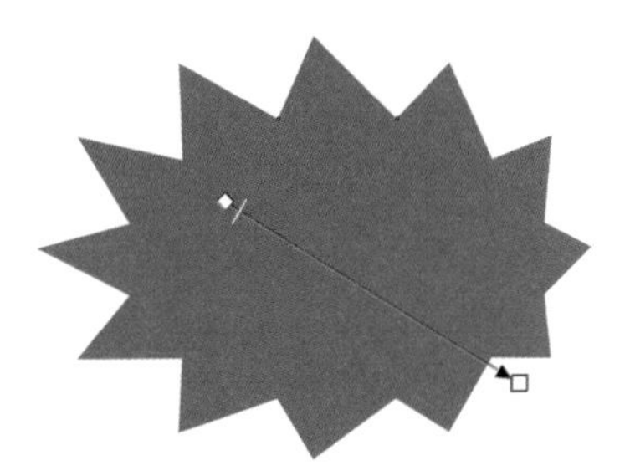

图8-61　拉链变形效果

对图形进行变形后，移动调节线中间的滑块可以添加尖角锯齿的数量，如图8-62所示。还可以调整拉链变形调节线的长度和位置，效果如图8-63所示。

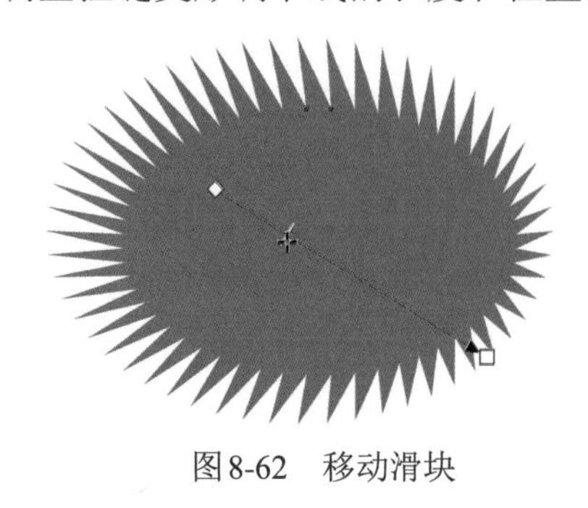

图8-62　移动滑块

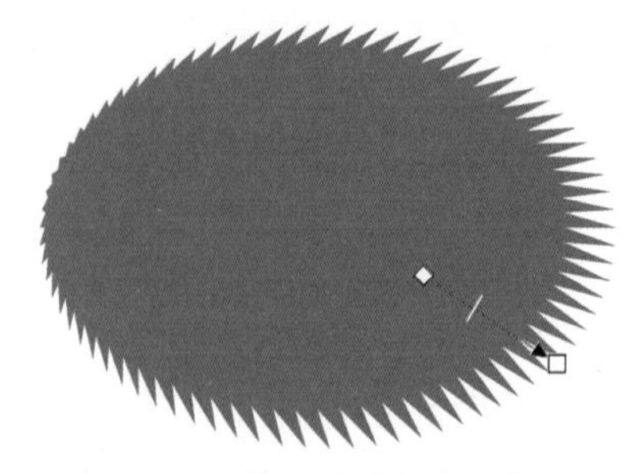

图8-63　调整调节线长度和位置

2. 拉链变形设置

选择“变形工具”，单击属性栏中的“拉链变形”按钮，属性栏变为拉链变形的相关设置，如图8-64所示。

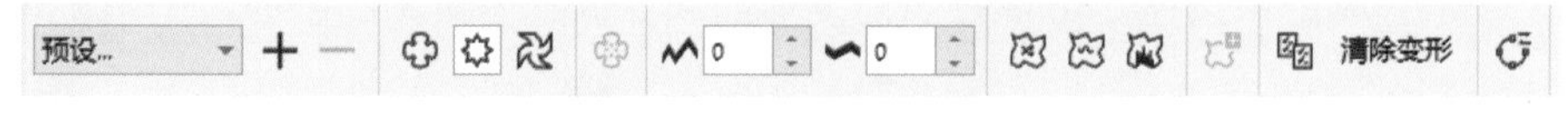

图8-64　拉链变形属性栏

拉链变形常用设置选项如下。

- 拉链振幅：在数值框中输入参数，可以改变拉链变形中锯齿的高度。
- 拉链频率：在数值框中输入参数，可以改变拉链变形中锯齿的数量。
- 随机变形：单击该图标，可以设置随机变形效果，包括不同的拉链振幅和拉链频率，效果如图8-65所示。
- 平滑变形：单击该图标，可以将变形对象的节点平滑处理，效果如图8-66所示。
- 局限变形：单击该图标，可以随着变形的进行降低变形的效果，如图8-67所示。

图8-65　随机变形效果

图8-66　平滑变形效果

图8-67　局限变形效果

8.4.3　扭曲变形

“扭曲变形”工具可以使对象绕变形中心进行旋转，产生螺旋状效果，可以用来制作水纹或墨迹效果。

1. 创建扭曲变形

选择“变形工具”，单击需要应用变形的图形，在属性栏中单击“扭曲变形”按钮，在图形上拖动鼠标，根据蓝色预览线确定扭曲的形状，即可创建扭曲变形效果，拖动变形杆圆形的端头可以继续旋转并改变图形，如图8-68所示。

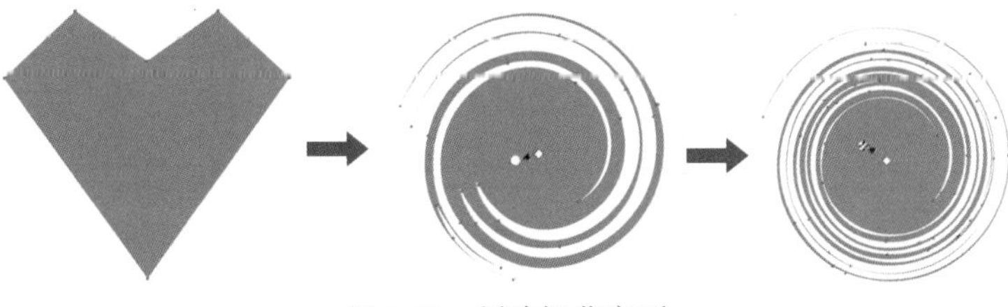

图8-68 创建扭曲变形

2. 扭曲变形设置

选择“变形工具”，单击属性栏中的“扭曲变形”按钮，属性栏变为扭曲变形的相关设置，如图8-69所示。

图8-69 扭曲变形属性栏

扭曲变形常用设置选项如下。

- 顺时针旋转：激活该图标，可以使对象按顺时针方向进行旋转扭曲。
- 逆时针旋转：激活该图标，可以使对象按逆时针方向进行旋转扭曲。
- 完整旋转：在后面的文本框中输入数值，可以设置扭曲变形的完整旋转次数。
- 附加度数：在后面的文本框中输入数值，可以设置超出完整旋转的度数。

8.5 封套效果

使用封套可以快速创建逼真的透视效果，能够快速、灵活地将图形转换为三维效果，从而增加视觉美感。

8.5.1 创建封套

“封套工具”是一种可以对图形进行变形的工具，产生的变形效果就如同将其装到一个袋子中，调整外部造型，里面的对象也会随之发生改变。使用“封套工具”单击对象，在对象外面将显示蓝色虚线框，如图8-70所示。拖动虚线上的封套控制节点，可以改变对象形状，如图8-71所示。

图8-70 选择对象

图8-71 调整封套节点

8.5.2 编辑封套效果

为对象应用封套效果后，可以直接编辑蓝色虚线框，双击节点可以删除节点，在虚线上双击可添加节点，也可通过属性栏设置封套效果，如图8-72所示。

图8-72 封套工具属性栏

- 选取范围模式 矩形 ：用于切换“矩形”和“手绘”两种选取框类型。
- 非强制模式 ：激活该图标，将封套模式变为允许更改节点的自由模式。选择节点后将激活前面的节点编辑图标，如图8-73所示。

图8-73 激活节点编辑图标

- 直线模式 ：单击该图标，可以用由直线组成的封套改变对象形状，为对象添加透视点，如图8-74所示。
- 单弧模式 ：单击该图标，可以用单边弧线组成的封套改变对象形状，使对象边线形变成弧度，如图8-75所示。
- 双弧模式 ：单击该图标，可用S形封套改变对象形状，使对象边线形变成S形弧度，如图8-76所示。

图8-74 直线模式效果

图8-75 单弧模式效果

图8-76 双弧模式效果

- 保留线条 ：激活该图标，在应用封套变形时直线不会变为曲线。
- 添加新封套 ：在使用封套变形后，单击该图标可以为其添加新的封套。
- 变形方式 自由变形 ：可以在后面的下拉选项中选择封套中对象的变形方式。
- 创建封套自 ：单击该图标，当光标变为箭头时在图形上单击，可以将图形形状应用到封套中。

8.6 立体化效果

在CorelDRAW中可以为线条、图形、文字等对象添加立体化效果。三维立体效果在包装设计、插画设计、标志设计等领域中的运用十分常见。

8.6.1　创建立体化效果

使用“立体化工具”可以对平面化的矢量对象进行立体化处理，但无法为位图添加立体化效果。选择“立体化工具”，将光标放在对象中心，按住左键进行拖动，出现矩形透视线预览效果，如图 8-77 所示。拖动到合适的位置后释放左键，即可得到立体效果，如图 8-78 所示；调整控制杆的方向和滑块，可以改变立体化效果，如图 8-79 所示。

图 8-77　预览效果

图 8-78　创建立体化效果

图 8-79　改变立体化效果

8.6.2　编辑立体化效果

对轮廓图的编辑包括在属性栏中设置立体图的效果，以及调整立体对象的灭点位置和深度、设置立体对象的斜边、光源等操作。创建立体化效果后，可以在属性栏中进行参数设置，如图 8-80 所示。

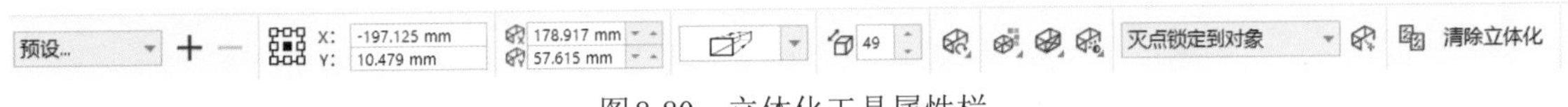

图 8-80　立体化工具属性栏

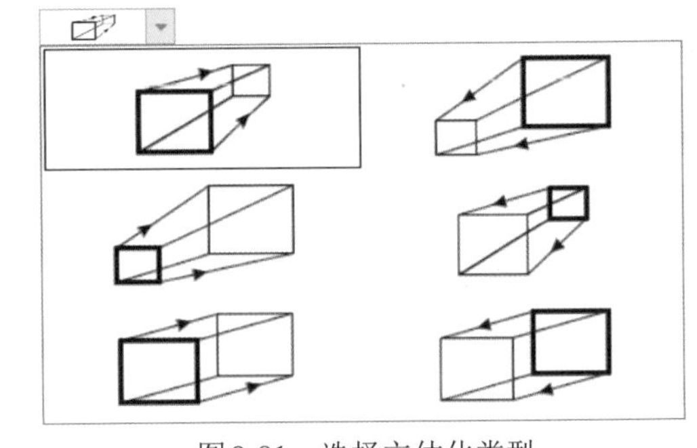

图 8-81　选择立体化类型

- 灭点坐标：灭点是指对象透视线相交的消失点，用“×”标记表示。在“灭点坐标”的“X”“Y”数值框中输入数值，可以确定立体化效果的灭点位置。
- 立体化类型：在下拉选项中选择相应的立体化类型应用到当前对象上，如图 8-81 所示。
- 深度：在该数值框中输入数值，可以调整立体化效果的深度。
- 立体化旋转：单击该按钮，在弹出的小面板中将光标移动到红色“3”形状上，当光标变为抓手形状时，按住左键进行拖动，可以调节立体对象的透视角度。图 8-82 所示为向上旋转对象；图 8-83 所示为向下旋转对象。
- 立体化颜色：在下拉面板中可以设置立体化效果的颜色模式。
- 立体化倾斜：单击该按钮，在弹出的面板中可以为对象添加斜边。
- 立体化照明：单击该按钮，在弹出面板中可以为立体对象添加光照效果，使立体化效果更强烈。

图8-82 向上选择对象

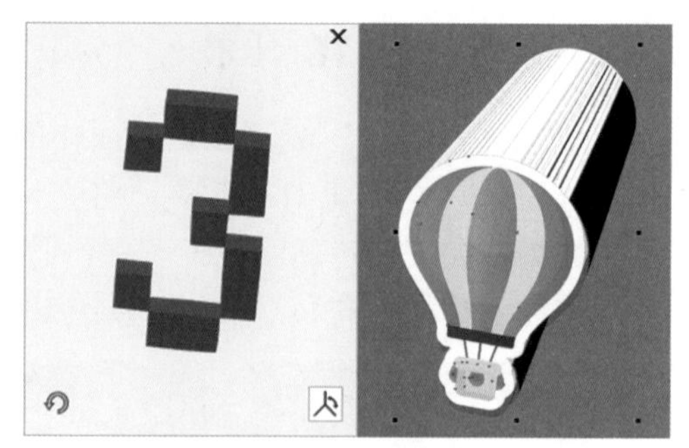

图8-83 向下旋转对象

- 灭点属性 ：可以在下拉列表中选择相应的选项来更改对象灭点属性，包括“灭点锁定到对象”“灭点锁定到页面”“复制灭点，自…”和“共享灭点”4个选项。
- 页面或对象灭点：用于将灭点的位置锁定到对象或页面中。

练习实例：制作立体化效果

文件路径：第8章\制作立体化效果

技术掌握：创建立体化效果

01 新建一个文档，导入“粉色背景.jpg”素材图像，使用“文本工具”字在图像中输入文字“新品”，在属性栏中设置字体为方正仿郭体简体，效果如图8-84所示。

02 选择“对象”|“拆分”菜单命令，将文字拆分为单独的个体，将文字错位排列，然后填充为白色，效果如图8-85所示。

03 选择“新”字，使用“立体化工具”在文字中按住左键向右下方拖动，如图8-86所示。释放鼠标后，得到立体化文字效果，如图8-87所示。

图8-84 输入文字

图8-85 拆分文字

图8-86 拖动鼠标

04 单击属性栏中的“立体化颜色”按钮，在弹出的下拉面板中单击“使用递减的颜色”按钮，然后单击“从”选项的颜色按钮，在展开的颜色面板中设置开始颜色为粉红色(#F7A4AE)，如图8-88所示。

05 单击“到”选项的颜色按钮，设置结束颜色为洋红色(#E83174)，如图8-89所示。设置好颜色后，得到如图8-90所示的立体化效果。

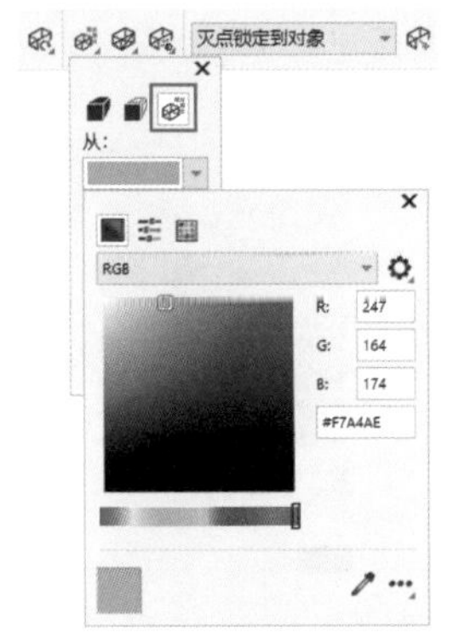

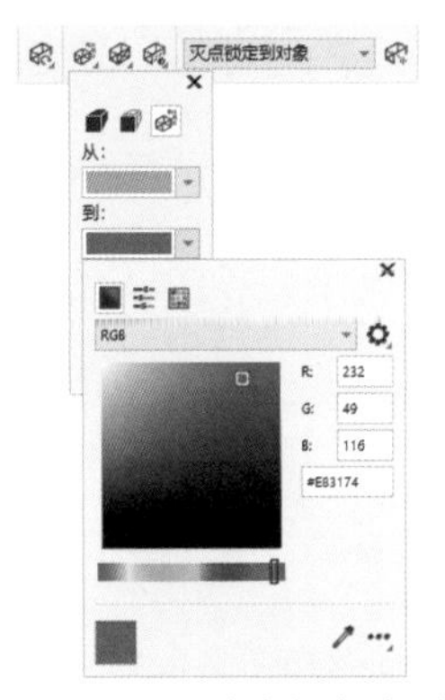

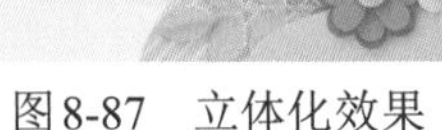

图 8-87　立体化效果　　图 8-88　设置开始颜色为粉红色　　图 8-89　设置结束颜色为洋红色

06 选择“品”字，在立体化工具属性栏中单击“复制立体化效果”按钮，当光标变为➡形状时，单击“新”字中的立体化效果图形，如图 8-91 所示，“品”字将得到相同的立体化效果，如图 8-92 所示。

图 8-90　创建文字立体化效果　　图 8-91　复制立体化效果　　图 8-92　得到复制效果

07 选择“矩形工具”，在“品”字上方绘制一个矩形，在属性栏中单击“倒棱角”按钮，然后设置左上角和右下角参数为 5mm，再填充为粉红色(#F7A4AE)，取消轮廓线填充，如图 8-93 所示。

08 使用“文本工具”字在矩形中输入一行文字，设置字体为方正幼线，填充为白色；在“新”字下方输入另一行文字，设置字体为Arial，填充为粉红色(#F7A4AE)，效果如图 8-94 所示。

图 8-93　绘制矩形

图 8-94　输入文字

09 选择“轮廓图工具”，单击刚创建的文字，在属性栏中选择轮廓方式为“外部轮廓”，然后设置参数，并将填充颜色设置为白色，如图 8-95 所示，得到的文字效果如图 8-96 所示，完成本例的制作。

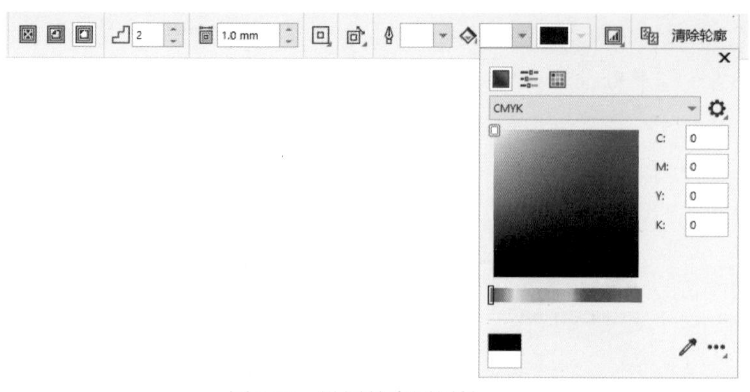

图8-95　设置轮廓图属性

图8-96　文字效果

8.7　透明效果

“透明度工具”是CorelDRAW中非常重要的效果工具，它可以将对象转换为半透明效果和渐变透明效果，并通过添加多种透明度样式来丰富画面效果。透明效果通常运用于广告设计、海报设计和书籍的装帧、排版等领域中。

8.7.1　创建均匀透明度

均匀透明效果是指为矢量图、文本和位图创建均匀的透明效果。选择“透明度工具”，在属性栏中选择“均匀透明度”，然后在需要创建透明效果的对象上单击，即可在对象上创建均匀透明效果，如图8-97所示。

图8-97　均匀透明度前后对比效果

创建均匀透明效果后，在属性栏中对透明度、应用范围等选项进行设置，可以调整透明度效果。均匀透明度工具属性栏如图8-98所示。

图8-98　均匀透明度工具属性栏

- 无透明：单击该按钮，可以清除选择对象的透明效果。
- 均匀透明度：单击该按钮，可以将其他类型的透明切换到均匀透明。
- 合并模式 常规：在其中可以选择透明颜色与下层对象颜色的调和方式。

- 透明度▦：用于设置选择对象的透明度。
- 透明度挑选器▇▾：在其中可以选择预设的透明效果。
- 全部▦：单击该按钮，可以将透明效果应用到对象的填充与轮廓上。
- 填充▦：单击该按钮，可以将透明效果应用到对象的填充上。
- 轮廓▦：单击该按钮，可以将透明效果应用到对象的轮廓上。
- 冻结透明度✸：单击该按钮，可以冻结当前对象的透明度叠加效果。
- 复制透明度▦：单击该按钮，可以将目标对象的透明度属性应用到所选对象上。
- 编辑透明度▦：单击该按钮，可以在打开的"编辑透明度"对话框中对透明度进行编辑，如设置透明度类型、设置合并模式和透明目标等。

8.7.2　创建渐变透明度

使用"透明度工具"▦也可以制作出渐变效果。选择图形，如图8-99所示，然后选择"透明度工具"▦，将光标移动到图形中，按住鼠标左键进行拖动，即可创建线性渐变透明效果，如图8-100所示。在渐变透明度的控制杆中，白色方块为渐变透明度的起始点，透明度为0，黑色方块是渐变透明度的结束点，透明度为100。

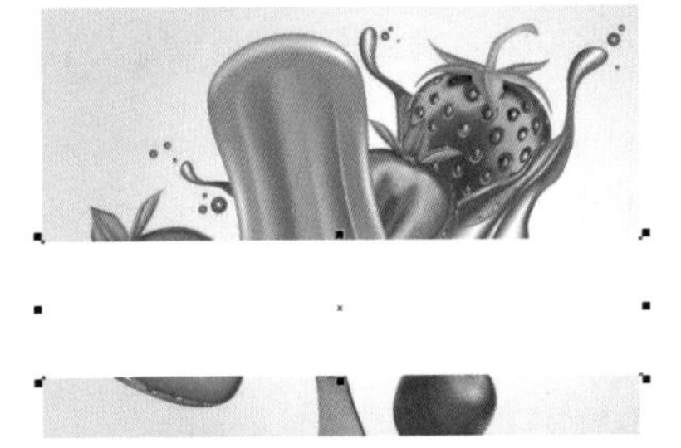

图8-99　选择图形

图8-100　创建渐变透明

拖动控制杆中间的"透明度中心点"滑块，可以调整渐变效果，如图8-101所示；拖动上方的白色圆形，可以调整渐变的旋转角度，如图8-102所示。

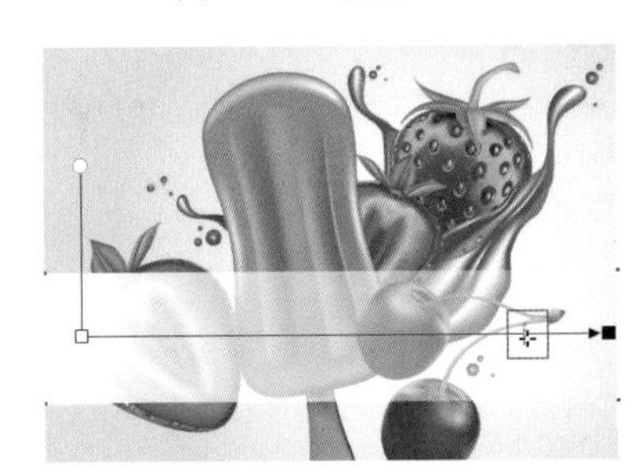

图8-101　调整滑块

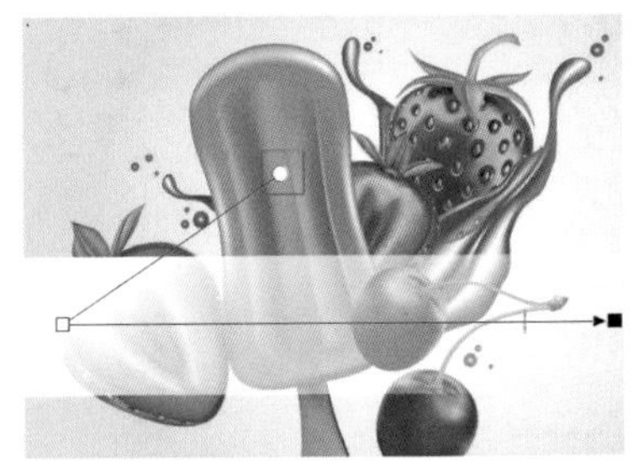

图8-102　调整渐变角度

渐变透明度的渐变类型包括"线性渐变透明度""椭圆形渐变透明度""锥形渐变透明度"和"矩形渐变透明度"4种，其创建方式相同。若需要创建其他渐变透明方式，可以在属性栏中单击对应的渐变按钮，然后设置渐变参数即可，如图8-103所示。

图8-103　渐变透明度属性栏

- 渐变透明度▦：单击该按钮，可以将其他类型的透明效果切换到渐变透明效果。
- 透明度挑选器▇▾：在其中可以选择预设的渐变透明效果。
- 线性渐变透明▦：单击该按钮，可以将渐变透明效果切换到线性渐变透明效果。

- 椭圆形渐变透明▩：单击该按钮，可以将渐变透明效果切换到椭圆形渐变透明效果，如图8-104所示。
- 锥形渐变透明▩：单击该按钮，可以将渐变透明效果切换到锥形渐变透明效果，如图8-105所示。
- 矩形渐变透明▩：单击该按钮，可以将渐变透明效果切换到矩形渐变透明效果，如图8-106所示。

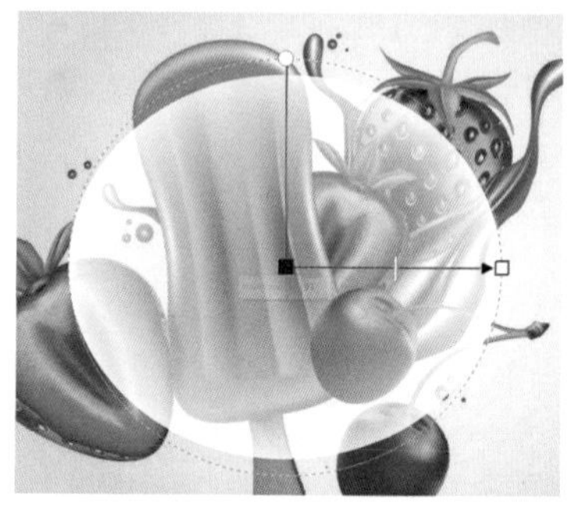

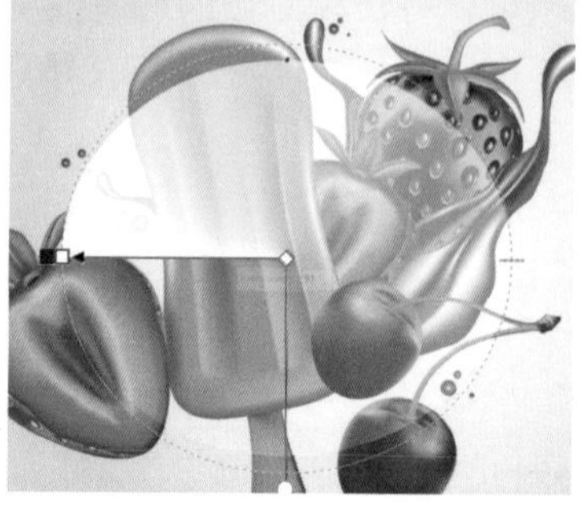

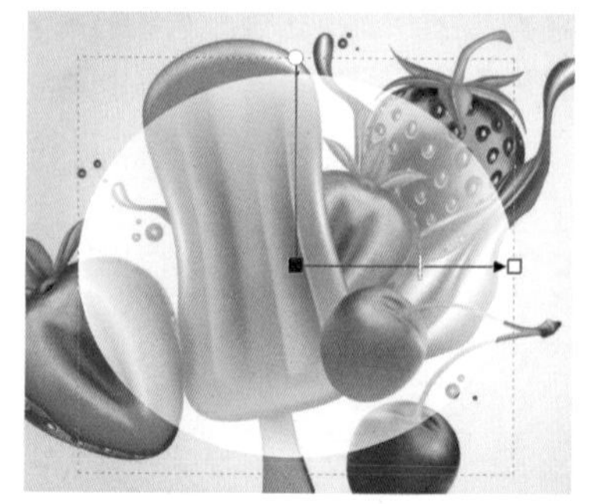

图8-104　椭圆形渐变透明效果　图8-105　锥形渐变透明效果　图8-106　矩形渐变透明效果

- 节点透明度：在该数值框中输入数值，可以设置所选节点的透明度。
- 节点位置：在该数值框中输入数值，可以输入该节点在控制线上的百分比位置。
- 旋转角度：在该数值框中输入数值，可以设置渐变透明的方向。
- 自由缩放与倾斜：单击该按钮，可以显示自由变换虚线。拖动变换线，可以更改透明角度、透明区域大小。

8.7.3　创建图样与底纹透明

使用"透明度工具"▩还可以为对象创建具有透明度的图样或底纹。选择"透明度工具"▩，然后在属性栏中单击"向量图样透明度"按钮、"位图图样透明度"按钮、"双色图样透明度"按钮或"底纹透明度"按钮，可以为对象添加相应的效果。图8-107至图8-110所示分别为添加向量图样、位图图样、双色图样和底纹透明的效果。

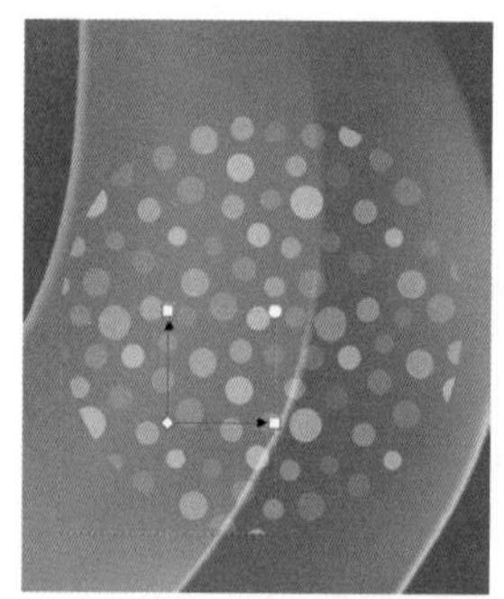

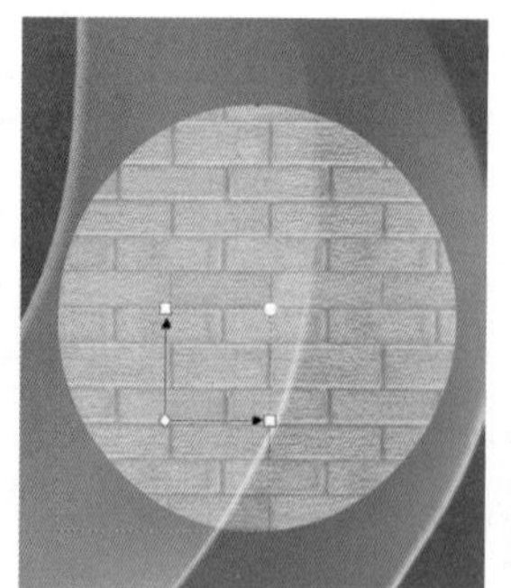

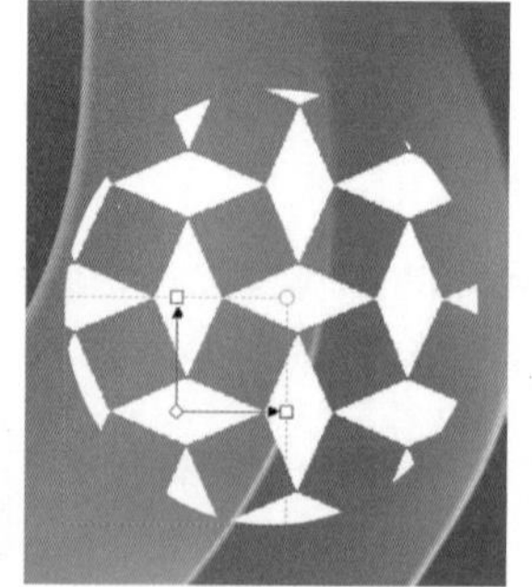

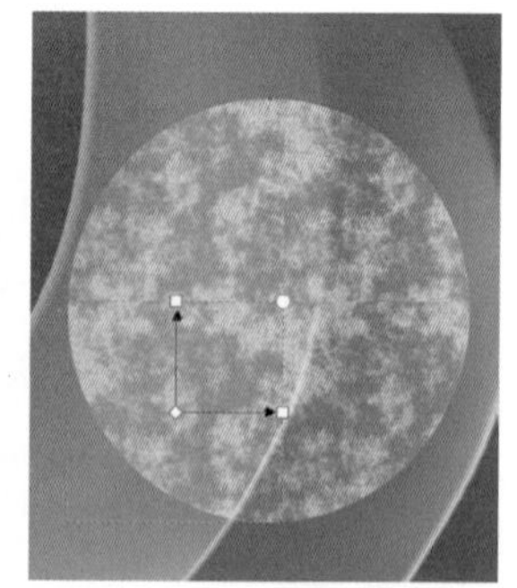

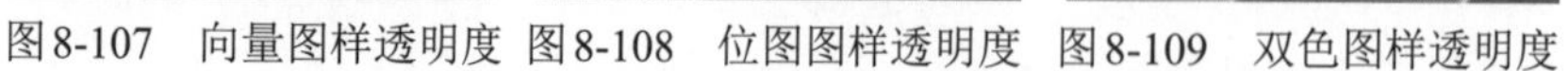

图8-107　向量图样透明度　图8-108　位图图样透明度　图8-109　双色图样透明度　图8-110　底纹透明度

创建图样或底纹透明效果后，拖动控制杆上方的白色圆点，可以调整添加的图样大小。矩形范围线越小，图样或底纹越小；范围越大，图样或底纹越大。调整图样透明度矩形范围线上的控制柄，可以编辑图样或底纹的倾斜旋转效果。

8.8　图框精确裁剪

PowerClip即“图框精确裁剪”，是CorelDRAW软件中非常重要的一项功能。使用“图框精确裁剪”可以将所选对象置入目标容器中，形成纹理或者裁剪图像效果。所选对象可以是矢量对象，也可以是位图对象，而置入的目标可以是任何对象。

8.8.1　置入裁剪对象

图框精确裁剪需要两个对象，一个是内容对象，一个是“图文框”。选择需要放置于图文框中的图像，如图8-111所示，然后选择“对象”|“PowerClip”|“置于图文框内部”菜单命令，当鼠标指针呈➧形状，将其移至图文框上单击，如图8-112所示，即可将所选的图像置于该图文框中，如图8-113所示。

图8-111　选择图像

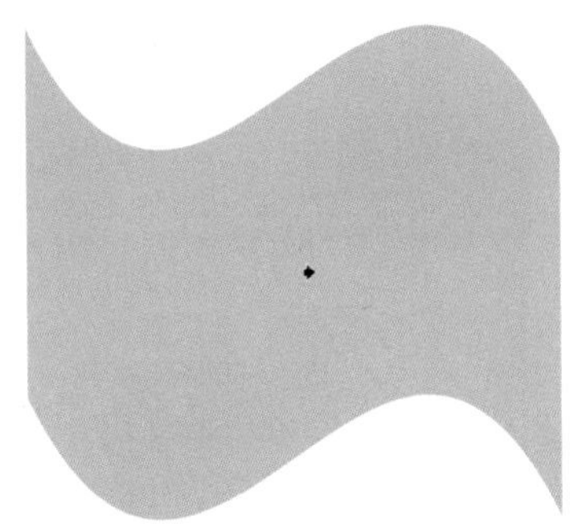

图8-112　单击图文框

图8-113　将图像置入图形中

8.8.2　编辑裁剪操作

在置入裁剪对象后，可以通过菜单命令编辑图文框对象，也可以在悬浮工具栏中进行对象编辑，如图8-114所示。

图8-114　悬浮工具栏

8.8.3　锁定和解锁裁剪内容

锁定图文框中的内容对象后，将无法对内容对象进行单独移动和变换等操作。在对图形进行图框精确裁剪操作后，默认为锁定状态，在移动图文框时，图文框中的内容对象会随着图文框移动而跟着移动，如图8-115所示。

选择“对象”|“PowerClip”|“锁定PowerClip”菜单命令，或单击悬浮工具栏中的🔒按钮，

当变为🔓状态时，即可解锁图文框内容，再次单击该按钮，即可锁定图文框内容。当解锁图文框内容后，在移动文本框时，内容对象位置不会发生改变，如图8-116所示。

图8-115　锁定状态

图8-116　未锁定状态

8.8.4　提取裁剪内容

选中裁剪对象的图文框，选择“对象”|“PowerClip”|“提取内容”菜单命令，或单击悬浮工具栏中的“提取内容”按钮，即可将裁剪对象提取出来，如图8-117所示。

提取对象后，容器对象中间会出现×线，表示该对象为“空PowerClip图文框”显示。如果将图片拖入“空PowerClip图文框”中，可以将其快速置入图文框中。单击鼠标右键，在弹出的菜单中选择“框类型”|“删除框架”命令，可以将空PowerClip图文框转换为图形对象，如图8-118所示。

图8-117　提取内容

图8-118　将图文框转换为对象

8.9　课堂案例：制作店铺首页海报

文件路径：第8章\制作店铺首页海报

技术掌握：对图形添加阴影、轮廓图、变形、混合等效果

案例效果

本节将应用本章所学的知识，制作美妆店铺首页海报，巩固之前所学的阴影、轮廓图、变形、混合等效果。本案例的效果如图8-119所示。

图8-119　美妆店铺首页海报

操作步骤

01 使用“矩形工具”□绘制一个矩形，在属性栏中设置

矩形的宽度和高度为740 mm×350mm，效果如图8-120所示。

02 按Shift+F11组合键，打开“编辑填充”对话框，单击对话框上方的“渐变填充”按钮，再选择类型为“线性渐变填充”，然后设置颜色从橘红色(#F75E70)到粉红色(#FC6C67)、再到淡红色(#FEC0A5)、最后到白色的渐变，如图8-121所示。

图8-120　绘制矩形

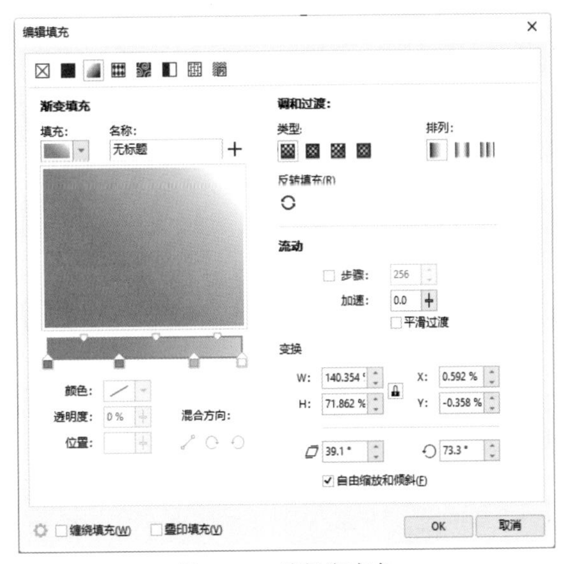

图8-121　编辑渐变色

03 单击OK按钮，得到线性渐变填充效果，如图8-122所示。

04 结合使用“贝塞尔工具”和“形状工具”，绘制并编辑一个曲线图形，放到矩形底部，填充图形为白色，如图8-123所示。

05 使用“透明度工具”单击曲线对象，在属性栏中单击“均匀透明度”按钮，设置“透明度”参数为80，透明效果如图8-124所示。

图8-122　渐变色填充效果

图8-123　绘制曲线图形

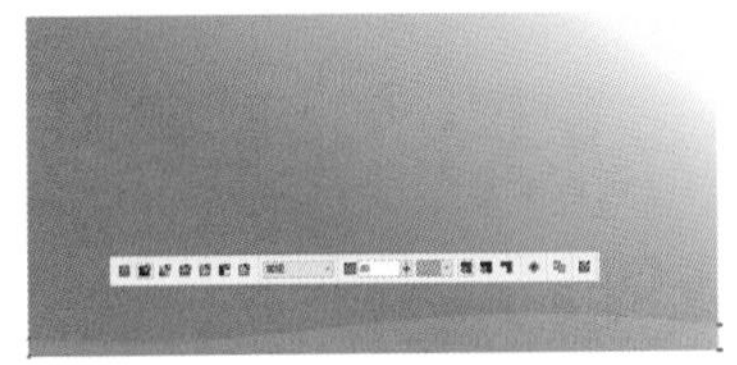

图8-124　应用透明效果

06 按小键盘中的+键，在原地复制一次对象，单击属性栏中的“水平镜像”按钮，得到水平翻转效果，如图8-125所示。

07 使用“贝塞尔工具”绘制一条曲线，填充轮廓为粉红色(#FEADA3)，然后原地复制一次曲线对象，再进行水平翻转，改变线条为橘红色(#EB6B69)，效果如图8-126所示。

08 选择“混合效果工具”，然后单击粉红色曲线，按住鼠标向橘红色线条拖动，如图8-127所示，释放鼠标后得到混合效果。

图8-125　水平镜像对象

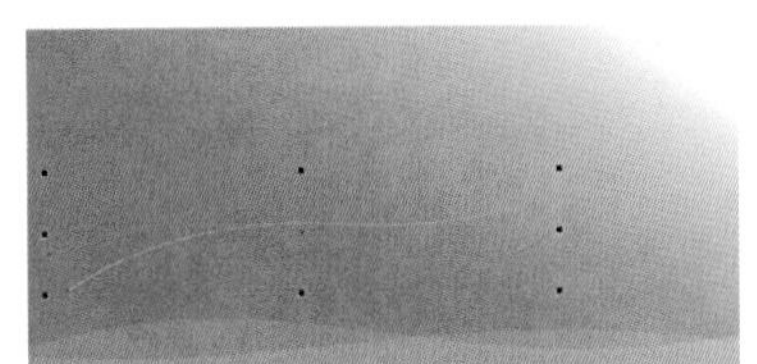

图8-126　绘制并复制曲线

图8-127　混合曲线

09 在属性栏中修改“调和对象”参数为5，效果如图8-128所示。

10 选择混合后的曲线对象，适当向左移动，然后选择“对象”|“PowerClip”|“置于图文框内部”菜单命令，将其置入渐变矩形中，如图8-129所示。

11 导入“化妆品.png”素材图像，适当调整对象大小，将其放到画面右侧，如图8-130所示。

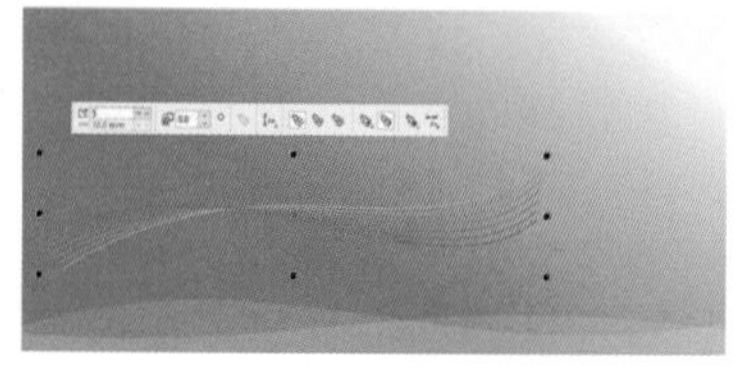

图8-128 设置混合效果

图8-129 置入对象

图8-130 添加素材图像

12 使用“文本工具”字在画面左侧输入文字，然后在属性栏中设置字体为Broadway，填充为粉红色(#FB8F95)，如图8-131所示。

13 再次单击文字，进入旋转状态，将鼠标放到文字右侧边缘，选择中间的控制点，然后按住鼠标向上拖动，得到斜切效果，如图8-132所示。

14 再输入两行文字，设置字体为汉仪菱心体简，填充为白色，然后对其进行斜切编辑，效果如图8-133所示。

图8-131 输入文字

图8-132 制作斜切效果

图8-133 输入文字

15 选择“轮廓图工具”，在属性栏中单击“外部轮廓”按钮，设置轮廓图步长为3、轮廓图偏移为3.0 mm，如图8-134所示，得到的文字轮廓效果如图8-135所示。

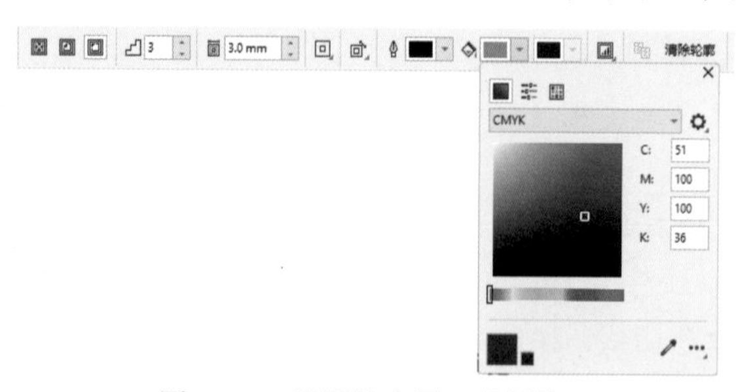

图8-134 设置轮廓图工具属性

图8-135 文字轮廓效果

16 使用“阴影工具”在文字中按住鼠标向外拖动，添加投影，如图8-136所示。

17 使用“文本工具”字输入日期文字，设置字体为黑体，填充文字为白色，并进行斜切编辑，效果如图8-137所示。

18 使用“矩形工具”绘制一个矩形，填充矩形为粉红色(#FEABA2)，并在其中输入文字，如图8-138所示。

19 选择刚创建的矩形和文字，然后进行斜切编辑，效果如图8-139所示。

图8-136　添加投影

图8-137　输入并填充日期文字

图8-138　绘制矩形并输入文字

图8-139　斜切变形对象

20 使用“椭圆形工具”绘制一个圆形，如图8-140所示。

21 选择“变形工具”，在属性栏中单击“拉链变形”按钮，在圆形中按住鼠标向外拖动，如图8-141所示，然后在属性栏中输入参数，得到棱角图形，填充棱角图形为粉色(#FDA08D)，效果如图8-142所示。

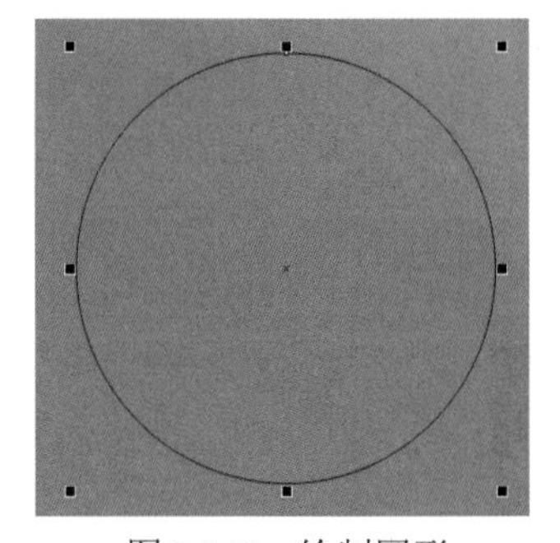

图8-140　绘制圆形

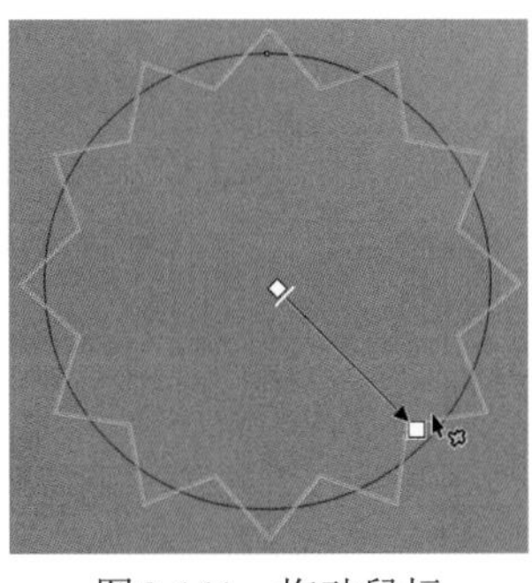

图8-141　拖动鼠标

图8-142　变形效果

22 复制几次棱角图形，填充为不同深浅的粉色，然后将其放置到画面中作为点缀装饰效果，如图8-143所示，完成本实例的制作。

图8-143　完成效果

8.10　高手解答

问：为对象创建阴影效果后，可以将阴影效果单独分离出来作为一个单独的对象处理吗？

答：可以。使用鼠标右键单击对象的阴影，在弹出的菜单中选择“拆分阴影群组”命令，即可将阴影拆分出来。拆分后的阴影为矢量图形，可以对其应用颜色填充，以及一些造型编辑操作。

问：使用“混合工具”创建轮廓线调和时，需要注意什么？

答：使用“混合工具”创建轮廓线调和时，当线条形状和轮廓线“宽度”不同时，调和的中间对象会自动进行形状和宽度的渐变过渡。

问：使用“混合工具”只能创建直线路径调和效果吗？

答：使用“混合工具”不仅能创建直线路径调和效果，还可以创建曲线路径调和效果。在创建曲线调和时，选择起始对象，按住Alt键手动绘制出曲线路径，然后拖动到终止对象中。在曲线调和中调整曲线的弧度与长短，会影响中间系列对象的形状、颜色变化。

问：在创建调和效果时，为什么调和对象过渡很生硬、不自然？

答：调和对象过渡很生硬、不自然主要是因为“调和步长”值太小。调和效果过渡是否自然，取决于调和步长值。选中调和对象，在属性栏的“调和步长”文本框中输入数值，数值越大，调和效果越细腻、越自然。

问：渐变透明与渐变填充的效果相似，它们有什么区别？

答：渐变透明是由一种颜色向透明渐变，而渐变填充是由一种颜色向另一种颜色渐变。

问：要将图像裁剪为某种形状，可以采用什么方法？

答：要将图像裁剪为某种形状，可以使用“图框精确裁剪”对其进行裁剪。选择要裁剪的图像，然后选择“对象”|“PowerClip”|“置于图文框内部”菜单命令，再将所选图像置入目标形状的容器中，从而形成纹理或者裁剪图像效果。

第 9 章

位图的使用与编辑

矢量图与位图是平面设计中经常使用的元素。在CorelDRAW中，虽然位图和矢量图的操作有相同之处，如移动、旋转、缩放和裁剪等，但是如果要对图形进行颜色处理、添加滤镜效果等特殊编辑，就需要将矢量图转换为位图，从而实现对图形的进一步编辑，满足图形的编辑需要。

◎ 练习实例：调整图像色阶
◎ 练习实例：调整图像白平衡
◎ 练习实例：调整图像局部颜色
◎ 课堂案例：绘制旅游海报

9.1　转换位图和矢量图

CorelDRAW的矢量图和位图是可以相互转换的。通过将位图转换为矢量图后，可对其进行填充、变形和添加特效等操作；而将矢量图转换为位图，可以应用位图处理效果，如颜色处理、滤镜添加等，也可以降低对象的复杂程度。

9.1.1　矢量图转位图

在CorelDRAW中，一些特定的命令只能对位图进行编辑，这时就需要将矢量图转换为位图来继续操作。

选择一个矢量图形，选择“位图”|“转换为位图”菜单命令，打开“转换为位图”对话框，在其中可对颜色模式、分辨率、透明背景和光滑处理等位图属性进行设置，如图9-1所示，单击OK按钮，即可将矢量图转化为位图，如图9-2所示。

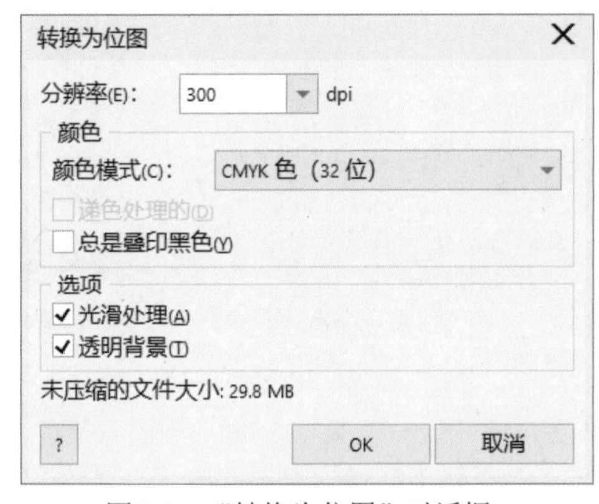

图9-1　“转换为位图”对话框

图9-2　位图转化效果

在“颜色模式”下拉列表中可以选择位图的颜色显示模式，如图9-3所示，颜色位数越少，颜色丰富程度越低。“递色处理的”复选框只有在选择颜色模式的颜色位图少于256色时才能激活，用于模拟比可用颜色数量更多的颜色，以增加颜色信息。例如，选择颜色模式为“16色(4位)”时，选中该复选框后的图像效果如图9-4所示。

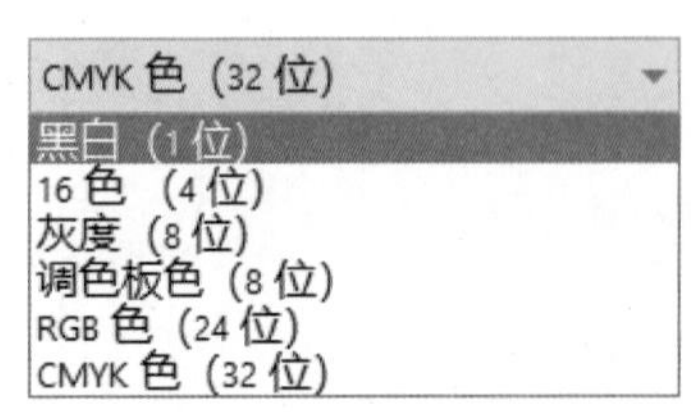

图9-3　颜色模式种类

图9-4　图像效果

9.1.2　描摹位图

描摹位图可以将位图转换为矢量图形，以便用户对图形进行颜色填充、曲线造型等编辑。描摹位图的方式包括“快速描摹位图”“中心线描摹位图”和“轮廓描摹位图”3种，下面分别进行介绍。

1. 快速描摹位图

快速描摹可以进行一键描摹，快速得到矢量图形。选中需要转换的位图，选择“位图”|“快速描摹”菜单命令，或在属性栏中单击“描摹位图”按钮，在弹出的下拉列表框中选择“快速描摹”选项，即可快速将选择的位图转换为矢量图，如图9-5所示。

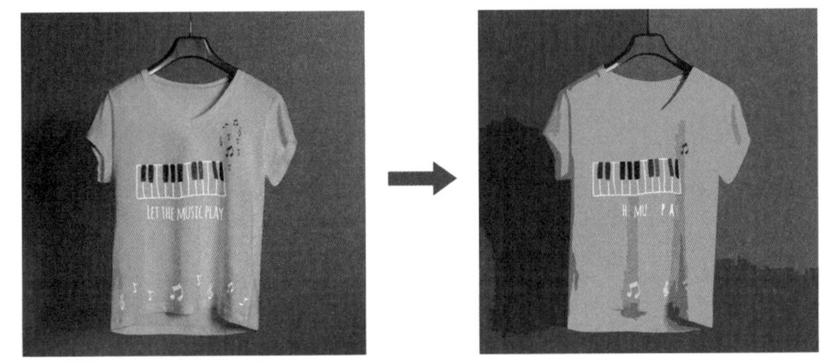

图9-5　快速描摹位图

2. 中心线描摹位图

中心线描摹也称笔触描摹，可以利用线条的形式来描摹图像，一般用于制作技术图解、线描画或拼板等。

选中需要转换的位图，选择“位图”|“中心线描摹”菜单命令，在其子菜单中提供了“技术图解”和“线条画”两种预设图像类型。使用“技术图解”命令描摹对象，将打开“PowerTRACE”对话框，在其中可以通过调整“细节”“平滑”“拐角平滑度”数值，得到很细很淡的黑白线条描摹效果，如图9-6所示，单击OK按钮得到描摹效果，如图9-7所示；使用“线条画”命令描摹对象，可以得到粗且突出的黑白线条描摹草图。

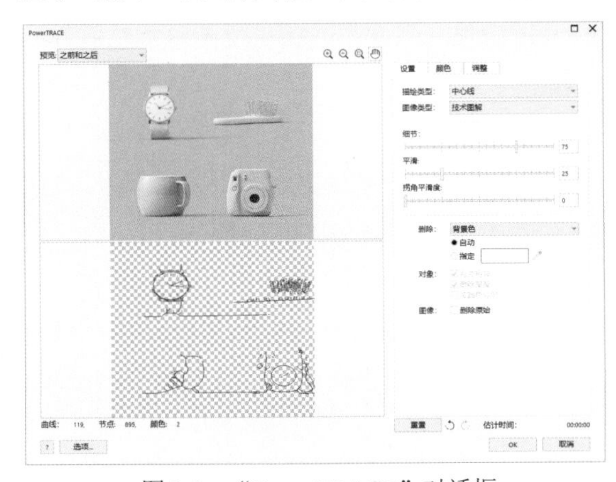

图9-6　“PowerTRACE”对话框

图9-7　技术图解描摹效果

3. 轮廓描摹位图

轮廓描摹也称填充描摹，可以应用无轮廓的闭合曲线来描摹图像，常用于描摹照片、剪贴画等。

选中需要转换的位图，选择“位图”|“轮廓描摹”菜单命令，在其子菜单中提供了6种预设的图像类型，包括线条图、徽标、详细徽标、剪贴画、低品质图像和高质量图像，如图9-8所示。

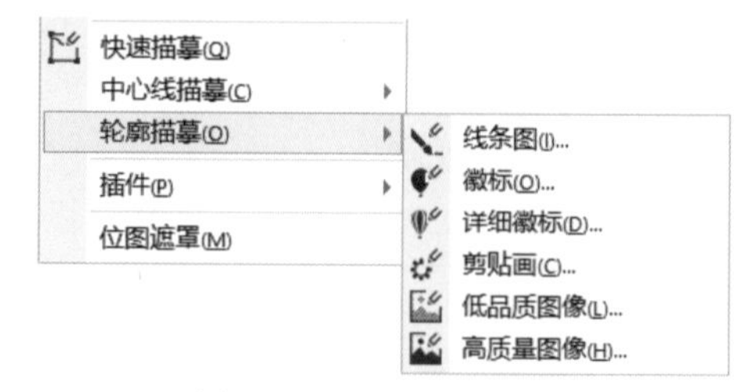

图9-8　预设的图像类型

在选择轮廓描摹位图时，将打开“PowerTRACE”对话框，选择一种描摹样式(如“剪贴画”)，在“设置”选项卡中设置相应的参数，如图9-9所示。然后单击OK按钮，即可完成描摹位图，效果如图9-10所示。

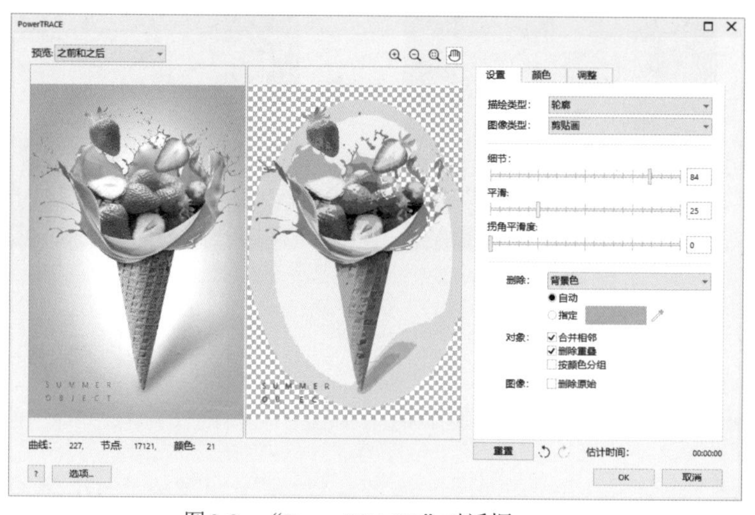

图9-9　“PowerTRACE”对话框

图9-10　剪贴画描摹效果

9.2　位图的编辑

将位图导入CorelDRAW后，如果不符合用户的编辑需求，可以通过矫正位图、重新取样、位图边框扩充、位图模式转换等操作对位图进行编辑。

9.2.1　矫正位图

“矫正图像”功能可以快速更正镜头失真及矫正图像，当导入的位图倾斜或有白边时，可以使用该命令进行修改。

选中图像，如图9-11所示，然后选择“位图”|“矫正图像”菜单命令，打开“矫正图像”对话框，移动“旋转图像”选项中的滑块进行水平旋转纠正，然后查看裁切边缘和网格的间距，可以设置后面的数值进行微调，如图9-12所示。

调整好角度后，选中“裁剪并重新取样为原始大小”复选框，将预览改为裁剪效果进行查看，如图9-13所示。单击OK按钮完成图像的矫正，效果如图9-14所示。

图9-11　选中位图

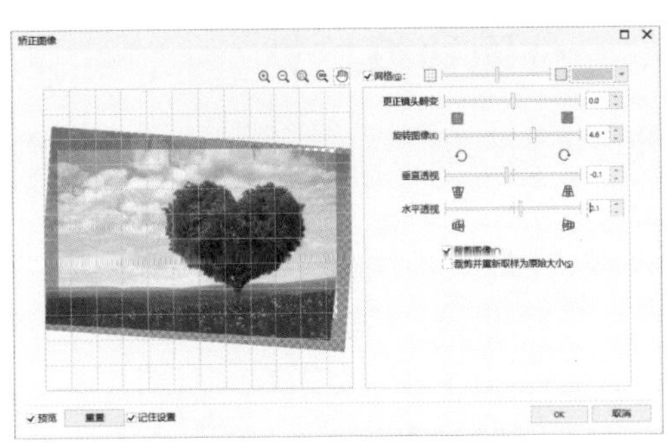
图9-12　“矫正图像”对话框

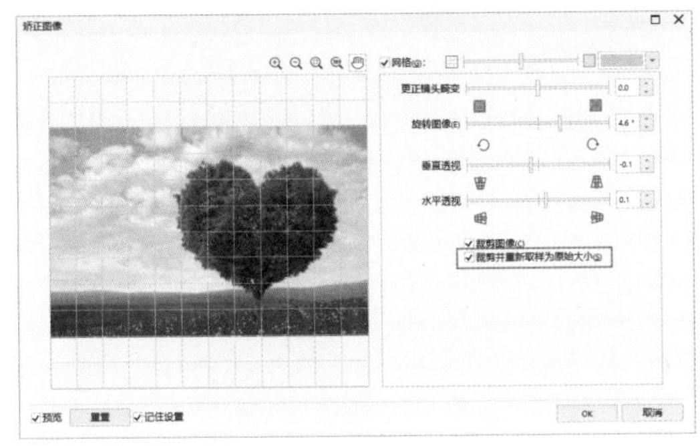
图9-13　设置裁剪选项

图9-14　裁剪效果

9.2.2　重新取样

使用“重新取样”命令可以改变位图的大小和分辨率，并根据图像分辨率的大小决定文档输出的模式，分辨率越大，则文件越大。

选择图像，在属性栏中将显示当前图像的尺寸，如图9-15所示。选择“位图”|“重新取样”菜单命令，打开“重新取样”对话框，如图9-16所示。

在“图像大小”选项组的“宽度”和“高度”选项文本框中输入数值，可以改变位图的大小；在“分辨率”选项组的“水平”和“垂直”选项文本框中输入数值，可以改变位图的分辨率，设置完成后单击OK按钮，完成重新取样，效果如图9-17所示。

图9-15　查看图像尺寸

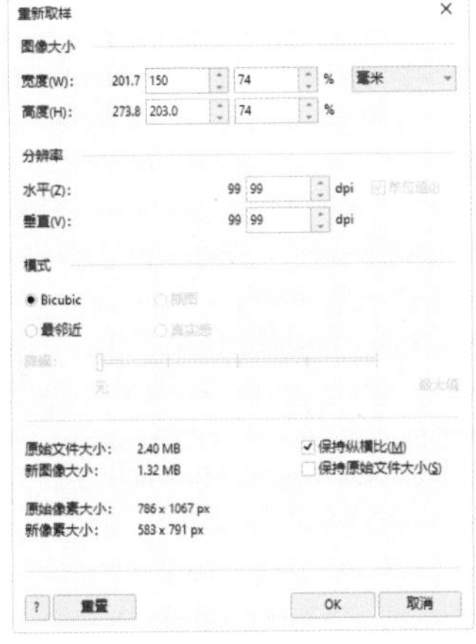

图9-16　“重新取样”对话框

图9-17　重新取样效果

9.2.3　位图边框扩充

使用“位图边框扩充”命令可以为位图添加边框。CorelDRAW为用户提供了“自动扩充位图边框”和“手动扩充位图边框”两种添加边框的方式。

选择“位图”|“位图边框扩充”|“手动扩充位图边框”菜单命令，如图9-18所示，打开“位图边框扩充”对话框，如图9-19所示，在对话框中可以更改“宽度”和“高度”，单击OK按钮即可完成边框扩充。

图9-18　选择“手动扩充位图边框”命令

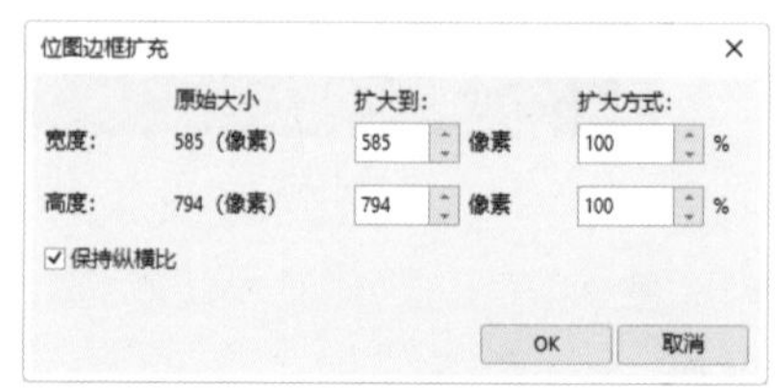

图9-19　“位图边框扩充”对话框

选择“位图”|“位图边框扩充”|“自动扩充位图边框”菜单命令，当该命令处于选中状态时，可以自动为位图或矢量图添加边框效果。

9.2.4　多种位图模式转换

CorelDRAW为用户提供了丰富的位图颜色模式，包括“黑白”“灰度”“双色调”“调色板色”“RGB颜色”“Lab色”和“CMYK色”多种模式。选择“位图”|“模式”菜单命令，在打开的子菜单中可以选择需要的模式，如图9-20所示。选择颜色模式后，位图的颜色结构也会随之发生变化。

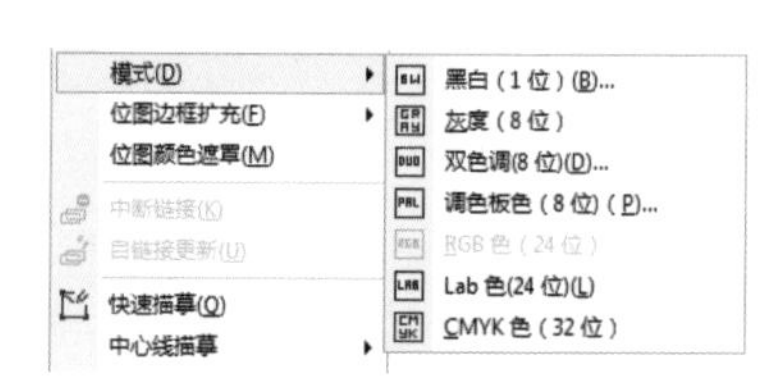

图9-20　颜色模式命令

9.3　位图的颜色调整

在“效果”|“调整”的子菜单中选择相应的命令，可以对位图进行颜色调整，如调整高反差、局部平衡、调和曲线、亮度/对比度/强度、颜色平衡、色度/饱和度/亮度等。

9.3.1　自动调整

“自动调整”命令能够自动校正图像的偏色、对比度和曝光等问题，该命令没有可以设置的参数。

选择图像，然后选择“效果”|“调整”|“自动调整”菜单命令，系统会自动分析并调整图像的色彩和曝光等，自动调整图像的前后效果对比如图9-21所示。

图9-21　自动调整图像前后效果对比

9.3.2　色阶

“色阶”命令可以通过设置图像颜色的浓度，以及最暗区域及最亮区域颜色的浓淡分布，从而调整图像的亮度和对比度，使高光区域和阴影区域的细节不被丢失。

练习实例：调整图像色阶

文件路径：第9章\调整图像色阶

技术掌握：使用“色阶”命令调整图像的亮度、对比度和强度

01 新建一个文档，导入“食物.jpg”素材图像，如图9-22所示。

02 选择导入的图像，然后选择“效果”|“调整”|“色阶”菜单命令，打开“级别”泊坞窗，在泊坞窗中的直方图中可以查看图像色调范围，如图9-23所示。

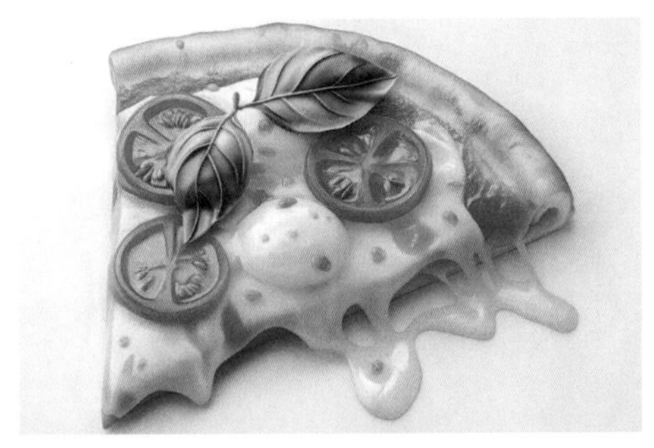

图9-22　导入素材图像

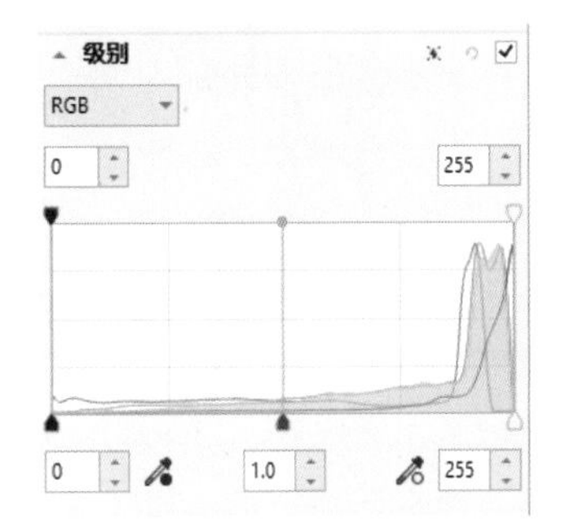

图9-23　色阶选项

03 在直方图的下方有三个滑块，从左到右分别代表暗部色调、中间色调和亮部色调，拖动下方最左侧的黑色滑块，可以让画面暗部图像更暗，如图9-24所示。

04 拖动右侧的白色滑块，可以让画面中的亮部更亮，如图9-25所示。

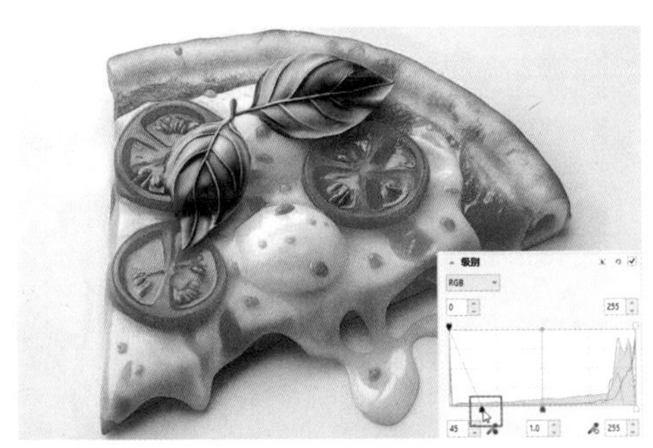

图9-24　调整暗部色调

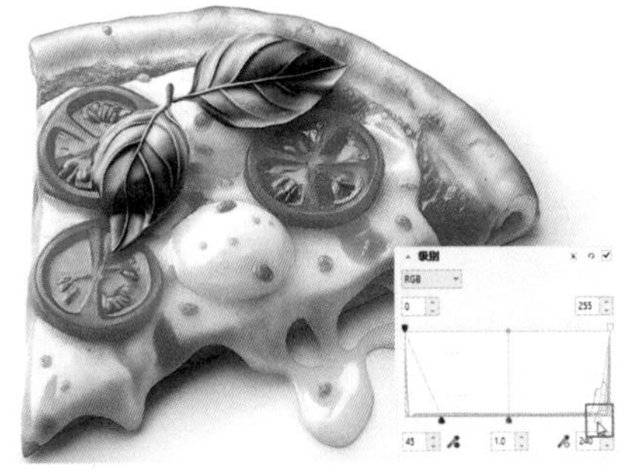

图9-25　调整亮部色调

05 向左拖动中间的灰色滑块，可以让图像中间色调部分变暗，如图9-26所示；向右拖动中间的灰色滑块，可以让图像中间色调部分变亮，如图9-27所示。

06 单击窗口右上方的“重置”按钮，可以还原图像效果。拖动直方图上方两侧的滑块，可以设置图像的“输出范围”。拖动左侧的黑色滑块，可以增加画面中白色的数量，效果如图9-28所示；拖动右侧的白色滑块，可以增加画面中黑色的数量，效果如图9-29所示。

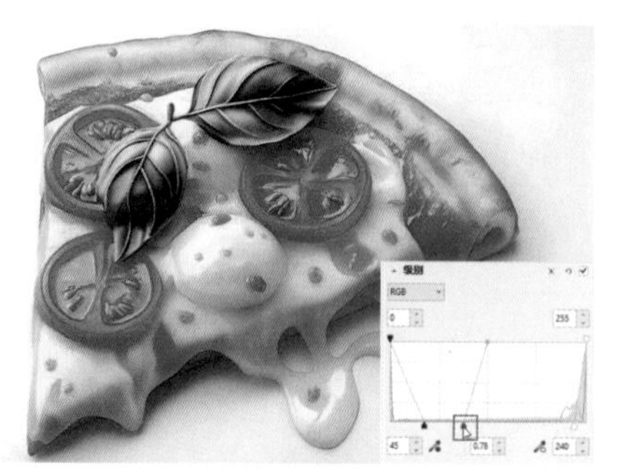

图9-26　向左调整中间色调

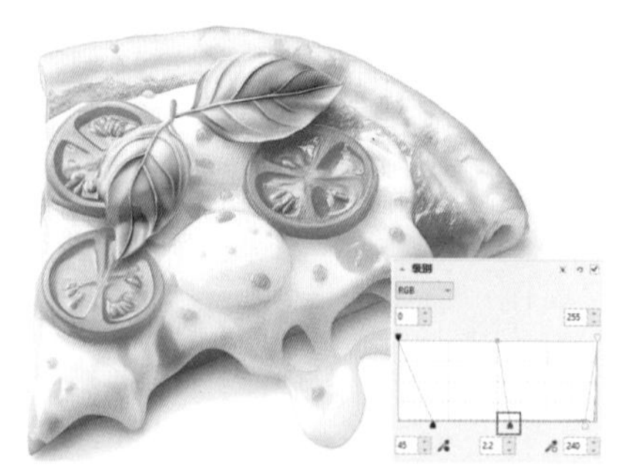

图9-27　向右调整中间色调

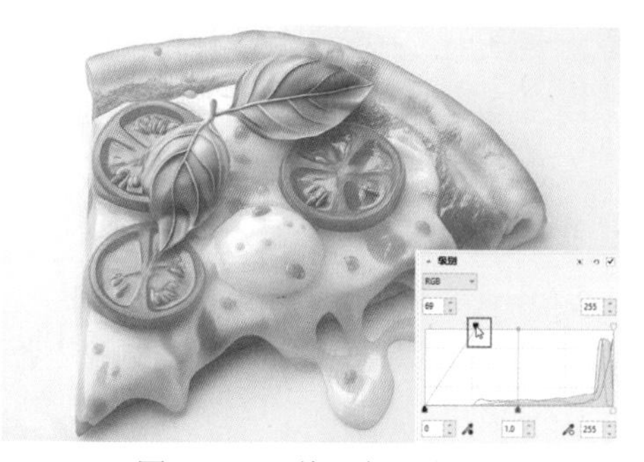

图9-28　调整黑色滑块

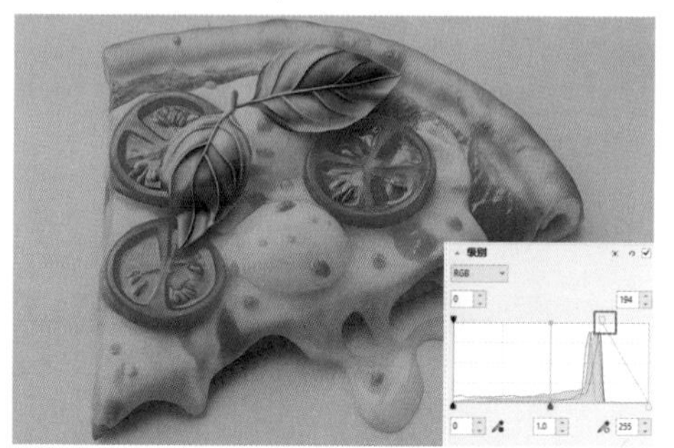

图9-29　调整白色滑块

9.3.3　均衡

“均衡”命令通过提高图像各颜色边缘附近的对比度，来调整图像的暗部和亮部区域中的细节，该命令没有参数设置窗口。选择图像，然后选择“效果”|“调整”|“均衡”菜单命令，系统会自动分析并调整图像，对比效果如图9-30所示。

图9-30　均衡调整图像前后效果对比

9.3.4　样本/目标

使用“样本/目标”命令可以从图像中选择色样来调整图像中的颜色值。用户可以分别用阴影调、中间色调和高光调吸管来选取色样，并将目标颜色应用于每个色样。

选择图像，然后选择“效果”|“调整”|“样本/目标”菜单命令，打开“样本/目标”泊坞窗，选中“阴影”复选框，再单击“示例”选项右侧的“吸管工具”，接着单击图像中的

背景区域，如图9-31所示，然后单击“目标”下方的色块，选择所需的颜色，如图9-32所示，即可得到替换的颜色，效果如图9-33所示。

图9-31　吸取图像中的背景颜色

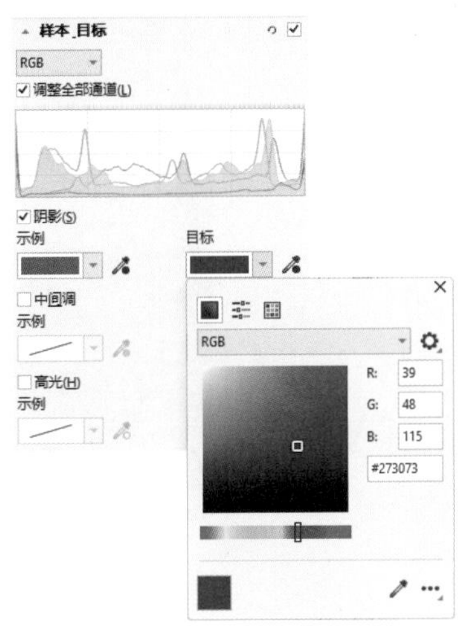

图9-32　设置目标颜色

图9-33　替换图像中的背景颜色

9.3.5　调和曲线

“调和曲线”命令用于快速调整图像的亮度、对比度和颜色。

选择图像，再选择“效果”|“调整”|“调和曲线”菜单命令，在打开的“调和曲线”泊坞窗中选择调整曲线的通道，然后在曲线中单击可添加曲线控制点，选择控制点，在下方的数值框中可以输入控制点的位置，也可以拖动控制点和曲线更改曲线形状，从而调整图像的颜色，如图9-34所示。

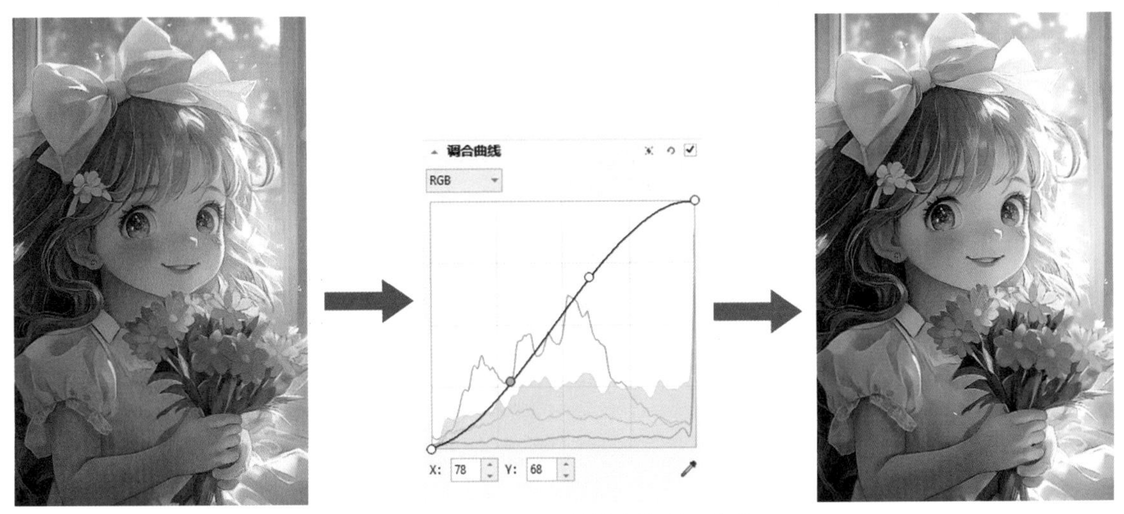

图9-34　“RGB”通道曲线调和效果

若选择“RGB ”通道，可以整体调整图像色彩的对比度、亮度和浓度；若选择“红”“绿”和“蓝”通道，可以为图像增加单个颜色，更改图像的色调，图9-35和图9-36所示分别为调整“红”和“绿”通道的效果。

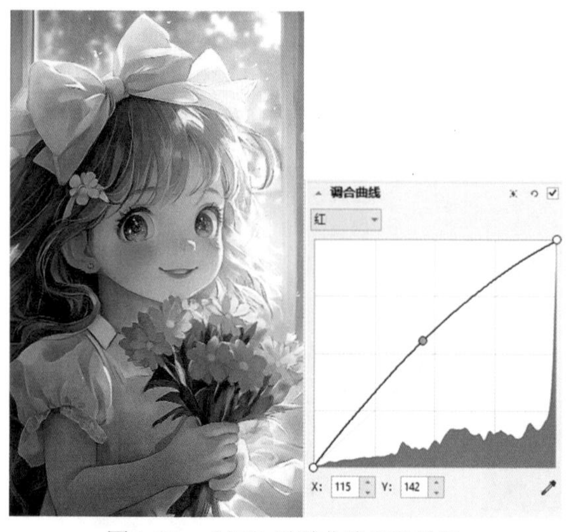

图9-35　“红”通道曲线调和效果

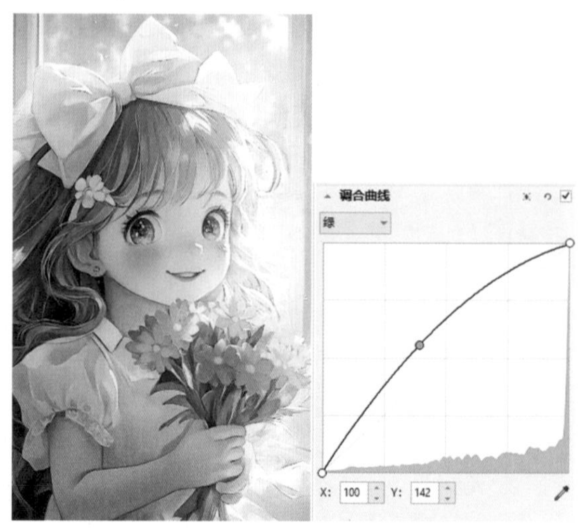

图9-36　“绿”通道曲线调和效果

9.3.6　亮度

“亮度”命令可用于调整图像亮度、对比度和强度。亮度是指图像的明亮程度；对比度是指图像的亮部和暗部的色彩反差；强度是指图像的色彩强度。

选择图像，然后选择“效果”|“调整”|“亮度”菜单命令，打开“亮体”泊坞窗，拖动其中的滑块或输入数值，可以设置亮度、对比度和强度，如图9-37所示。

图9-37　亮度调整

9.3.7　颜色平衡

“颜色平衡”可以将青色、红色、品红、绿色、黄色、蓝色添加到图像中，以此来平衡偏色的图像或调整图像色彩。

选择图像，然后选择“效果”|“调整”|“颜色平衡”菜单命令，打开“颜色平衡”泊坞窗，选择“三路色彩”选项，可以显示所有影调的色彩设置。接着拖动滑块即可调整各色调中的颜色偏向，如图9-38所示。

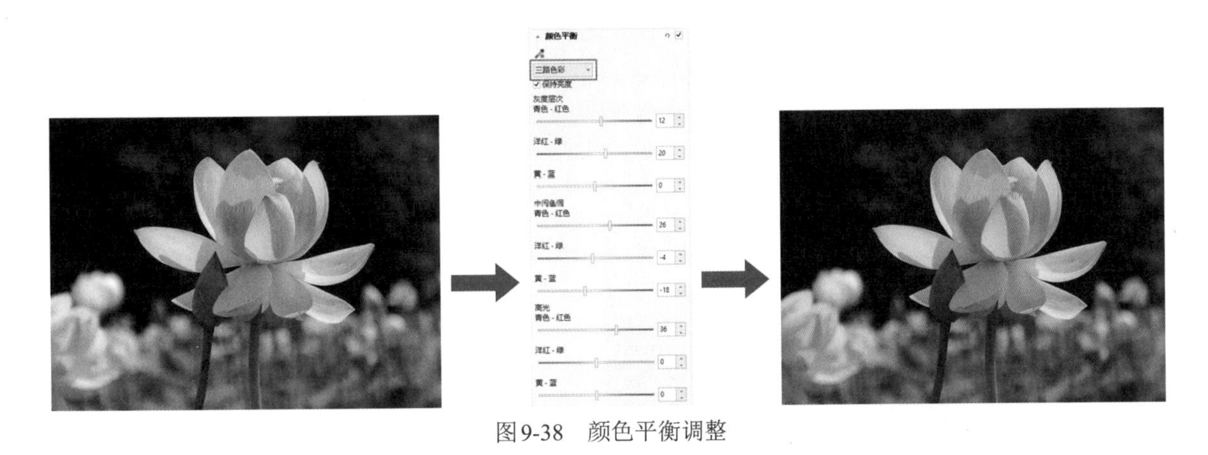

图9-38　颜色平衡调整

知识点滴

选中“保持亮度”复选框，在添加颜色平衡的过程中，可以保持图像的亮度。

9.3.8　伽玛值

“伽玛值”命令用于在较低对比度的区域进行细节强化，不会影响高光和阴影。

选择图像，然后选择“效果”|“调整”|“伽玛值”菜单命令，打开“伽玛值”泊坞窗，拖动滑块可以调整伽玛值大小，如图9-39所示。

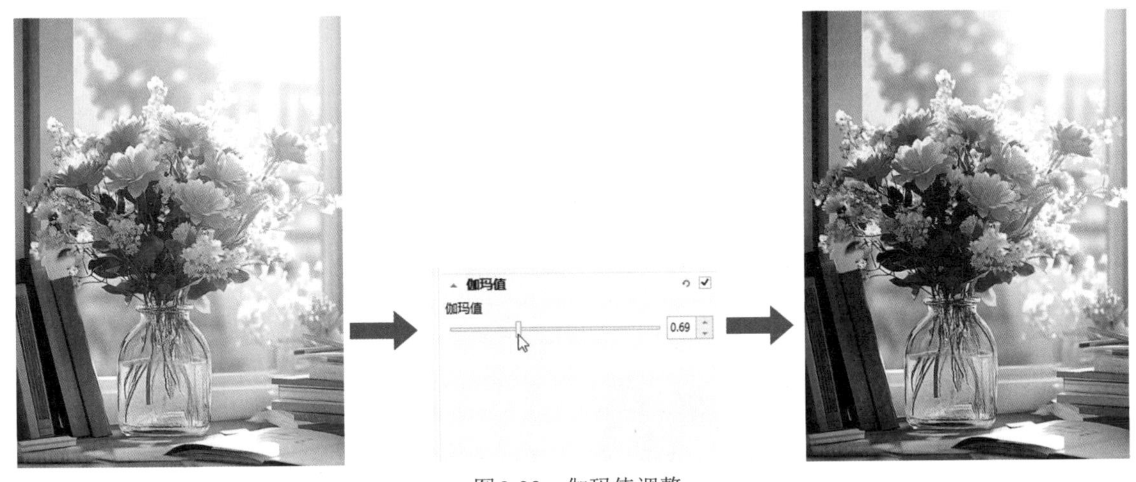

图9-39　伽玛值调整

9.3.9　白平衡

“白平衡”命令能够改变图像色温和颜色倾向，使用该命令对位图和矢量图都可以进行操作。

练习实例：调整图像白平衡

文件路径：第9章\调整图像白平衡

技术掌握：使用“白平衡”命令调整图像色温和颜色

01 新建一个文档，导入“风景.jpg”素材图像，如图9-40所示。

02 选择导入的图像，然后选择“效果”|“调整”|“白平衡”菜单命令，打开“白平衡”泊坞窗，其中调整“温度”选项可以改变图像的冷暖色调，调整“上色”选项可以改变图像的色彩，如图 9-41 所示。

图 9-40 导入素材图像

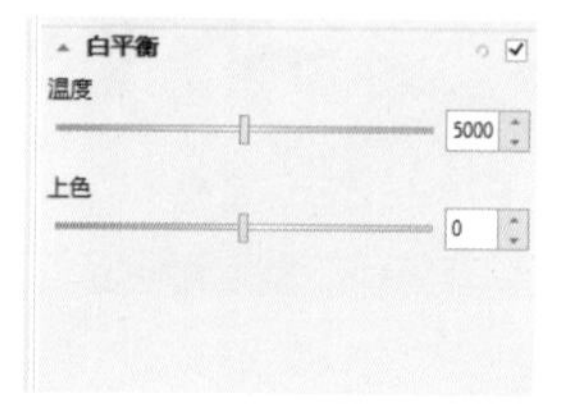

图 9-41 “白平衡”泊坞窗

03 向左拖动“温度”选项中间的滑块可以增加黄色调，如图 9-42 所示；向右拖动“温度”选项中间的滑块可以增加蓝色调，如图 9-43 所示。

图 9-42 增加黄色调

图 9-43 增加蓝色调

04 单击泊坞窗右上方的“重置”按钮，可以还原图像效果。向左拖动“上色”选项中间的滑块可以增加洋红色调，如图 9-44 所示；向右拖动“上色”选项中间的滑块可以增加绿色调，如图 9-45 所示。

图 9-44 增加洋红色调

图 9-45 增加绿色调

9.3.10 色调 / 饱和度 / 亮度

“色调/饱和度/亮度”命令用于调整位图中的颜色偏向、色彩鲜艳度和亮度，选择不同的色彩通道，通过拖动滑块可以调整图像中的颜色、浓度和白色所占的比例。运用该命令不仅可以调整图像整体色调，还可以选择图像中的某一种颜色进行调整。

练习实例：调整图像局部颜色

文件路径：第9章\调整图像局部颜色

技术掌握：使用“色调/饱和度/亮度”命令调整图像的某种颜色

01 新建一个文档，导入“卡通风景.jpg”素材图像，如图9-46所示

02 选择导入的图像，然后选择“效果”|“调整”|“色度/饱和度/亮度”菜单命令，打开“色调/饱和度/亮度”泊坞窗，选择“通道”选项下方的“主对象”色块，然后向左拖动“色度”下方的滑块，调整图像整体色调，如图9-47所示，调整后的图像效果如图9-48所示。

图9-46　导入素材图像

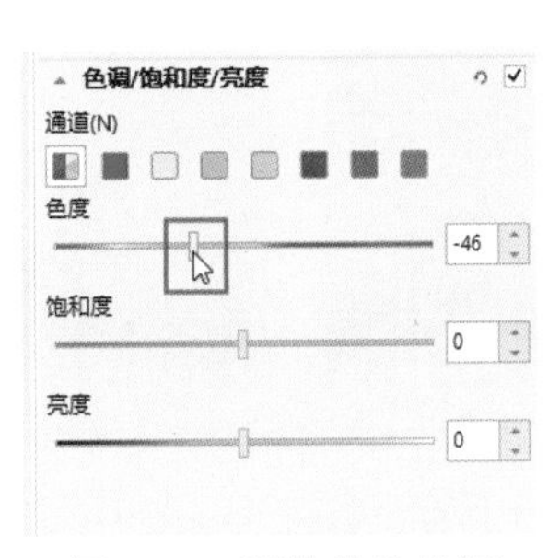

图9-47　调整整体色调

图9-48　调整效果

进阶技巧

在“色调/饱和度/亮度”泊坞窗中，“通道”选项下方的第一个色块表示主对象的通道，其他色块分别表示对应颜色的通道。

03 下面对局部色调进行调整。选择“通道”下方的“青色”，分别调整“色度”和“亮度”，改变色调后的图像效果如图9-49所示。

04 选择“通道”选项下方的“黄色”，调整“色度”，改变色调后的图像效果如图9-50所示。

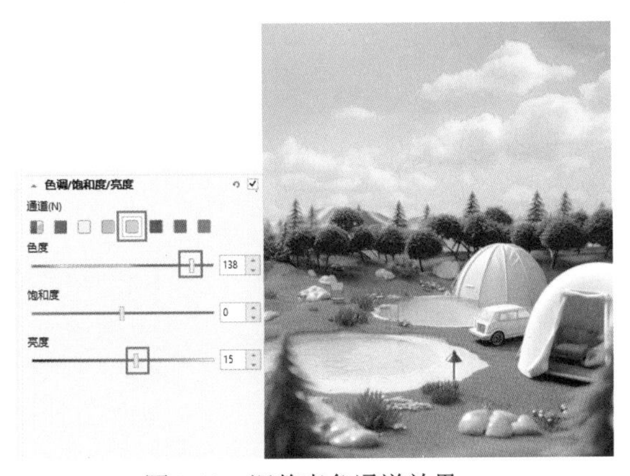

图9-49　调整青色通道效果

图9-50　调整黄色通道效果

9.3.11 黑与白

使用“黑与白”命令可以将彩色图像转换为黑白图像，并且调整每一种色调转换为黑白后的明暗程度。

选择一张图像，如图9-51所示，然后选择“效果”|“调整”|“黑与白”菜单命令，打开“黑.白”泊坞窗，图像将自动变为黑白色调，如图9-52所示。

图9-51　原图像

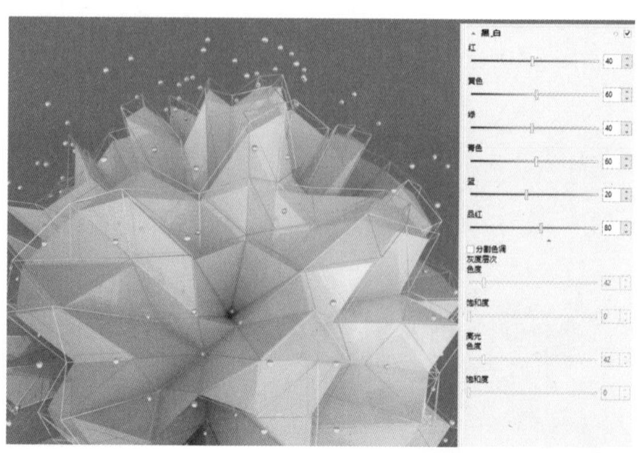

图9-52　黑白效果

向左拖动“蓝”和“品红”选项下方的滑块，可以降低该色调的亮度，调整效果如图9-53所示；选中“分割色调”复选框，激活下方的参数设置框，向右拖动“饱和度”选项下方的滑块，可以得到单色图像效果，如图9-54所示。

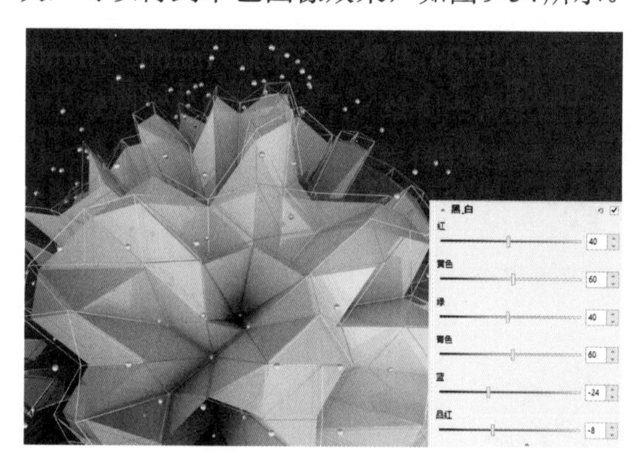

图9-53　调整黑白效果

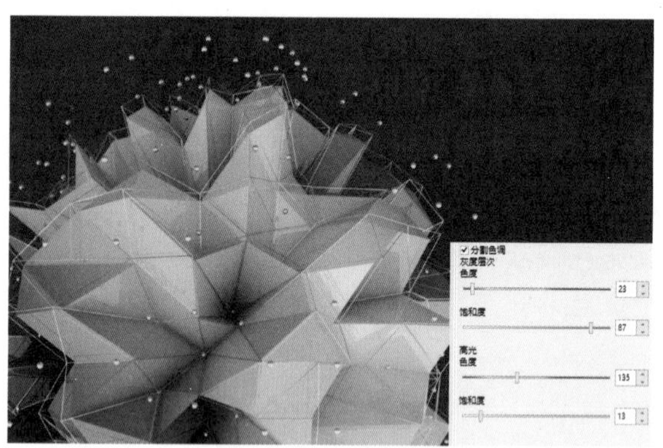

图9-54　单色效果

9.3.12 振动

“振动”命令可以智能调整画面中的颜色饱和度。选择一张图像，如图9-55所示，选择“效果”|“调整”|“振动”菜单命令，打开“振动”泊坞窗。拖动“振动”下方的滑块，可以自然地调整画面中的饱和度，向左拖动滑块可以降低自然饱和度，向右拖动滑块可以增加自然饱和度，当数值为最大或最小值时，都会保留较自然的颜色效果，如图9-56所示；拖动“饱和度”下方的滑块，可以调整图像饱和度的强烈程度，当数值为最小值时，图像为黑白效果，当数值为最大值时，图像色彩可能会出现失真、溢色的效果，如图9-57所示。

图9-55　原图像

图9-56　调整振动效果

图9-57　调整饱和度效果

9.3.13　所选颜色

“所选颜色”命令通过改变位图中的每种颜色的数值来改变颜色，也可以在不影响其他主要颜色的情况下选择任意颜色进行修改。

选择一张图像，然后选择“效果”|“调整”|“所选颜色”菜单命令，打开“所选颜色”泊坞窗，在“颜色”选项下方选择所需调整的颜色块，如选择“黄”色块，然后拖动下方的颜色滑块，将得到调整效果，如图9-58所示。

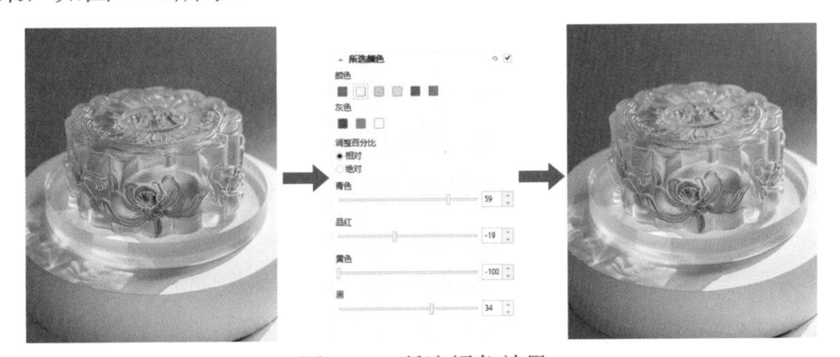

图9-58　所选颜色效果

9.3.14　替换颜色

“替换颜色”命令可以使用另一种颜色替换位图中所选的颜色。选择一张图像，然后选择“效果”|“调整”|“替换颜色”菜单命令，打开“替换颜色”泊坞窗，单击“原始”选项下方的“吸管工具”，接着单击图像中需要替换的颜色，再单击“新建”下方的颜色块，设置替换颜色，或拖动下方的滑块进行调整，可以进行图像颜色的替换，效果如图9-59所示。

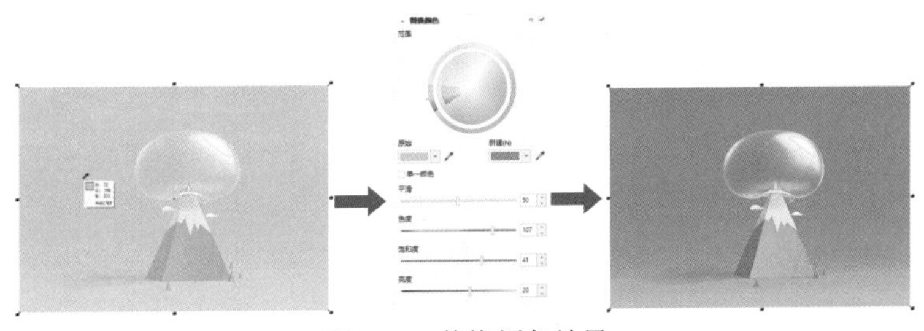

图9-59　替换颜色效果

9.3.15 取消饱和

“取消饱和”命令可以将位图的每种颜色转换为与其相对应的灰度，变为黑白效果。选择一张图像，然后选择“效果”|“调整”|“取消饱和”菜单命令，即可把图片转换成黑白图像，图9-60所示为取消饱和的前后对比效果。

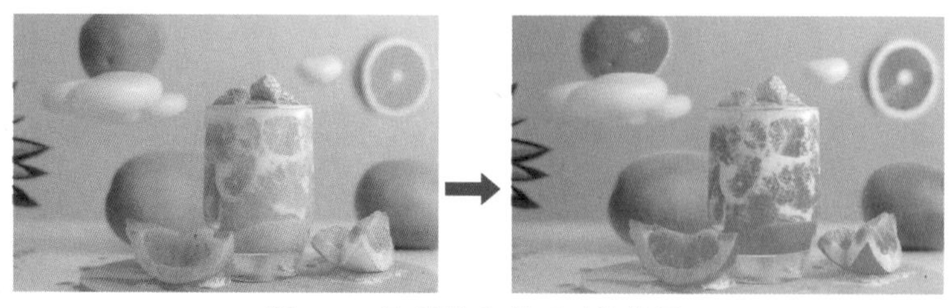

图9-60 取消饱和前后对比效果

9.3.16 通道混合器

“通道混合器”命令通过改变不同颜色通道的数值来改变图像的色调，以平衡位图的颜色。选择一张图像，然后选择“效果”|“调整”|“通道混合器”菜单命令，打开“通道混合器”泊坞窗，再选择所需的颜色模式和通道颜色，拖动下方的颜色滑块，即可快速为图像赋予不同的画面效果和风格，如图9-61所示。

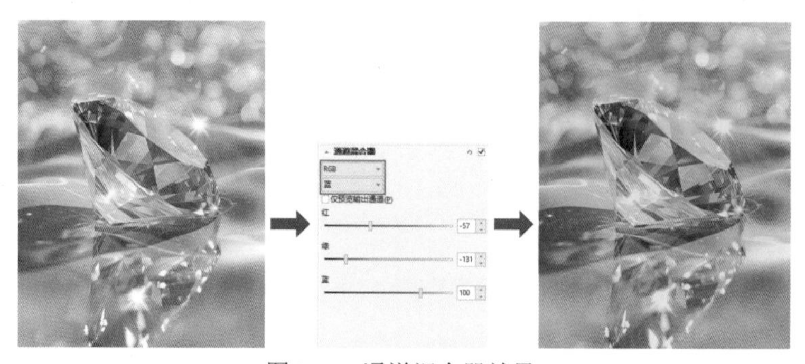

图9-61 通道混合器效果

9.4 为位图添加滤镜效果

使用CorelDRAW中的滤镜功能可以丰富位图画面，使图像产生特殊艺术效果。选择“位图”菜单命令，其中包含了三维效果、艺术笔触、颜色转换、轮廓图、相机、扭曲、模糊、创造性、鲜明化和底纹等多组滤镜。若需要为矢量图运用滤镜效果，首先需要将矢量图转换为位图。

9.4.1 三维效果

“三维效果”滤镜组用于给位图添加三维特殊效果，使位图具有空间和深度效果，包括“三维旋转”“柱面”“浮雕”“卷页”“挤远/挤近”“球面”“锯齿型”7种不同类型。

- 三维旋转：可以使平面图像在三维空间内旋转，得到3D立体的旋转效果，如图9-62所示。

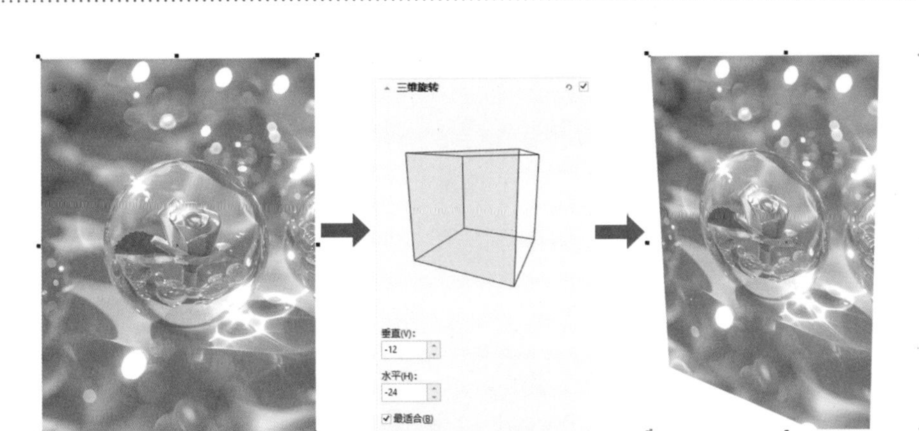

图9-62　三维旋转

- 柱面：可以沿着圆柱体表面贴上图像，创建出贴图的三维效果，如图9-63所示。
- 浮雕：可以通过勾画图像的轮廓和降低周围的色值来制作出具有深度感的凹陷或凸出效果，如图9-64所示。
- 卷页：可以为图像的任意一角添加卷曲效果，呈现向内卷曲的效果，如图9-65所示。

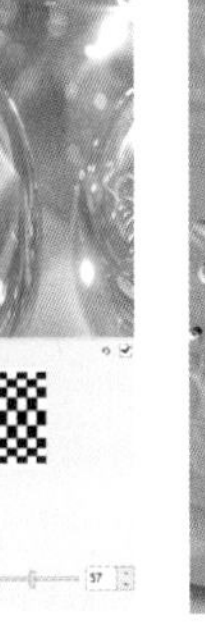

图9-63　柱面

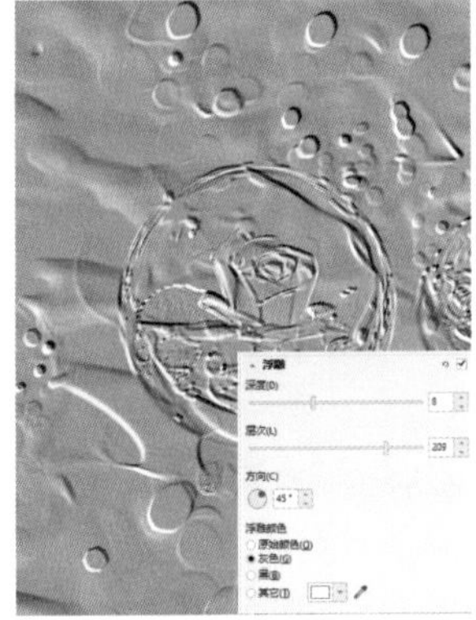

图9-64　浮雕

图9-65　卷页

- 挤远/挤近：可以以图像的某点为基准，得到拉近或拉远的效果，如图9-66所示。
- 球面：可以使图像从中心向边缘产生扩展效果，类似于凹凸的球面，如图9-67所示。
- 锯齿型：可以模拟水滴落入水中产生的涟漪效果，如图9-68所示。

图9-66　挤远/挤近

图9-67　球面

图9-68　锯齿型

9.4.2 艺术笔触

“艺术笔触”滤镜组可以将位图以手工绘画方法进行转换，创建不同的绘画风格，包括“炭笔画”“彩色蜡笔画”“蜡笔画”“立体派”“浸印画”“印象派”“调色刀”“彩色蜡笔画”“钢笔画”“点彩派”“木版画”“素描”“水彩画”“水印画”和“波纹纸画”15种不同的效果，如图9-69所示。

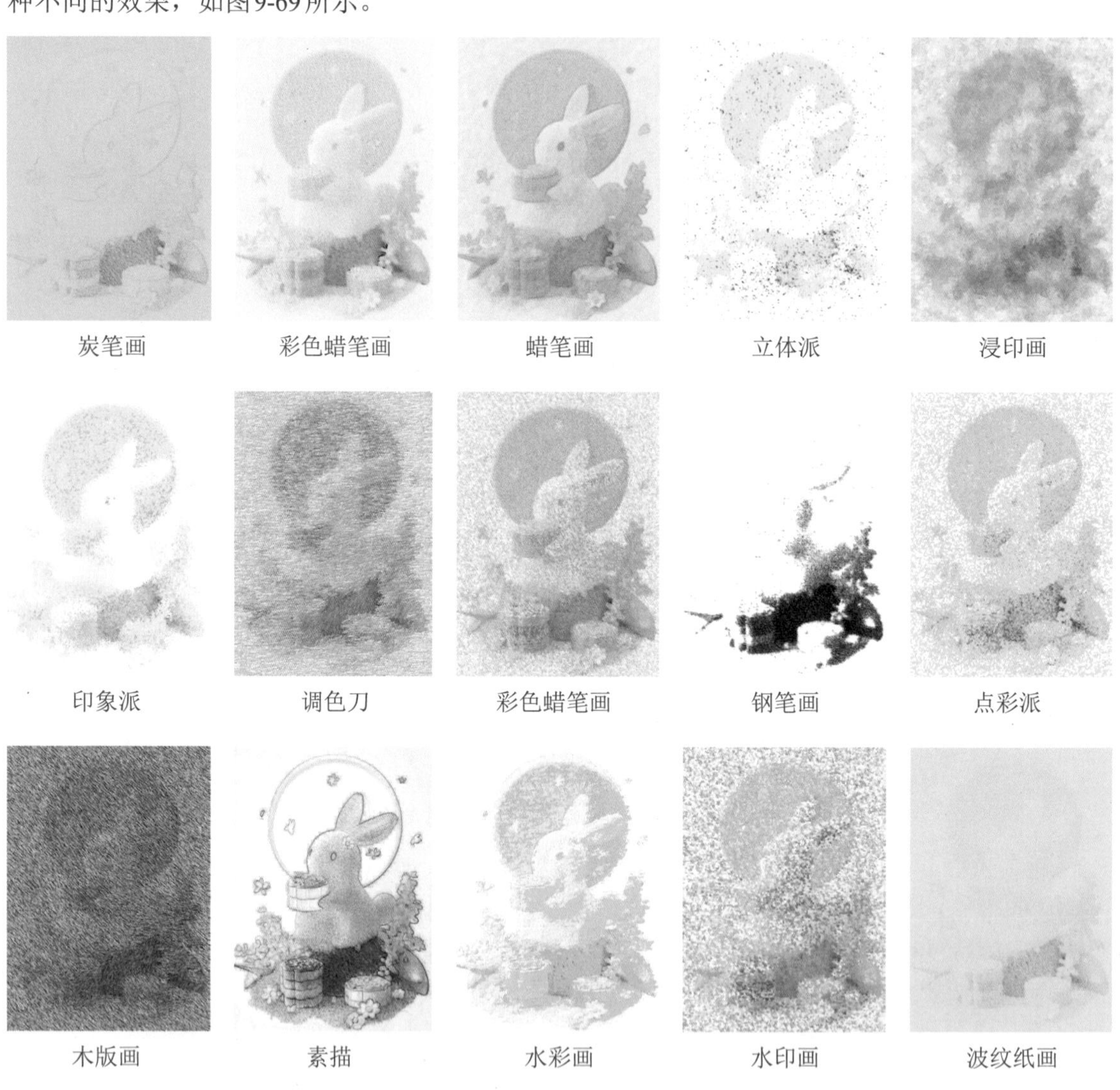

图9-69　艺术笔触效果

9.4.3 模糊

“模糊”滤镜组在绘图中最为常用，用于添加特殊光照效果，包括“定向平滑”“羽化”“高斯式模糊”“锯齿状模糊”“低通滤波器”“动态模糊”“放射式模糊”“智能模糊”“平滑”“柔和”和“缩放”11种不同的效果，部分效果如图9-70所示。

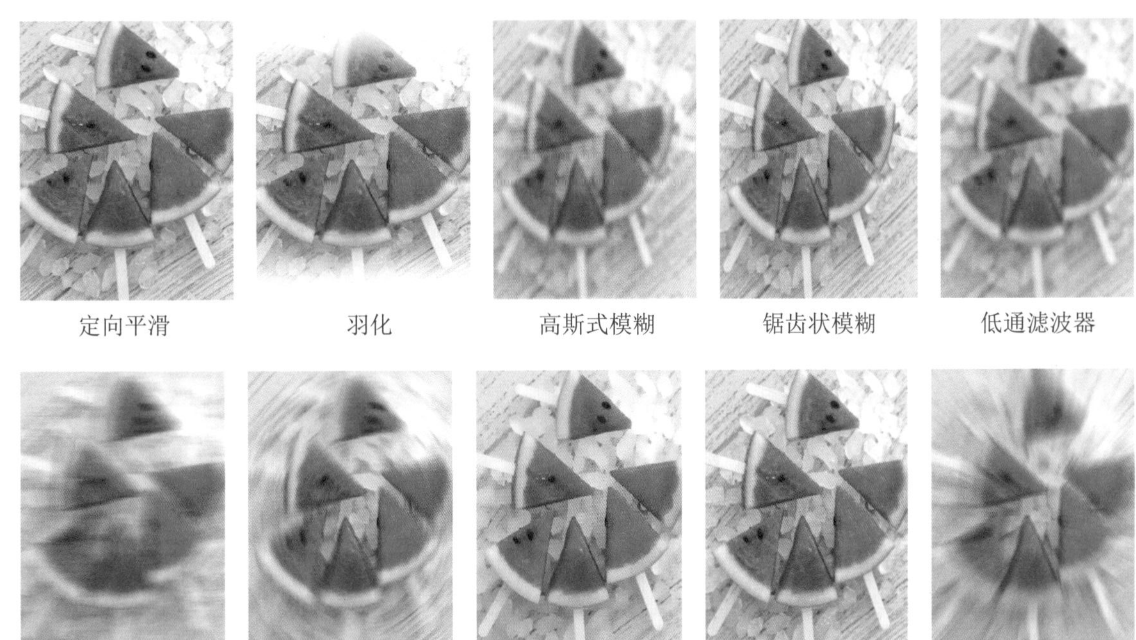

图9-70　模糊效果

9.4.4　相机

“相机”滤镜组可以为图像添加相机产生的光感效果，为图像去除存在的杂点，给照片添加颜色效果，包括“着色”“扩散”“镜头光晕”“照明效果”“照片过滤器”“棕褐色色调”“焦点滤镜”和“延时”8种不同的效果，部分效果如图9-71所示。

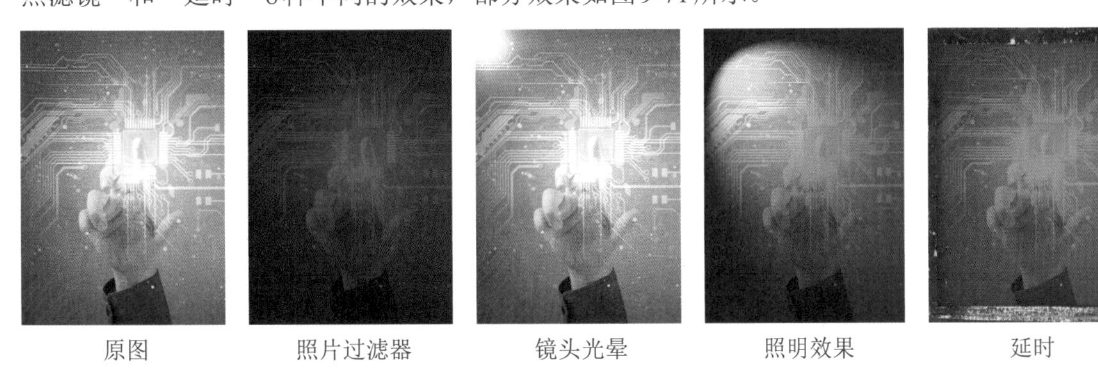

图9-71　添加相机效果

9.4.5　颜色转换

“颜色转换”滤镜组可以为图像添加彩色网版效果，也可以转换色彩效果，包括“位平面”“半色调”“梦幻色调”和“曝光”4种不同的效果，如图9-72所示。

原图

位平面

半色调

梦幻色调

曝光

图9-72　添加颜色转换效果

9.4.6　轮廓图

“轮廓图”滤镜组可以根据图像的对比度，处理位图的边缘和轮廓，从而突出显示图像边缘，包括“边缘检测”“查找边缘”“描摹轮廓”和“局部平衡”4种不同的效果，如图9-73所示。

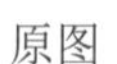
原图

边缘检测

查找边缘

描摹轮廓

局部平衡

图9-73　添加轮廓图效果

9.4.7　校正

“校正”滤镜组包括“尘埃与刮痕”和“调整鲜明化”两种效果。

- 尘埃与刮痕：打开素材图像，如图9-74所示，通过校正移除尘埃与刮痕标记，可以快速改进位图的质量和显示。设置半径可以确定更改影响的像素数量，其设置取决于瑕疵大小及其周围的区域，效果如图9-75所示。
- 调整鲜明化：可以选择“柔化遮罩”“适应非鲜明化”“鲜明化”和“定向鲜明化”4种方式，如图9-76所示。

图9-74　原图

图9-75　尘埃与刮痕效果

图9-76　调整鲜明化

9.4.8 创造性

“创造性”滤镜组为用户提供了很多具有创意的效果，包括“艺术样式”“晶体化”“织物”“框架”“玻璃砖”“马赛克”“散开”“茶色玻璃”“彩色玻璃”“虚光”和“旋涡”11种不同的效果，部分效果如图9-77所示。

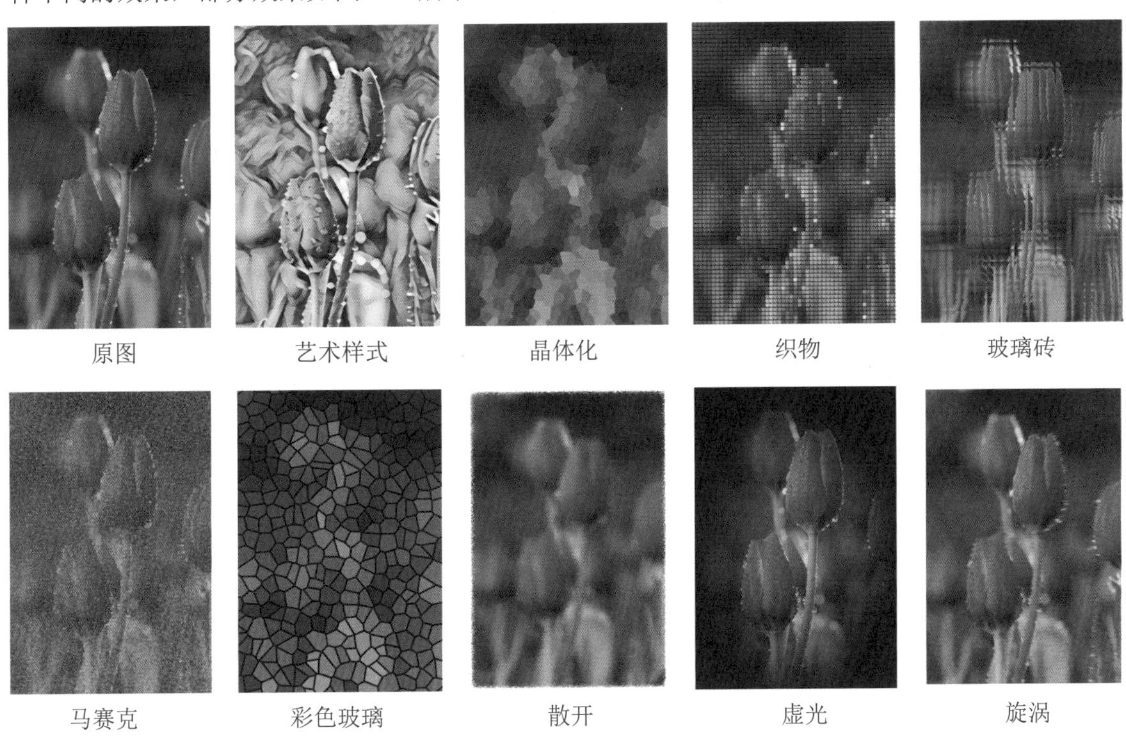

原图　艺术样式　晶体化　织物　玻璃砖

马赛克　彩色玻璃　散开　虚光　旋涡

图9-77　添加创造性效果

9.4.9 自定义

“自定义”滤镜组可以将带有深度变化的凹凸材质添加到图像中，并经过光线的渲染，使图像具有凹凸效果，包括“带通滤波器”“上调影调”和“用户自定义”3种效果，部分效果如图9-78所示。

原图

带通滤波器

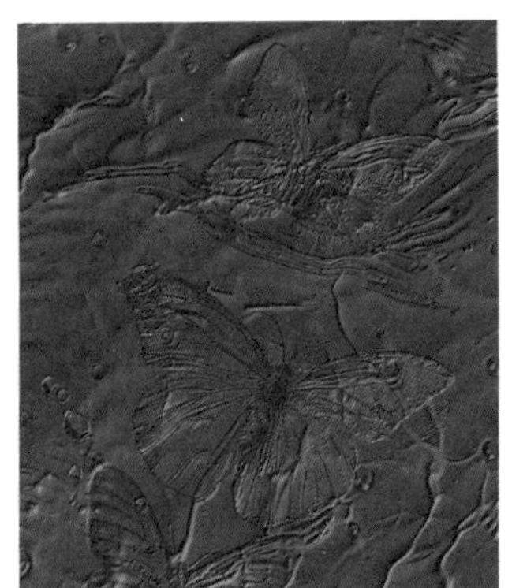

上调影调

图9-78　添加自定义效果

9.4.10 扭曲

“扭曲”滤镜组可以使位图产生变形扭曲效果，包括“块状”“置换”“网孔扭曲”“偏移”“像素”“龟纹”“切变”“旋涡”“平铺”“湿笔画”“涡流”和“风吹效果”12种不同的效果，部分效果如图9-79所示。

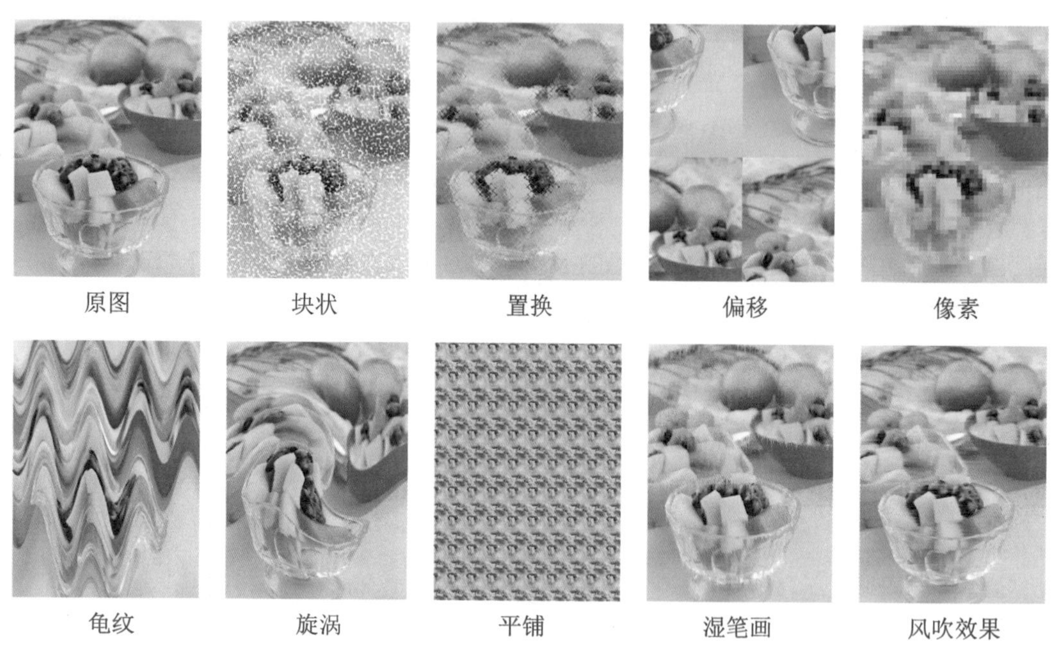

图9-79　添加扭曲效果

9.4.11 杂点

“杂点”滤镜组可以为图像添加颗粒，并且可以调整添加颗粒的程度，用于创建背景或添加刮痕效果，包括“调整杂点”“添加杂点”“三维立体杂点”“最大值”“中值”“最小”“去除龟纹”和“去除杂点”8种不同的效果，部分效果如图9-80所示。

图9-80　添加杂点效果

9.4.12　鲜明化

“鲜明化”滤镜组可以通过提高邻近像素的色度、亮度与对比度来突出强化图像边缘，修复图像中缺损的细节，使模糊的图像变得更清晰，从而提升图像显示效果，包括“适应非鲜明化”“定向柔化”“高通滤波器”“鲜明化”和“非鲜明化遮罩”5种不同的效果，部分效果如图9-81所示。

原图　　高通滤波器　　非鲜明化遮罩

图9-81　添加鲜明化效果

9.4.13　底纹

“底纹”滤镜组中的滤镜提供了丰富的底纹肌理效果，包括“砖墙”“气泡”“画布”“鹅卵石”“折皱”“蚀刻”“塑料”“石灰墙”“浮雕”“网格门”“石头”和“底色”12种不同的效果，部分效果如图9-82所示。

图9-82　添加底纹效果

9.4.14　变换

“变换”滤镜组可以改变图像色调并丰富画面效果，包括“去交错”“反转颜色”“极色化”和“阈值”4种不同的滤镜，如图9-83所示。

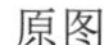
原图

去交错

反转颜色

极色化

阈值

图9-83 添加变换效果

9.5 课堂案例：绘制旅游海报

文件路径：第9章\绘制旅游海报

技术掌握：“添加杂点”滤镜的应用和调整图像色调的操作

图9-84 旅游海报

案例效果

本节将应用本章所学的知识，制作旅游海报，巩固之前所学的选择和设置滤镜、位图的调整等知识。本案例的效果如图9-84所示。

操作步骤

01 新建一个文档，选择“矩形工具”□，绘制一个矩形，在属性栏中设置宽度和高度为350mm×500mm，填充为白色，效果如图9-85所示。

02 选择“效果”|“杂点”|“添加杂点”菜单命令，打开“添加杂点”泊坞窗，设置添加杂点类型和参数，如图9-86所示，设置好后得到杂点背景效果，如图9-87所示。

图9-85 绘制矩形

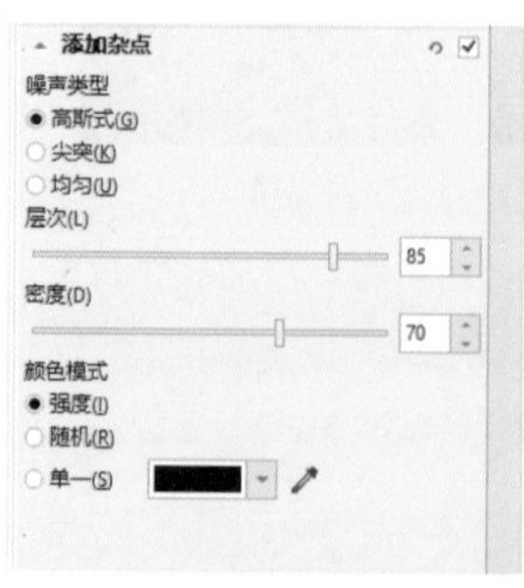

图9-86 设置添加杂点参数

图9-87 添加杂点效果

03 选择“矩形工具”□，在背景图像中绘制一个较小的矩形，并与背景图像中心对齐，如图9-88所示。

04 导入“天空.jpg”素材图像，适当调整图像大小，放到画面中间，如图9-89所示。

05 选择“效果”|“调整”|“色度/饱和度/亮度”菜单命令，打开“色调/饱和度/亮度”泊坞窗，调整色度为9、饱和度为15，如图9-90所示，调整后的图像整体色调更蓝，如图9-91所示。

图9-88　绘制较小矩形

图9-89　添加素材图像

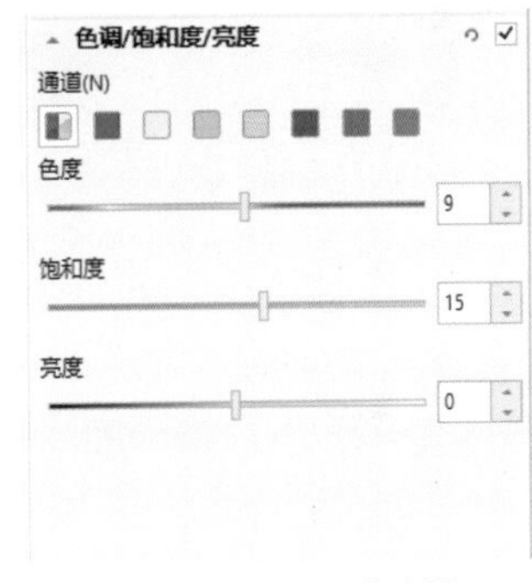

图9-90　调整图像颜色

06 选择“对象”|“PowerClip”|“置于图文框内部”菜单命令将天空图像置入矩形中，并适当调整天空图像大小，效果如图9-92所示。

07 导入“建筑.jpg”素材图像，适当调整图像大小，放在天空图像下方，如图9-93所示。

图9-91　图像调整效果

图9-92　置入图像

图9-93　添加素材图像

08 选择“透明度工具”▩，在建筑图像上半部分按住鼠标向上拖动，使其与天空图像自然融合，效果如图9-94所示。

09 选择“对象”|“PowerClip”|“置于图文框内部”菜单命令，将建筑图像置入矩形中，隐藏超出矩形以外的图像，效果如图9-95所示。

10 导入“艺术字.png”素材图像，适当调整图像大小，将其放在天空图像中，如图9-96所示。

图9-94　进行透明度处理

图9-95　将建筑图像置入矩形中

图9-96　导入艺术字

11 选择“文本工具”字，在艺术字下方输入两行文字，适当调整大小比例，设置字体为方正品尚中黑简体，填充为白色，然后在文字间绘制一条白色线段，如图9-97所示。

12 输入一行较小的文字内容，如图9-98所示，使用矩形工具分别框选文字内容，得到矩形边框，设置边框为白色，宽度为0.5mm，效果如图9-99所示，完成本实例的制作。

图9-97　输入两行文字内容

图9-98　输入较小文字内容

图9-99　创建矩形边框

9.6　高手解答

问：在对图像执行滤镜操作时，修改参数需要较长时间才能显示效果，计算机运行速度很慢，如何解决这个问题？

答：在调整滤镜参数时，如果有其他已经设置参数的滤镜，每调整一次参数图像都会整体发生变化，所以速度会比较慢，这时可以将其他已经设置的滤镜显示效果关闭，当调整至合适的参数后，再次显示其他滤镜效果，就能得到较快的运行速度。

问：将CorelDRAW中编辑的图片导出为其他格式时，怎样才能使图片的背景透明？

答：需要在导出图片时在“转换为位图”对话框中选中“透明背景”复选框，也可以在导出对话框中选择保存类型为“PNG”格式文件。

第 10 章 创建与编辑文本

文本是平面设计中重要的组成部分，能够直观地反映设计人员所要表达的信息，起到解释说明的作用。在经过修饰编辑后，文本还可以起到美化设计效果的作用。本章将对不同类型的文本的创建与编辑方法进行讲解，如美术文本、段落文本及路径文本等。

◎ 练习实例：制作时尚营业时间贴纸
◎ 练习实例：为文本添加项目符号和编号
◎ 课堂案例：个人简历设计

10.1 创建与编辑美术文本

美术文本常用于添加少量的文字内容。CorelDRAW通常将美术字作为一个单独的对象，并且可以使用处理图形的方法对其进行编辑，如设置渐变填充、轮廓及阴影等属性。

10.1.1 输入文本

选择工具箱中的“文本工具”字，在需要输入文本的位置处单击，将出一个闪烁的光标(如图10-1所示)，此时即可输入文本，所创建的文本即为美术文本，如图10-2所示。

图10-1 文本插入点

图10-2 输入文字

10.1.2 选择文本

在设置文本属性之前，需要选中该文本，选择文本有以下3种方法。

- 将光标插入需要选择的文本字符的起点位置，然后按住Shift键的同时，再按键盘上的“左箭头”或“右箭头”进行选择。
- 使用“选择工具”单击输入的文本，可以直接选中该文本中的所有字符。
- 将光标插入需要选择文本字符的起点，如图10-3所示，按住鼠标左键不放进行拖动，释放鼠标即可选择，选择的文本呈现浅蓝色底纹显示，如图10-4所示。

图10-3 插入光标

图10-4 选择部分文本

10.1.3 设置字符属性

使用“文本工具”输入文本后，选择需要设置字符属性的文本，可以在属性栏中设置文本的字体、字号、样式、对齐方式等属性，如图10-5所示。

图 10-5　文本工具属性栏

属性栏中常见字符属性的作用如下。

- 字体列表 Arial：选择文本后，在该下拉列表框中可以为文本选择不同的字体。
- 字体大小 12 pt：选择文本后，在该下拉列表框中选择一种字号，即可为文本指定字体大小，设置的值越大，文本越大，也可直接输入数值指定字体大小。
- 粗体 B：单击该按钮，可以将输入的文本加粗，效果如图 10-6 所示。
- 斜体 I：单击该按钮，可以将输入的文本倾斜，效果如图 10-7 所示。
- 下画线 U：单击该按钮，可以为输入的文本添加下画线，如图 10-8 所示。

图 10-6　粗体

图 10-7　斜体

图 10-8　下画线

- 文本对齐：单击该按钮，可以在弹出的下拉列表框中选择文本在文本框中或图形中的对齐方式，如图 10-9 所示。
- 项目符号：单击该按钮，可以添加项目符号列表格式，再次单击可以删除项目符号。
- 编号列表：单击该按钮，可以添加带数字的列表格式，再次单击可以删除数字编号。
- 首字下沉：单击该按钮，可以将段落文本中的第一个字放大。
- 编辑文本 abl：选择要编辑的文字，单击该按钮将弹出“编辑文本”窗口，在其中可以修改文字及其字体、字号和颜色。
- 文本：单击该按钮可以打开“文本”泊坞窗，在其中可以更加详细地设置文字属性，如图 10-10 所示。

图 10-9　对齐方式

图 10-10　“文本”泊坞窗

- 将文本更改为水平方向：单击该按钮，可以将文本更改为水平方向。
- 将文本更改为垂直方向：单击该按钮，可以将文本更改为垂直方向。

练习实例：绘制时尚营业时间贴纸

文件路径：第10章\绘制时尚营业时间贴纸

技术掌握：美术文本的输入与设置方法

01 新建一个文档，使用“矩形工具”□绘制一个矩形，在属性栏中单击“圆角”按钮，并设置半径参数为2.5mm、轮廓宽度为1.1mm，填充轮廓为土红色(#863D31)，效果如图10-11所示。

02 选择“文本工具”字，在圆形矩形内单击鼠标，确定文字的输入起点，然后输入文字，如图10-12所示。

03 选择文字，在属性栏中设置字体为方正粗雅宋简体，字号大小为25.5pt，填充文字为土红色(#863D31)，然后适当调整文字位置，如图10-13所示。

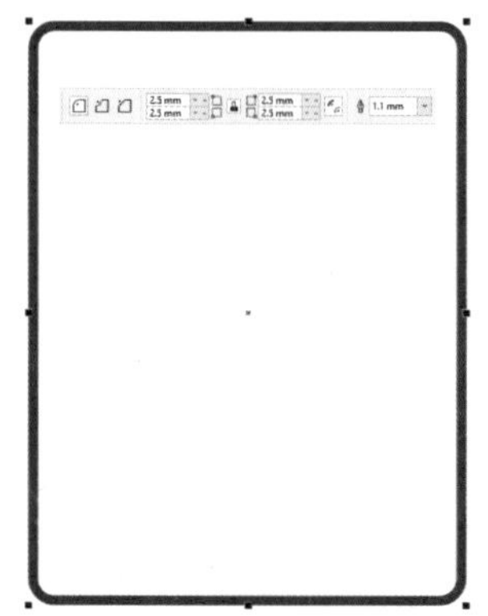

图10-11　绘制圆角矩形框

图10-12　输入文字

图10-13　设置文字属性

04 选择“钢笔工具”，在文字下方绘制一条直线，并在属性栏中设置轮廓宽度为0.2mm，填充轮廓线为土红色(#863D31)，如图10-14所示。

05 继续使用“文本工具”字在线条下方输入一行中英文文字，如图10-15所示。

06 将光标插入“季”字的后方，按两次空格键，使其与英文字之间有间隔距离，然后填充文字为土红色(#863D31)，如图10-16所示。

图10-14　绘制直线

营业时间

夏季summer

图10-15　输入文字

营业时间

图10-16　间隔文字

07 在属性栏中设置字体为方正大标宋、字号为12pt。将光标插入英文文字末端，按住鼠标左键不放，向左侧拖动至第一个英文字，释放鼠标即可选择所有英文文字，将选择的文字字号设置为8pt，得到如图10-17所示的文字效果。

08 继续在中英文文字下方输入时间文字，并在属性栏中设置字体为方正粗雅宋长，填充为土红色，效果如图 10-18 所示。

09 选择时间文字，单击属性栏中的“下画线”按钮 U，为文字添加下画线，效果如图 10-19 所示。

图 10-17　调整文字大小 　　图 10-18　输入时间 　　图 10-19　添加下画线

10 继续在夏季时间下方输入冬季时间文字，并设置与夏季时间文字相同的属性，如图 10-20 所示。

11 导入“图标.cdr”素材图像，将图标复制粘贴到时间贴纸中，放到文字下方，如图 10-21 所示。

12 选择“文本工具”字，在第一个图标下方输入文字，在属性栏中设置字体为方正粗宋简体，适当调整文字大小，然后填充为土红色，效果如图 10-22 所示。

图 10-20　输入冬季时间文字 　　图 10-21　添加图标 　　图 10-22　输入文字

13 复制两次刚创建的文本，将其向右侧移动，分别放到其他两个图标下方，并修改文字内容，如图 10-23 所示。

14 在图标下方再分别输入较小的英文文字，排列效果如图 10-24 所示，完成营业时间贴纸的制作。

15 导入“店铺.jpg”素材图像，将制作好的营业时间贴纸放在图像中，适当调整大小。为了得到更好的展示效果，可以为其添加一层较透明的白底，如图 10-25 所示。

图10-23　复制并修改文字

图10-24　输入英文文字

图10-25　最终展示效果

10.1.4　插入特殊字形

选择“文本”|“字形”菜单命令，打开“字形”泊坞窗。选择“文本工具”字，在需插入字符的位置单击插入光标，然后在泊坞窗中选择一种特殊字形，再双击将该图形作为一种文字插入，如图10-26所示。如果在“字形”泊坞窗中直接拖动字符到工作区中，字符将作为对象被插入，效果如图10-27所示。

图10-26　双击要插入的特殊字形

图10-27　插入特殊字形的效果

10.1.5　拆分与合并文本

在CorelDRAW中可以对文本进行拆分，也可以将多个单独的文本合并为一段文本。

1. 拆分文本

拆分文本是指将一段连续的文本拆分为单个文本，方便进行单个文本的调整。选择文本后，选择“对象”|“拆分”菜单命令，或按Ctrl+K组合键即可对文本进行拆分，图10-28所示为将选择文字拆分为单个文字并编辑大小、位置后的效果。

2. 合并文本

还可以对拆分后的文本进行合并，也可以将多个单独的文本合并为一段文字进行编辑。选择“对象”|“合并”菜单命令或按Ctrl+L组合键，即可合并文本。

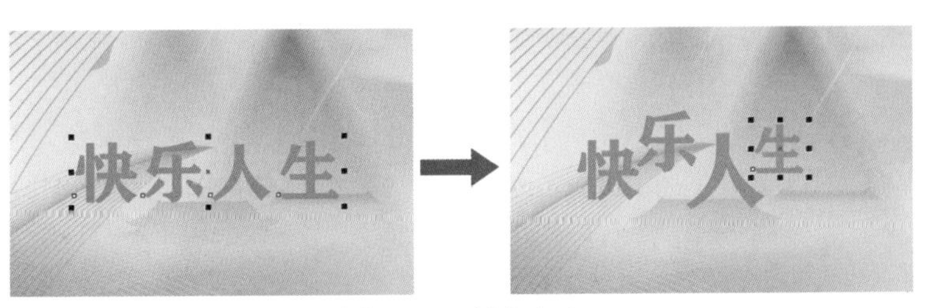

图10-28　拆分文本

10.1.6　将文本转换为曲线

使用CorelDRAW编辑好美术文本或段落文本后，可以将文本转换为曲线。转换后可以对文本任意变形，转为曲线后的文本对象不会丢失其文本格式。

选择需要转曲的文本，然后选择“对象”|“转换为曲线”菜单命令，或按Ctrl+Q组合键即可将文本转换为曲线。文本转换为曲线后，用户可以使用“形状工具”对文本的形状进行编辑。图10-29所示是将文本转曲后，使用“形状工具”编辑文本得到的艺术字效果。

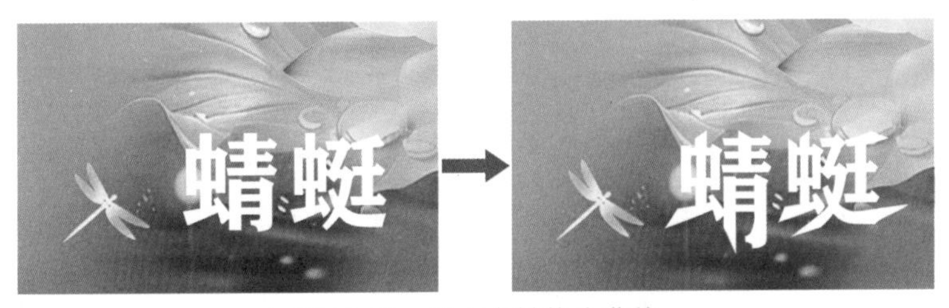

图10-29　将文本转换为曲线

10.2　创建路径文本

在设计文本效果时，可以将文本沿着开放路径或闭合路径的形状进行分布，形成特殊的文本效果。

10.2.1　在路径上输入文本

绘制好曲线或图形，选择“文本工具”字，将鼠标移到曲线上或绘制图形的外侧边缘上，当光标呈形状时，单击鼠标左键，在路径中插入光标作为文本输入的起点，输入文字后，文字将自动沿图形或曲线边缘进行分布，如图10-30所示。

图10-30　在路径上输入文本

10.2.2 编辑路径文本

在路径上输入文字后，向路径内或路径外拖动路径文本，可以大致调整路径与文本的距离。沿着路径进行拖动，可以调整文本在路径上的位置。此外，在选择路径文本后，还可以通过属性栏设置文本与路径的方向、距离，以及偏移位置等，如图10-31所示。

图10-31 文本路径属性栏

- 文本方向：在下拉列表框中可以选择文本在路径上的方向，如图10-32所示。
- 与路径的距离：用于控制文本与路径之间的距离，如图10-33所示。
- 偏移：通过指定的数值来移动文本，使其靠近路径的起点或终点，如图10-34所示。
- 水平镜像文本/垂直镜像文本：单击该按钮，可以左右或上下翻转文本。
- 贴齐标记：单击该按钮，可以在弹出的面板中设置贴齐文本到路径的间距增量。

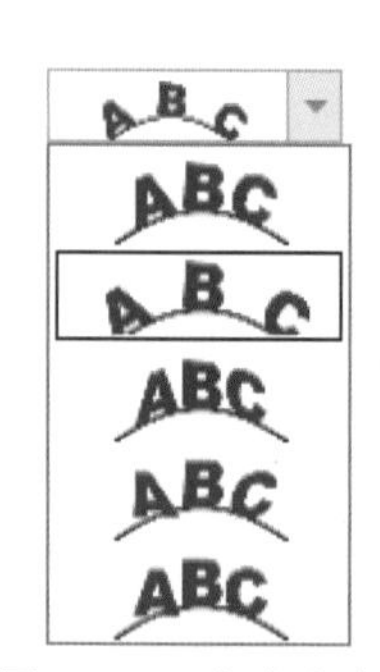

图10-32 文本方向

图10-33 调整路径距离

图10-34 偏移效果

10.2.3 使文本适合路径

创建好文本和路径后，先选择文本，然后选择“文本”|“使文本适合路径”菜单命令，将光标移动到路径边缘，系统将显示文本沿路径输入的位置，如图10-35所示，用户可以拖动到路径外侧适合的位置后单击鼠标，即可将文本沿路径进行排列，如图10-36所示。

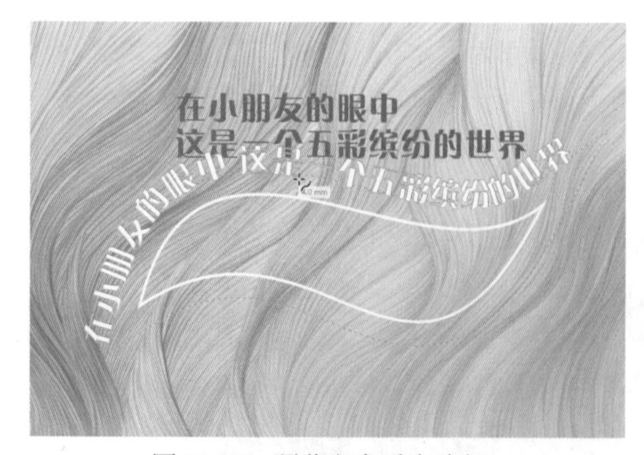

图10-35 预览文本适合路径

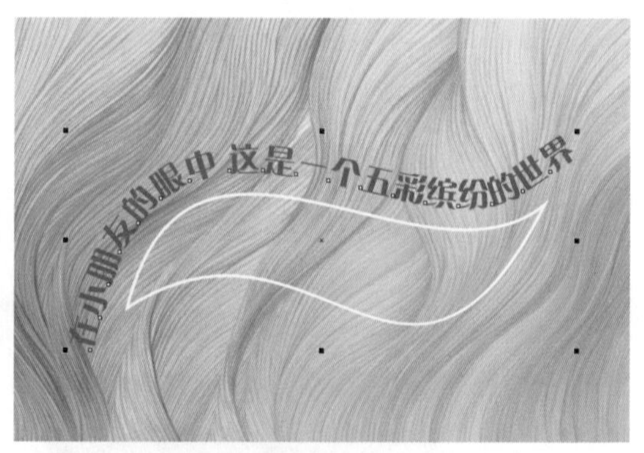

图10-36 使文本适合路径的效果

10.2.4　拆分路径与文本

用户可以根据需要将路径文字中的路径与文字拆分为两个单独的个体。选择路径文字对象，再选择“对象”|“拆分在一路径上的文本”菜单命令，如图10-37所示，或按Ctrl+K组合键，即可将路径与文本拆分开。将路径与文本拆分后，可以将路径单独删除，即使删除了路径图形，文本的路径效果也不会发生更改，如图10-38所示。

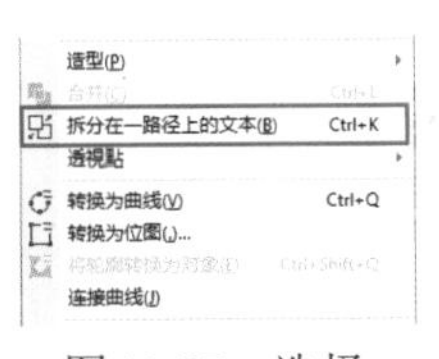

图10-37　选择拆分命令

图10-38　删除路径后的效果

10.3　创建段落文本

美术文本适合一些少量的设计图形，段落文本则适合文字较多的设计图形，如杂志、画册、书籍封面等图形。段落文本适合对文本进行编排，可以方便地对文本的字距、位置等进行调整。

10.3.1　导入 / 粘贴文本

使用“导入/粘贴文本”的方法可以快速将其他文件中的文本应用到CorelDRAW中，从而节省输入文本的时间。

选择“文件”|“导入”菜单命令，或按Ctrl+I组合键，在弹出的“导入”对话框中选取需要的文本文件，然后单击OK按钮，在打开的“导入/粘贴文本”对话框中设置所需的文字格式，如图10-39所示，再单击OK按钮，然后在图像中单击鼠标，则导入为美术文本，如图10-40所示，若按住鼠标左键绘制一个矩形框，则导入为段落文本。

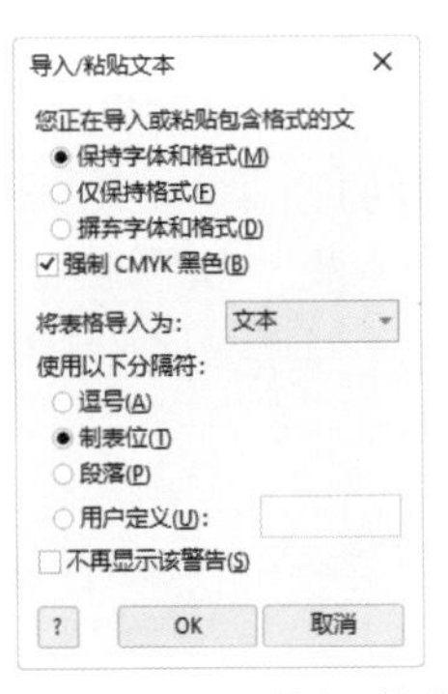

图10-39　“导入/粘贴文本”对话框

图10-40　导入文本

进阶技巧

在其他文件或网页中选择所需文本，按Ctrl+C组合键复制文本，然后切换到CorelDRAW中，选择“文本工具”字，然后单击确定文本的插入点，再按Ctrl+V组合键，可以快速导入选择的文本。

10.3.2　将美术文本转换为段落文本

在输入美术文本后，若要对美术文本进行段落文本的编辑，可以将美术文本转换为段落文本。

选择需要转换的美术文本，再选择“文本”|“转换为段落文本”菜单命令，或在文本上单击鼠标右键，在弹出的快捷菜单中选择“转换为段落文本”命令，如图10-41所示，即可将美术文本转换为段落文本，如图10-42所示。

若需要将段落文本转换为美术文本，可以选择需要转换的段落文本，然后单击鼠标右键，在弹出的快捷菜单中选择“转换为美术字”命令。

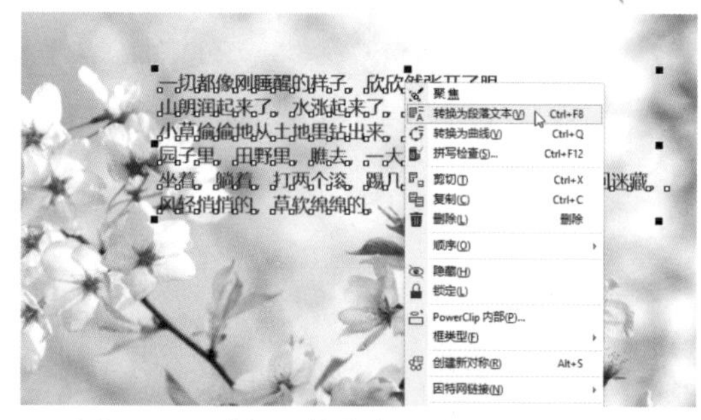

图10-41　选择“转换为段落文本”命令

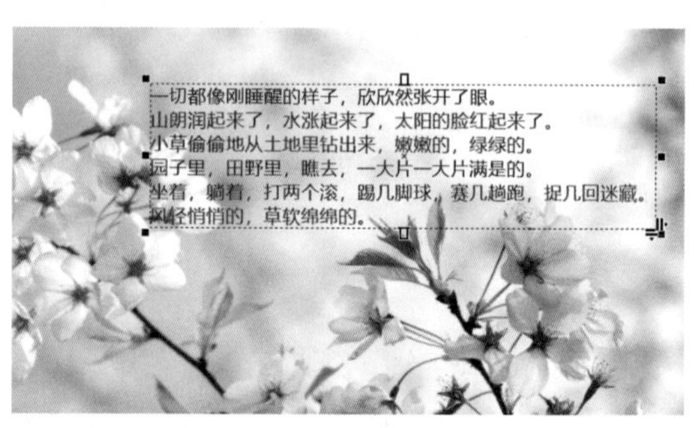

图10-42　转换为段落文本

进阶技巧

选择美术文本或段落文本，然后直接按Ctrl+F8组合键，可以在美术文本和段落文本之间进行转换。

10.3.3　创建文本框

在CorelDRAW中，创建的文本框有两种形式：一种为默认绘制的矩形文本框；另一种为其他任意封闭图形的文本框。下面分别介绍其创建方法。

1. 矩形文本框

选择“文本工具”字，将光标移到页面需要输入段落文本的位置，按住鼠标左键拖动，确定文本框大小后释放鼠标，即可绘制文本框，如图10-43所示，在其中直接输入文本，当排满一行后将自动换行。完成文字的输入后，可以在属性栏中设置文字的字体、字号等属性，效果如图10-44所示。

图10-43　绘制文本框

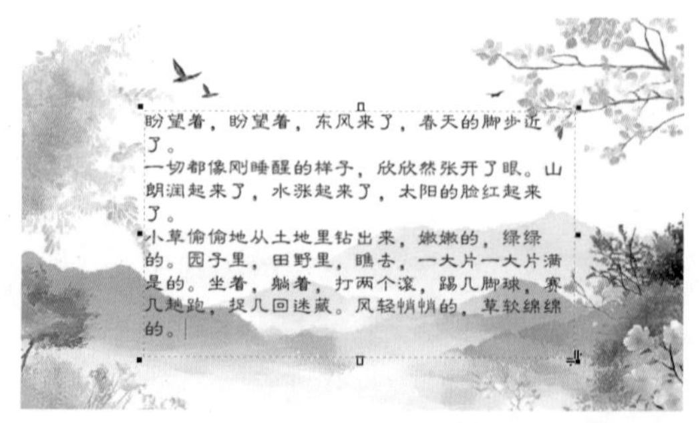

图10-44　输入并设置段落文字

2．图形文本框

在CorelDRAW中，用户可以在封闭的图形内输入文字，系统将自动识别该图形为图形文本框。选择“文本工具”字，将光标移到绘制图形内侧的边缘上，当光标变为形状时，单击鼠标，此时将得到图形文本框，如图10-45所示，在其中输入需要的文本即可，如图10-46所示。

按住鼠标右键拖动已有文本到封闭图形上，释放鼠标右键，在弹出的快捷菜单中选择“内置文本”命令，如图10-47所示，可以将已有文本放入图形文本框中。

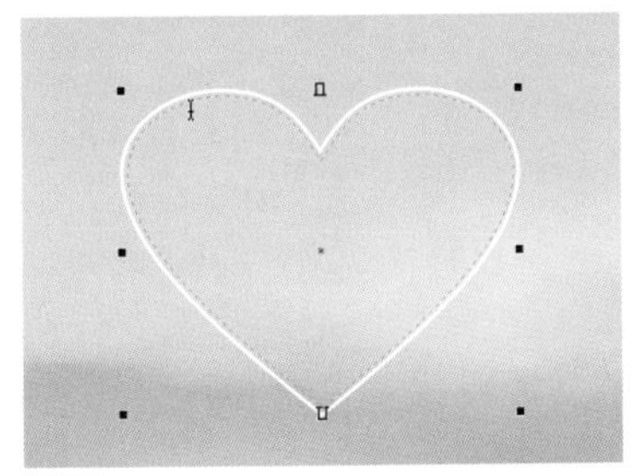

图10-45 创建图形文本框

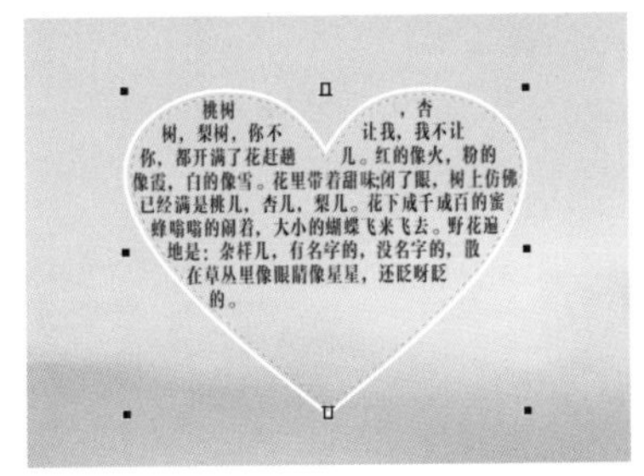

图10-46 在图形文本框中输入文本

图10-47 选择“内置文本”命令

10.3.4 编辑文本框

在文本框内输入段落文字后，可以对段落文字进行整体移动，并设置字符属性与段落属性。对于多个文本框，还可以进行链接，使文档具有连贯性。

1．调整文本框大小

当文本框的大小不能满足文字内容的数量时，超出的文字部分便会自动隐藏起来，文本框边框将以红色显示，如图10-48所示。拖动文本框四周的控制点，即可显示隐藏的段落文本，如图10-49所示。

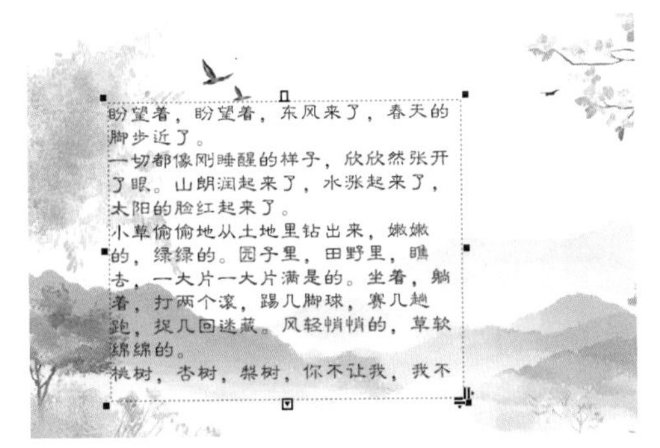

图10-48 隐藏文字的文本框

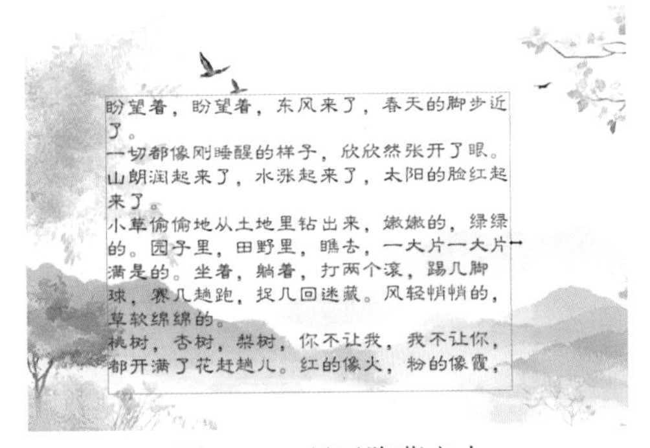

图10-49 显示隐藏文本

2．链接文本框内容

当调整文本框大小后，还是无法容纳所有文本时，用户可将其链接到其他文本框中。新建一个文本框，选择原文本框，单击文本框下方的控制点，光标呈形状，将光标移至新建的文本框中，光标呈形状时，单击鼠标，即可将溢出的文本链接到新建的空白文本框中，选择被链接的文本框，将出现链接线，如图10-50所示。

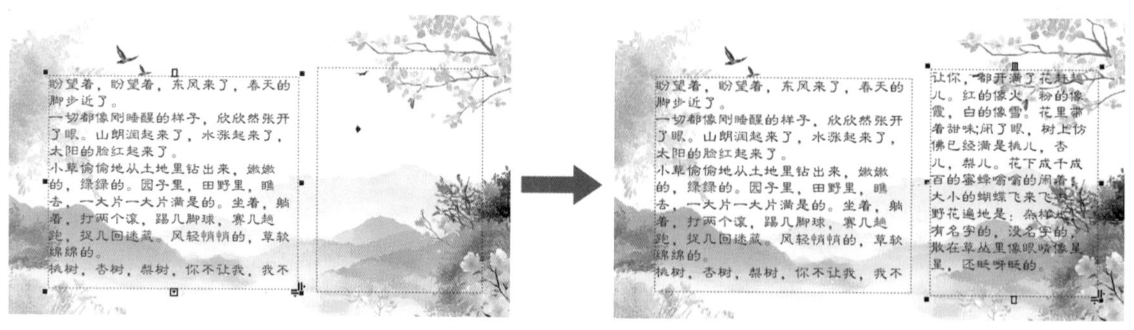

图10-50　链接文本框

3．设置文本框对齐方式

选择“窗口”|“泊坞窗”|“文本”菜单命令，打开“文本”泊坞窗，单击“图文框”按钮，在展开的面板中单击“垂直对齐”按钮，可以对文本框中的文本设置垂直对齐，图10-51所示为设置文本框顶端垂直对齐后的效果。

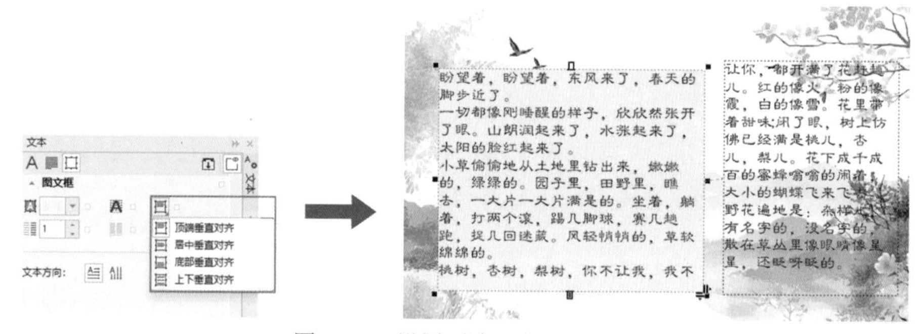

图10-51　设置顶端垂直对齐方式

4．使文本框适合框架

选择文本框后，可以选择“文本”|“段落文本框”|“使文本框适合框架”菜单命令来调整文本，使其适合文本框的大小。使文本框适合框架前后对比效果如图10-52所示。

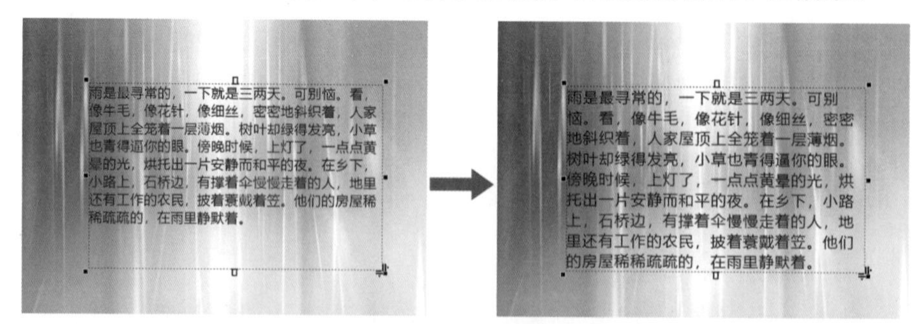

图10-52　使文本框适合框架前后对比效果

5．显示与隐藏文本框

在创建段落文本后，文本框将以黑色的虚线框显示，如果影响排版美观性，用户可以选择将其隐藏起来。选择“文本”|“段落文本框”|“显示段落文本框”菜单命令，取消该命令前

的打钩标记，即可将文本框隐藏起来。若需显示隐藏的文本框，可以再次执行该命令，该命令前出现打钩标记，即可显示文本框。

10.3.5　设置段落属性

在设计和制作过程中，大量的文字编辑需要运用到段落文本，对于创建的段落文本，除可以设置其字符属性外，还可以通过“文本”泊坞窗的“段落”选项组对字间距、行间距、段落间距和段落缩进等属性进行设置，如图 10-53 所示。

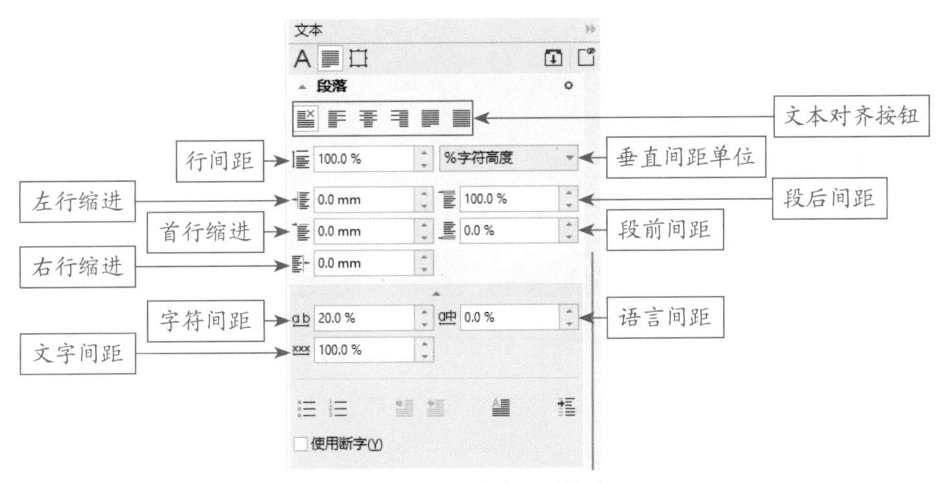

图 10-53　“文本”泊坞窗

“段落”选项组中常用选项的作用如下。

- 文本对齐按钮：该组按钮为文本在文本框内的对齐方式。
- 行间距：用于设置段落中各行的距离，图 10-54 所示为行间距为 120%的效果。
- 左行缩进：用于设置段落文本左侧距离文本框左侧的间距值。
- 首行缩进：用于设置段落文本首行相对于文本框左侧的缩进距离，如图 10-55 所示。

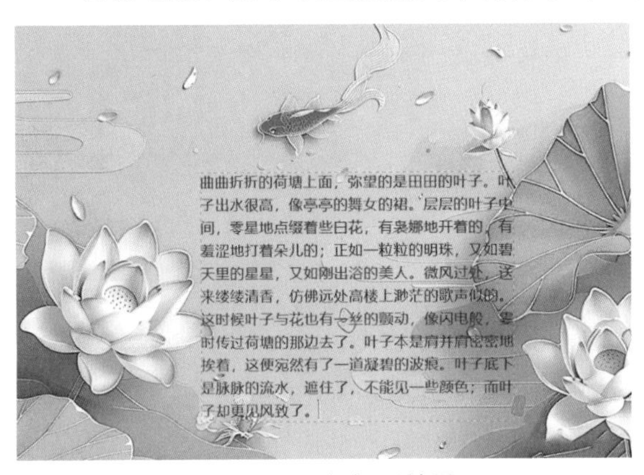

图 10-54　行间距效果

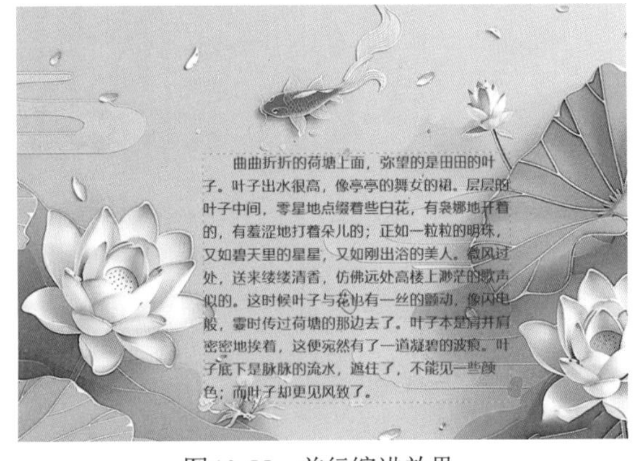

图 10-55　首行缩进效果

- 右行缩进：用于设置段落文本右侧距离文本框右侧的间距值。
- 垂直间距单位：单击该按钮，在弹出的下拉列表框中可以设置行间距、段落间距的表现方式。

- 段前间距：用于设置段落距离上一段落之间的距离，图10-56所示为段前间距为200%的效果。
- 段后间距：用于设置段落距离下一段落之间的距离。
- 字符间距：用于设置英文字母与字母的间距或中文字与字的间距，图10-57所示为字符间距为40%的效果。

图10-56　段前间距效果

图10-57　字符间距效果

10.3.6　设置分栏

在对书籍、杂志、画册等包含大量文字的版面中，经常会出现多段文字被分割为几个部分排列的现象，这就是文字的分栏。分栏常用于书籍、画册之中，是重要的排版技巧之一。使用分栏设置可以在保持文本框大小不变的情况下，将文本框中的文本排列成两栏或两栏以上。选择“文本”|“栏”菜单命令，可以在打开的“栏设置”对话框中进行分栏设置，如图10-58所示，图10-59所示为设置3栏显示的效果。

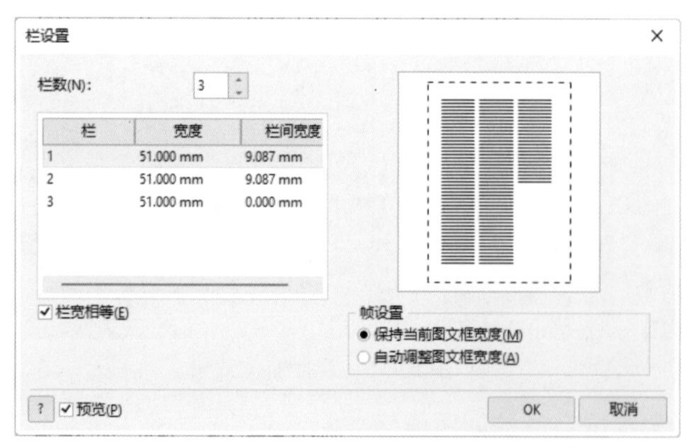

图10-58　“栏设置”对话框

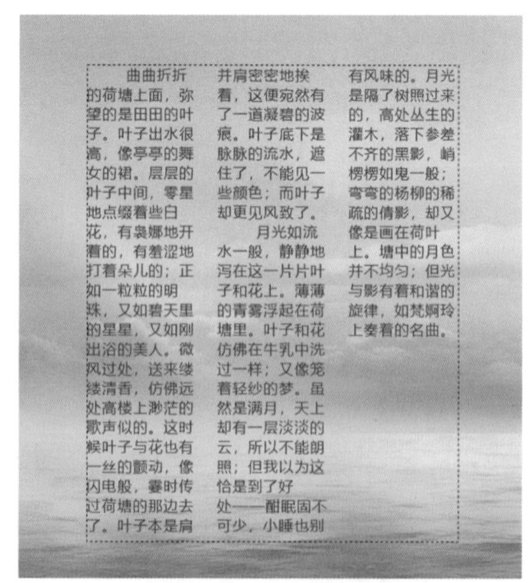

图10-59　3栏显示效果

10.3.7　设置首字下沉

首字下沉就是对段落文字中的首个文字加以放大，使文字更加醒目。首字下沉可以使读者在视觉上形成强烈的对比。

选择“文本”|“首字下沉”菜单命令，打开“首字下沉”对话框。在其中可设置下沉行数、下沉后的空格、下沉方式等，如图10-60所示。

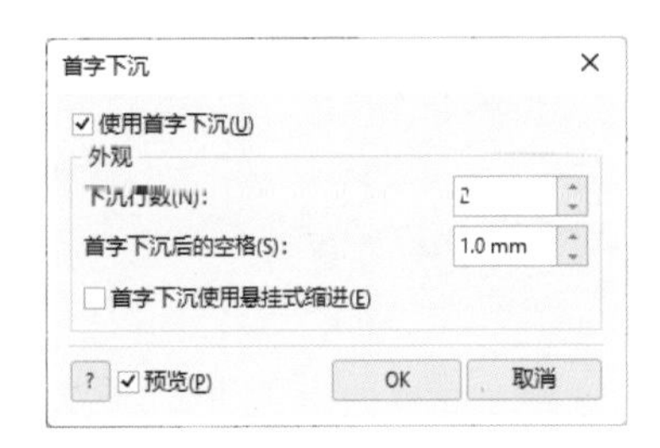

图10-60　“首字下沉”对话框

选中“使用首字下沉”复选框可以启用首字下沉效果，在“下沉行数”选项中可以设置首字下沉的行数；在“首字下沉后的空格”选项中可以设置首字下沉后首字与右侧文本的间距值。图10-61所示为设置“下沉行数”为2、“首字下沉后的空格”为1.0mm的效果。选中“首字下沉使用悬挂式缩进”复选框，首字下沉的效果将在整个段落文本中悬挂式缩进，如图10-62所示。

图10-61　首字下沉效果

图10-62　首字下沉使用悬挂式缩进

10.3.8　设置项目符号和编号

在输入并列的段落文本时，为了体现其并列的特征，排版时可为其添加各种项目符号和编号，从而使段落排列为统一的格式，使版面看起来更加清晰直观。

练习实例：为文本添加项目符号和编号

文件路径：第10章\添加文本项目符号和编号

技术掌握：添加段落文本项目符号和编号

01 新建一个文档，导入“彩色背景.jpg”素材图像，然后选择“文本工具”字，在其中绘制一个文本框，如图10-63所示。

02 打开“文本.txt”，选择其中的文字，按Ctrl+C组合键复制，然后切换到CorelDRAW中，再按Ctrl+V组合键粘贴文字到文本框内，如图10-64所示。

03 选择第一行文字，在属性栏中设置字体和字号，然后单击“文本对齐”按钮，在下拉列表中选择“中”选项(如图10-65所示)，使标题居中对齐，如图10-66所示。

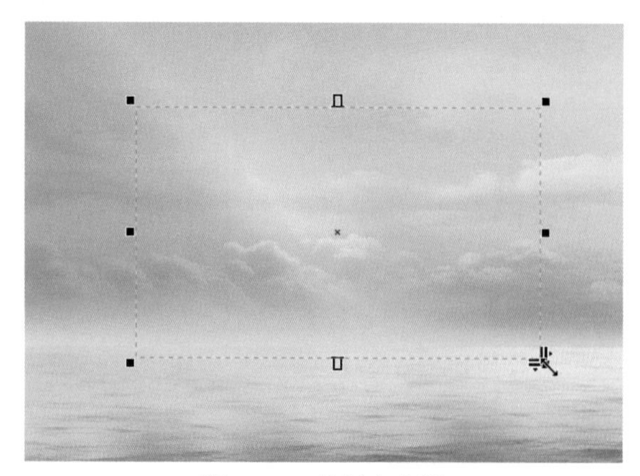

图10-63　绘制文本框

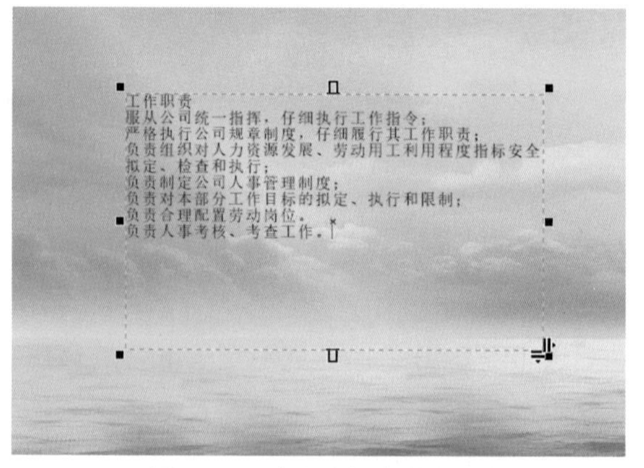

图10-64　在文本框内粘贴文字

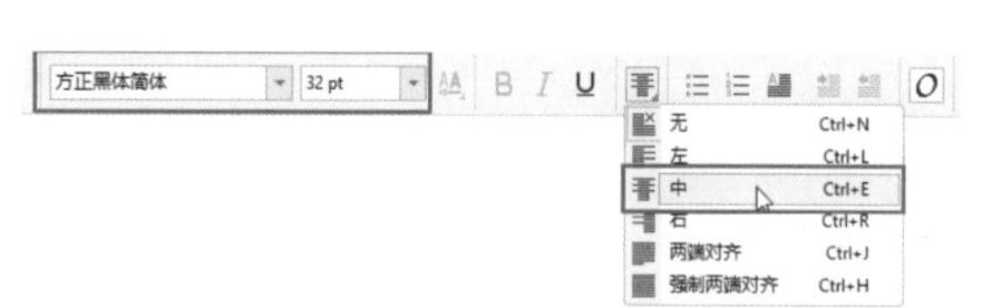

图10-65　设置文字属性

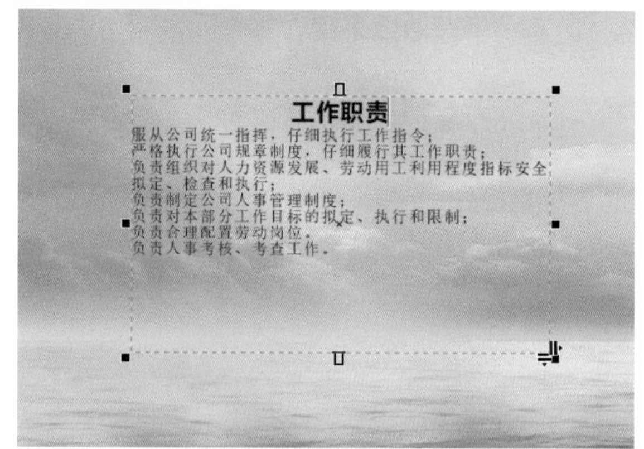

图10-66　标题文字居中对齐

04 选择标题下方的文本，设置字体为方正隶变简体，字号为27pt，效果如图10-67所示。

05 选择"文本"|"项目符号和编号"菜单命令，打开"项目符号和编号"对话框，选中"列表"复选框，即可显示所有选项，如图10-68所示。

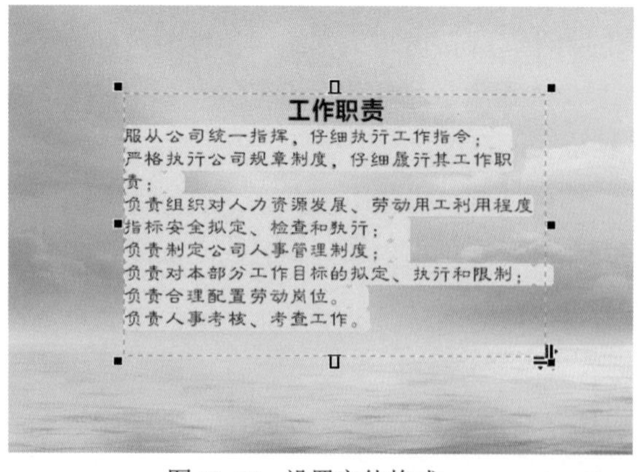

图10-67　设置字体格式

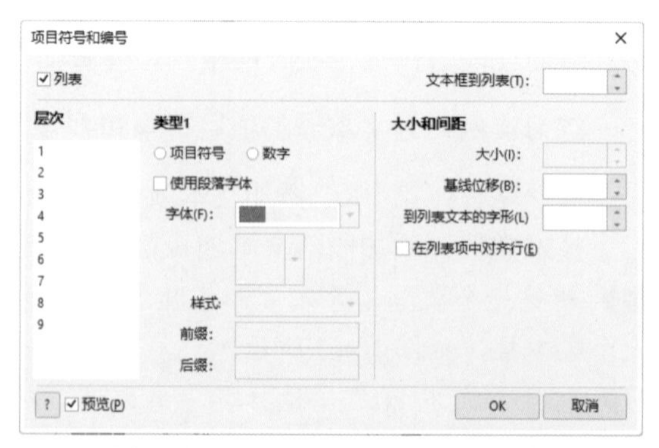

图10-68　"项目符号和编号"对话框

06 在"类型"选项组中选中"项目符号"单选按钮，可以在对话框中选择字体和对应的字形符号样式。例如，选择圆点符号，再设置"到列表文本的字形"为10.0mm(如图10-69所示)，得到的效果如图10-70所示。

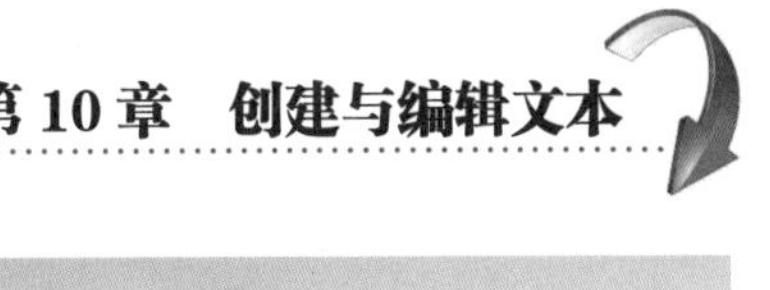

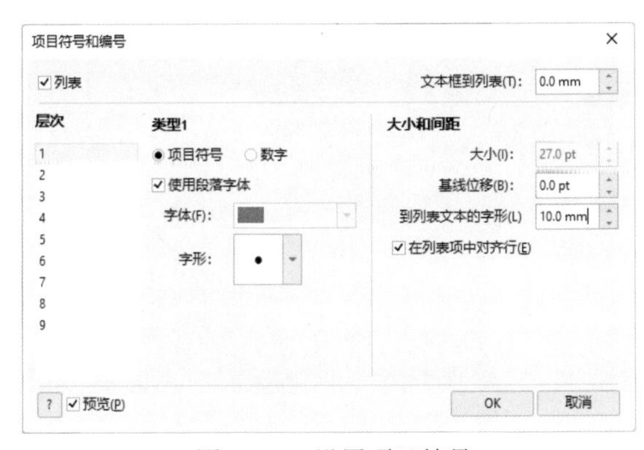

图 10-69　设置项目符号

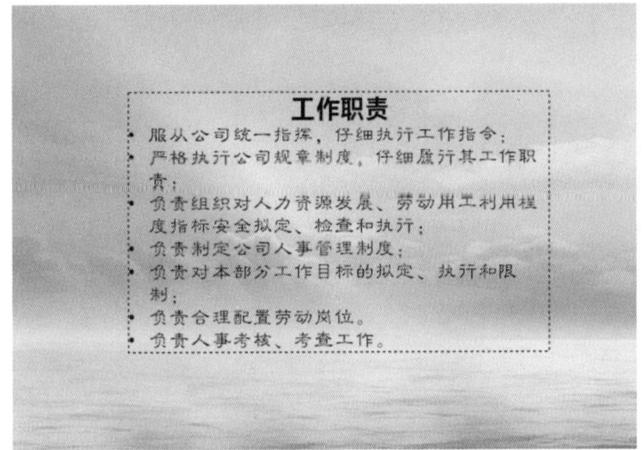

图 10-70　添加项目符号效果

07 如果在“类型”选项组中选中“数字”单选按钮，则可以在文字前方设置编号，如图 10-71 所示。在“样式”下拉列表中选择所需的样式，在“前缀”中可以输入相应的文字或数字，然后设置“到列表文本的字形”为 10.0mm，单击OK按钮，完成编号的添加，效果如图 10-72 所示。

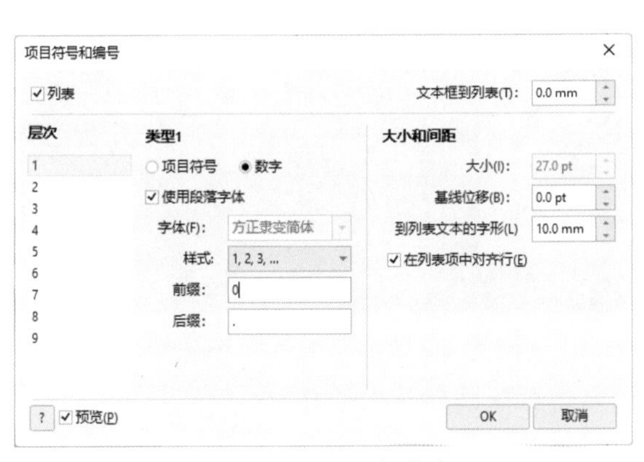

图 10-71　设置添加数字

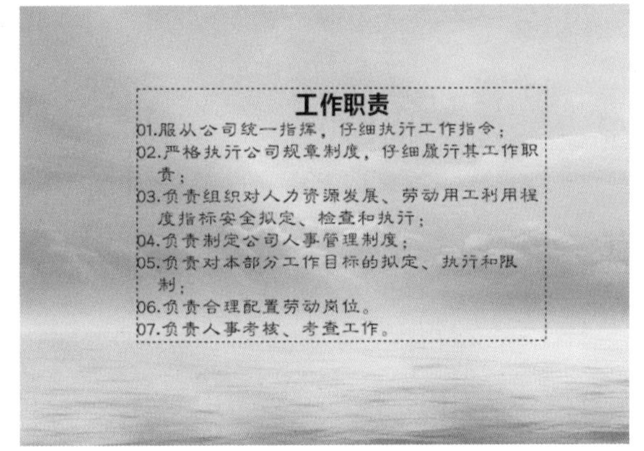

图 10-72　添加编号效果

10.3.9　设置图文混排

在进行图形版面设计时，通常需要将段落文本围绕图形进行排列，对图文进行混排。合理地设计图文混排效果，既可以对图像进行阐述说明，又可以使画面更加美观。

将图形放置在段落文本中，然后单击属性栏中的“文本换行”按钮，可在弹出的下拉列表中选择一种图文混排效果，如图 10-73 所示。

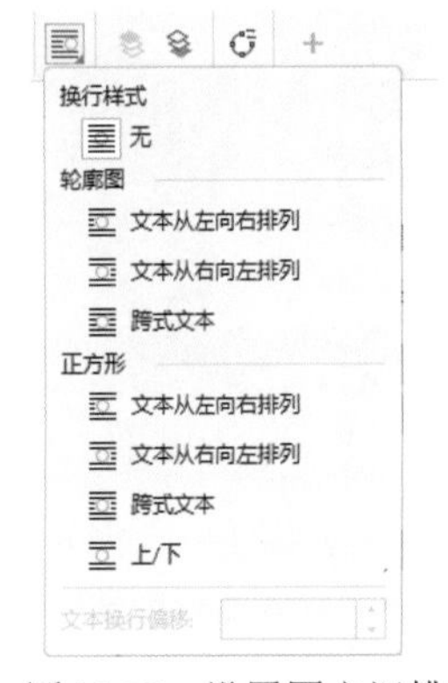

图 10-73　设置图文混排

各种图文混排的作用如下。

- 无：选择该选项，将取消文本绕图效果。
- 文本从左向右排列(轮廓图)：文本将沿对象的轮廓左侧排列，如图 10-74 所示。
- 文本从右向左排列(轮廓图)：文本将沿对象的轮廓右侧排列，如图 10-75 所示。

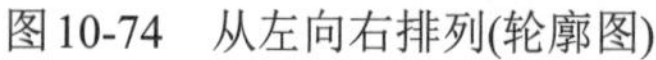

图10-74　从左向右排列(轮廓图)

图10-75　从右向左排列(轮廓图)

- 跨式文本(轮廓图)：文本将沿对象的整个轮廓排列，如图10-76所示。
- 文本从左向右排列(正方形)：文本将沿对象的左边界框排列，如图10-77所示。

图10-76　跨式文本(轮廓图)

图10-77　从左向右排列(正方形)

- 文本从右向左排列(正方形)：文本将沿对象的右边界框排列，如图10-78所示。
- 跨式文本(正方形)：文本将沿对象的整个边界框进行排列，如图10-79所示。

图10-78　从右向左排列(正方形)

图10-79　跨式文本(正方形)

- 上/下(正方形)：文本将沿对象的整个边界框的上边缘和下边缘进行排列，如图10-80所示。
- 文本换行偏移：用于设置对象轮廓或边界框到文本的距离，图10-81所示是在跨式文本(轮廓图)的样式下，设置文本换行偏移为12mm的效果。

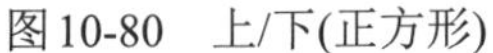

图 10-80　上/下(正方形)

图 10-81　文本换行偏移效果

10.4　课堂案例：个人简历设计

文件路径：第 10 章\个人简历设计

技术掌握：设置美术文本属性、段落文字属性

案例效果

本节将应用本章所学的知识，制作个人简历，巩固前面学习的创建文字、设置文字属性、创建段落文本框等知识。本案例的效果如图 10-82 所示。

图 10-82　个人简历

操作步骤

01 新建一个文档，选择“矩形工具”，在绘图区中绘制一个矩形，在属性栏中设置宽度和高度为 210 mm×285mm，填充为淡黄色(#FCF5EB)，并取消轮廓线填充，效果如图 10-83 所示。

02 按小键盘中的+键，在原地复制一次矩形，将光标放到矩形底部，向上拖动中间的控制点，调整其高度，改变填充为橘黄色(#F69D39)，效果如图 10-84 所示。

03 选择“文本工具”字，在绘图区中单击输入大写字母“Z”，填充为橘黄色(#F7AF5D)，将其复制一次，然后向下移动并适当旋转，改变填充为淡黄色(#F0EADC)，效果如图 10-85 所示。

图 10-83　绘制矩形

图 10-84　复制并调整矩形

图 10-85　输入文字

04 选择上方的文字，选择“对象”|“PowerClip”|“置于图文框内部”菜单命令，当光标变为➧形状时单击橘黄色矩形，将其置于该对象中，效果如图10-86所示。

05 选择下方的文字，使用“置于图文框内部”命令，将其置入淡黄色矩形中，效果如图10-87所示。

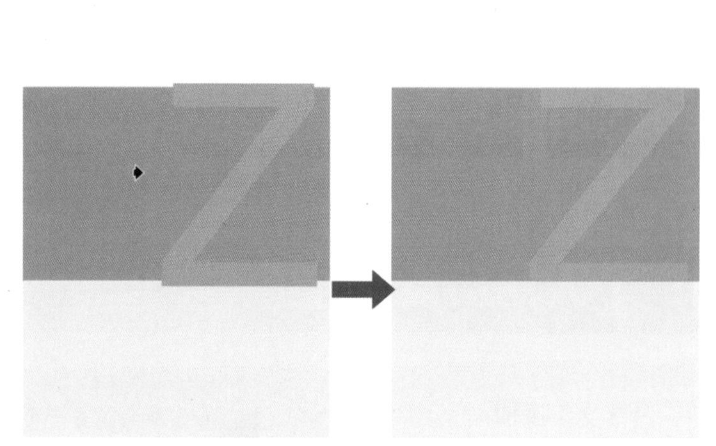

图10-86　将文字置于矩形内(1)

图10-87　将文字置于矩形内(2)

06 使用“矩形工具”□绘制一个矩形，填充为深灰色(#2A2925)，放到画面左侧，如图10-88所示。

07 在深灰色矩形上方再绘制两个不同大小的矩形，重叠排放，分别填充为绿色(#548C81)和白色，效果如图10-89所示。

08 选择绿色矩形，复制三次对象，按住Ctrl键垂直向下移动，适当调整矩形高度，改变其中一个矩形为橘黄色(#F69D39)，效果如图10-90所示。

图10-88　绘制矩形

图10-89　绘制重叠的对象

图10-90　复制并移动对象

09 选择深灰色矩形，使用“形状工具”在右侧与绿色和橘黄色矩形交汇处添加节点，并选择部分节点向左拖动，得到如图10-91所示的效果。

10 导入“头像.jpg”素材图像，选择“对象”|“PowerClip”|“置于图文框内部”菜单命令，

将其放置到白色矩形中，效果如图10-92所示。

11 选择“文本工具”字，在头像下方输入文字，并在属性栏中设置字体为方正兰亭中黑，填充为白色，效果如图10-93所示。

图10-91 调整形状

图10-92 添加头像

图10-93 输入文字

12 复制两次文字，并向下移动，放在绿色和橘黄色矩形中间，然后改变文字内容，如图10-94所示。

13 在头像下方的矩形中输入联系方式文字，在属性栏中设置字体为方正兰亭中黑，大小为11pt，效果如图10-95所示。

14 复制两次文字并向下移动，放在绿色和橘黄色矩形内，然后修改文字内容，如图10-96所示。

图10-94 复制并修改文字

图10-95 输入文字

图10-96 复制并修改文字

15 在个人简历右上方输入两段美术文本，分别设置字体为方正兰亭纤黑简体和方正兰亭中黑，适当调整文字大小，填充为白色，如图10-97所示。

16 选择“矩形工具”□，在文字下方绘制一个矩形，填充为黑色，再次单击矩形，拖动矩形底部中间的控制点，得到斜切的矩形，效果如图10-98所示。

17 输入求职意向文字内容，设置字体为方正兰亭中黑，填充为白色，如图10-99所示。

图10-97　输入文字

图10-98　制作斜切矩形

图10-99　输入求职意向文字内容

18 输入文字“教育背景”，设置字体为方正兰亭中黑，填充为绿色(#548C81)，然后使用“手绘工具”在下方绘制一条直线，设置轮廓线宽度为0.5mm，填充为绿色(#548C81)，效果如图10-100所示。

19 选择“文本工具”，按住鼠标进行拖动，绘制一个文本框，如图10-101所示。在文本框中输入教育背景文字内容，得到段落文字，如图10-102所示。

图10-100　制作教育背景栏

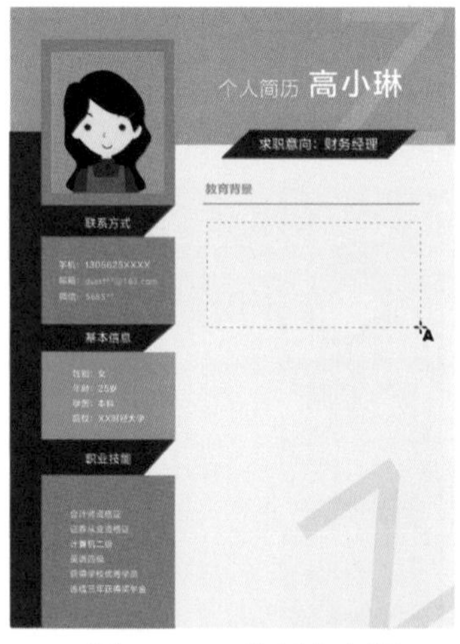

图10-101　绘制文本框

图10-102　输入段落文字

20 选择段落文字，在属性栏中对文字设置字体和大小，效果如图10-103所示。

21 将光标插入第二段时间文字前方，按Enter键换行，然后分别选择时间和主修课程文字，设置字体为方正兰亭中黑，得到文字加粗效果，如图10-104所示。

22 分别选择加粗的文字，单击属性栏中的“项目符号列表”按钮，为其添加项目符号，效果如图10-105所示。

23 选择段落文字，按Ctrl+T组合键打开“文本”泊坞窗，单击“段落”按钮，然后设置段落间距、行距等参数，得到文字调整效果，如图10-106所示。

24 下面分别制作“实践经历”和“自我评价”栏目文字，使用与“教育背景”相同的文字属性和段落属性，排版效果如图10-107所示。

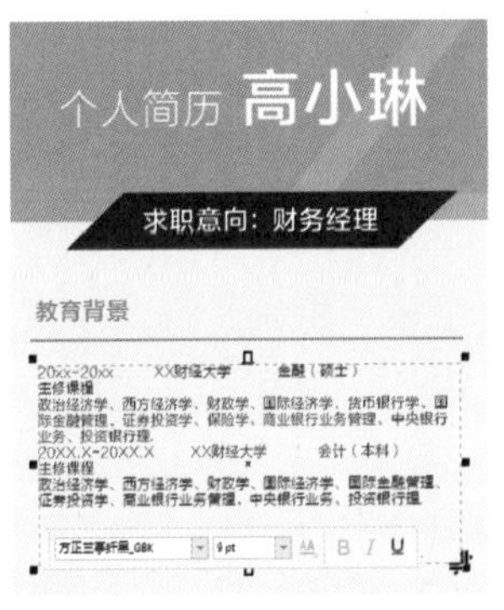

图 10-103　设置段落文字属性

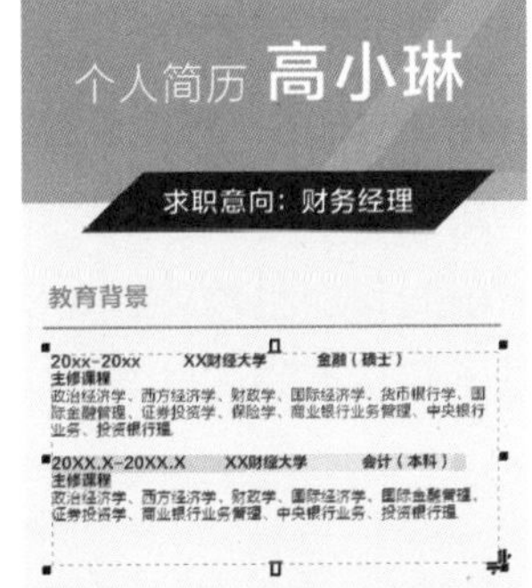

图 10-104　设置部分文字字体

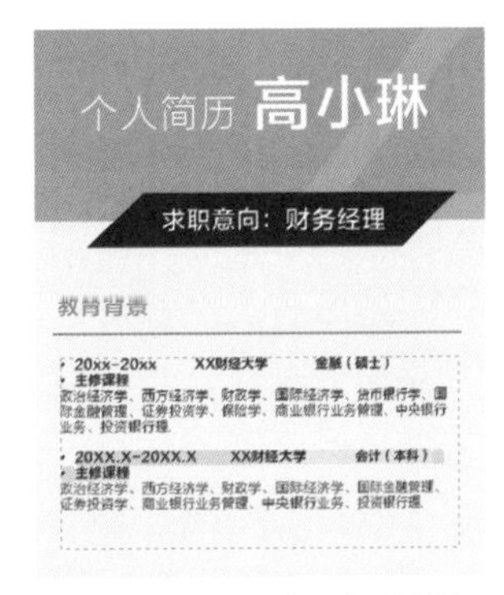

图 10-105　添加项目符号

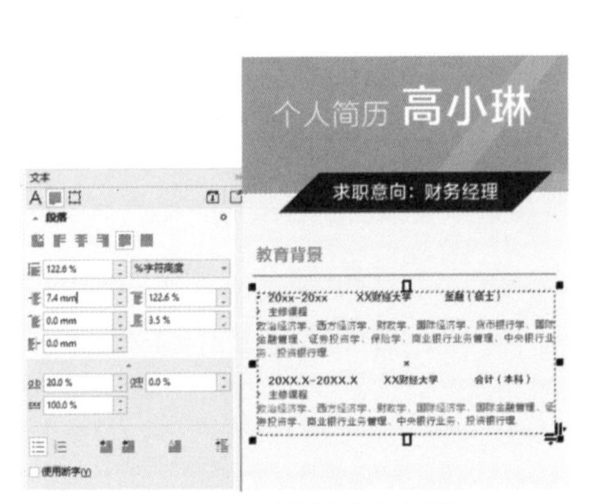

图 10-106　设置段落属性

图 10-107　输入其他文字

25 单击个人简历的淡黄色背景矩形，选择“阴影工具”，在矩形中按住鼠标左键向下拖动，得到投影效果，如图 10-108 所示。

26 绘制一个较大的矩形，填充为灰色，然后按Shift+PageDown组合键，将矩形放在个人简历图像下一层，效果如图 10-109 所示，完成本实例的制作。

图 10-108　添加投影

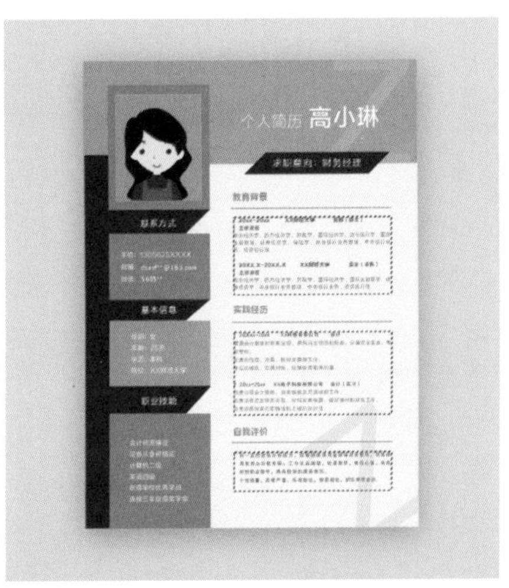

图 10-109　绘制背景

10.5 高手解答

问：所有文字都可以添加下画线和加粗效果吗？

答：不是所有文字都可以添加下画线和加粗效果。有少部分字体，特别是部分中文字体不能加粗或添加下画线，当该字体不具备此功能时，属性栏中的“粗体” B 和“下画线” U 按钮将以浅灰色显示。

问：在CorelDRAW中输入段落文本后，可以让文本沿路径排列吗？

答：可以。在CorelDRAW中，段落文本和美术文本都可以沿路径进行排列，其设置方法也一样。

问：输入多行美术文本后，为什么不能在泊坞窗中设置文字缩进效果呢？

答：美术文本不能设置缩进参数，该功能只针对段落文本。

问：在“字形”泊坞窗中双击字符或直接拖动需要的字符，都可以将其添加到页面，这两者有什么区别？

答：直接从字形列表中拖动需要的字符将其添加到页面中后，字符将成为一个图形，没有文本的属性，不能在属性栏中设置其字体和字号；而双击插入的字符则具有文本的属性。

第 11 章

表格的制作

在平面设计中，通常会用表格的形式来呈现需要表现的数据，这样不仅使数据表现更加直观，而且版面也显得更加简洁、美观。在CorelDRAW 中，用户不仅可以使用表格工具绘制出各种类型的表格，设置表格的属性和格式，还可以对表格进行添加、删除、合并和拆分操作，使表格结构符合设计的需要。

◎ 练习实例：选择不同的单元格
◎ 练习实例：设置表格行高和列宽
◎ 练习实例：在选定位置插入单元格
◎ 课堂案例：绘制员工自评表

11.1 创建表格

使用表格来表达数据之前，首先要创建表格。在CorelDRAW中可以使用表格工具或菜单命令创建表格，也可以直接将文本转换为表格。

11.1.1 使用“表格工具”创建表格

选择“表格工具”，在属性栏中设置合适的“行数”与“列数”，当光标变为形状时，在绘图区按住鼠标左键并拖动，即可创建表格，如图11-1所示。创建表格后，也可以在表格工具属性栏中重新设置表格的行列，表格边框默认以黑色显示，如图11-2所示。

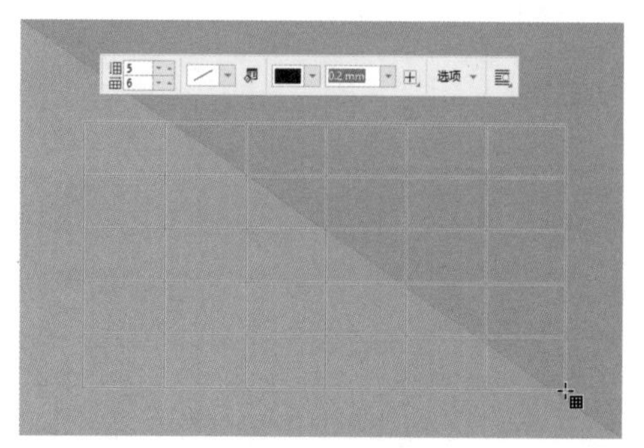

图11-1 拖动绘制表格

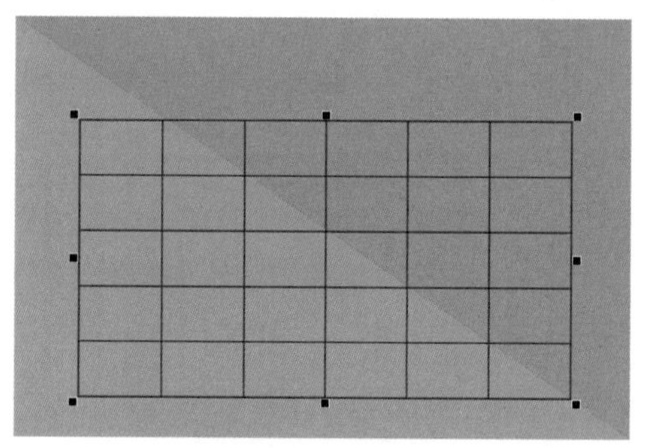

图11-2 表格效果

11.1.2 使用命令创建与删除表格

如果需要创建特定尺寸的表格，可以选择“表格”|“创建新表格”菜单命令，打开“创建新表格”对话框，对表格的行数、栏数、高度及宽度进行设置，如图11-3所示，然后单击OK按钮，即可在绘图区内创建一个指定行列数和大小的表格，如图11-4所示。

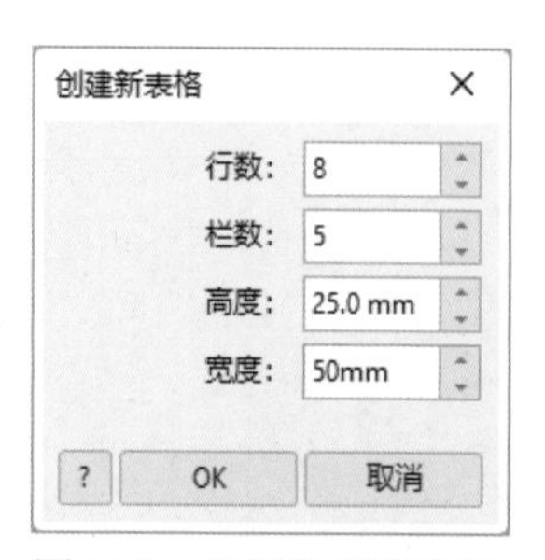

图11-3 设置新表格参数

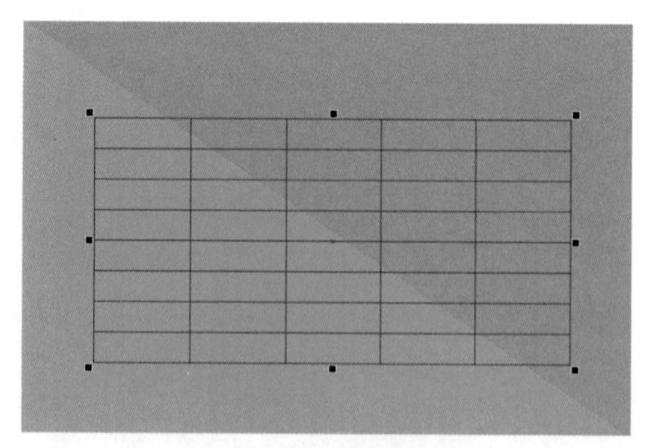

图11-4 创建新表格

11.1.3 将文本转换为表格

在CorelDRAW中，除可以使用表格工具和菜单命令直接创建表格外，还可以通过将文本转换为表格来创建表格。

将文本转换为表格的操作中，各单元格文本间需要用逗号、制表位或段落等符号或格式隔开。选择要转换为表格的文本，如图11-5所示，再选择“表格”|“将文本转换为表格”菜单命令，打开“将文本转换为表格”对话框，设置创建列的分隔符，然后单击OK按钮，如图11-6所示，即可将选择的文本转换为表格，调整表格位置后，效果如图11-7所示。

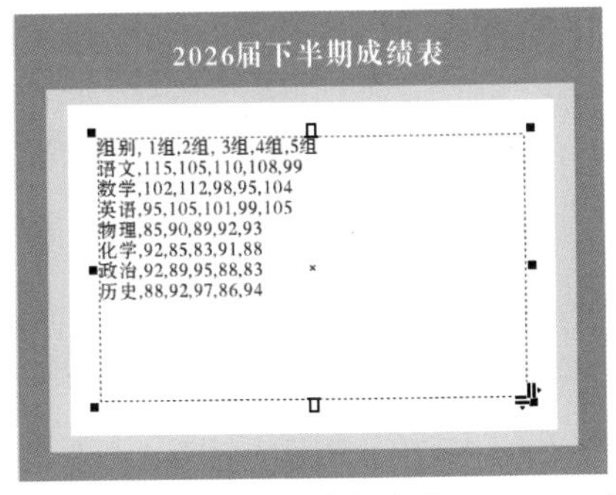

图11-5　选择文本

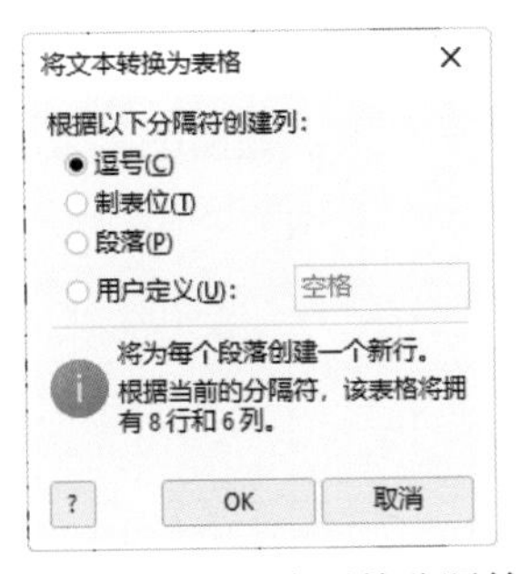

图11-6　设置创建列的分隔符

2026届下半期成绩表

组别	1组	2组	3组	4组	5组
语文	115	105	110	108	99
数学	102	112	98	95	104
英语	95	105	101	99	105
物理	85	90	89	92	93
化学	92	85	83	91	88
政治	92	89	95	88	83
历史	88	92	97	86	94

图11-7　文本转换为表格

知识点滴

在CorelDRAW中，不仅可以将文本转换为表格，也可以将表格转换为文本。选择表格，然后选择“表格”|“将表格转换为文本”菜单命令，打开“将表格转换为文本”对话框，选中相应的选项，然后设置文本间的分隔符，如图11-8所示，单击OK按钮，即可将表格转换为文本。

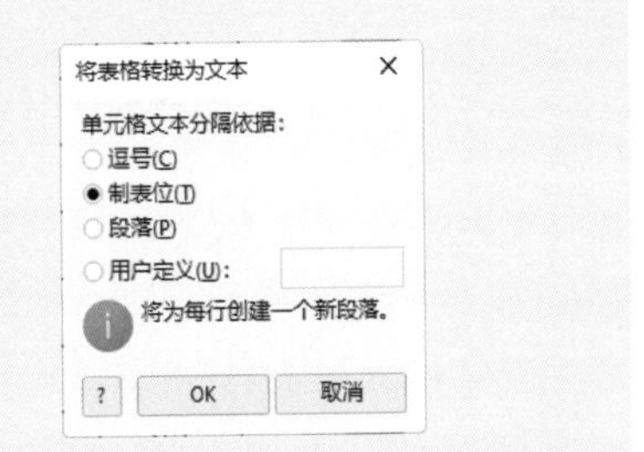

图11-8　“将表格转换为文本”对话框

11.2　设置表格格式

在CorelDRAW中可以对表格进行格式设置，实现对数据的版式设计，使表格效果更美观。表格的设置包括行高与列宽、单元格底纹、单元格边框、对齐和页边距等设置。

11.2.1　选择单元格

在编辑表格时，有时需要修改单个单元格，有时也需要修改多个单元格或整个表格，在修改这些对象前，首先就需要选中这些对象。

练习实例：选择不同的单元格

文件路径：第 11 章\选择不同的单元格

技术掌握：单元格的选择操作

01 选中表格对象，然后选择“表格工具”，单击需要选择的任意单元格，然后选择“表格”|“选择”|“单元格”菜单命令，如图11-9所示，即可选择该单元格，被选择的单元

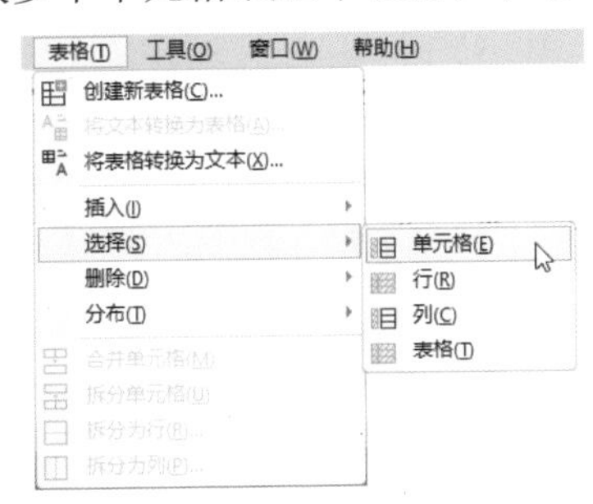

图11-9　选择“单元格”命令

格将出现斜线底纹，如图 11-10 所示。通过其中相应的命令，还可以选择指定单元格所在的行和列，以及整个表格。

02 选择“表格工具”，在单元格中向右拖动鼠标，可以选择连续的单元格，如图 11-11 所示。

03 如果要选择单独一行单元格，可以选择“表格工具”，将鼠标指针移动到选择行的左侧，当鼠标指针呈➡形状时，单击鼠标可选择该行单元格，如图 11-12 所示。

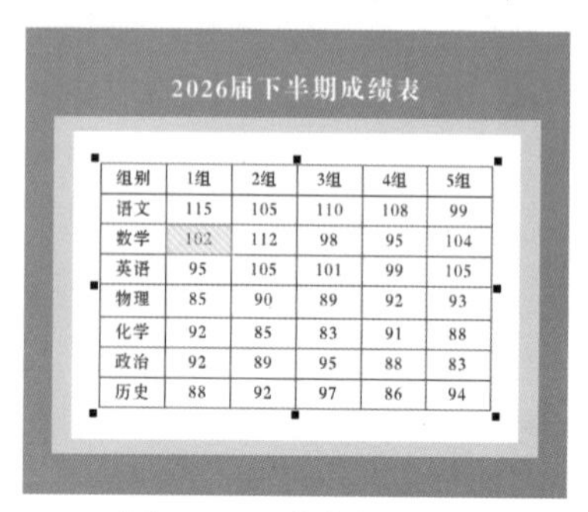

图 11-10 选中单元格

图 11-11 选择连续的单元格

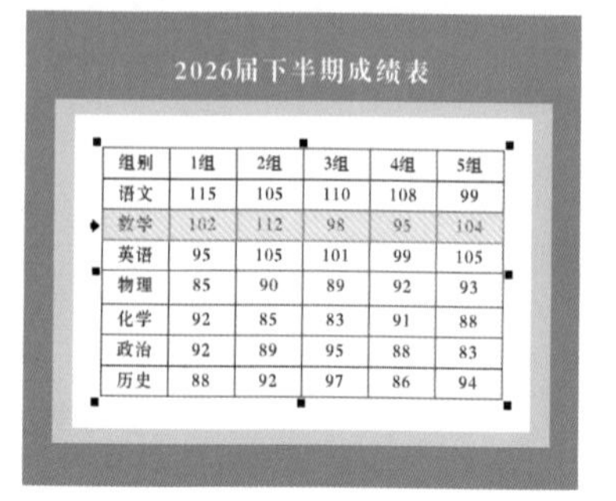

图 11-12 选择单行单元格

04 如果要选择单独一列单元格，可以选择“表格工具”，将鼠标指针移动到选择列的上方，当鼠标指针呈⬇形状时，单击鼠标即可选择该列，如图 11-13 所示。

05 如果要同时选择多个不同位置的单元格，可先选择一处单元格，然后按住Ctrl键，此时鼠标指针呈✥形状，任意拖动鼠标选择其他位置的单元格，选择完成后释放Ctrl键，如图 11-14 所示。

06 如果要选择整个表格，可以将鼠标指针移动到表格左上角，当鼠标指针呈◢形状时，单击鼠标即可，如图 11-15 所示。

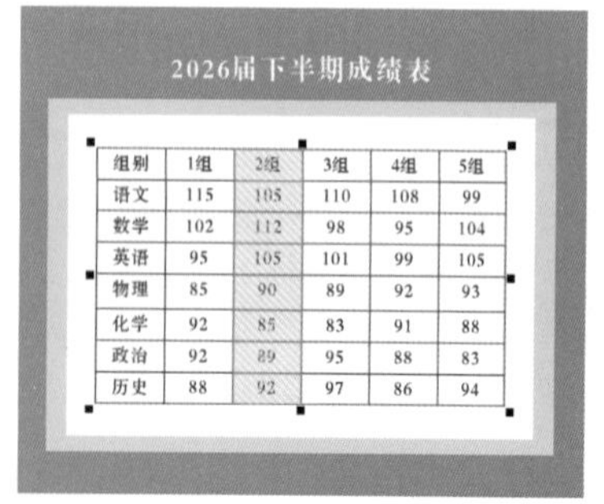

图 11-13 选择单列单元格

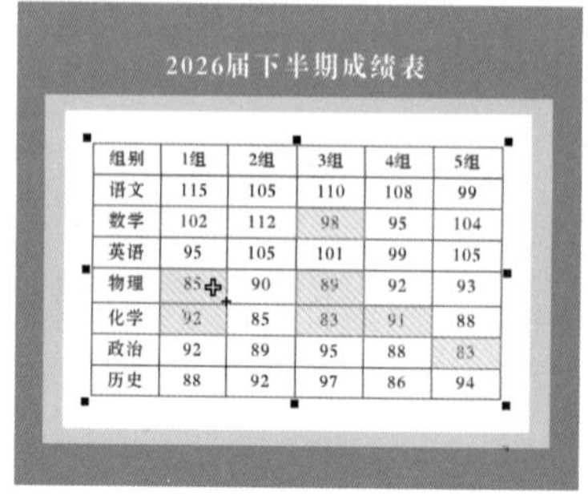

图 11-14 选择不连续的单元格

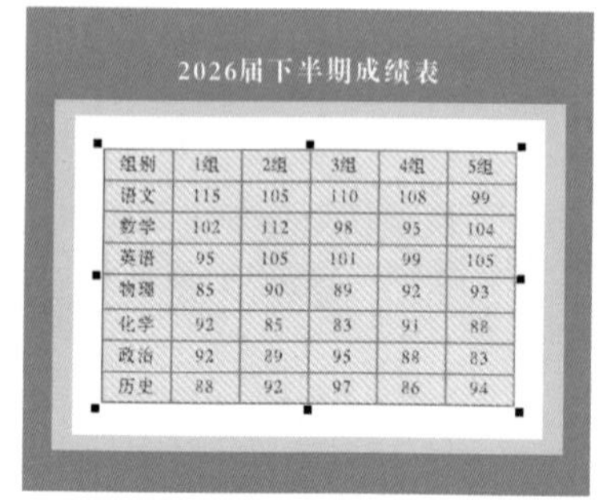

图 11-15 选择整个表格

11.2.2 设置行高与列宽

默认情况下，创建的表格会平均分布表格的行与列，用户也可以根据表格内容来调整表格的行高和列宽。

练习实例：设置表格行高和列宽

文件路径：第 11 章\设置表格行高和列宽

技术掌握：行高和列宽的设置

01 打开“表格.cdr”素材图像，如图 11-16 所示，下面将对单元格的行高与列宽进行调整。

02 选择表格，然后选择“表格工具”或“形状工具”，将光标移动至表格分隔线上，当光标变为⟷形状时，按住鼠标左键进行拖动，即可手动调整行高或列宽，如图11-17所示。

03 如果要精确调整表格的行高与列宽，可以选择需要调整的行或列，在属性栏的“单元格高度”和“单元格宽度”数值框中输入数值，即可调整行高和列宽，如图11-18所示。

图11-16　打开表格

图11-17　手动调整表格

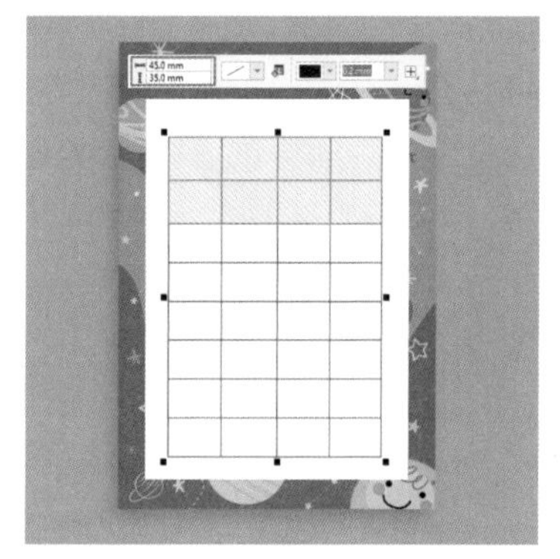

图11-18　调整行高和列宽

04 手动调整行高和列宽后，表格的行列分布并不均匀，如果需要将其均匀分布，可以选择“表格”|“分布”菜单命令，在其子菜单中选择“行均分”或“列均分”命令，如图11-19所示，可以在不改变表格大小的情况下平均分布行列。

05 在表格中选择行，然后选择“表格”|“分布”|“列均分”菜单命令，得到列均分效果，如图11-20所示；在表格中选择列，然后在“分布”子菜单中选择“行均分”命令，将得到行均分效果，如图11-21所示。

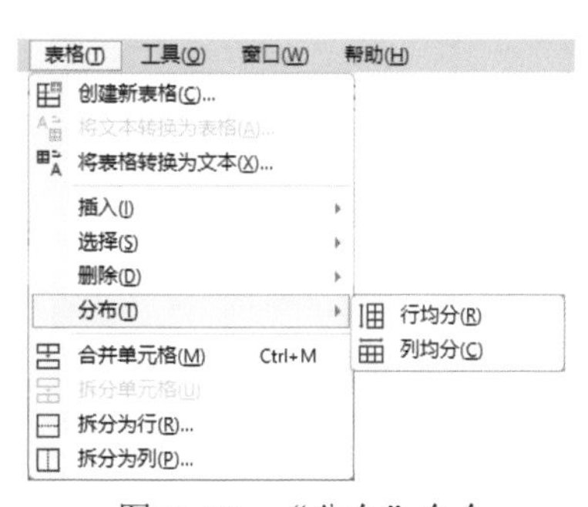

图11-19　“分布”命令

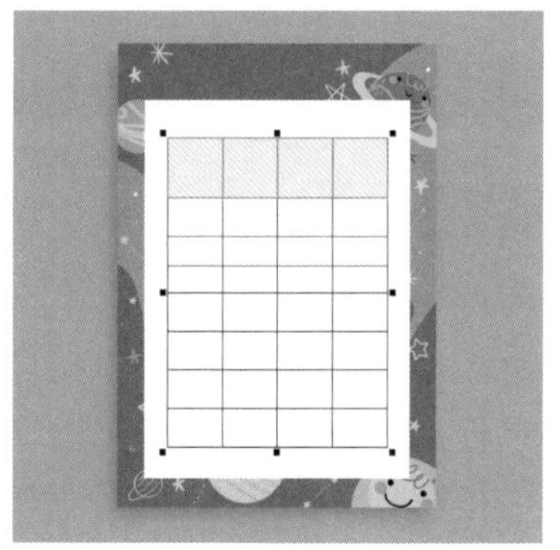

图11-20　平均分布列

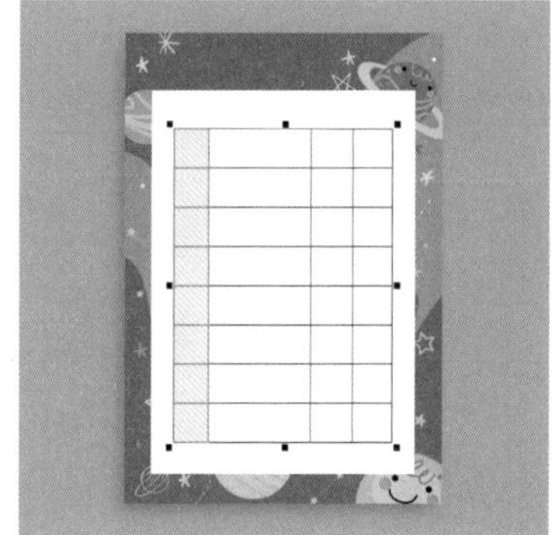

图11-21　平均分布行

11.2.3　设置单元格背景

在CorelDRAW中，不仅可以为整个表格设置背景，还可为选择的任意单元格设置背景。选择要设置背景的单元格，单击表格工具属性栏中的“填充色”按钮，在弹出的下拉面板中选择纯色背景，如图11-22所示，设置好颜色后，单元格将得到单色填充效果，如图11-23所示。

进阶技巧

选择单元格后，单击调色板中的色块，可以快速为表格进行单色填充。

除可以对单元格进行单色填充外，还可以对单元格进行渐变色或纹理填充。选择单元格，然后单击属性栏中的“编辑填充”按钮，在打开的“编辑填充”对话框中可以设置单元格背景为渐变色、底纹或图案，如图11-24所示，图11-25所示是设置单元格为渐变色的效果。

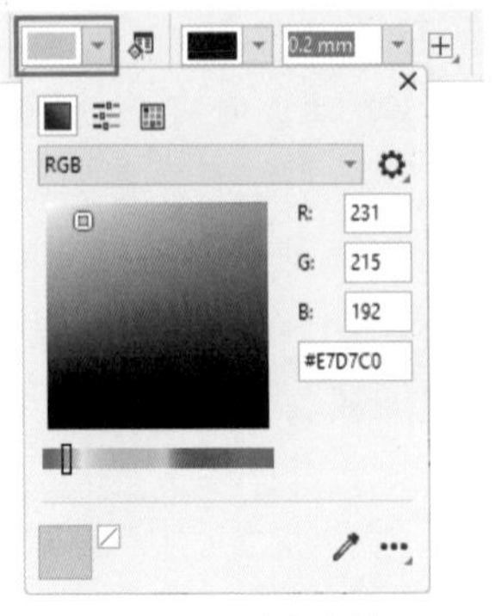

图11-22　选择颜色

图11-23　单色填充效果

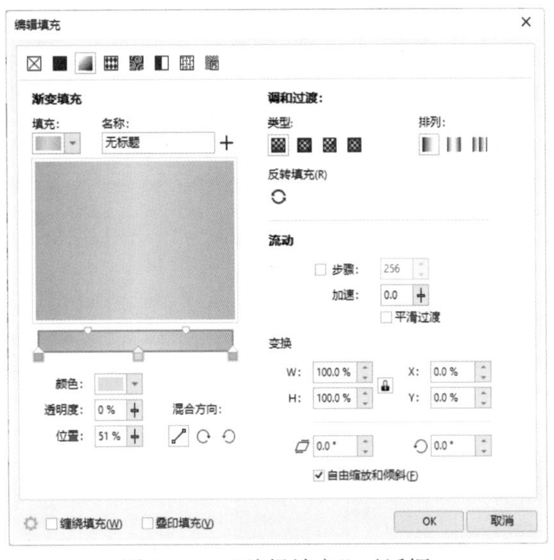

图11-24　“编辑填充”对话框

图11-25　渐变填充效果

11.2.4　设置单元格边框

在设计表格效果时，用户可以根据需要设置单元格的边框属性。在表格中先选择要设置边框的范围，然后单击“边框选择”按钮，在弹出的下拉列表中可以选择边框位置；单击“轮廓色”下拉按钮，可以设置边框颜色；单击轮廓宽度下拉按钮，可以设置边框粗细，如图11-26所示，设置边框后的效果如图11-27所示。

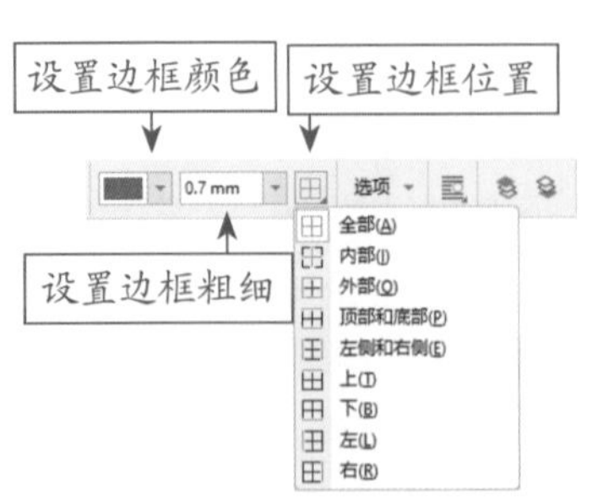

图11-26　设置单元格边框

图11-27　边框效果

11.2.5　设置单元格对齐

为了增加表格的美观度，可以对单元格进行对齐设置，包括文本在单元格中的水平与垂直对齐方式。

- 设置水平对齐方式：选择需要设置文本水平对齐的单元格，按Ctrl+T组合键打开“文本”泊坞窗，单击“段落”按钮，然后在对齐栏中单击对应的对齐按钮即可，如图11-28所示，图11-29所示为左对齐效果。
- 设置垂直对齐方式：选择单元格中的文本，在“文本”泊坞窗中单击“图文框”按钮，再单击“垂直对齐”按钮，在弹出的下拉列表中可以选择需要的垂直对齐方式，如图11-30所示。

图11-28　设置对齐方式

图11-29　左对齐效果

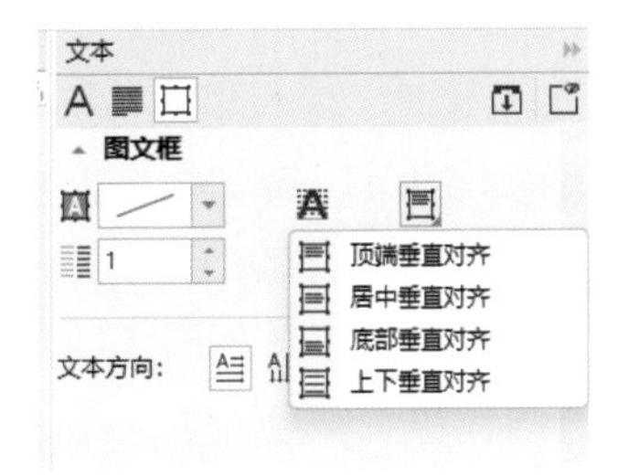

图11-30　垂直对齐方式

11.2.6　设置页边距

通过设置页边距，可以指定文本到单元格边框的距离。选择单元格，在属性栏中单击“页边距”按钮，将打开“页边距”设置面板，在其中可以设置文本到四周边框的距离，如图11-31所示。选择单元格文本为左对齐，将到顶部的页边距设置为“1mm”，左侧边距设置为“12mm”，底部和右边距设置为“2mm”，效果如图11-32所示。

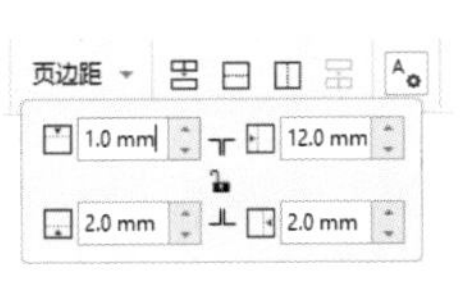

图11-31　设置页边距

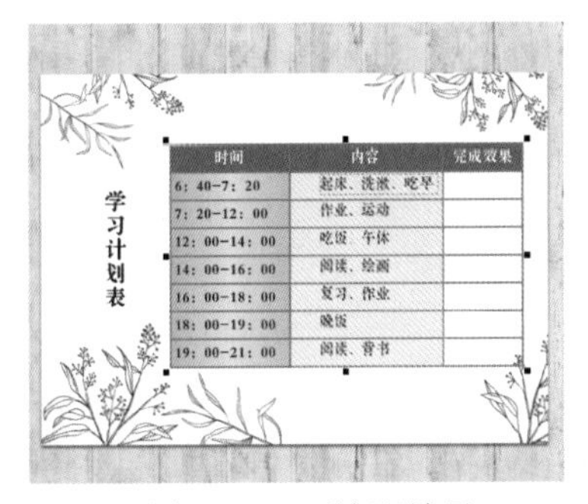

图11-32　页边距效果

知识点滴

在页边距设置面板中单击按钮，可以解除锁定统一4个边的距离，从而能够分别设置不同的距离。再次单击该按钮，可以统一设置相同的距离。

11.3 编辑表格

创建好表格后，不仅可以对表格的样式进行设置，还可以对单元格进行插入、删除以及合并与拆分操作。

11.3.1 插入单元格

制作好表格后，如果在添加数据信息时发现单元格不够用，可以使用插入单元格命令添加新的单元格。

练习实例：在选定位置插入单元格

文件路径：第11章\插入单元格

技术掌握：插入单元格的操作

01 打开“表格.cdr”素材文件，在需要插入单元格的位置单击，并选择一行单元格，如图11-33所示，选择“表格”|“插入”菜单命令，可以在弹出的子菜单中选择插入单元格的位置和方式，如图11-34所示。

图11-33 选择单元格

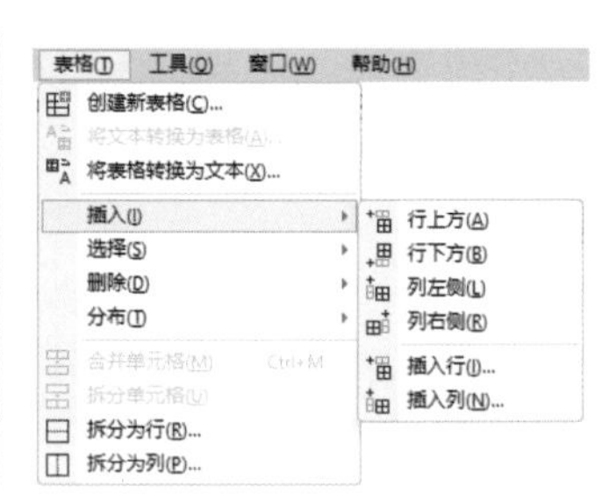

图11-34 “插入”菜单命令

02 在“插入”子菜单中选择“行上方”命令，将在所选单元格上方插入一行单元格，如图11-35所示。

03 若想插入多行单元格，可选择“表格”|“插入”|“插入行”菜单命令，将打开“插入行”对话框，在其中设置插入的行数(如2)，如图11-36所示，单击OK按钮，即可得到插入的行，如图11-37所示。

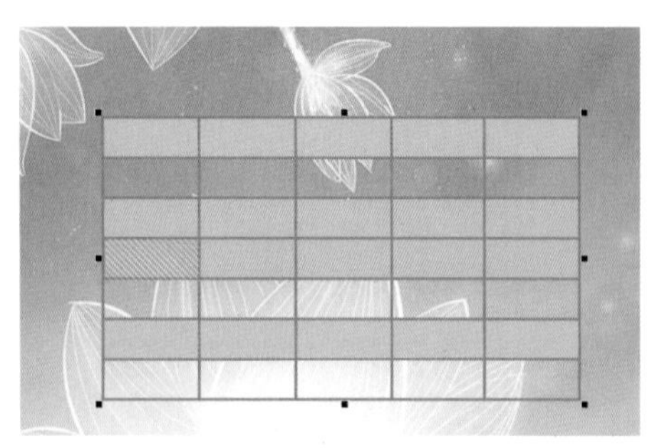
图11-35 插入一行单元格

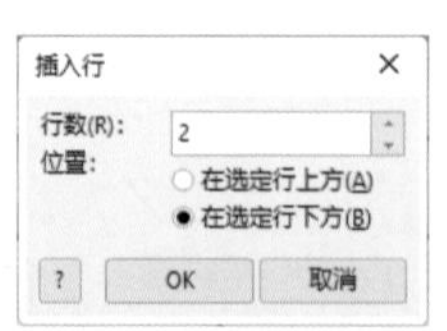

图11-36 设置插入行数

图11-37 插入两行单元格

知识点滴

在插入行或列单元格后，应注意调整表格的大小。在表格中插入列的操作方式与插入行一样。

11.3.2　删除单元格

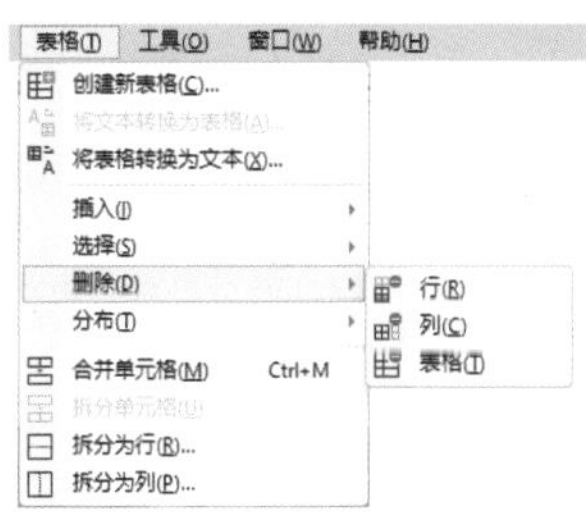

图 11-38　“删除”菜单命令

要删除表格中多余的单元格，可以将要删除的单元格行或列选中，然后按Delete键。也可以选中任意一个单元格或多个单元格，然后选择“表格”|“删除”菜单命令，在弹出的子菜单中选择“行”“列”或“表格”命令，如图 11-38 所示，即可对选中单元格所在的行、列或表格进行删除。

知识点滴

如果选择的不是整行或整列的单元格，删除时会将整个表格删除。

11.3.3　合并单元格

如果要合并单元格，可以选择相邻的单元格，如图 11-39 所示，然后选择“表格”|“合并单元格”菜单命令，或单击表格工具属性栏中的“合并单元格”按钮，即可将同行或同列中的多个连续单元格合并为一个单元格。合并后的单元格将默认使用合并前第一个单元格的属性，如图 11-40 所示。

图 11-39　选择单元格

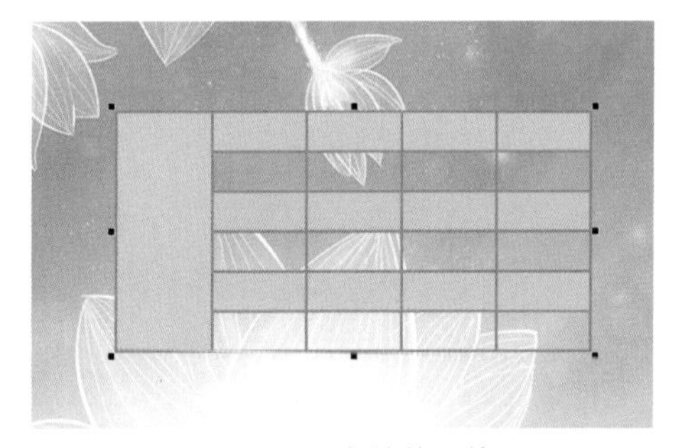

图 11-40　合并单元格

进阶技巧

对多个单元格执行合并操作后，单击“撤销合并单元格”按钮，可以对合并的单元格进行撤销，还原成没有执行合并之前的多个单元格状态。

11.3.4　拆分单元格

选择单元格后，用户可以通过拆分按钮将单元格拆分为多个单元格。拆分单元格包括拆分为行、拆分为列，以及拆分单元格 3 种方式。

1. 拆分为行

选择需要拆分的单元格，如图 11-41 所示，然后选择“表格”|“拆分为行”菜单命令，或单击表格工具属性栏中的“水平拆分单元格”按钮，打开“拆分单元格”对话框，设置拆分

的行数，如图11-42所示，然后单击OK按钮，即可将一个单元格拆分为多行单元格，如图11-43所示。

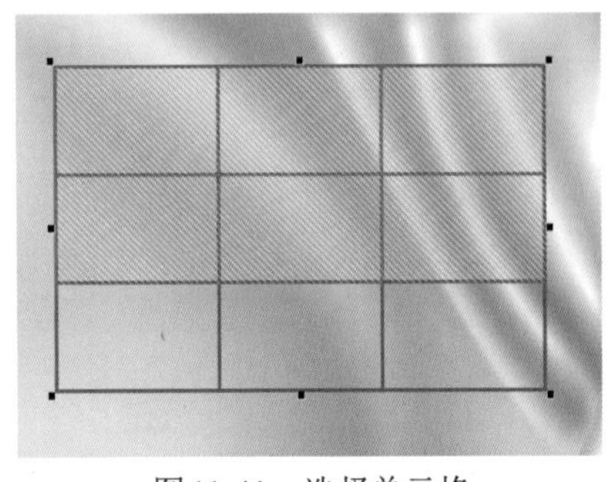

图11-41　选择单元格

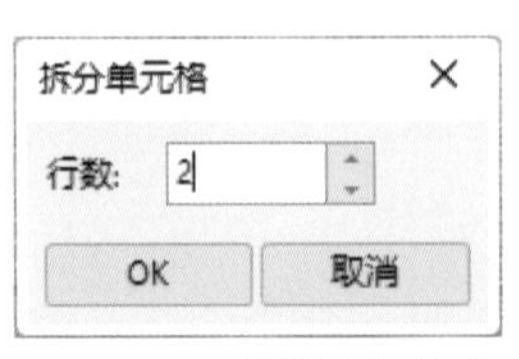

图11-42　设置拆分行数

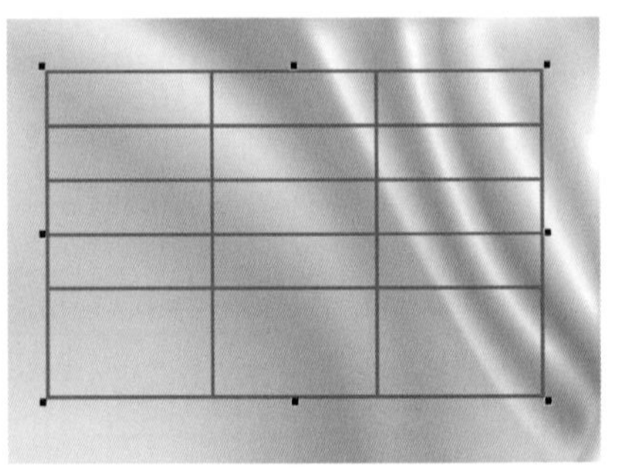

图11-43　拆分行后的效果

2. 拆分为列

选择需要拆分的单元格，如图11-44所示，然后选择“表格”|“拆分为列”菜单命令，或单击表格工具属性栏中的“垂直拆分单元格”按钮◫，打开“拆分单元格”对话框，设置拆分的栏数，如图11-45所示，然后单击OK按钮，即可将一个单元格拆分为多列单元格，如图11-46所示。

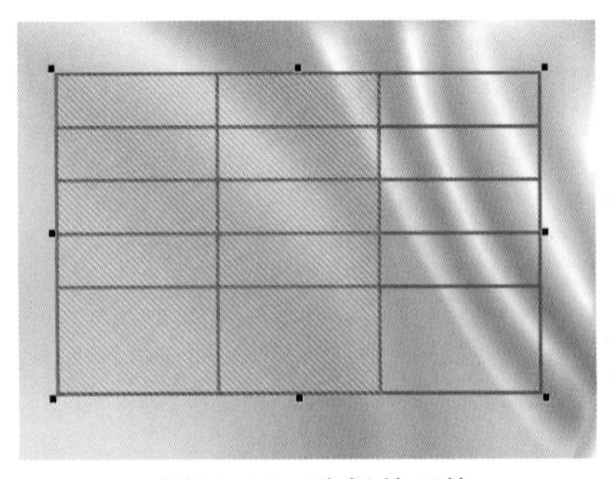

图11-44　选择单元格

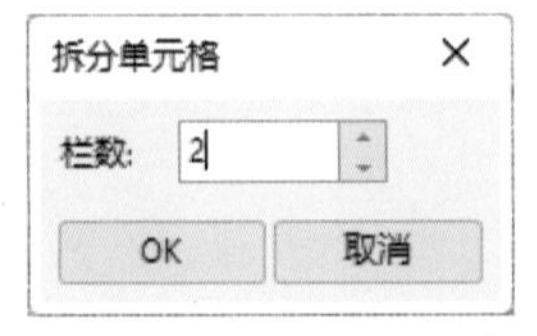

图11-45　设置拆分列数

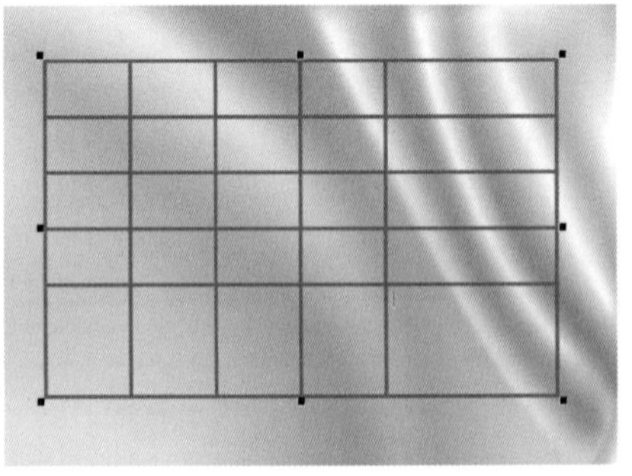

图11-46　拆分列后的效果

3. 拆分单元格

如果表格中存在合并过的单元格，那么可以选择该单元格，如图11-47所示，然后选择“表格”|“拆分单元格”菜单命令，合并后的单元格将被拆分，如图11-48所示。如果选择的单元格未被拆分过，则“拆分单元格”命令处于不可用状态。

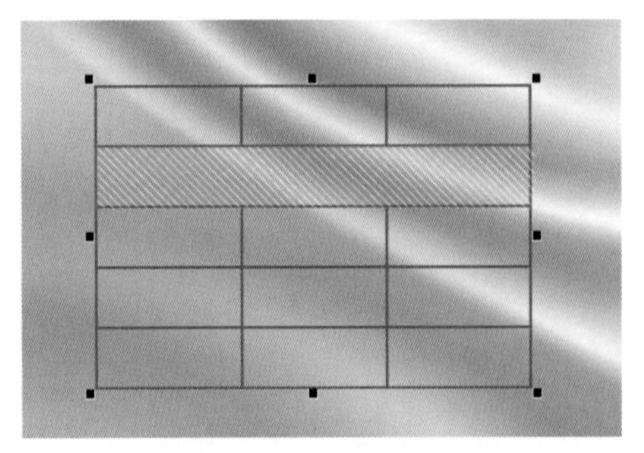

图11-47　选择单元格

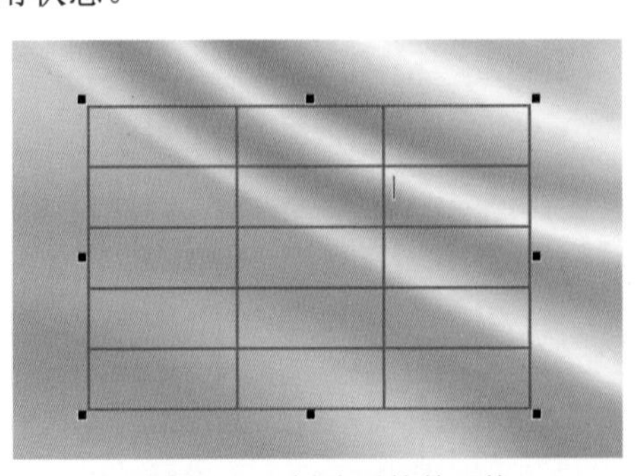

图11-48　拆分后的单元格

11.4　课堂案例：绘制员工自评表

文件路径：第 11 章\绘制员工自评表

技术掌握：表格的行距设置、单元格合并、单元格的填充、表格文字的设置

案例效果

本节将应用本章所学的知识，制作员工自评表，主要是巩固之前所学的创建表格、选择单元格、合并单元格，以及在单元格中设置对齐方式等知识。本案例的效果如图 11-49 所示。

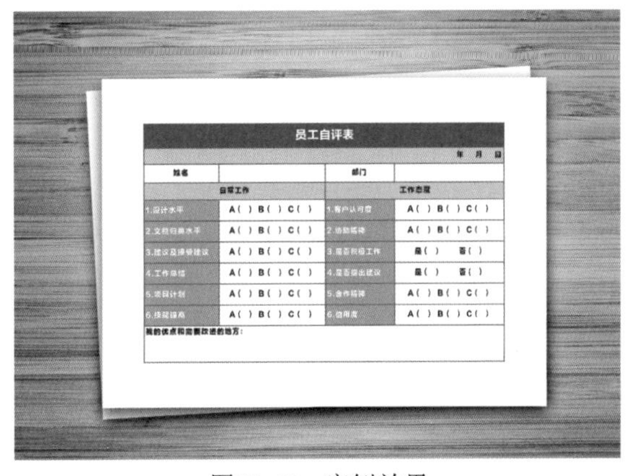

图 11-49　案例效果

操作步骤

01 新建一个文档，选择“表格工具”，在属性栏中设置行数为 11、列数为 4，然后绘制一个表格，如图 11-50 所示。

02 将光标移动到第一行单元格左边外侧，当鼠标变为➧形状时，单击左键选择第一行单元格，如图 11-51 所示。

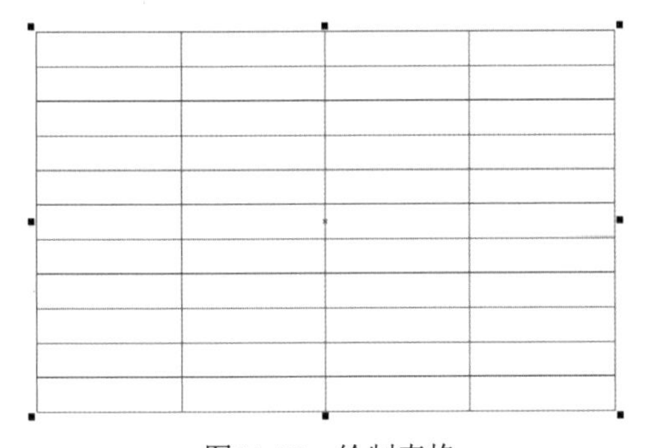

图 11-50　绘制表格

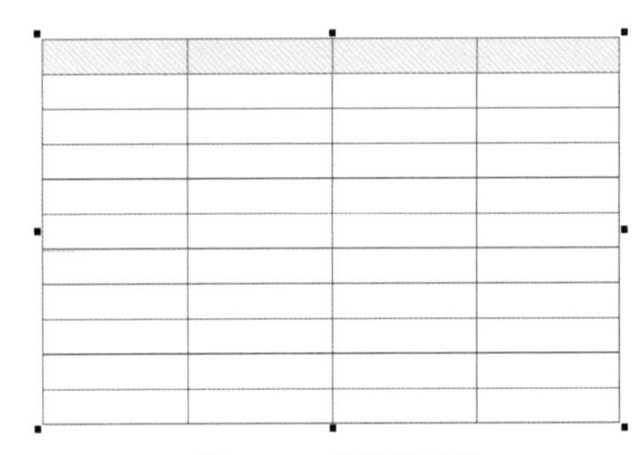

图 11-51　选择单元格

03 单击属性栏中的“合并单元格”按钮，将第一行单元格合并，如图 11-52 所示。

04 继续对第二、第四行以及最后一行的部分单元格进行合并，效果如图 11-53 所示。

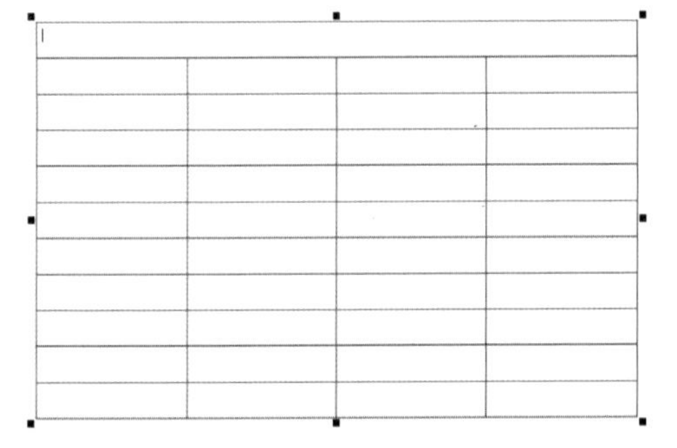

图 11-52　合并单元格效果

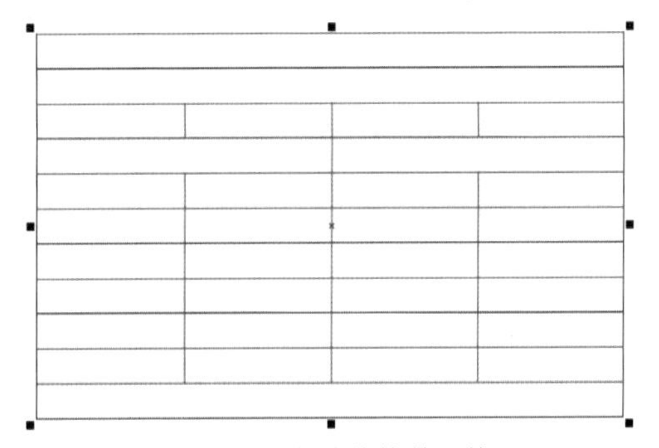

图 11-53　合并其他单元格

05 使用“形状工具”或“表格工具”拖动部分表格列宽边线，调整表格列宽，如图 11-54 所示。

06 选择最后一行单元格，设置单元格高度为 20mm，效果如图 11-55 所示。

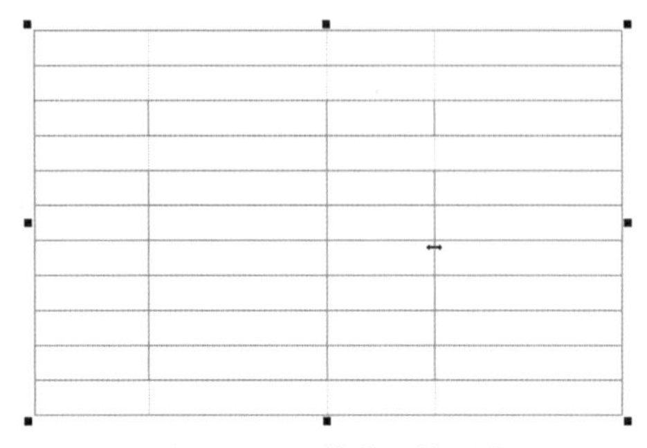

图 11-54　调整单元格列宽

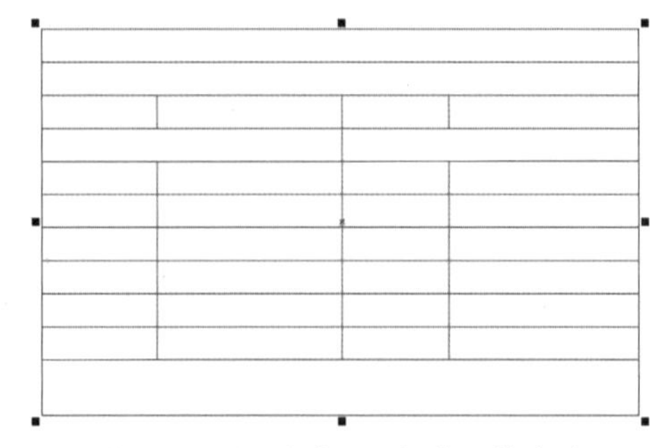

图 11-55　设置最后一行单元格高度

07 选择“表格”|“选择”|“表格”菜单命令，单击属性栏中的“边框选择”按钮，在下拉列表中选择“全部”选项，如图 11-56 所示，再设置边框颜色为深蓝色(#315577)、边框粗细为 0.5mm，边框效果如图 11-57 所示。

图 11-56　设置单元格边框

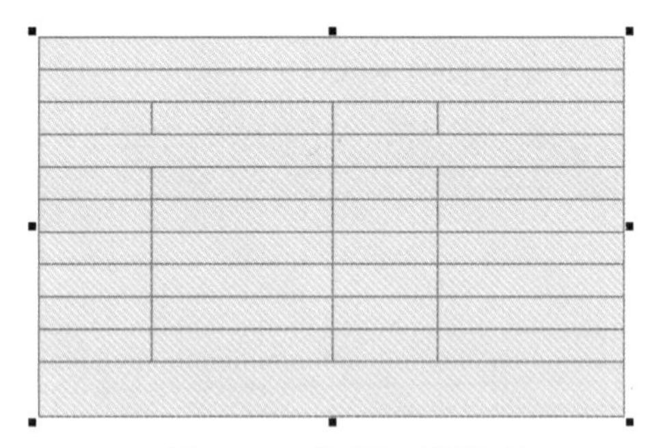

图 11-57　单元格边框效果

08 选择第一行单元格，单击属性栏中的“编辑填充”按钮，在弹出的对话框中设置填充颜色为深蓝色(#315577)，如图 11-58 所示，然后单击OK按钮，填充效果如图 11-59 所示。

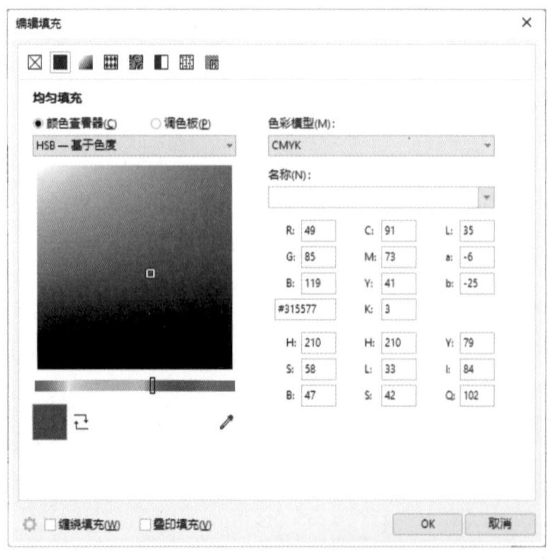

图 11-58　设置填充颜色

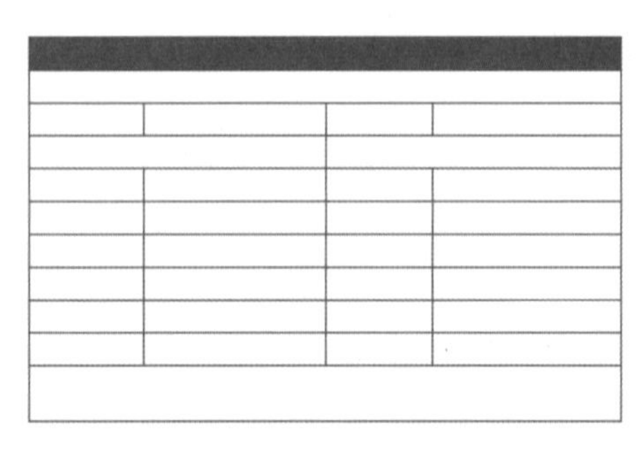

图 11-59　填充单元格

09 选择第二行和第四行单元格，填充为浅灰色，如图 11-60 所示。

10 选择下面第一列和第三列的表格，填充为水蓝色(#56AAB7)，如图 11-61 所示。

11 使用“文本工具”字输入文字，将部分文字填充为白色，如图 11-62 所示。

12 选择所有文字，在属性栏中设置字体为方正兰亭大黑简体，字号大小为12pt，效果如图 11-63 所示。

13 选择第一行单元格中的文字，在属性栏中调整字号大小为 18pt。然后打开“文本”泊坞窗，单击“段落”按钮，在对齐栏中单击“中”按钮(如图 11-64 所示)，对第一行单元格中的文字进行水平居中对齐，效果如图 11-65 所示。

14 单击“图文框”按钮，然后单击“垂直对齐”按钮，在下拉列表中选择“居中垂直对齐”命令，如图 11-66 所示，文字得到垂直居中对齐效果，如图 11-67 所示。

15 选择表格内的其他文字，对其进行居中垂直对齐，然后再选择部分文字，单击属性栏中的“文本对齐”按钮，选择“中”对齐方式，效果如图 11-68 所示。

16 打开“表格背景.cdr”素材图像，将制作好的表格复制粘贴过来，放到白色背景中进行展示，效果如图 11-69 所示。

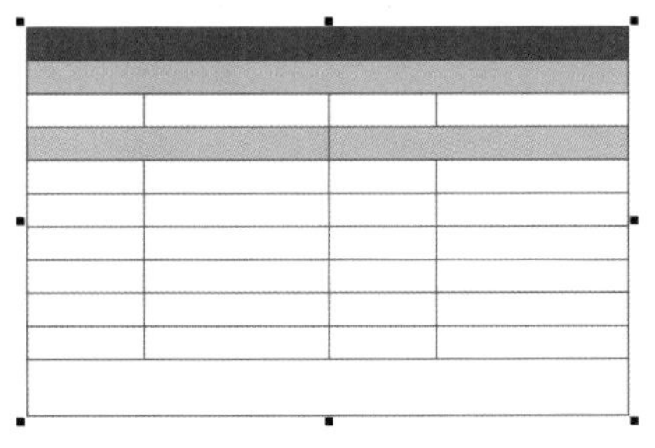

图 11-60　填充第二行和第四行单元格

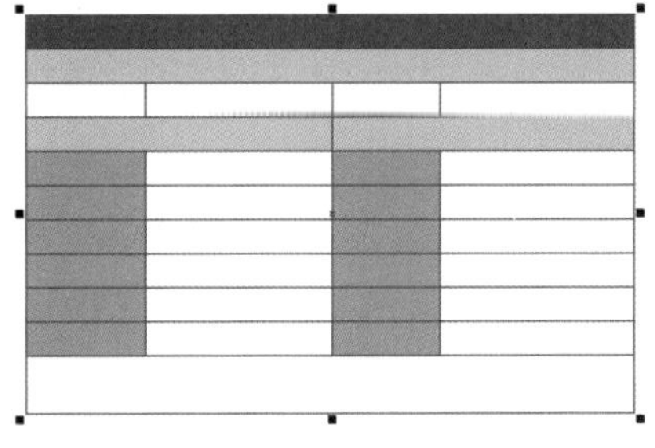

图 11-61　填充第一列和第三列单元格

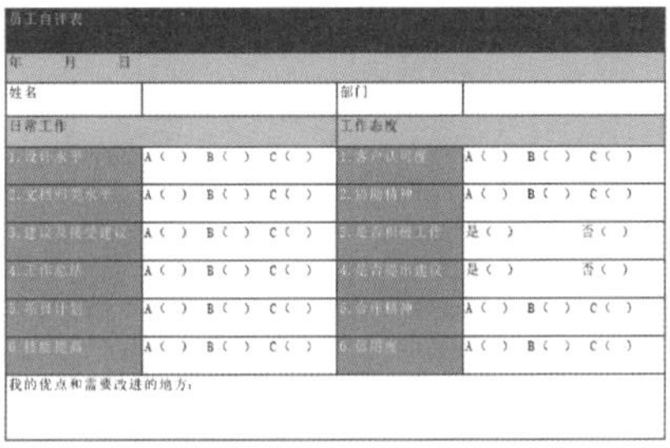

图 11-62　输入文字

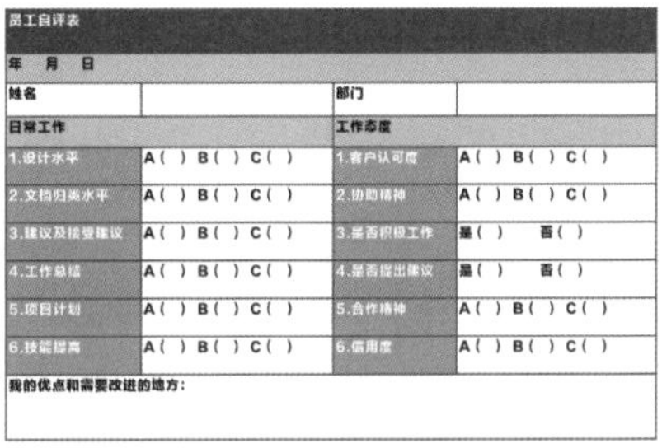

图 11-63　设置文字属性

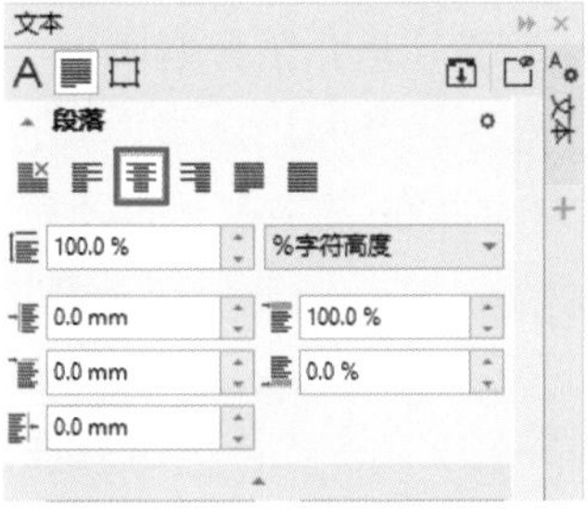

图 11-64　设置文本对齐

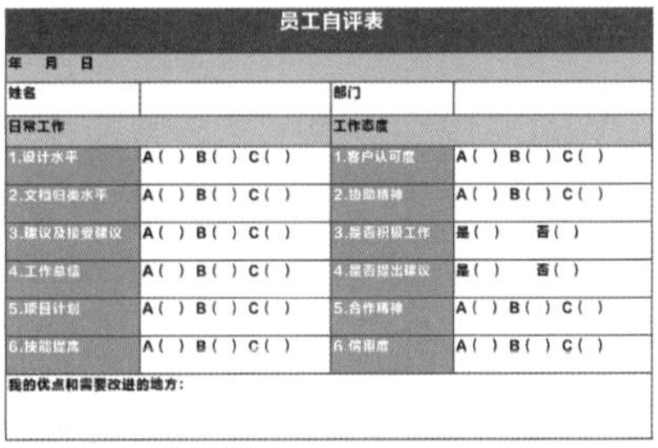

图 11-65　第一行文字水平居中对齐效果

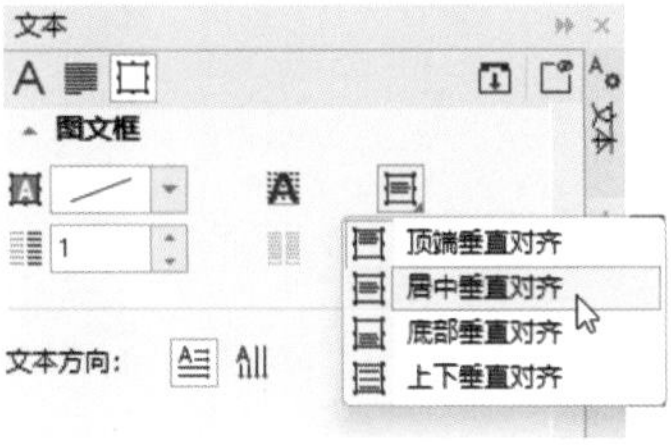

图 11-66　选择“居中垂直对齐”命令

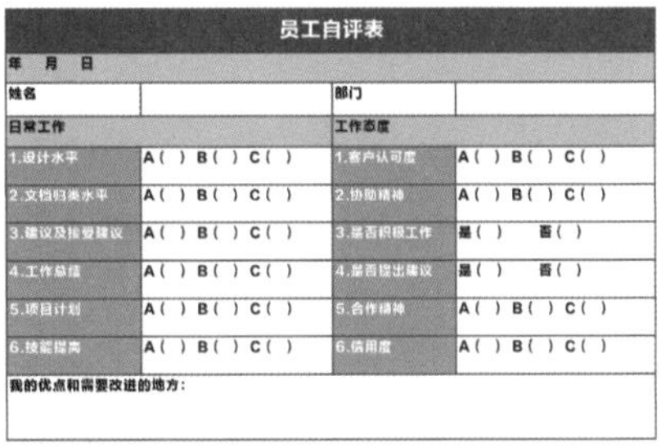

图 11-67　第一行文字垂直居中对齐效果

员工自评表			
			年　月　日
姓名		部门	
日常工作		工作态度	
1.设计水平	A（ ）B（ ）C（ ）	1.客户认可度	A（ ）B（ ）C（ ）
2.文档归类水平	A（ ）B（ ）C（ ）	2.协助精神	A（ ）B（ ）C（ ）
3.建议及接受建议	A（ ）B（ ）C（ ）	3.是否积极工作	是（ ）　否（ ）
4.工作总结	A（ ）B（ ）C（ ）	4.是否提出建议	是（ ）　否（ ）
5.项目计划	A（ ）B（ ）C（ ）	5.合作精神	A（ ）B（ ）C（ ）
6.技能提高	A（ ）B（ ）C（ ）	6.信用度	A（ ）B（ ）C（ ）
我的优点和需要改进的地方：			

图11-68　设置文本对齐

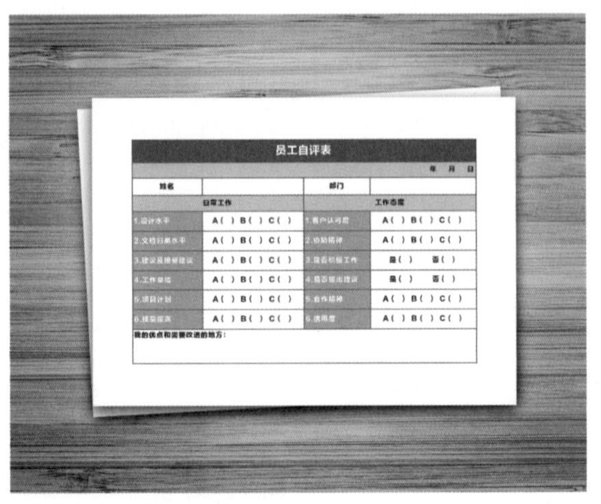

图11-69　添加表格背景

11.5　高手解答

问：为什么有时候在表格内输入文字后，文字没有显示？

答：当文字字号过大时，表格内会显示为红色的虚线，表示文字已经超出单元格的显示范围，这时可以适当地调整文字或表格大小，即可显示文字。

问：当单元格内已经有文字内容时，还可以合并单元格吗？

答：可以。如果单元格中已经有文字内容，合并后这些内容也不会消失，会合并在一起显示，如图11-70所示。但需要注意的是，合并后的文字有可能不在同一行显示，需要进行一定的调整。

问：可以将单元格拆分为单独的线条吗？

答：可以。选择“对象”|“拆分表格”菜单命令，再单击属性栏中的“取消组合对象组合”按钮，或按Ctrl+U组合键，取消组合，然后选择边框即可移动到所需的位置。同时单元格内的文字内容也将被拆分出来，效果如图11-71所示。

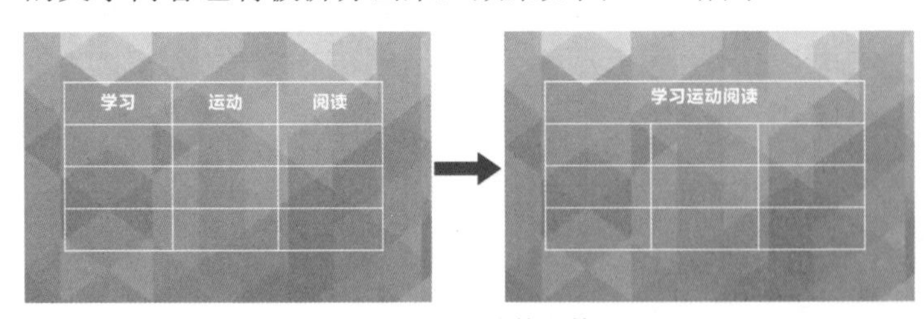

图11-70　合并单元格

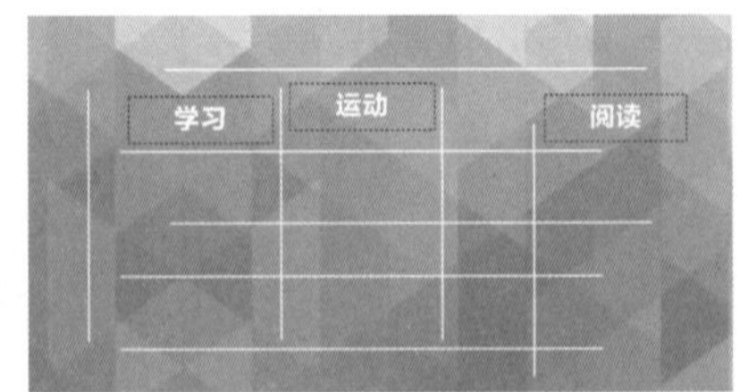

图11-71　拆分单元格

第 12 章
商业综合案例

完成CorelDRAW 2024软件知识和操作技能的学习后，还需要掌握CorelDRAW在平面设计工作中的具体应用。本章将通过水果店海报设计和零食包装设计案例的讲解，帮助初学者掌握CorelDRAW 2024在实际工作中的应用，达到举一反三的效果，为今后的平面设计工作奠定良好基础。

◎ 综合案例：水果店海报设计
◎ 综合案例：零食包装设计

12.1 水果店海报设计

文件路径：第12章\水果店海报设计

技术掌握：对象形状编辑、透明度参数设置、文字的属性设置

案例效果

海报设计是平面广告设计中常见的设计内容，主要是使用图像、文字、色彩、版面、图形等表达广告的元素，结合广告媒体的使用特征，通过设计来表达广告目的和意图。本案例将以水果店海报设计为例，介绍海报设计的具体操作，本案例完成后的效果如图12-1所示。

图12-1 水果店海报设计效果

案例分析

海报设计需要重点突出主体图像和文字对象。在制作海报设计图的过程中，需要注意以下几点。

(1) 宣传海报没有特定的尺寸，一般会根据实际情况现场测量尺寸，本例的海报以店铺外橱窗展示区为宣传载体，因此在新建文档时，设置的海报宽度为60厘米、高度为90厘米。

(2) 要考虑在设计图中合理分布图像元素所占的区域，使整个画面更美观。

(3) 在制作和处理图像时，应该根据图像的独立性创建各个需要的图层，以方便对各个图像进行编辑。

(4) 在输入文字时，应该注意字体的选择，以及颜色与背景色是否能够融合；在文字排版时，更要注意突出主体文字。

12.1.1 绘制海报主体图像

01 新建一个文档，选择“矩形工具”，在工作区中绘制一个矩形，在属性栏中设置宽度和高度为600mm×900mm，填充为橘红色(#F08519)，并取消轮廓线填充，效果如图12-2所示。

02 选择矩形，按小键盘中的+键，在原地复制一次对象，然后选择“形状工具”，按住Ctrl键，分别将下方两个节点向上拖动，再修改填充色为灰色，如图12-3所示。

03 使用“形状工具”框选矩形下方两个节点，单击属性栏中的“转换为曲线”按钮，然后在曲线中间双击添加一个节点，并调整曲线形状，如图12-4所示。

图 12-2　绘制矩形

图 12-3　复制并修改图形

图 12-4　调整曲线

04 导入"橘子 1.jpg"素材图像，选择"对象"|"PowerClip"|"置于图文框内部"菜单命令，当光标变为➧形状时，单击灰色图形，将其置入其中，效果如图 12-5 所示。

05 结合使用"钢笔工具"和"形状工具"绘制一个弧形，填充为黑色，如图 12-6 所示。

06 选择"透明度工具"，在属性栏中单击"均衡透明度"按钮，并设置透明度为 80，效果如图 12-7 所示。

图 12-5　置入素材图像

图 12-6　绘制弧形

图 12-7　设置透明效果

07 复制一次绘制的弧形，适当向下移动，改变填充色为白色，然后选择"透明度工具"，单击属性栏中的"无透明度"按钮，取消对象的透明度，效果如图 12-8 所示。

08 选择黑色透明弧形，按住鼠标左键向下拖动，到合适的位置后单击鼠标右键，得到复制的对象，然后使用"形状工具"适当调整弧形的宽度，效果如图 12-9 所示。

09 选择"椭圆形工具"，在画面中绘制一个圆形，填充为黑色，如图 12-10 所示。

图12-8　复制对象

图12-9　复制并调整形状

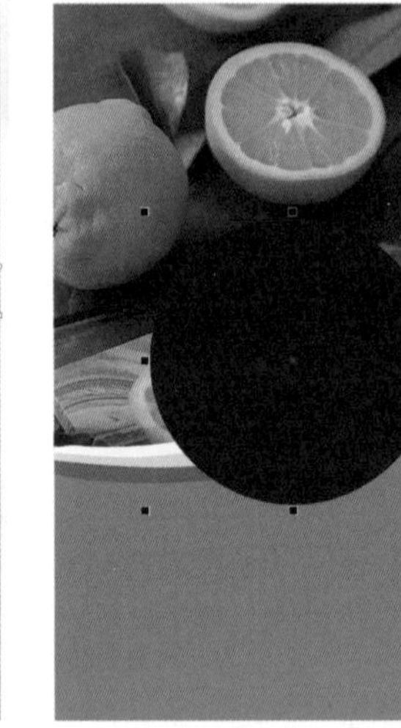

图12-10　绘制圆形

10 选择“透明度工具”，在属性栏中设置“均衡透明度”为80，效果如图12-11所示。

11 按小键盘中的+键，在原地复制一次圆形，将其填充为白色，并适当向上移动，再选择“透明度工具”，单击属性栏中的“无透明度”按钮，取消对象的透明度。再次原地复制一次圆形，填充为浅灰色(#F1EFEF)，效果如图12-12所示。

12 选择“椭圆形工具”，继续绘制一个圆形，设置无填充色，效果如图12-13所示。

图12-11　设置透明度

图12-12　复制并修改对象

图12-13　绘制圆形

进阶技巧

此处需注意，连续复制了两次圆形叠加放置，并且两个圆形的颜色有所不同，是为了后面的修剪操作。

13 选择新绘制的圆形和浅灰色圆形，单击属性栏中的“修剪”按钮，得到修剪效果，如图12-14所示。

14 选择“椭圆形工具”，绘制两个较大的圆形作为圆环，设置无填充色，轮廓线为白色，如图12-15所示。

图12-14　修剪效果

图12-15　绘制圆环图形

12.1.2　创建海报文字对象

01 选择“文本工具”字，在圆形中输入文字，并在属性栏中设置字体为方正正纤黑简体，如图12-16所示。

02 选择“对象”|“拆分”菜单命令，将文字拆分，然后适当调整文字大小，再按Ctrl+Q组合键将文字转换为曲线，如图12-17所示。

03 选择“形状工具”，对“新”字进行编辑，编辑时可以选择笔画进行调整，并适当删除部分笔画的节点，如图12-18所示。

图12-16　输入文字

图12-17　调整文字大小

图12-18　调整“新”字形状

04 选择“鲜”字进行编辑，对部分笔画形状进行调整，如图12-19所示。

05 在“新”字左下方绘制一个圆形，并在属性栏中设置轮廓线为2.5mm，填充轮廓线为橘红色(#F08519)，如图12-20所示。

06 分别导入“树叶1.png”和“橘瓣.png”素材图像，将图像分别放到文字中，效果如图12-21所示。

图12-19　调整“鲜”字形状

图12-20　绘制圆形

图12-21　添加素材图像

07 选择“形状工具”，分别对“蜜桔”文字进行造型编辑，并将部分笔画填充为橘红色，再删除部分笔画，效果如图12-22所示。

08 导入“橘子2.png”素材图像，将其放到“桔”字中，效果如图12-23所示。

09 选择“窗口”|“泊坞窗”|“字形”菜单命令，在打开的泊坞窗中设置字体为Wingdings，然后在下方选择字符图形，如图12-24所示，将其拖动到工作区内，填充为橘红色(#F08519)，再将其放在文字右上角，如图12-25所示。

图12-22　编辑文字造型

图12-23　添加素材图像

图12-24　选择字符图形

图12-25　添加字符图形

10 选择“文本工具”，在圆形下方输入文字，并在属性栏中设置字体为方正粗宋简体，填充为白色，然后适当调整文字大小，如图12-26所示。

11 选择“阴影工具”，在文字中间按住鼠标向右侧拖动创建投影，然后在属性栏中设置投影颜色为深橘色(#DF8221)，阴影不透明度为100、羽化为20，效果如图12-27所示。

12 继续输入一行文字，在属性栏中设置字体为幼圆，填充为白色，并为其添加阴影效果，如图12-28所示。

图12-26 输入文字

图12-27 设置阴影属性

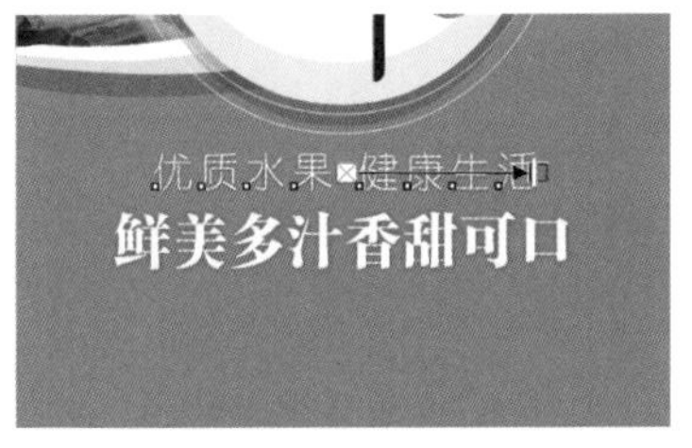

图12-28 输入其他文字

13 选择“椭圆形工具”，在文字下方绘制圆形，填充为白色，然后复制多次对象，排列方式如图12-29所示。

14 在圆形中分别输入文字，并设置字体为幼圆，如图12-30所示。

15 选择“钢笔工具”，在文字两侧分别绘制连续的线条，在属性栏中设置轮廓宽度为1mm，轮廓颜色为白色，效果如图12-31所示。

图12-29 绘制并复制圆形

图12-30 输入文字

图12-31 绘制线条

16 导入“橘子3.png”“树叶2.png”和“橘瓣.png”素材图像，分别将其放到文字中作为点缀，并适当调整文字的前后顺序，效果如图12-32所示。

17 选择“矩形工具”，在属性栏中设置“圆角半径”为20mm，轮廓宽度为1mm，在文字下方绘制一个圆角矩形，填充为绿色(#8FAF33)，再将轮廓线填充为白色，效果如图12-33所示。

18 多次复制圆角矩形，分别向右侧移动，改变颜色为橘黄色(#F6AE45)、蓝色(#56AAB7)和淡蓝色(#A0D9F6)，效果如图12-34所示。

图12-32 添加素材图像

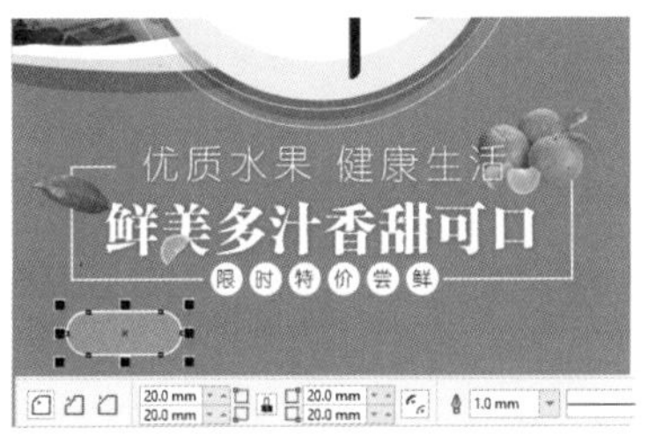

图12-33 绘制圆角矩形

图12-34 复制圆角矩形

19 分别在圆角矩形中输入文字，设置字体为方正剪纸简体，填充为白色，效果如图12-35所示。

20 选择“手绘工具”，在画面底部绘制一条线段，在属性栏中设置轮廓宽度为0.5mm，再选择一种虚线样式，如图12-36所示，绘制的线条效果如图12-37所示。

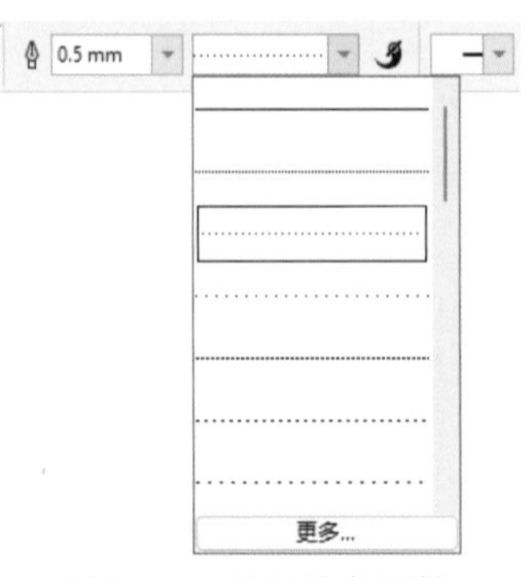

图12-35　输入文字　　图12-36　设置线条属性　　图12-37　线条效果

21 复制两次线条对象，将其向上适当移动，并调整为不同长短的线段，然后设置轮廓宽度为1mm，如图12-38所示。

22 按F4键，显示所有的对象，如图12-39所示，完成本例的制作。

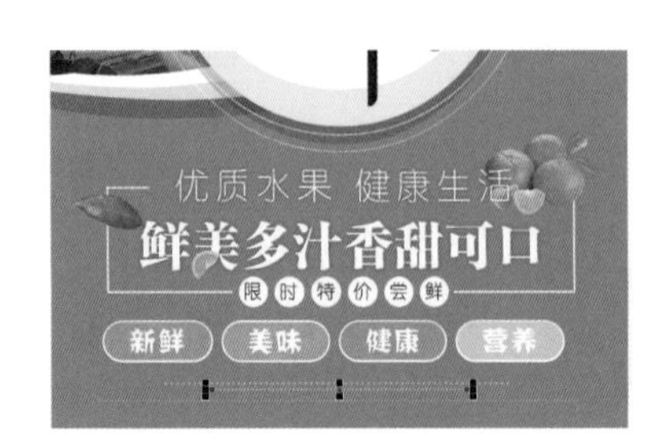

图12-38　复制并调整线条

图12-39　水果店海报设计效果

12.2　零食包装设计

文件路径：第12章\零食包装设计

技术掌握：路径文字的输入、对象的造型调整、对象的透视变换

案例效果

包装设计是在商品流通过程中为更好地保护商品，并促进商品销售而进行合理的设计。本案例将以零食包装设计为例，介绍包装设计的具体操作，本案例完成后的效果如图12-40所示。

图12-40　零食包装设计效果

案例分析

包装设计不仅要突出产品效果和内容，还需要针对产品结构考虑包装尺寸。在制作包装设计图的过程中，需要注意以下几点。

(1) 绘制包装盒正面图形，使用文字与图形相结合的方式，重点突出产品效果和内容。

(2) 绘制包装盒侧面图形，注意侧面的高度应与正面高度一致，侧面图形中可以添加商品内容、说明文字和条形码。

(3) 制作包装盒展示效果，主要是通过“封套工具”对图形进行透视调整，得到视觉上的立体效果图，同时需要注意图形的亮度和阴影调整，使立体效果更加协调。

12.2.1 绘制包装盒正面

01 新建一个文档，这里先确定正面图像的尺寸。选择“矩形工具”□，在工作区中绘制一个矩形，在属性栏中设置矩形的宽度和高度为455 mm×320mm，填充为黄色(#FEDB07)，效果如图12-41所示。

02 在矩形内部再绘制一个较小的矩形，填充为橘红色(#EB6622)，效果如图12-42所示。

03 选择“文本工具”字，在橘红色矩形中输入文字，在属性栏中设置字体为方正粗宋简体，填充为橘黄色(#EB8220)，适当调整文字大小后放在矩形中间，如图12-43所示。

图12-41 绘制矩形

图12-42 绘制小矩形

图12-43 输入文字

04 选择“钢笔工具”，在包装盒中间绘制一个不规则图形，如图12-44所示。

05 选择“形状工具”，框选不规则对象所有节点，单击属性栏中的“转换为曲线”按钮，然后分别选择线段向外进行拖动，调整为如图12-45所示曲线效果。

06 将调整后的图形填充为红色(#CB422E)，并取消轮廓线，效果如图12-46所示。

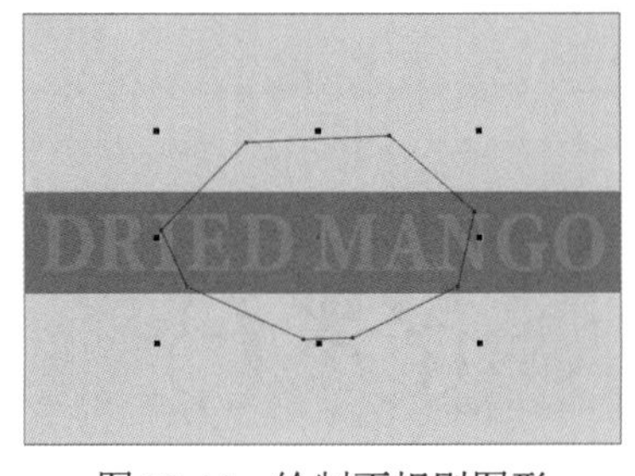

图12-44 绘制不规则图形

图12-45 编辑曲线

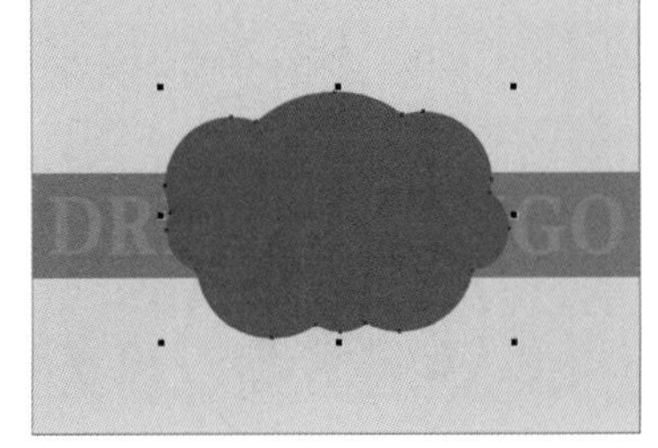

图12-46 填充颜色

07 按小键盘中的+键，在原地复制一次曲线对象，将其适当向上移动，填充为白色，效果如图12-47所示。

08 再次复制两次该曲线图形，调整其中一个图形大小，对两个图形进行错位排放，然后取消填充颜色，设置轮廓线为黑色，然后选择两个图形，单击属性栏中的“移出前面对象”按钮，得到如图 12-48 所示的造型效果。

09 将造型后的图形填充为深咖色(#3E2424)，并取消轮廓线，放在包装盒中，如图 12-49 所示。

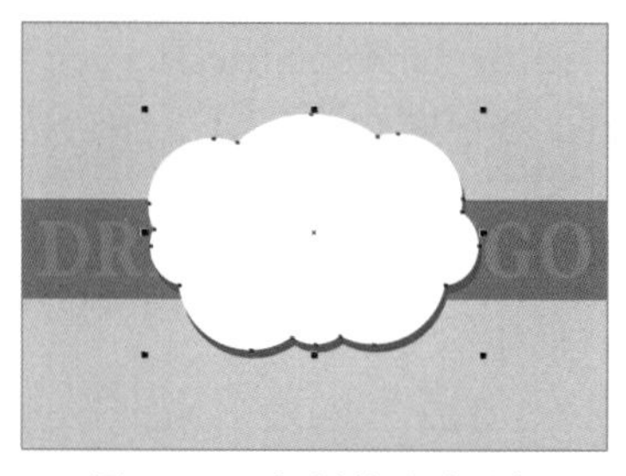

图 12-47　复制并移动对象

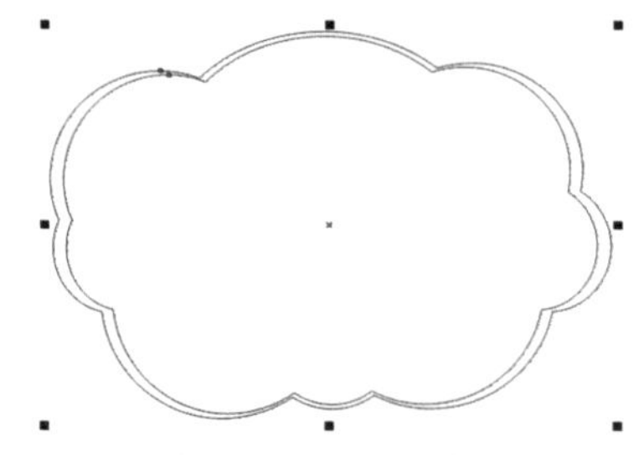

图 12-48　造型对象

图 12-49　填充颜色

10 选择“文本工具”字，在造型中输入文字，并在属性栏中设置字体为方正特粗光辉简体，填充为深咖色(#3E2424)，效果如图 12-50 所示。

11 选择“对象”|“拆分”菜单命令，将文字拆分为单独的个体，分别选择文字适当旋转，并调整位置，效果如图 12-51 所示。

12 选择“贝塞尔工具”，在文字下方绘制一条曲线，作为后面输入文字的路径，如图 12-52 所示。

图 12-50　输入文字

图 12-51　调整文字位置

图 12-52　绘制曲线

13 选择“文本工具”字，将光标放到曲线左侧端点处单击，插入输入的光标，然后输入文字内容，并选择文字，在属性栏中设置字体为方正卡通简体，填充为深咖色(#3E2424)，效果如图 12-53 所示。

14 取消作为文字路径的曲线轮廓线颜色。然后使用同样的方法，创建另一个路径文字，设置相同的文字属性，再适当调整文字大小，如图 12-54 所示。

15 选择“艺术笔工具”，在属性栏中选择一种预设样式，并设置“手绘平滑”为 100、“笔触宽度”为 7mm，然后在英文文字下方绘制一条曲线，填充为深咖色(#3E2424)，效果如图 12-55 所示。

图 12-53　创建路径文字(1)

图 12-54　创建路径文字(2)

图 12-55　设置艺术笔属性

16 继续绘制一段艺术笔曲线，放到第二行文字下方，效果如图 12-56 所示。

17 导入“芒果 1.png”素材图像，适当调整对象大小，放在如图 12-57 所示的位置。

18 选择“阴影工具”，在芒果图像中间按住鼠标左键向下拖动，创建投影，然后在属性栏中设置投影为黑色、阴影不透明度为30、羽化为15，效果如图12-58所示。

图12-56　绘制曲线

图12-57　添加素材图像

图12-58　添加阴影

19 导入“芒果2.psd”素材图像，适当调整对象大小，放到包装盒左下方，分别为其添加投影效果，如图12-59所示。

20 选择“椭圆形工具”，在包装盒左上方绘制一个椭圆形，填充为红色(#E73628)，如图12-60所示。

21 继续绘制两个不同大小的椭圆形，单击属性栏中的“移出前面对象”按钮进行造型，填充造型图形为白色，放在红色椭圆形中，如图12-61所示。

图12-59　添加素材图像

图12-60　绘制椭圆形

图12-61　继续绘制椭圆形

22 选择“文本工具”字，在椭圆形中输入文字，并设置字体为方正卡通简体，效果如图12-62所示。

23 选择“椭圆形工具”，绘制三个相交的圆形，如图12-63所示，单击属性栏中的“焊接”按钮，得到合并的效果，然后在下方绘制一个矩形，如图12-64所示。

图12-62　输入文字

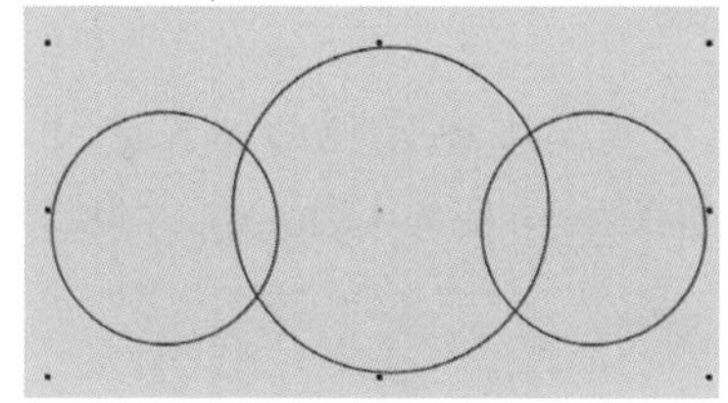
图12-63　绘制圆形

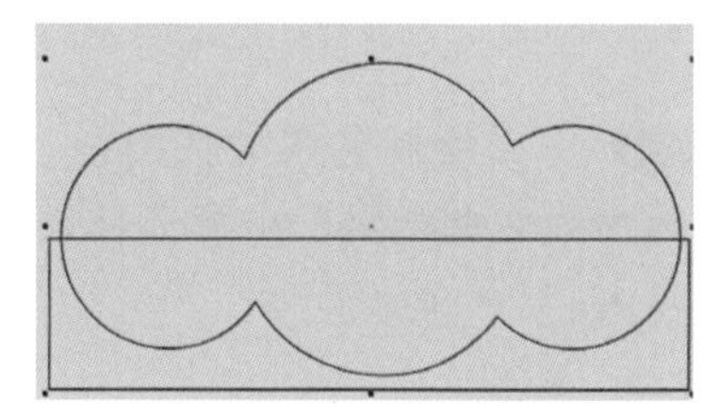
图12-64　绘制矩形

24 选择焊接的圆形和矩形，单击属性栏中的“移出前面对象”按钮，得到云朵造型效果，并适当调整图形大小，放在包装盒左上方，如图12-65所示。

25 选择云朵图形，在属性栏中设置轮廓宽度为1.5mm，再选择一种线条样式，如图12-66所示，效果如图12-67所示。

图 12-65 造型效果

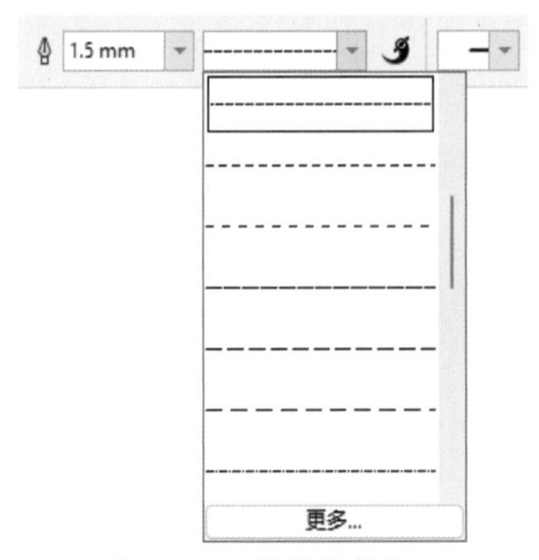

图 12-66 设置轮廓线

图 12-67 轮廓线效果

26 复制两次云朵图形，分别放在包装盒其他位置，如图 12-68 所示。

27 选择“文本工具”字，单击属性栏中的“将文本更改为垂直方向”按钮，在包装盒右上方输入两行竖排文字，并设置字体为方正卡通简体，效果如图 12-69 所示。

图 12-68 复制并移动对象

图 12-69 输入垂直文字

28 选择“矩形工具”，在属性栏中设置“圆角半径”为 20mm，轮廓宽度为 1.3mm，在包装盒右下方绘制一个圆角矩形，填充轮廓为深红色(#3E2424)，效果如图 12-70 所示。

29 在圆角矩形中输入文字，并在属性栏中设置字体为方正黑体简体，适当调整文字大小，填充与圆角矩形相同的颜色，效果如图 12-71 所示，完成包装盒正面图像的绘制。

图 12-70 绘制圆角矩形

图 12-71 输入文字

12.2.2 绘制包装盒侧面

01 下面绘制包装盒侧面图像，首先需要确定侧面图像的尺寸。选择“矩形工具”，在正面图形右侧绘制一个矩形，设置宽度和高度为 120mm×320mm，填充为黄色(#FEDB07)，效果如图 12-72 所示。

02 复制包装盒正面中间的曲线和文字图形组，缩小后放到侧面图像上方，如图 12-73 所示。

图 12-72 绘制矩形

图 12-73 复制并调整对象

03 选择“矩形工具”□，在下方绘制一个圆角矩形，在属性栏中设置“圆角半径”为4.5mm，轮廓宽度为1mm，填充轮廓为深红色(#3E2424)，效果如图12-74所示。

04 选择“文本工具”字，在圆角矩形中绘制一个文本框并输入文字，设置字体为方正粗黑宋简体，排列效果如图12-75所示。

05 导入“环保和条形码.cdr”素材图像，复制并粘贴到当前编辑的图像中，放到侧面图形下方，如图12-76所示，完成包装盒侧面图像的绘制。

图12-74　绘制圆角矩形

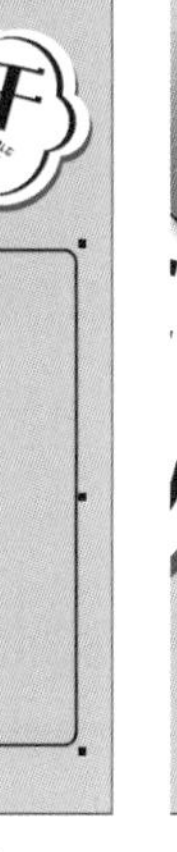

图12-75　输入产品文字

图12-76　添加素材图像

12.2.3　制作包装盒展示效果

01 下面将制作包装盒立体展示效果。分别选择包装盒正面和侧面对象，然后选择“位图”|“转换为位图”菜单命令，打开“转换为位图”对话框，如图12-77所示，保持默认设置并单击OK按钮，将其转换为位图。

02 选择“矩形工具”□，绘制一个矩形背景，填充为浅灰色，然后将转换为位图的包装盒图像放入其中，如图12-78所示。

03 选择“封套工具”，选择包装盒正面图形，单击属性栏中的“直线模式”按钮，然后分别拖动包装盒四个角进行调整，从而产生透视效果，如图12-79所示。

图12-77　“转换为位图”对话框

图12-78　绘制灰色背景并置入图像

图12-79　正面透视效果

04 选择侧面图像，使用同样的方式，对其进行透视调整，如图12-80所示。

05 选择侧面图像，选择“效果”|“调整”|“亮度”菜单命令，在打开的泊坞窗中设置亮度数值为−36，如图12-81所示，得到降低亮度的效果，如图12-82所示。

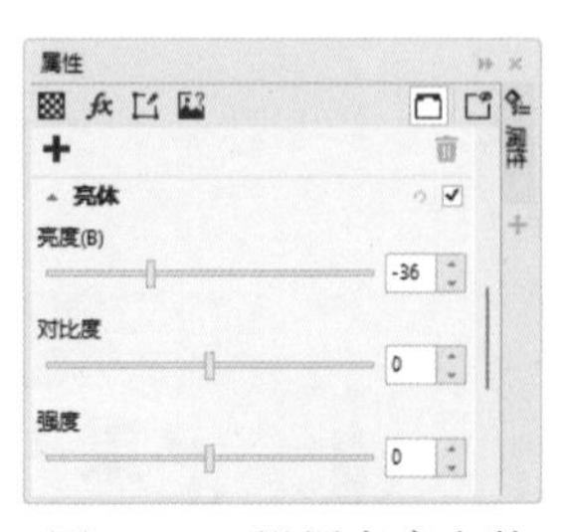

图12-80　侧面透视效果

图12-81　设置亮度参数

图12-82　图像效果

06 下面将绘制包装盒的底部投影效果。使用“钢笔工具”在包装盒下方绘制一个不规则的多边形，填充为灰色，如图12-83所示。

07 选择“阴影工具”，在多边形中按住鼠标左键向上拖动，在属性栏中设置投影为黑色、阴影不透明度为18、羽化为50，得到投影效果，如图12-84所示。

图12-83　绘制图形

图12-84　添加投影效果

08 选择阴影对象，然后选择“对象”|“拆分墨滴阴影”菜单命令，将多边形和阴影拆分开，选择多边形后按Delete键删除对象，如图12-85所示。

09 选择包装盒正面和侧面图像，按Shift+PageUp组合键将其放到最前面，投影将显示在后面，如图12-86所示，完成本实例的制作。

图12-85　删除图形

图12-86　调整对象顺序

书中精彩案例欣赏

员工自评表

姓名		部门	
日常工作		工作态度	
1.设计水平	A( ) B( ) C( )	1.客户认可度	A( ) B( ) C( )
2.文档归类水平	A( ) B( ) C( )	2.协助精神	A( ) B( ) C( )
3.建议是否被采纳	A( ) B( ) C( )	3.是否积极工作	是( ) 否( )
4.工作总结	A( ) B( ) C( )	4.是否提出建议	是( ) 否( )
5.项目计划	A( ) B( ) C( )	5.合作精神	A( ) B( ) C( )
6.技能提高	A( ) B( ) C( )	6.积极度	A( ) B( ) C( )
我的优点和需要改进的地方:			

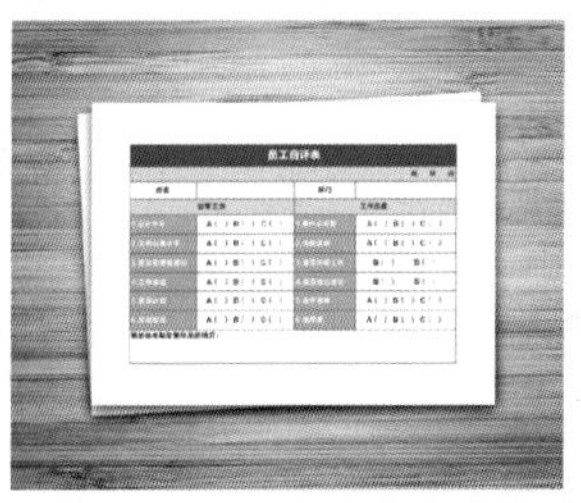

书中精彩案例欣赏

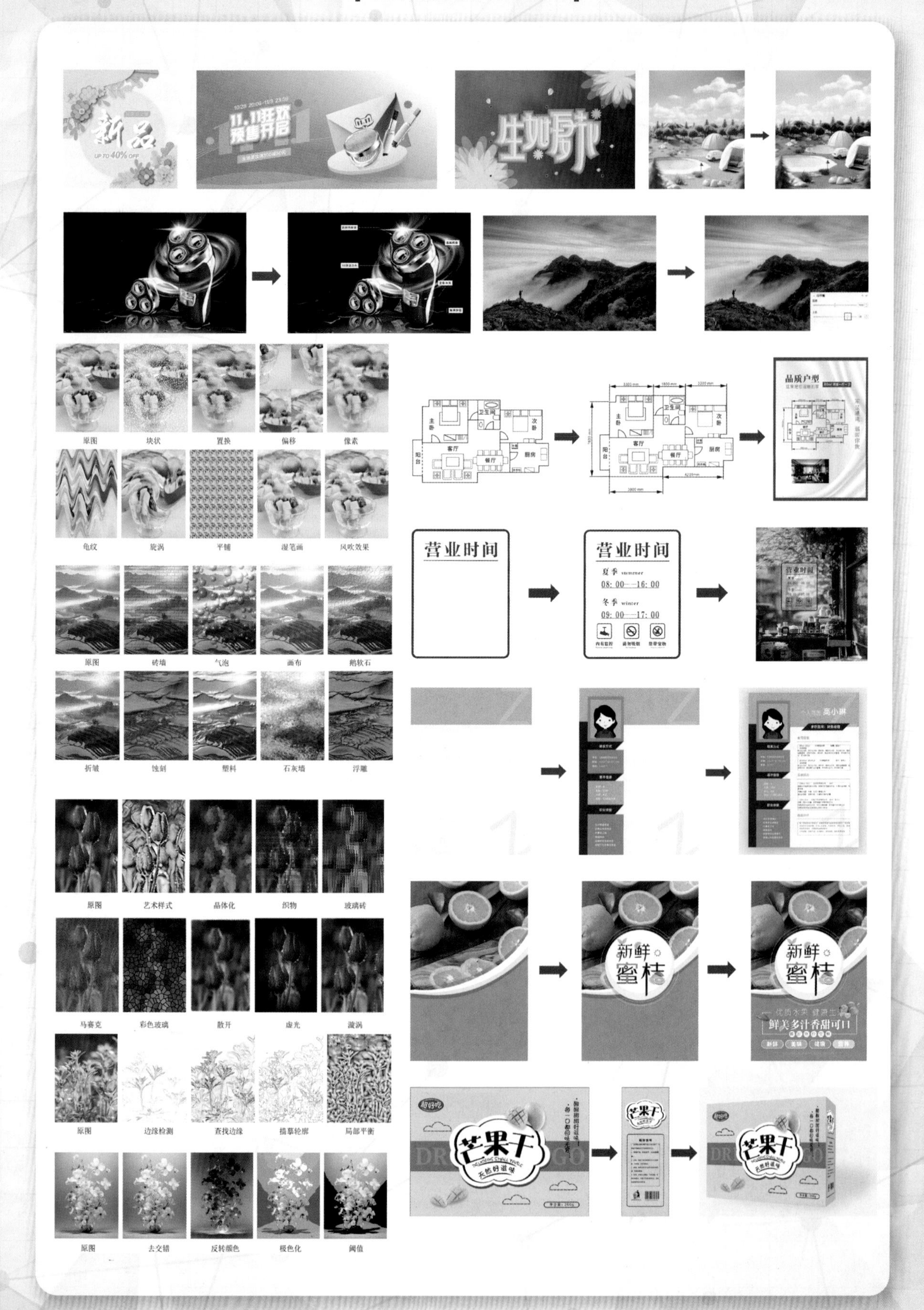

新品
UP TO 40% OFF
11.11狂欢
预售开启
生如夏花
原图
块状
置换
偏移
像素
龟纹
旋涡
平铺
湿笔画
风吹效果
原图
砖墙
气泡
画布
鹅软石
折皱
蚀刻
塑料
石灰墙
浮雕
原图
艺术样式
晶体化
织物
玻璃砖
马赛克
彩色玻璃
散开
虚光
漩涡
原图
边缘检测
查找边缘
描摹轮廓
局部平衡
原图
去交错
反转颜色
极色化
阈值
主卧
卫生间
次卧
客厅
餐厅
厨房
阳台
品质户型
营业时间
夏季 summer
08:00—16:00
冬季 winter
09:00—17:00
新鲜蜜桔
鲜美多汁香甜可口
芒果干
天然好滋味